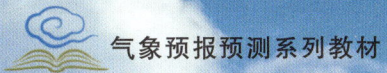
气象预报预测系列教材

中国天气

姚秀萍　吴晓娜　编著

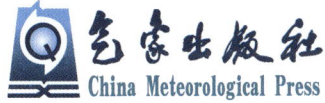

内容简介

本书从我国气象继续教育需求、面向非气象专业毕业人员易于学习和理解的角度，全面系统地论述了中国天气特征以及天气分析预报的基本原理与方法。全书共 9 章，分别介绍了天气学发展史、天气学若干基本概念、中国天气气候特征、主要影响天气系统、天气形势、暴雨与强对流天气、天气学基本理论、天气灾害、天气预报技术方法、典型灾害性天气个例。本书被中国气象局指定为非气象专业毕业人员的学习教材，也可作为气象及相关专业研究和业务人员的参考书。

图书在版编目（CIP）数据

中国天气 / 姚秀萍，吴晓娜编著. -- 北京 : 气象出版社，2022.12
　　ISBN 978-7-5029-7803-7

Ⅰ．①中… Ⅱ．①姚… ②吴… Ⅲ．①天气学－基本知识－中国 Ⅳ．①P44

中国版本图书馆CIP数据核字(2022)第163633号

审图号：GS 京(2022)1462 号

中国天气
Zhongguo Tianqi

出版发行：气象出版社	
地　　址：北京市海淀区中关村南大街 46 号	邮政编码：100081
电　　话：010-68407112（总编室）　010-68408042（发行部）	
网　　址：http://www.qxcbs.com	E-mail：qxcbs@cma.gov.cn
责任编辑：张　媛	终　　审：张　斌
责任校对：张硕杰	责任技编：赵相宁
封面设计：艺点设计	
印　　刷：三河市君旺印务有限公司	
开　　本：787 mm×1092 mm　1/16	印　　张：15.25
字　　数：390 千字	
版　　次：2022 年 12 月第 1 版	印　　次：2022 年 12 月第 1 次印刷
定　　价：120.00 元	

本书如存在文字不清、漏印以及缺页、倒页、脱页等，请与本社发行部联系调换

随着我国社会经济快速发展以及人民生活水平日益提高,每天的天气情况以及每年的气候状况越来越受到关注,气象已经成为人们生产生活不可或缺的组成部分。

在全球变暖气候背景下,极端天气频发,对各行各业的影响加剧,公众对气象服务的需求不断提高。因此,加强气象服务是保障人民美好生活、建设美丽中国的现实需求,也是每个气象人应该担当的使命。

气象业务技术发展日新月异,迫切要求从业人员继续学习,快速更新知识和技能。气象事业高质量发展也必然需要对气象在职员工开展持续有效的专业培训。气象教育培训坚持以教学为中心,以建设高质量气象人才队伍为目标,重视教学研究与课程体系建设,教材成为其中不可或缺的一环。

本书的编著者在长期的教学中积累了丰富的经验,针对培训对象的特点编写了本教材,全书不仅注重基础知识的科学性,也结合了气象业务岗位特点。本书内容所涉及的天气学发展史、天气学基本概念原理、中国天气气候特征、天气系统、天气形势等,覆盖面广,构建了较为完整的中国天气基础知识框架。理论阐述深入浅出,详略得当,书中没有复杂公式,并适当地引入了新的研究成果,有利于读者拓展思维、开阔视野,培养创新精神和实践能力。

学习分为系统性学习和结合实际的学习。系统性学习就是打基础的学习,结合实际的学习就是在工作中,碰见什么就学什么。我很重视系统学习,就像一栋楼,地基打牢了,遇到风暴才踏实放心。书要经常读,看完还要继续温习,才能终身受用。

总之,该书体系完整、结构合理、重点突出、可读性强,可作为气象基础知识入门的基础教材,能够满足非气象专业毕业的业务人员对中国天气基本知识和实践系统性学习与认知的渴望,帮助他们尽快适应工作岗位,是一部难得的好教材。我相信该书的出版将会受到更多读者的欢迎,包括外行业读者。

值得一提的是,该书的出版是对中国气象继续教育事业发展的一大贡献,将有助于完善气象继续教育体系的建设,有利于推动气象事业高质量的发展。

丑纪范

(中国科学院院士)

2022 年 4 月

序二

气象部门是基础性的科技部门,越来越多非气象专业毕业的专业人员加入到了气象事业中,由于没有受到科班气象学或者大气科学的系统性学习,缺乏对气象学脉络与体系的认知,往往在处理一些工作时力不从心。我经常被邀请到中国气象局气象干部培训学院授课与讲座,这一点深有体会。

新时代对人才的要求越来越高,非气象专业毕业生在气象部门工作,加强气象基本知识学习,是提升大气科学素养的途径之一,也是自身提升气象工作能力、推动气象事业高质量发展的必然要求,为发挥好气象防灾减灾第一道防线作用做好准备。所以学习一些基本的中国天气知识非常必要,这样,才能够在从事气象业务工作或者气象行政管理工作时,做到心中有数,在与外部门进行沟通合作时,做到清楚合作方向,更加有的放矢。

《中国天气》以中国天气过程和天气系统为主要对象,将天气学基本原理、天气分析和预报方法、中国天气灾害及典型个例等方面的内容有机地进行了结合,内容全面、深入浅出、循序渐进。作为一本天气学知识普及类图书,该书数据翔实,逻辑分析清晰透彻,语言简洁,引入了最新的研究成果与个例。对天气学的基本概念、基本理论、基础知识的介绍,具有启发性和思考性,读者通过认真学习本书,可对中国天气有系统了解。

姚秀萍教授我很熟悉。她潜心于中尺度气象学和天气动力学的教学与研究,具有大气科学扎实理论功底,在天气学方面有长期的教学积累,同时也跟进大气科学研究的前沿,她对切变线的系统性研究与成果给我留下了很深的印象。这本书的脉络是她多年教学和科研实践的体现。

这本《中国天气》很适合于非气象专业毕业生在短期内的课堂教学与自我学

习,也适合于对气象有兴趣的人员进行参考。我相信该书的出版将能够为普及中国天气做出新的贡献,推动气象部门人员的气象认知能力。

（中国工程院院士）

2022 年 4 月

前言

根据《关于加强非气象专业本科及本科以上毕业生气象基础知识培训有关问题的通知》(气人函〔2004〕23号)的要求,气象知识普及培训工作取得了明显成效,有力促进了非气象专业毕业生的岗位适应能力,为气象事业发展做出了积极的贡献。

自从2008年开始非气象专业毕业生培训(包括大气科学专业基础知识培训班和气象知识普及培训班)以来,培训的方式从单一面授培训,到2020年面授+网络的混合式培训,天气学课程始终是非气象专业毕业生培训最为重要的、最为基本的核心课程之一。但是迄今教学中总是借用气象院校本科生教学的专业教材,尚未有一本能够适合非气象专业毕业生继续教育的教材。而且,在教与学中,尤其在网络教学需求不断旺盛的如今,教材不适合的问题越来越凸显出来,学员对适合他们学习和参考的教材的需求也越来越迫切。

在多年的教学实践过程中,在与学员不断沟通过程中,根据学员反馈和成人学习规律,经过深入思考,编写了这本应对我国气象继续教育需求、面向非气象专业毕业人员易于学习和理解的《中国天气》。本书全面系统地论述了中国天气特征以及天气分析预报的基本原理与方法,介绍了气象与天气学发展史、天气学若干基本概念、中国地理气候特征和中国的天气特点、中国天气主要影响系统、天气形势、中国暴雨与强对流天气、天气学基本理论、天气灾害、中国天气预报业务及其技术方法。

本书比较系统全面地介绍了中国天气的基础知识,为气象管理和业务服务工作提供天气学方面的基础知识。考虑到非气象专业人员文理兼有,数学、物理基础参差不齐,因此,本书尽量避免公式推导、数理统计等方法,天气学原理部分也尽量简单化。

非气象专业的人员进入气象部门后,通过系统学习气象知识,了解中国天气,获得作为气象人的归属感和责任感,进一步弘扬气象科学精神、传播气象科学知识和推动气象科技创新也是本书编写的初衷之一。基于这样的初衷,本书找准定位,在内容上保证科学性的基础上力求贴近生活和工作实际,让学员在有限的时间内掌握所需的天气学知识。

《中国天气》的出版,完善了气象干部培训学院非气象专业培训教材建设。希望能够为非气象专业人员继续教育提供统一教材,也能够为其他感兴趣人员提供天气学的相关参考。

本书编写工作由中国气象局气象干部培训学院组织,在编写的过程中,得到了多位专家的指导和帮助。在此一并表示感谢!本书由国家自然科学基金重点项目(42030611)、第二次青藏高原综合科学考察研究项目(2019QZKK0105)以及中国气象局气象干部培训学院教材建设项目资助,其中部分研究成果写入本书。

由于天气学内容丰富,涵盖面很广,受编著者的学识水平限制,错误、疏漏在所难免,请读者给予批评指正。

编著者

2021 年 10 月

目录

序一
序二
前言

第 1 章　天气学简史 …………………………………………………………………………… (1)
  1.1　气象科技发展简史 …………………………………………………………………… (1)
  1.2　天气学简史 …………………………………………………………………………… (11)
  复习与思考 ………………………………………………………………………………… (14)

第 2 章　天气学基本概念 …………………………………………………………………… (15)
  2.1　天气学研究对象 ……………………………………………………………………… (15)
  2.2　天气学基本概念 ……………………………………………………………………… (20)
  2.3　大气运动中的力 ……………………………………………………………………… (40)
  2.4　风场和气压场的关系 ………………………………………………………………… (42)
  复习与思考 ………………………………………………………………………………… (46)

第 3 章　中国天气气候特征 ………………………………………………………………… (47)
  3.1　中国地理气候 ………………………………………………………………………… (47)
  3.2　中国天气气候 ………………………………………………………………………… (53)
  复习与思考 ………………………………………………………………………………… (61)

第 4 章　中国天气主要影响系统 …………………………………………………………… (62)
  4.1　影响中国的锋面 ……………………………………………………………………… (62)
  4.2　影响中国的气旋和反气旋 …………………………………………………………… (64)
  4.3　高空槽和高空脊 ……………………………………………………………………… (69)
  4.4　阻塞高压和切断低压 ………………………………………………………………… (73)
  4.5　急流 …………………………………………………………………………………… (80)
  4.6　极涡 …………………………………………………………………………………… (85)
  4.7　东北冷涡 ……………………………………………………………………………… (91)
  4.8　切变线 ………………………………………………………………………………… (94)
  4.9　西南涡 ………………………………………………………………………………… (103)
  4.10　西太平洋副热带高压 ……………………………………………………………… (107)
  4.11　南亚高压 …………………………………………………………………………… (114)

4.12　热带气旋 ……………………………………………………………… (119)
　　4.13　赤道辐合带 …………………………………………………………… (127)
　　复习与思考 ……………………………………………………………………… (129)

第5章　大气环流 ……………………………………………………………………… (130)
　　5.1　大气环流形成的主要因素 …………………………………………… (130)
　　5.2　水平环流 ……………………………………………………………… (131)
　　5.3　经向环流 ……………………………………………………………… (134)
　　5.4　纬向环流 ……………………………………………………………… (138)
　　复习与思考 ……………………………………………………………………… (141)

第6章　暴雨与强对流天气 …………………………………………………………… (142)
　　6.1　大型降水天气过程 …………………………………………………… (142)
　　6.2　对流性天气过程 ……………………………………………………… (149)
　　6.3　中国暴雨 ……………………………………………………………… (162)
　　复习与思考 ……………………………………………………………………… (175)

第7章　气象灾害 ……………………………………………………………………… (177)
　　7.1　洪涝 …………………………………………………………………… (178)
　　7.2　干旱 …………………………………………………………………… (180)
　　7.3　台风 …………………………………………………………………… (186)
　　7.4　寒潮 …………………………………………………………………… (191)
　　7.5　沙尘暴 ………………………………………………………………… (193)
　　7.6　中国强对流天气灾害 ………………………………………………… (194)
　　7.7　主要气象次生灾害 …………………………………………………… (196)
　　复习与思考 ……………………………………………………………………… (198)

第8章　中国天气预报业务简介 ……………………………………………………… (199)
　　8.1　天气预报作用 ………………………………………………………… (199)
　　8.2　天气预报业务 ………………………………………………………… (202)
　　8.3　天气预报技术方法 …………………………………………………… (206)
　　8.4　气象灾害预警信号 …………………………………………………… (208)
　　复习与思考 ……………………………………………………………………… (216)

第9章　典型灾害性天气个例分析 …………………………………………………… (217)
　　9.1　2021河南"21·7"暴雨过程预报预警与服务案例 ………………… (217)
　　9.2　2018年台风"山竹"预报预警与服务案例 ………………………… (221)
　　9.3　2021年江苏大风预报预警与服务案例 ……………………………… (224)
　　9.4　2019年7月3日辽宁开原龙卷预报预警与服务案例 ……………… (227)

参考文献 ………………………………………………………………………………… (230)

第 1 章

天气学简史

大家对天气预报都不陌生,每天在电视、网络、手机报等媒体中到处都可以看到它的身影,它是人们日常生活的好参谋、好帮手,对于农业、渔业和畜牧业等产业,天气预报的重要性更是不言而喻。不过,天气预报也没有想象中的那么简单,它有着丰富的内涵和复杂的程序,那么到底什么是天气预报呢?

天气预报就是气象工作者们根据日益丰富的气象资料,以及大气变化的规律,使用现代科学技术,对某一区域未来一段时期内的天气状况进行预测。史前时期,人类就对天气进行预测。随着人们对天气变化规律性的认知水平和科学技术发展水平的提高,天气预报的准确性也在不断改善。不过,由于大气运动的随机性以及一定时期内科学技术的局限性,人们还没有完全了解和掌握大气状况及其变化的规律,所以天气预报有一定的误差在所难免。

天气学来源于生产实践,又服务于生产实践。以天气学为基础的天气预报让人们的生产、生活更加高效、便捷;更重要的是,为可能出现的自然灾害做好防范措施,减少或避免人们生命财产的损失。

1.1 气象科技发展简史

气象学的发展具有悠久的历史,早期处于天文学的领域之中。人类在观察天象和地象的同时,也逐渐注意到了"气象",因此,早期气象学的知识积累和人类对自然界总体知识的积累是同步的。

1.1.1 古代气象

古代先民对于天文气象学的认识可以追溯到遥远的旧石器时代,祖先在靠采集渔猎生活的时候,对自然界的寒来暑往、阴晴圆缺、动物活动规律、植物发芽及生长与成熟等有了逐步认识。到了新石器时代,社会经济进入以原始农牧业生产为主的时期,人们就需要掌握农时,探索日照强弱、雨量多寡、气温高低、霜期长短等自然规律。随着农业生产的不断发展,对农时的准确性也提出了越来越高的要求,对天象和物候之间关系的认识也不断加深。

1. 中国天气实况的记录

商代前期(公元前 16 世纪至前 13 世纪),青铜文化空前发达,社会经济的发展要求人们进一步认识自然界,在探索自然的过程中,自然科学方面的知识逐渐积累起来,其中天文气象方面的知识无疑是最重要的部分之一。已经出土的甲骨文表明,古人关于天气实况的记录已非常丰富,包括风、云、虹、雨、雪、霜、霞、龙卷、雷暴等。据记载,甲骨文中还有"卜旬"的记载,可以称为是世界上预测10 d天气的最早记录。春秋战国时代已能根据风、云、物候的观测记录,确定二十四节气,对指导黄河流域的农业生产季节意义很大,并沿用到现代。中国古代的诸多经典巨作《易经》《山海经》《尚书》《尔雅》等都有天气现象方面的记载。古人观测天文气象,制定历法,了解和预测气候,最明确的用途是安排农事生产、祭祀及其他活动。晚商时代用于占卜活动的卜辞反映了人们已经有预知天气状况的要求,这些都是和当时农业生产的需要相适应的。

随着社会的发展进步和科技的日益革新,人们对气象的认知趋于理性、科学和客观。汉代人阐明了二十四节气及七十二物候;提出了"梅雨""信风"等气象名称,并科学解释了雷电、降水等季节性气候现象;驳斥了雷电是"天取龙""天惩""天怒"等陈腐谬论,批判了将降雨归于"天神"的迷信妄说;出现了《易飞候》《四民月令》《论衡·变动篇》《淮南子·本经训》等文献。如《淮南子》指出,"悬羽与炭,而知燥湿之气""风雨之变,可以音律知之"。《论衡》提出:"天且雨,琴弦缓。"对云雾露霜、雨云雷电、潮汐等自然现象进行了合理的分析,也是中国古代学者开始从机理上对天气现象进行解释。《西京杂记》记载:汉时长安灵台相风铜乌,"有千里风则动""气上薄为雨,下薄为雾,风其噫也,云其气也,雷其相击之声也,电其相击之光也"。凡此,即将古代气象学尤其是气象预报技术引入科学之路,推向新高。而后,两晋盛行"相风木乌"等测风仪器;北魏贾思勰《齐民要术》载有"天气新晴,是夜必霜"等气象谚语,并提及熏烟防霜、积雪杀虫等方法;《正光历》将七十二气候列入历书;南朝宗懔《荆楚岁时记》提出冬季"九九"为一年最冷时期;隋代杜台卿《玉烛宝典》辑录隋以前节气、政令、农事、风土、典故等文献,保留了不少农业气象佚文。至唐代,创造了相风旌、占风铎、占雨石等气象仪器,区分了十级风力和二十四方位风向,解释了日晕、彩虹、光象等天气现象,诞生了《观象玩占》《乙巳占》《相雨书》等气象经典,涌现出裴行俭、李淳风、李恕等气象学家,并将气象知识更加广泛地应用于生产、生活、军事、政治等重要领域,彰显了自然气象的科学性、实用性和人文性特征。古人用诗词的方式记录气象万千(杨萍,2014)。

(1)关于风的诗句

春风得意马蹄疾,一日看尽长安花。——孟郊《登科后》

林花谢了春红,太匆匆。无奈朝来寒雨晚来风。——李煜《相见欢·林花谢了春红》

春风十里扬州路,卷上珠帘总不如。——杜牧《赠别》

秋风清,秋月明,落叶聚还散,寒鸦栖复惊。——李白《三五七言/秋风词》

(2)关于云的诗句

应是天仙狂醉,乱把白云揉碎。——李白《清平乐·画堂春起》

但去莫复问,白云无尽时。——王维《送别》

照野弥弥浅浪,横空隐隐层霄。——苏轼《西江月·顷在黄州》

乱云低薄暮,急雪舞回风。——杜甫《对雪》

(3)关于雨的诗句

小楼一夜听春雨,深巷明朝卖杏花。——陆游《临安春雨初霁》

东边日出西边雨,道是无晴却有晴。——刘禹锡《竹枝词二首·其一》

君问归期未有期,巴山夜雨涨秋池。——李商隐《夜雨寄北》

好雨知时节,当春乃发生。——杜甫《春夜喜雨》
清明时节雨纷纷,路上行人欲断魂。——杜牧《清明》
(4)关于雪的诗句
忽如一夜春风来,千树万树梨花开。——岑参《白雪歌送武判官归京》
白雪却嫌春色晚,故穿庭树作飞花。——韩愈《春雪》
晨起开门雪满山,雪晴云淡日光寒。——郑燮《山中雪后》
天将暮,雪乱舞,半梅花半飘柳絮。——马致远《寿阳曲·江天暮雪》
(5)关于彩虹的诗句
断虹霁雨,净秋空,山染修眉新绿。——黄庭坚《念奴娇·断虹霁雨》
柳外轻雷池上雨,雨声滴碎荷声。小楼西角断虹明。——欧阳修《临江仙·柳外轻雷池上雨》
安得五彩虹,驾天作长桥。——李白《焦山望寥山》
日照虹霓似,天清风雨闻。——张九龄《湖口望庐山瀑布水》
(6)关于雾的诗句
雾失楼台,月迷津渡。——秦观《踏莎行·滨州旅舍》
香雾云鬟湿,清辉玉臂寒。——杜甫《月夜》
薄雾浓云愁永昼,瑞脑消金兽。——李清照《醉花阴》
(7)关于雷的诗句
柳外轻雷池上雨,雨声滴碎荷声。——欧阳修《临江仙》
一夕轻雷落万丝,霁光浮瓦碧参差。——秦观《春日》
飒飒东风细雨来,芙蓉塘外有轻雷。——李商隐《无题》
残雪压枝犹有橘,冻雷惊笋欲抽芽。——欧阳修《戏答元珍》

宋元乃中国古代科技发展的黄金时代,气象知识和研究随之日益勃兴,蔚为大观。较之以往,宋元气象学的科学化趋势更加鲜明,不仅解释了梅雨、龙卷、季风、雷阵雨等特殊性、区域性天气气候现象,首创了雨量、雪量等观测技术,而且对大气光象、雷电霜雾等天气现象的认知更为科学、合理,对天气的预报方法也更加多样、准确。如朱熹《朱子语类》论述雷电:"阴气凝聚,阳在内者不得出,则奋击而为雷霆,阳气伏于阴气之内不得出,故爆开而为雷也。"沈括《梦溪笔谈》解释彩虹:"虹乃雨中日影也,日照雨则有之。"陈长方《步里客谈》记述梅雨天气:"江淮春夏之交多雨,其俗谓之梅雨也,盖夏至前后各半月。"叶梦得《避暑录话》论述江南"过云雨"(雷阵雨)、"龙桂"(龙卷风)。苏洵《辨奸论》预报风雨:"月晕而风,础润而雨。"尤其是沈括《梦溪笔谈·异事篇》对气象、物候之创见,朱思本《广舆图·占验篇》对天、云、风、日、虹、雾、电等航海气象之"占验",堪称典范。

至明清,深受"西学东渐"浸染,气象学呈现出由传统向近代转变的趋势,初露近代气象学的曙光。其中,明代雨量观测、航海气象、天气预报等技术日益精进,"南北寒暑""昼夜长短""蜃气楼台"等理论认知不断深化,农业气象谚语广泛传播,气象云图等推广使用。在官方,"月奏雨泽"成为常制,顾炎武《日知录》载:"洪武中,令天下州县长吏,月奏雨泽……永乐二十二年十月,通政司请以四方雨泽奏章类送给事中收储,上曰:祖宗所以令天下奏雨泽者,欲前知水旱,以施恤民之政,此良法美意。"在民间,"占候谚谣"成为常用语,如明初娄元礼《田家五行》记载气象谚谣,凡分论日、论月、论星、论风、论云、论虹、论雷、论霜、论雪、论电、论气候、论山、论地诸篇,皆反映了明初农业气象知识和天气预报经验。明清之际,西方科技的传入为中国气象科学带来了新技术和新观点。传教士将西方当时比较先进的温度计、湿度计引入中国,清人还仿制了冷热计、燥湿器;利用《三光图》等云图预报天气;出现了炮击雹云,消除冰雹的技术。梁章钜《农候杂占》凡分4卷,从天文、地理、人事、时令、草木、虫鱼等角度,论述了预测天气变化、解释天气气候现象、把握气象规律之理论,是古代农业气象谚语的集大成之作;游艺《天经或问》凡分图序、天、地3卷,全面阐释了天地变化的情势,解答了气象变化的规则,一定程度上突破了适应性、经验性气象知识的局限,是近世少见的气象原理之作,也是中国科学气象学之肇始。

在古人的观念中,气象既是"天"的自然表征,也是"人"的观念塑造,这种超自然的人本理解,为原本自然的万千气象增添了浓郁的神秘色彩和持久的人文属性。在远古时期,面对变化莫测的气候现象,人们深陷"天人相分"的思维逻辑中,本能、盲目、被动地适应着纷繁多变、循环往复的气象世界。此后,古代先民在克服自然、改造自然、适应自然的长期实践中,逐渐认识到"人"的能力和"人事"的价值,"天人合一"等观念日益深入人心,作为"天"的自然表征,气象也由此逐渐被人们认识、掌握和利用,并持久影响着历代政治、经济、社会和文化。在社会层面,"顺天文,授民时",人们长期利用天气变化的规律和特点发展社会经济,从事农业、牧业、交通、祭祀、水利等活动。同时,面对此起彼伏、绵延不绝的气象灾害,历代官民积极抗争,全力应对,利用各种力量抗御气象灾害,并逐步建立了较为务实高效的气象预报制度和灾荒赈济体系。在政治层面,中国古人相信"天文变,世俗乱""天垂象,见吉凶",认为天道与人事、天变与政治有着神秘而微妙的关联,凡君臣事天不诚、赏刑不当、忠良未用、奸邪盈朝、听信逸传、征敛掊克、靡费天下、刑狱冤滥等,都会上干天和,招致天变。《史记·天官书》谓:"凡天变,过度乃占。……太上修德,其次修政,其次修救,其次修禳,正下无之。"汉代董仲舒将其总结为"天人感应"之说,认为"国家将有失道之败,而天乃先出灾害以谴告之,不知自省,又出怪异以警惧之,尚不知变,而伤败乃至"。此后,这种"天人感应""灾异天谴"学说长期成为制约皇权与重塑秩序的政治规范,并与历代王朝的政治命运紧密相连。在文化方面,最突出的表现当为参用阴阳五行解释天气现象,如《大戴礼记》以阴阳解释气象:"阴阳之气各静其所,则静矣。……阳气盛,则散为雨露;阴气盛,则凝为霜雪。阳之专气为雹,阴之专气为霰。霰雹者,二气之化也。"郑玄注《洪范篇》以五行解释气象:"雨,木气也,春始施生,故木气为雨。旸,金气也,秋物成而坚,故金气为旸。燠,火气也。寒,水气也。风,土气也。凡气非风不行,犹金木水火非土不处,故土气为风。"这些不断积累的气象知识及文化解释,是古代先民认识自然、改造自然的产物,其对气象规律、天人关系等复杂问题的自觉认知和客观书写,不仅反映了古人认识天文、应对气象的理性取向和不断增强的能力,且对今日之气象事业也有一定的借鉴价值。

自古中国以农立国,农业生产依赖天文地理,因而古代气象记录注重实用,人们习惯将气象信息载诸天文书籍及小说笔记、诗文游记、方志野史等,充分展示了古代先民"求真"的气象智慧和"务实"的书写意识。今天,秉承"稽古振今"的历史使命和学术担当,系统整理、深入研究中国古代气象文献,传承气象文化,弘扬气象科学,具有重要的学术价值和现实意义。

2. 最早的气象观测

中国是世界上天文气象观测记录持续时间最长的国家,也是保存天文记录资料最丰富的国家。英国著名科技史学家李约瑟(Joseph Needham)在对中国科技历史的研究中指出,中国人在阿拉伯人之前,是全世界最坚毅、最精确的天文观测者,这些天象记录因其丰富、系统和延续时间长在科学上显示出重要价值。在中国古代文献中记有日食 1000 次,月食 900 多次,太阳黑子约 100 次,彗星 500 多次,流星雨约 180 次,新星和超新星约 90 次,五星连珠 10 多次。中国天文气象科学萌芽很早,许多考古发现将中国天文气象学的发现推到 8000 多年以前。例如,在河南濮阳古墓中发现的蚌壳拼北斗龙虎天象图,就是重要证据,反映当时已认识到众星拱极的天体周日视运动,并用龙与虎分别表示春夏与秋冬的季节变化。在中国河南舞阳贾湖裴李岗文化遗址出土的龟甲残片就包含"日"字。1999 年,《舞阳贾湖》指出:此字"中间横笔",当时远古先民观察到"太阳出没时薄云贯日"的现象记录。江苏连云港将军崖的星象祭祀岩画,山东莒县出土陶尊上的日出陶文,都是新石器时代人们季节活动与天象联系的证据。在西汉时(公元前 104 年),已盛行倪、铜凤凰和相风乌 3 种风向器。东汉时期,出现了"相风铜乌"。到唐代又发展到在固定地方用相风木乌,在军队中用鸡毛编成的风向器羽占测风,而欧洲到 12 世纪才有用候风鸡测风的记载。在西汉时期还利用羽毛、木炭等物的吸湿特性来测量空气湿度。宋代曾有僧赞宁(公元 10 世纪)利用土炭湿度计来预报晴雨。关于降水的记录也以中国最早,据《后汉书》记载,在当时曾要求所辖各郡国,每年从立春到立秋这段时间内,向朝廷汇报雨泽情况,此后历代对各地雨情都很重视。所以中国的雨量和水旱灾记录丰富,历史也最悠久。由于生产和生活的需要,人类迫切要求预知未来天气的变化,并在长期观测实践中,积累了不少经验。唐代黄子发的"相雨书",元末明初出现的娄元礼编的《田家五行》和明末徐光启编写的《农政全书占候》都是总结群众预报天气经验的著作。这些经验被用简短的韵语来表达,以便于记忆和运用,民间流传的关于预测天气变化的韵语,这就是气象谚语。中国气象谚语是极其丰富的,除一部分封建迷信的内容外,大多是历代劳动人民看天经验的结晶。

气象谚语大多以带着幽默的韵文形式出现,或以动物的行为表现为依据,或以风云雨雾为判断,或预测短期内的天气变化,或预测全年气候转变,虽然其准确率不能与今时之天气预报同日而语,但以经验提醒人们注意天气变化,早为生产和出行做出准备。

有关云的气象谚语:日落云里走,雨在半夜后。天上炮台云,地上雨淋淋。西北起黑云,雷雨必来临。云自东北起,必有风和雨。有雨山戴帽,无雨山没腰。天上鱼鳞斑,晒谷不用翻。

有关风的气象谚语:雨后生东风,未来雨更凶。雨前有风雨不久,雨后无风雨不停。不刮东风不雨,不刮西风不晴。

有关动物的气象谚语:蜜蜂归巢迟,来日好天气。鱼儿出水跳,风雨就来到。蜻蜓飞得低,出门要戴笠。

有关雷电的气象谚语:直闪雨小,横闪雨大。炸雷雨小,闷雷雨大。雷轰天顶,虽雨不猛。雷轰天边,大雨连天。

人类历史经历了很长一段的农耕时期,天气对于古代人类来说是非常重要的事情,不仅关系到能否吃饱穿暖,甚至关乎整个民族的命运,因此,人类一直期望能够准确地预测天气。中国古代劳动人民在长期的农业生产活动中,经过观察、积累,形成了凝聚中华文明、极具中国特色的气象谚语。

3. 古希腊的天文气象学

古希腊早期的学者对天体运动和天气现象有了诸多深刻的认识,汲取了不同传统,学习了巴比伦详细丰富的星象资料,并利用几何知识研究天体运动。

泰勒斯(Thales of Miletus)是古希腊七贤人之首,也可以称得上是希腊第一位"气象学家"。泰勒斯在解释自然现象时能够摒弃过去将天气现象归功于神灵作用的结果,脱离神话的束缚,他这种超前的思维影响了后来的古希腊自然哲学家,并最终演变成为科学革命中的核心思想。

他的学生阿那克西曼德(Anaximande)认为,世界万物的起源是无所不在的空气,风则是空气流动的结果,他堪称西方历史上对风定下科学定义的第一个人。他从科学的角度提出地圆说,他认为,地球的形状为扁平圆筒型,最初由水、空气和火在外围包围着,浮游在天球之中。

很多古希腊的自然哲学家从不同角度观察并解释了天气现象。诸多古希腊气象学家创立了各种学说之后,公元前4世纪希腊大哲学家亚里士多德(Aristotle)所著《气象学》一书综合论述水、空气和地震等问题,对大气现象也作了适当的解释。亚里士多德的气象学思想涉及了气象科学的方方面面。亚里士多德推论,地球上各个地区的可居住性与纬度有关,受到太阳长时间垂直照射的地区,要比太阳斜射地区热得多。在远离赤道的寒带,也不适于居住,人类只能生活在这两者之间的温带地区;在赤道之南也有一个南温带,只是由于受到赤道灼热地带的梗阻,人们无法达到温带。看似简单的推断在当时科学技术极不发达的古代,需要有多么惊人的想象力和推理能力才能完成。

4. 古罗马帝国时代的地理学和气象学

希腊传统上是天文气象学,至古罗马帝国时代之后,随着人类活动范围的扩大和区域间交往的加深,地理学知识逐渐扩展,在气象学中又加入了地理学的传统。很多气象学研究者都是地理学家。天文学和地理学是气象科技发展的两大重要进程。古罗马人维吉尔(Virgile)是较早涉足天气预测的先驱之一,他试着同时利用太阳、月亮及对动物的观测来预测天气。古罗马地理学家庞波尼乌斯著有唯一古典拉丁文地理学专著《世界概述》,这也是最早指出了地球上存在的几个基本气候带的书籍。罗马时代的托勒密(Claudius Ptolemaeus)提出了地球是宇宙中心的观点,对后来的著名天文学家哥白尼的影响和启发非常大,托勒密非常关注对天气现象的观测和预测,他的著作《恒星形象及其对应的天气现象》,试图总结出通过天文现象预测天气的种种方法,他的另一著作《占星四书》一书中,曾经引用若干个天文学上的原则并将其应用到天气预测上,他还利用流星、固定星、彗星等位置和移动情形来从事天气预测工作。比如通过观察月亮的阴晴圆缺、颜色变化来从事天气预测。

气象学是对天文现象和天气过程的物理本质及发生发展规律的认识,时间坐标和空间坐标是气象学研究最为重要的两个基础要素。对于古代和近代气象学研究而言,时间和空间的协调统一过程中有两个重要的事件,就是历法的统一和航海大发现。首先是时间的统一,其标志就是统一历法,只有在有了统一的历法之后,各地的人们对重大天气事件的记录才有可能进行比对和叠加,不同历史时期的气候演变才能够放到同一个标准下来衡量。拥有了一致的时间计量方法,包括气象学在内的各种自然科学研究也都有了深入研究的前提。可以说,历法的统一是人类智慧认识和了解自然规律迈出的重要一步。古罗马对国际通用的历法发展起了非常重要的作用。

5. 天气预测

科技发展的今天,太空中有人类的气象卫星拍摄全球的气象云图,有超级计算机处理各种气象资料,通过电脑使全球的气象人员共享和交流气象信息。

可是,古人没有这些高科技的气象观测工具,他们靠什么来预测天气呢?

利用占卜来预测天气。远古时期的人类不了解风、雷、雨、雪都是有规律可循的自然现象,他们认为天气的变化是由神的意志控制的。本来是晴空万里的天气突然间狂风大作,而后大雨倾盆,旱、涝等自然灾害都被认为是神对凡人的惩罚。神的意志是凡人不能控制的,于是就只能用占卜来预测天气了。这样的预测方法自然是没有科学依据,因此是不准确的。

通过云和风识别天气。《吕氏春秋》记载了"山云、水云、旱云、雨云"4种云的分类,不同形态的云预示着不同的天气。古代劳动人民在长期的农业生产中,根据云层的薄厚、颜色、形态总结出了一系列气象谚语,如"天上鲤鱼斑,明日晒谷不用翻""瓦块云,晒死人"等。同样地,人们还根据风的不同情况来预测天气,如"半夜东风起,明日好天气"。

古人经过长期的劳动实践累积下来了丰富的气象经验,并制定了二十四节气来帮助指导农业生产,在农牧生产中通过长期观察动物的行为表现来预测天气。可见古人主要靠实践中积累的经验预测天气,虽然不够科学且准确率不高,但在科技知识尚不发达的古代,这仍充分反映了中国古代劳动人民的智慧。

二十四节气:春雨惊春清谷天,夏满芒夏暑相连;秋处露秋寒霜降,冬雪雪冬小大寒;上半年是六廿一,下半年来八廿三,每月两节日期定,最多不差一两天。

二十四节气是中国古代劳动人民在劳动生产中观察并积累的经验,是按照太阳的运行周期制定的,反映了中国古代劳动人民杰出的智慧。早在2100多年前,二十四节气就正式成为当时人们的历法,帮助人们进行农事活动,可以说,它与当时人们的生活息息相关。

二十四节气与天气有一定的关系,其中各个节气的命名就能直接反映季节、气候现象、天气变化。立春、春分、立夏、夏至、立秋、秋分、立冬、冬至,这8个节气反映了季节;惊蛰、清明、小满、芒种反映了气候现象;小暑、大暑、处暑、小寒、大寒反映了气温的变化;雨水、谷雨、小雪、大雪4个节气是降水现象的总结;白露、寒露、霜降3个节气通过总结水汽凝结、凝华的现象,反映了气温变化的过程和程度。虽然二十四节气最初起源于黄河流域的中原地区,是依据这里的气候制定的,而中国幅员辽阔,各地地形多变,尤其到了今天,过去了几千年,气候有了一定的改变,但二十四节气还是能为今天的人们的生活,尤其是农业生产带来重要的参考。

6. 防灾减灾

由于受到季风活动的影响,抗击干旱和洪涝一直是中国人与气候的共存、冲突中不变的主题。公元前2000年大禹治水的故事路人皆知,这个故事在中华文明发展史上起着重要作用。在治理水患的过程中,大禹吸取前人教训,率领群众变堵为疏,最终完成治水大业,这可以说是中国古代先民进行防灾减灾、减缓气象灾害的伟大尝试。公元前3世纪时,时任蜀都太守的李冰,作为都江堰的建设者,巧妙地用一组泄洪道,通过水位高过限值即可关闭闸门的调控,来分泄水流,避免农田受淹。李冰所建造的都江堰,赫然于世,年年月月造福于中国现今的成都平原大地。和大禹一样,李冰因治水而闻名,后人因此修建了李冰陵来纪念其对都江堰的贡献。

远古时代的气象学以天文气象学为主,天文和气象并没有区分开来。到了古希腊,虽然依旧使用的是星象来预测天气、标记季节,但是气象学已经作为一个专业性较强的学科在天文学中萌芽。由于人类对于天气现象的规律掌握十分有限,对于天气现象影响的认识主要集中于其对农业生产的知识的积累,季节的划分和历法的制定是这一时期的研究重点。季节和节气的变化和转换是人类最早认识的气候规律。

1.1.2 气象观测仪器的发明

气象科学是基于观测发展起来的科学,气象观测仪器的使用是近代气象科学出现的重要标志。17世纪开始,对自然现象观察和观测的同时也引发了各种观测仪器的发明热潮,气象仪器逐渐走向了成熟。

温度计的原理简单,在科学史上,曾有多位发明家独立发明了不同的温度表,温度表的发明均基于热胀冷缩的原理。设计制作实用的温度表需要解决两个问题:首先是寻找膨胀程度和速度合适的介质,例如,空气、水、酒精或水银。1593年,伽利略(Galileo Galilei)只做了简易验温器,而荷兰人科内利斯·德雷贝尔(Cornelis Drebbel)在1620年发明了酒精温度表。1632年,法国医生雷伊(J. Ray)把伽利略的验温器翻转了过来,把水变成温度感应物,制造了第一个水温度表。1641年,意大利人托斯卡纳大公费迪南二世用有色酒精代替水作为测温液体,并将螺旋状玻璃管上端密封,同时把刻度附在玻璃管上,制成了不依赖大气压的酒精温度表。设计温度表的第二个难题是确定温度度量的标准,用一个定点还是两个定点,用什么作为定点,没有统一的度量标准,温度表就无法得到公认的应用推广。1664年,英国物理学家和数学家罗伯特·胡克(Robert Hooke)发明了温度表,确定水的冰点为温度表的定点。1665年,胡克制造了一个用作气象观测的标准温度表,被皇家学会采用了多年。克里斯蒂安·惠更斯(Chitiaan Huygens)首次确定了温度目测的两个定点,即水的冰点和沸点,这对于寒带气温观测做了很大贡献。1714年,荷兰物理学家华伦海特(Gabriel Fahrenheit)发明了水银温度表。1724年,华伦海特在华氏温度表的基础上,以等量的雪、食盐和阿摩尼亚混合得到的最低温度为 0 °F。基于冰点和沸点的温度,冰点定为 32 °F,沸点定为 212 °F,制定出华氏温度的目测标准,用以通过水沸点的差异来判定大气压强。1742年,瑞典天文学家摄尔修斯(Anders Celsius)发明了摄氏温度表,当时是以水的冰点定为 100 ℃,沸点为 0 ℃,与现在的定义刚好相反。摄氏和华氏温标在温度表的应用上具有里程碑的意义,正是温标的确定,温度表才真正得到了广泛使用。

笛卡尔(René Descartes)在1631年已经明确描述了气压的基本原理,1643年意大利物理学家托里拆利(Evangelista Torricelli)在佛罗萨伦发现了气压表原理,即托里拆利原理。托里拆利为了证实空气有压力,把水银放在 1.2 m 长、一端封闭一端开口的玻璃管中,另外,将水银用手指堵住开口的一端,倒转玻璃管,把手指遮住的一端放在碗里,放开手指后,水银开始从玻璃管流到没有装满水银的碗里,管内的水银下降一些后就不再下降,使得玻璃管顶部的水银面的上方形成了一段真空,被称为托里拆利真空。他根据这个原理,利用水银柱高度来测量大气压,制出世界上第一个水银气压计。

18世纪时,从事湿度计研究的人比较多,法国的医学教授罗依在1751年进行湿度计实验时意外发现,温度表上的水分在温度逐渐下降时会凝结在玻璃管外部,由此他推想可以用水汽随温度降低的凝结量来决定周围空气不能看到的湿气量,这就是露点温度的概念。瑞士地质学家、物理学家、气象学家索修尔也是受到理发师头发造型的启发,首先发现头发具有吸收水汽的能力,长度会根据空气的干湿程度而发生变化,当空气潮湿时,头发会变得长而松弛。根据这一线索,索修尔在1783年设计了一种毛发湿度表。

风筝最早是中国人发明的,但却是西方人最早将风筝应用在了气象观测上。1749年格拉斯哥大学的两位学生威尔逊和梅尔维尔在苏格兰将小型温度计绑在风筝上,放到天空用以测温度随高度的变化,开启了用风筝进行高空探测的先河。欧洲在1773年就开始有人使用氢气球进行探测,1783年,法国人查理斯在巴黎将自记温度计和自记气压计系在自制的氢气球下面,释放至高空,因为气压降低,气囊发生膨胀,达到一定高度时气球会破裂,自记气象仪器就随降落伞徐徐降落到地面。查理斯利用这种方法测定巴黎高空气压的变化情形。1784年，英国人捷弗莱也在英国做了类似的试验，虽然当时升空的高度都不大，但是他们都是进行高空气象观测的开创者。

风速很难直接测量，早期的科学家们是通过测量风的压力来记录风速的大小。1625年，意大利帕杜亚大学的医学教授山托利设计了一种类似的压板风速仪。该风速仪由连接刻度条的扁板组成，右边的重锤可以移动，依照风速的大小而变化。1667年，罗伯特·胡克（Robert Hook）使用的风速仪和压板风速仪原理相同，都是测量风推动板子旋转的角度。18世纪中期，包格根据山托利的压板风速仪的基本原理，改造成一种很轻的可携带的风速仪，用来测量海上的风速。1892年，英国气象学家威廉·戴恩斯（William Henry Dines）发明了压力管风速仪，采用一个具有直角弯曲的开口管，其开口端垂直向下插入流动的液体中，液体在垂直截面中的上升高度即为流速之量度。测量风速的仪器最早于1846年由英国天文学家、物理学家约翰·托马斯·罗姆尼·罗宾逊（John Thomas Romney Robinson）发明，这种杯型风速计外观上和常见的风速仪已经非常类似。现代技术发展以后，又出现了更为精确的多普勒风速仪、声呐风速仪。

1.1.3 与气象学相关理论的建立

1. 大气环流理论

哈雷彗星的发现者是英国天文学家埃德蒙·哈雷（Eamond Halley），他同时也是地理学家、数学家和气象学家。1686年，在远洋航行中，他系统研究了信风和季风，认为太阳辐射是大气运动的根本动力，并注意到了气压读数的变化和风场差异的问题，阐述了环流理论。

1688年，哈雷又将海上风场的资料绘制成信风与季风的分布图。他认为赤道北面的东北信风气流和赤道南面的东南信风气流有向最热区域（赤道附近）辐合的趋势，信风并不是地球自转的偏转作用造成的。哈雷首先提出了地球表面主环流的风场这一概念，并绘成主环流风场的分布地图，这是最早的气象图，他还首次倡导信风和季风的环流理论，首先决定作用在大气上的力，求出最早的测高公式，因此，后世的气象学家尊称他为动力气象学之父。

环流理论的另一位杰出科学家是英国天文学家乔治·哈得来（George Hadley）。1735年，他发表了《关于一般信风之起因》的著作，虽然文字只有一千字，但此文不仅奠定了大气环流的基础，而且他讨论气流受到地球自转产生偏转的现象比19世纪数学家、物理学家科里奥利讨论科氏力要早约100年。该文中，哈得来指出，"地球自转对信风形成的作用必须要考虑在内"，他认为低层吹向赤道的气流由于受到地球旋转而偏转的结果，乃形成信风，高空向极地气流的回转也会受到偏转作用影响，形成高空西风带，又由于下沉作用又成为地面的西风带。他强调这种环流是热力对流形式之一，因赤道和极区的太阳受热不均而引起，太阳对地球的照射可使低纬度空气产生上升运动，在较高纬度则产生下沉运动，然后重新流回赤道，经向环流就可以完成低层空气向赤道的运动和高空空气向极区的运动。虽然哈得来环流理论存在不少缺陷，但他从全球大气运动的视野研究，构想了大气环流的形态，对动力气象学的兴起具有重要的启示意义。

信风是第一个得到合理解释的大尺度大气运动，它是人们所认识到的与全球太阳日照分布具有同样尺度的第一个有规律的大气运动现象。17世纪的哈雷和18世纪的哈得来已经各自提出了较为简单的模型，19世纪发现的科里奥利力被成功地应用到气象学之后，大气环流学说得到了进一步的补充和完善。莫里在1855年根据他对海洋上风的观测值记录提出一个新的经向环流模式——两圈环流,这也是第一个大气环流模式,这个模式能够说明中纬度盛行西风带的形成原因。后人的研究事实,在高纬度地区的经向气流以及较高纬度的上层东风,这种推论与现代的观测结果并不符合。基于莫里的两圈模型,美国气象学家和海洋学家费雷尔对其进行了补充和修正,提出了他的大气环流理论,即中纬度的逆环流和"三圈环流",他认为每一个半球有3个环流圈,太阳加热所引起的极地赤道间的密度梯度能导致经向运动,因此,由东向西科氏力的作用,可形成哈得来曾经设想过的东风和西风。

2. 流体力学

17世纪的数学和物理学上有4项重要的科学研究成果。第一,建立了明确的流体概念,即发现流体是一种可对固体运动产生阻力的气体或液体的连续性物质;第二,牛顿等发现了质量、动量和机械能守恒等基本运动定律;第三,牛顿和戈特弗里德·威廉·莱布尼茨(Gottfried Wilhelm Leibniz)先后独立发明了微积分;第四,托里拆利、牛顿和帕斯卡用科学实验的方法发现密闭容器中流体任一部分的压强按照原来的大小由流体向各个方向传递,即著名的帕斯卡定律。上述研究成果为流体力学的发展铺平了道路。

到了18世纪,荷兰著名的数学家、物理学家丹尼尔·伯努利(Daniel Bernulli)真正开辟并命名了流体力学这一学科。1738年,他出版了《流体力学》这一巨著。他是最早试图采用数学方式来表述分子运动论的人,而且他还尝试用这种方式来解释玻义耳定律。他研究了无摩擦、不可压缩的理想流体稳定流动的规律,发现流体的速度越快,流体产生的压力就越小,这就是著名的伯努利方程。

之后,人们继续深入研究流体黏性运动和高速运动的特性,从而使理论流体力学可以真正用来指导实践。德国物理学家普朗特提出了边界层理论。1904年,普朗特完成了他最著名的一篇论文"非常小摩擦下的流体运动",在论文中,他首次描述了边界层的摩擦起着主要作用,该层以外的其余区域的摩擦可以忽略不计。

实际上大气不是一般性质的流体,大气具有3个方面的特性:首先,地球自转产生的科里奥利力影响着大气的运动;其次,大气属于可压缩流体,其密度是非均匀的,随高度的升高而减小;最后,大气是一个热开放的系统,受到包括太阳辐射、热传递、相变等复杂变化的影响。

3. 气旋理论

19世纪电报的发明以及观测站网的建立使得天气图可以根据不同地区同一时间取得的观测资料进行绘制。不久,人们就认识到,大气是在顺时针方向和逆时针方向的巨大旋涡中运动的,这个旋涡的直径在1000~1500 km。在北半球,人们把它们命名为反气旋和气旋,在30°~60°N的地区,它们通常向东运动,每天移动1000 km以上,并带着其中的云系一同前进。在此之后,许多学者提出了各自的气旋理论和模式,比较著名的是白贝罗风压定律。白贝罗是荷兰著名的气象学家和化学家,1857年,他发表了著名的白贝罗定律,又称为风压定律,即"背风而立,在北半球的低气压中心在左,高气压中心在右;在南半球则相反"。1863年,英国气象学家菲茨罗伊提出了极地气流和赤道气流的气旋模式。德国柯本在1882年提出了飑线(冷锋)结构模式。1906年,英国气象学家纳皮尔·肖等提出了地面气流切变及降水分布的气旋模式。1933年,德国谢尔哈格提出气旋的辐散理论等。

1.2 天气学简史

早在19世纪初期,就已有天气观测和预报的组织和活动。科学意义上的天气业务起源于19世纪中叶,由于社会需求的巨大推动,气象学理论开始有了质的飞跃,其主要进展是在天气学方面。这是一条立足观测的实用主义思路,几乎独立于流体力学、热力学、气体理论等研究中对大气物理学领域的覆盖。这一时期天气学的进展几乎完全归功于西欧资本主义的发展带来的海外殖民活动,虽然几个世纪以前西班牙探险者就已经开始了航海活动,然而到了19世纪工业革命之后,为了获取更多资源和更大利润,他们进行了大规模的海外扩张,西欧国家几乎在政治上、经济上和军事上控制了差不多大部分世界,关于信风、季风、洋流、风暴的知识在开拓疆土的航行中发挥了重要的作用,他们还在殖民国家和地区广泛建立了气象观测站。天气业务已经历了百余年的发展历程,按其发展的不同时期的不同特点,可分为以下几个主要阶段:

1. 单站天气预报方法阶段

电报发明之前,各处的观测资料不能及时传递,因而不能及时了解天气现象和天气系统在空间上的分布特点,只能利用当地单站的天气资料及其变化进行预报。另外,各地的气象谚语,实际上是利用这些观测资料与天气演变的规律,进行天气预报的经验总结。

随着科学技术的发展,17世纪以后,一些气象观测仪器被人们发明出来,如温度表和气压表,并建立起专门的气象站。这时的人们,在单个气象站中,借助科学观测仪器的帮助,能够更加准确地观测到当地的气压、气温、风、云等要素的变化并做出量化,以此来预报当地未来的天气。这样的天气预报方式被称为单站预报,是天气预报的初始阶段。

这个阶段的缺点是不能全面地反映出平面或空间的天气状况的分布和变化。因此,预报的准确率不高。人们希望进一步了解天气在空间上的变化规律,并设法利用其规律来改进预报的准确率。但是,由于天气现象与局地环境具有非常密切的关系。另外,天气预报发展到今天,还出现了"单站补充预报",也有人称之为单站预报。这是指一个气象站通常是指县级气象站,以气象台大范围天气数据为基础,绘制出当地的简易天气图;再根据本站观测到的资料进行统计分析,制作出曲线图表和点聚图表;并参考当地的气象历史资料及普通群众的气象经验,单独地、补充性地对当地的天气做出更有针对性的预报。

2. 地面天气图、天气预报的诞生

电报发明之后,各地的资料可以进行及时地传输,这为二维天气图分析与预报提供了条件。

气象观测仪器的进步大大地改进了观测记录,观测资料的逐步丰富和观测网的逐渐建立,促生了第一张天气图的出现。绘制第一张天气图的是德国物理学家布兰德斯。从1816年起,在德国的布兰德斯开始研究1783—1795年曼海姆气象学会的每日3次定时气象观测记录,利用《巴拉丁气象学会杂志》刊载的气象观测资料,绘制出了这些年每天的天气图,将各地的气压和风向值填入地图,并绘出等压线,以研究云量、风和气压系统之间的关系。天气图范围从俄国的乌拉尔山到西班牙的比利牛斯山。1820年,他出版了所绘制的天气图和说明书。由于当时没有电报和电话之类的信息传递工具,各气象站之间的资料交换只能靠邮运,所以这一技术

没有能够用于天气预报。即使如此,天气图的出现为分析气压、风和云雨之间的关系以及建立天气系统的概念做出了贡献。布兰德斯当时根据天气图的分析认为,风向与气压的高低有关,并且认为高气压区一般天气良好,低气压区一般天气恶劣。天气图的出现是近代气象学研究起点的标志,布兰德斯也因此被称为气象学的先驱。

1842年,美国发生了强烈的龙卷重大灾害,气象学家罗密斯亲赴灾区调查,运用电报传递美国各地的气象观测资料,并加以收集填在地图上,将气温和气压相等的测试站用不同的线连成等温线和等压线,这种绘制天气图的方法和布兰德斯的方法相同,但是据说罗密斯绘制这种天气图时,对于布兰德斯绘制天气图之事一无所知,而且罗密斯随即首创运用电报传递即时天气观测资料,绘制当下时刻天气图。

如今与寻常家庭生活息息相关的天气预报实际上是从一次战争中诞生的。1853年,沙皇俄国与英法两国之间爆发了一场规模巨大的海战——克里木战争。当战争进行到1854年11月14日,黑海的英法舰队险些因为一场巨大的海上风暴而全军覆没。为了避免再次出现这样的状况,当时巴黎天文台台长勒佛里埃应法军的要求对此次风暴的形成和发展进行了研究,他搜集了5 d内当地的天气情况,并将这些资料进行串联和分析发现,位于欧洲东南部的黑海上涌起的风暴竟来自欧亚大陆以西的大西洋上。原来看似独立的、突然的巨大风暴有着一系列的形成过程和运动轨迹,如果可以及时观测到风暴的形成并预测其发展和走向,不就可以避免造成巨大的损失吗?

于是,基于勒佛里埃的报告,法国于1856年成立了世界上第一个正规的天气预报服务系统。从此,为军事行动而诞生的天气预报,开始影响到了如工农业生产、人们的日常生活等各个方面,成为人们生活中不可缺少的组成部分。

19世纪中叶以后,随着天气业务的建立,天气图出现在大众媒体上并逐渐成了公众熟知的天气表现形式。1857年,白贝罗(Buys-Ballot)利用天气图给出了风与气压场的关系,即所谓的白贝罗定律。1860年,英国气象办公室主任菲茨罗伊将用电话收集的英国天气报告绘成天气图,并每天在报纸上公布;1861年电报发明后英国开始引入天气图,接着,各国便先后开展天气图的分析,形成了天气学发展新高潮。1863年9月7日,巴黎观象台绘制并出版了欧洲天气概况;1875年4月1日,伦敦《泰晤士报》开始刊登由弗朗西斯·高尔顿绘制的天气图;1876年《先驱报》(《Herald》)上刊登了第一幅美国天气图。伴随着各国天气图的出现,天气预报业务呼之欲出。

地面天气图阶段,主要根据外推法预报天气,利用稀少测站的气压与风的记录预测气压系统的移动,并根据气压上升或下降来预测未来的天气。一般认为,低压系统带来坏天气,高压系统带来好天气。

1887年,阿伯克龙比(Abercromby)总结1860—1880年天气图预报经验,提出了气旋的天气图模式。当气旋来临前,天气良好,伴随着气旋的接近,天气逐渐变得灰蒙蒙、闷热,天空从卷层云逐渐变为层积云,云量增多,最后出现零星阵雨、毛毛雨,再后来出现飑线与阵雨。当气旋过后天气转凉爽,云层变高、变薄,最后出现蓝天。这种模型与实际情况有较大的出入,利用它所做的预报并不是经常有效的,但这促进以后进一步完善天气学的模型与预报方法。

3. 单站与天气图预报方法结合阶段——挪威学派的建立

几千年来,人们一直习惯于在茶余饭后谈论每天的天气,直到20世纪,关于天气的讨论才进入学术讲堂和大学实验室。过去,气象学的研究还大致归属于观测资料的随意收集,伴随着带有偶然性的投机型预测。改写这一状况并将气象学带入科学殿堂的是挪威学派。关于气团、锋面、气旋的形成理论标志着天气学发展进入真正意义上的新时代。挪威学派最杰出的两位代表人物是挪威的皮叶克尼斯父子,即 V. 皮叶克尼斯(V. Bjerknes)、J. 皮叶克尼斯(J. Bjerknes),T. 贝吉龙(Tor Bergeron)、H. 索尔伯格(Halvor Solberg)、佩特森(Sverre Petterssen)等也是这一学派的代表人物。

1906 年以后,V. Bjerknes 与其他科学家一起,系统研究分析大气状态与运动的理论和方法,出版《动力气象学和水文学》《静力学与运动学》等。1918—1928 年这一段时间内,V. 皮叶克尼斯(V. Bjerknes)、J. 皮叶克尼斯(J. Bjerknes)、H. 索尔伯格(Halvor Solberg)、T. 贝吉龙(Tor Bergeron)在挪威卑尔根市开始利用这些理论与方法,对实际天气资料和天气图进行分析,发现了大气中的不连续面,称之为锋面。随后,他们将低压中的冷锋和暖锋结合起来,创立了近代锋面气旋模式。模式中,冷暖锋交汇于气旋中心,中心附近有一个大片雨区,这一锋面气旋与降水的模型一直沿用。利用气团与锋面的概念,并把它作为天气分析和预报的着眼点。挪威学派开创性的成果,对近代天气学的发展起到了重要的作用。

人们在实践中也逐渐认识到只根据地面的天气状况来做预报是远远不够的,必须设法了解高空的大气状况,并用高低空相结合的方法来提高预报的准确性,这就使天气学从二维的平面问题向三维问题发展,于是天气学就逐渐进入一个新的发展阶段。

4. 高空天气图的引入与波动理论的建立阶段——芝加哥学派的建立

随着无线电探空技术的发展,人们对高空气象的状况有了进一步的了解。1933 年,有足够多的高空观测资料可分析高空天气图。英国、美国先后开始分析高空等高面天气图。1935 年,德国的舍尔哈格(Scherhag)等采用等压面天气图分析高空形势。1945 年,国际气象组织(International Meteorological Organization,IMO)决定统一采用高空等压面来绘制与分析高空形势图。天气学进入一个新的发展阶段。

1939 年,罗斯贝(Rossby)根据大量天气图的资料,分析了大气中半永久活动中心与高空波动的关系,指出气旋或反气旋是在高空波动的特定位置下发展起来的,并对高空波动的移动作了理论分析,由于大气中的贝塔(Beta)作用,大气波动具有特殊的性质,这种波动的移动、静止与天气过程有密切关系,故将大气中的波动命名为 Rossby 波。由此,天气学与动力气象学紧密结合起来,为近代天气学的发展奠定了基础。

位势涡度的气旋发展理论的提出使这些理论进一步深化,它已经成为当前诊断天气系统发展的一种前沿理论。

5. 数值天气预报的研究应用阶段

计算机的发展使得利用动力—热力方程组来客观定量预报天气成为可能。

1950 年,计算机制作第一张天气预报图面世,经过数十年的努力,数值天气预报的方法已经成为天气预报不可缺少的重要工具。

随着大气科学和计算机技术的迅猛发展,不仅能制作大尺度业务数值天气预报,而且可以制作中小尺度的业务数值天气预报。另外,可以利用数值预报输出大量的物理量场来进行诊断分析。利用数值预报的产品,集合单站的天气资料进行统计分析,并做出单站天气预报,是天气预报方法中的最普遍的一种方法,通常称之为模式输出统计方法(model output statistics,简称 MOS),对于提高天气预报准确率有很好的作用。

6. 多种预报技术和方法综合应用阶段

天气学的发展史就是基于观测手段和高新技术应用的发展,对天气现象和天气过程的认识逐步深入的过程。现代天气学发展到今天,进入了多种理论、技术综合应用的阶段。由于天气预报的复杂性,必然要构建和采用复杂的综合性的预报系统。这种系统的特点是各种方法综合应用,使用数值预报图、天气预报图、卫星云图和雷达图等资料,做出更为准确的预报,即集成预报。

1960年,美国首先发射了第一颗气象卫星,至2016年底,全球发射了近180颗气象卫星,构成了庞大的全球性气象卫星网。从1988年到2021年,我国共发射19颗气象卫星。卫星的探测技术非常广泛地应用于各个领域。例如,在全国各子系统编号的研究中,可以检测植被覆盖情况、地壳构造的变化、地形下沉、火山爆发、海洋环流异常与厄尔尼诺(El Niño)时间等,也可以检测大气中的臭氧,以及大气环境的变化。

对天气预报来说,卫星资料更有广泛而直接的应用。全球表面70%以上是海洋,海洋上几乎没有日常观测资料,这些只有通过卫星的监测,才能得到海洋以及资料稀少地区的气象信息。随着卫星反演技术的发展,从卫星资料中可以发掘出许多对天气预报有用的信息。卫星资料的反演和同化,也大大改善了数值预报的初始场,使数值预报的准确率有了显著的提高。卫星资料对于海洋上台风中心的定位及其移动和对流云团与暴雨的监测已经起到了不可缺少的作用。

1960年,第一次使用脉冲多普勒(Doppler)雷达监测雷暴、降水等系统的结构,结合卫星,可以很好地了解系统的移动、发生、发展和演变,因而可在较短的时间内做出灾害天气的预报。

高科技的发展使天气预报方法有了很大的变化,甚至在概念上也发生了改变,例如,临近预报或现时预报就是利用先进的手段和通信工具,以及各种统计方法,做出短时内(0~6 h)发生的灾害性天气预报。临近天气预报与常规天气预报方法(依靠常规天气资料与天气图)做出未来24 h以上的预报是不同的。

复习与思考

1. 什么是天气预报?
2. 天气学发展的历程主要有哪几个阶段?各个阶段的预报方法是什么?

第 2 章

天气学基本概念

2.1 天气学研究对象

天气学是研究天气系统和天气现象发生、发展及其变化的基本规律,并利用这些规律来预测未来天气的学科。天气学的最终目的就是要运用适当的方法,对各种观测与探测资料加以分析和归纳,并根据天气学的基本原理以及天气系统演化的规律做出未来时刻的天气预报。

1. 尺度与天气系统的定义

尺度表征一个系统在空间上大小,或者在时间上持续的长短,所以有空间尺度和时间尺度两种尺度。

天气系统是具有一定的温度、气压或风等气象要素空间结构特征的大气运动系统。如高压(反气旋)、低压(气旋)、高压脊、低压槽、切变线、锋、雷暴、热带云团等。大气中各种天气系统的空间范围是不同的,水平尺度可以从几千米到 10000 km,其生命史也不同,从几小时到几天都有。

为了描述不同天气系统的特征,把它划分为大尺度、中尺度、小尺度和微尺度等不同的天气系统。不同尺度的天气系统具有不同的动力、热力特性。

2. 天气系统的尺度

运动较迟缓,空间尺度和时间尺度都较大的系统,叫做行星尺度系统或者天气尺度系统。行星波(罗斯贝波),水平方向可以影响全球(~10000 km),竖直方向可以影响到平流层(~30 km),持续时间几天到几个月皆有;造成厄尔尼诺现象的沃克环流,横跨整个太平洋(~10000 km),垂直速度为 0.01 m/s,周期为 2～3 年。

大型台风,水平方向~1000 km,竖直方向延伸到对流层顶(~15 km),垂直速度为 0.1～1 m/s,持续时间为 1～31 d;冷高压,水平方向~1000 km,竖直方向较浅,3～5 km(冷高压的上面并非高压而是低压),垂直速度小于 0.1 m/s,活动时间几天到十几天不等。气旋的半径大约为数百千米到数千千米,持续时间大约为数天到数周。在空间上,可取低压或高压系统的直径作为比较的尺度。对于积云,它的水平范围只有数千米到数十千米,其持续时间也只有数小时到半天。积雨云团、雷暴云团、龙卷等,水平方向仅几千米到几十千米,垂直方向可延伸至对流层顶,垂直速度超过 1 m/s,极端情形下可以超过 5 m/s。尘卷风、普通积云、团雾、下击暴流等水平、垂直尺度比小尺度系统更小,仅有几百米甚至几米,持续时间非常短,几小时甚至几分钟都有。有时也会并入小尺度系统进行讨论。可见,气旋与积云的时间尺度和空间尺度都是不同的;它们还有不同的动力学特征,因而气旋的发生、发展机制与积云的发生、发展机制也是不同的。在中高纬度地区,低层大气天气系统的水平尺度与时间尺度概括起来如表 2.1 所示,中高层大气波动的空间尺度与时间尺度如表 2.2 所示,由这两个表可见,不论在高空还是在地面,天气系统的空间尺度越小,持续时间越短,而时间尺度也越短,其强度一般来说也越大(钱维宏,2004)。当然,这些天气系统的划分和时空尺度的划分也不是绝对的,表 2.3 给出的是另一类比较简单的划分。

表 2.1 低层大气天气系统的水平尺度与时间尺度特征(Fujita,1986)

天气系统	水平尺度	时间尺度	最大风速(m/s)
温带气旋	500～2000 km	3～15 d	55
冷锋	500～2000 km	3～7 d	25
反气旋	500～2000 km	3～15 d	10
暖锋	300～1000 km	1～3 d	15
飓风(台风)	300～2000 km	1～7 d	90
热带气旋	300～1500 km	3～15 d	33
热带低压	300～1000 km	3～10 d	17
干锋	200～1000 km	1～3 d	20
小型台风	50～300 km	2～5 d	50
中尺度高压	10～500 km	3～12 h	25
阵风锋	10～300 km	0.5～6 h	35
中尺度气旋	10～100 km	0.5～6 h	60
下坡风	10～100 km	2～12 h	55
大暴流	4～20 km	10～60 min	40
微暴流	1～4 km	2～15 min	70
龙卷	30～3000 km	0.5～90 min	100
抽吸性涡旋	5～50 m	5～60 s	140
尘卷	1～100 m	0.2～15 min	40

表 2.2 中高层大气扰动的空间尺度与时间尺度特征(Fujita,1986)

天气系统	水平尺度	时间尺度
长波	8000～40000 km	15 d
短波	3000～8000 km	3～5 d
气旋波	1000～3000 km	2～5 d
西风急流	1000～8000 km	5～15 d
低空急流	300～1000 km	1～3 d
急流轴	200～1000 km	2～5 d
砧状云团(中尺度对流复合体,mesoscale convective complex,简称MCC)	50～1000 km	3～36 h
单体砧状云	30～200 km	1～5 h
超级单体风暴	20～50 km	2～6 h

续表

天气系统	水平尺度	时间尺度
积雨云	10～30 km	1～3 h
积云	2～5 km	10～100 min
上冲堆状云	2～5 km	2～10 min
龙卷涡旋扰动	1～5 km	20～90 min
上冲塔状云	100～500 m	1～3 min
热泡	100～1000 m	5～20 min
云内涡动	10～100 m	不定

表 2.3 天气系统的空间尺度和生命期 (Fujita, 1986)

典型尺度生命期	微尺度(2 km)	中尺度(20 km)	次天气尺度(200 km)	天气尺度(2000 km)	行星尺度(5000 km)
数秒至数分钟	小扰动涡旋、尘卷				
数分钟至数小时		雷暴、龙卷			
数小时至数天		海陆风、山谷风			
数天至1周			热带风暴、切变线		
数天至1周				气旋、锋面	
数天至数周					西风带中长波

中高纬度的平均经向环流很弱,平均水平环流在对流层盛行西风称为西风带。西风波动沿纬圈运行,称为西风带波动。西风带波动按其波长可分为 3 类,即超长波、长波和短波。超长波的波长在 10000 km 以上,绕地球一圈可有 1～3 个波,生命史为 10 d 以上,属于中长期天气过程。长波也称罗斯贝波或行星波,波长为 3000～10000 km,全纬圈为 3～7 个波,振幅为 10～20 个纬距,平均移速为 10 个经距/d 以下,有时很慢,呈准静止,甚至向西倒退。短波的波长和振幅均较小,移动快,平均移速为 10～20 个经距/d,生命史也短,多数仅出现在对流层的中下部,往往叠加在长波之上。

表 2.4 是按照水平尺度的大小所划分的天气系统名称与尺度范围。从表 2.4 看出,在 400 km 以上的天气系统称为大尺度天气系统,在 4～400 km 的天气系统称为中尺度天气系统,在 40 m～4 km 的天气系统称为小尺度天气系统,小于 40 m 的天气系统称为微尺度天气系统。每一个等级的大小均相差 2 个数量级,即差 100 倍。一般来说,越到对流层的上部,天气系统的水平尺度越大,越到对流层的下部,比如在大气边界层中其水平尺度越小。由于人类活动和生物圈内的很多生态过程都发生在大气边界层中,所以大气边界层中的小尺度和微尺度天气系统是人们研究的方向,即边界层气象学。在大气边界层中,热量、动量和水分通量的输送大多是靠这些微尺度的天气系统完成,这就涉及各种通量计算的问题。天气学研究的对象就是上述不同尺度的天气系统,其目的是认识和把握这些系统的特征、发生和发展的规律,并对其变化做出预测。由于不同尺度的天气系统的影响范围、持续时间与发展强度是不同的,因而其发生和发展的机制也是不同的。这就构成了不同分支,如大尺度天气学或大尺度天气动力学、中小尺度天气学。

表 2.4 按水平尺度大小划分的天气系统名称与尺度范围（Fujita,1986）

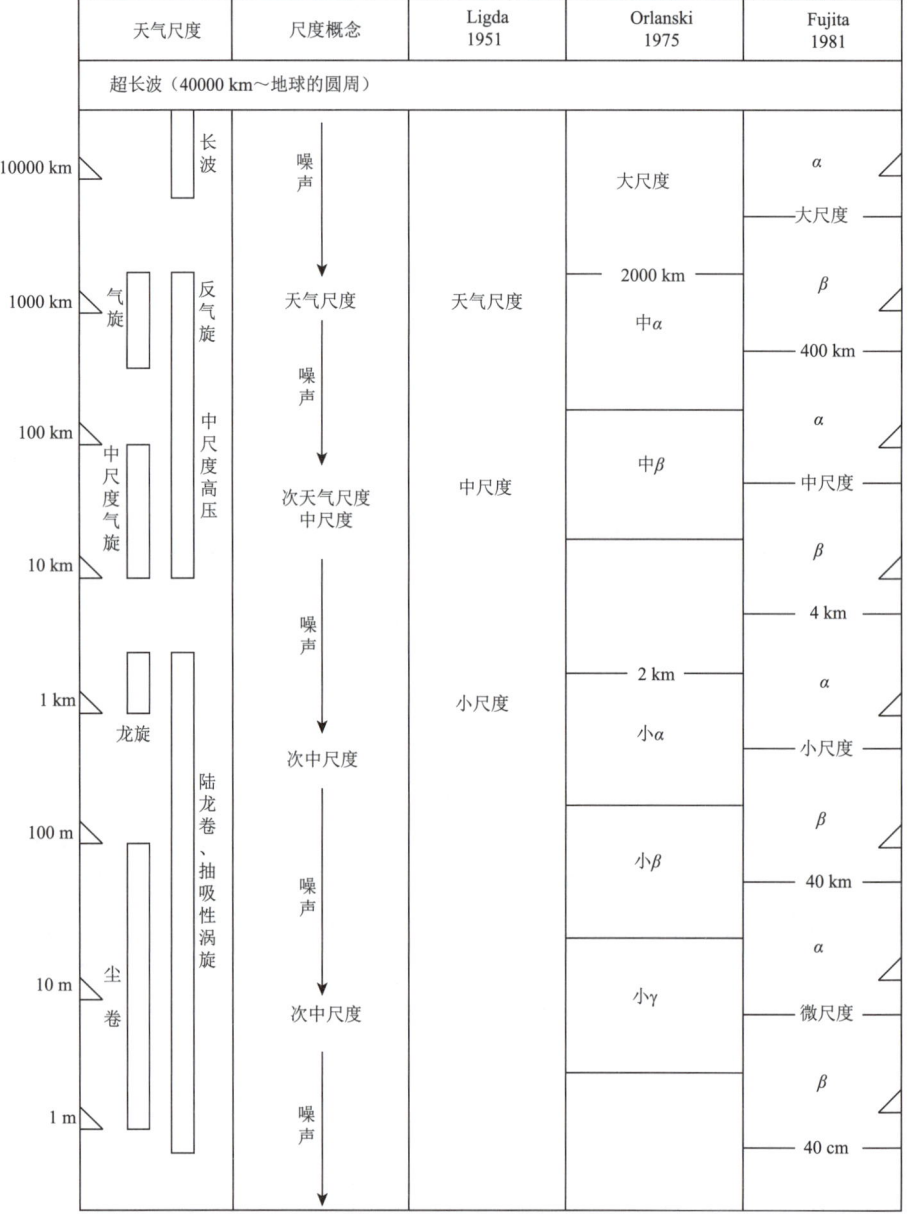

在质点力学的研究中，人们常常用隔离法来分析和解决问题。无论是大气，还是海洋，都是由大量质点组成的。在大气或者海洋中，要把一个个质点分开，用隔离法做研究显然不可能。但仍然可以把某一部分和另外的部分在概念中分开，从而研究某一部分与其他部分存在的联系。某一部分的大气或海洋是由大量质点组成的，这些质点的全体就构成了一个系统，而另外的部分（包括同一介质另外的部分）及它的边界就构成了这个系统的外界。不管系统内部状态如何，均可由施加在系统上的外界条件对系统进行分类。气象学里系统是指在时间或空间上可以与其他实体区分开来的一个实体。比如，大气、海洋和陆地各是一个系统，它们之间在时间和空间上相对独立。系统与系统之间存在一个界面，各系统的物理量，如辐射、热量和

动量等可以通过界面进行交换。所以,系统是开放的。

大气是一个系统,与海洋之间进行水汽、热量和动量的交换。大气中,又往往把气旋或反气旋等看作系统,因为它们与周围大气在性质上有明显不同。在某一段时间内,整个大气的变化是较缓慢的,称之为准静止状态。而气旋或反气旋的变化相对较快,所以将它们看作背景场上的一种扰动。因此,在天气学中,常把天气系统叫做扰动。如可把气旋或反气旋称为背景场中的大尺度天气系统。如果气旋中存在积云对流,它的变化比气旋快得多,这样又可以把它看作气旋中的扰动,是尺度更小的一种天气系统。大气中的各种系统之间存在各种物理量的交换,所以,天气系统也是一种开放系统。

3. 天气学的研究工作

天气学的研究工作可以概括为下列几方面:

①天气系统和天气现象分析的范围。夏季中小尺度的天气现象和天气系统活动频繁,除了做大的环流形势分析外,还要做中小尺度的天气分析。分析中小尺度天气和现象时所需要的资料覆盖范围要比中小尺度天气系统的尺度范围大几倍到 10 倍。同样,要做中国范围内的天气预报,分析的范围要包括欧亚大陆和西北太平洋地区。资料分析的范围要大于预报天气现象和天气系统发生的范围,较长时间的预报资料范围也要加大,因为未来的信息可以追踪到几天前的远距离位置上。分析天气系统和天气现象时要注意上下游关系,中国冬季的天气系统多来自北方西风带,因此,常把中国西部或北部的欧亚大陆看做中国的上游地区。夏季影响中国的主要环流系统包括副热带高压和季风环流,因此,对于中国南方地区,需要及时把握海洋上的天气信息。

②天气现象与天气系统的关系。无论是中尺度分析的天气图,还是天气尺度分析的常规天气图,其上都标注了很多天气现象和天气系统在同一个时刻的信息。高空图上分析的主要是天气系统及其热力和动力特征,需要通过前 1～2 个时刻的位置和移动情况来推测未来系统的移动和位置变化。地面图上的要素很多,表征系统的物理量是气压,其他的量都与天气现象有直接的联系。根据天气图分析的基本原理,需要掌握天气系统的空间三维结构及过去时刻的演变规律,从而可以对未来的趋势做出预报。一般天气预报的内容是天气现象,而不是天气系统。但是天气系统是天气现象发生的母体,因此,需要掌握天气系统与天气现象之间的关系。

③不同地区的天气分析。海洋上、平原上、高原上、低纬度地区、中纬度地区和极地地区天气系统的特征和天气现象的特征是有区别的。在热带地区,天气系统往往比较深厚,主要考虑流场结构;但在中高纬度地区,除要强调高度场的结构外,还要强调温度场与高度场之间的配置关系。

④不同尺度系统之间的关系。中高纬度天气图上表现的主要系统是一系列的长波和短波。这些长波和短波在一定的温压场条件下,长波可以消失,短波也可以发展起来,成为长波系统。不同尺度的天气系统也有合并加强和相互作用的可能。

⑤动力学理论的应用。从波动的角度看,大气动力学的原始方程可以描述多种尺度的大气波动。很多波动对天气现象和天气系统的发生和发展的贡献不是直接的,有些在一定的时间范围内是可以不考虑的。如果能够抓住那些对天气现象和天气系统预报有直接意义的波动,问题将变得简单,问题的本质就可以抓住。大气动力学的研究在天气学上的应用就是简化问题,抓住天气系统变化的本质。所以在本书中有专门的一章讲述天气学中所用到的最简单的动力学问题。

⑥数值预报产品。动力学方法简化了问题,抓住了本质,但是从长时间尺度看,它失去了很多对未来起作用的信息,利用计算机的数值天气预报可以极大地包含各种信息,快速处理问题,能够反映不同尺度系统的相互作用。数值天气预报的作用是将未来大气运动的结果提前预报出来。现在有大量的数值预报产品可以应用。这些产品尽管不是直接表示天气现象,如地面预报要素的降水、气温等,但可以建立它们之间有物理意义的关系。因此,统计学方法和天气学的基本原理就派上了用场。

2.2 天气学基本概念

2.2.1 气象要素

表示大气中的物理现象和物理变化过程的物理量,统称为气象要素。世界各地的气象台站所观测记载的主要气象要素有气温、气压、风、云、降水、能见度、空气湿度、辐射强度等。其中,以气温、气压、湿度和风最为重要。

气象要素表征着大气的宏观物理状态,是大气科学研究的基础。气温是表示大气冷热程度的物理量,是大气主要状态、气象要素中主要要素之一。例如,大气中发生的热力过程和水汽凝结现象都与大气温度有密切关系。在日常生活实践中,许多物理现象和化学过程无不与温度有密切关系。因此,对温度的测量,有十分重要的意义。

温标是量度温度高低的尺子(即单位),常用的温标有 3 种:

摄氏温标:单位用℃表示,常用符号 t 表示。

绝对温标:单位用 K 表示,以符号 T 表示。

华氏温标:单位用 F 表示,以符号 t' 表示。

各温标之间数值的换算:

$$T = t + 273.15$$
$$t' = 9/5t + 32$$

式中,t,t' 及 T 的单位分别为摄氏温度、华氏温度及绝对温度。

气压是指大气的压强,是指与大气相接触的面上,空气分子作用在每单位面积上的力,这个力是由空气分子对该面碰撞而引起的。在气象上,静止大气中某地的气压是用观测高度到大气上界单位面积上垂直空气柱的重量来表示。

气压的国际单位:帕斯卡(Pa),气压单位曾经用毫米水银柱高度(mmHg)表示,现在通用百帕(hPa)来表示。气象上规定,温度为 0 ℃,纬度为 45°N 的海平面气压为 1 个标准大气压,1(标准)大气压=760 mmHg=1013.25 hPa。

空气湿度是表示大气中水汽含量多少的物理量。它是一个表示空气潮湿程度的气象要素,与大气中的云、雾、降水的形成密切相关。

常用的湿度参量有以下几种:

水汽压是空气中所含水汽的分压强。

饱和水汽压是指一定温度下,湿空气达到饱和时的水汽压。饱和水汽压与气温有关,随着气温的升高而增加,单位为 hPa。

绝对湿度是指单位体积湿空气中含有的水汽质量,即水汽密度,单位为 g/m^3 或 kg/m^3。

混合比是一团湿空气中的水汽质量与该气块中干空气质量之比,单位为 g/kg 或 g/g。

比湿是一团湿空气中的水汽质量与湿空气的总质量之比,单位为 g/kg 或 g/g。

相对湿度是空气的实际水汽压与同温度下饱和水汽压之比值,常用百分比表示。

湿空气在水汽含量不变的条件下,等压降温达到饱和时的温度,称为露点温度,简称露点,单位为℃。

风是指空气相对于地面的水平运动。风是一个表示气流运动的物理量。它不仅有数值的大小(风速),还具有方向(风向)。因此风是矢量。

风向是指风的来向,一般用 16 个方位(地面风)或度数(高空风)来表示。风速是指单位时间内空气相对于地面移动的水平距离。

风速单位常用 m/s 或 km/h。风速大小也可用风力等级来表示。

垂直风速为沿垂直方向向下或向上的风速分量。

天气的变化与天气系统及其空间分布的变化有密切的关系,"天气"是指某个时刻或某个时间范围内的大气状态。这种大气状态是各种气象要素,包括气压、气温、湿度、风、云量、降水量和能见度的综合表现。气象要素的空间分布及其随时间的变化,与天气的分布及其变化有十分密切的关系。例如,气象要素分布常呈明显的波动型,相应的天气也呈波动式变化。

2.2.2 气团

气团是指气象要素(主要指温度和湿度)水平分布比较均匀的大范围的空气团。在同一气团中,各地气象要素的垂直分布几乎相同,天气现象也大致一样。气团的水平范围可达几千千米,垂直高度可达几千米到十几千米,常常从地面伸展到对流层顶。气团的分类方法主要有 3 种,第一种是按气团的热力性质不同,划分为冷气团和暖气团;第二种是按气团的湿度特征差异,划分为干气团和湿气团,第三种是按气团的发源地,划分为北冰洋气团、极地气团、热带气团、赤道气团。

气团的温度、湿度和其他属性反映了其生成源地的属性。气团的形成必须具有范围大、性质均匀的下垫面,还须有合适的环流条件。空气在性质比较均匀的广阔的地球表面上空停留或缓慢移动,通过大气中各种尺度的湍流、系统性垂直运动、蒸发、凝结和辐射等物理过程与地球表面进行水汽和热量交换,经过足够长时间交换才能获得与下垫面的温度、湿度和大气稳定度等相适应的物理属性。

气团离开源地后,受到与源地性质不同的下垫面性质的影响,改变原有基本物理属性,这种变化称为气团变性。

由图 2.1 可以得出以下几点:

①北极大陆气团(简写为 cA):形成于冰雪覆盖的北冰洋。特点是温度低、低层具有强逆温层,大气层相当稳定,湿度小。因此,其天气是干燥、寒冷、晴朗。

②南极大陆气团(简写为 cAA):形成于冰雪覆盖的南极大陆。其特点同北极大陆气团。

③极地大陆气团(简写为 cP):形成于中高纬度的大陆上,如西伯利亚、蒙古、加拿大一带。冬季,气团低层温度很低,有强烈的逆温现象,大气层稳定,天气与北极大陆气团类似;夏季,受大陆热力状况的影响,大气层不稳定,加上湿度增大,常出现多云天气。

④极地海洋气团(简写为 mP):形成于南半球中纬度海洋和北太平洋、北大西洋。极地海洋气团多数由极地大陆气团移至海洋上变性而成。冬季因洋面温度高于大陆,气团低层温度升高,

湿度增大,大气层不稳定,易生成对流云,有时产生降水;夏季与极地大陆气团性质差不多。

⑤热带大陆气团(简写为 cT):主要源于副热带沙漠地区,如中亚、西南亚、北非撒哈拉沙漠等地。特征是炎热、干燥,在它长久控制的地区常形成严重的干旱。

⑥热带海洋气团(简写为 mT):形成于副热带高压控制的海洋上。特征是温度高,湿度大,低层大气不稳定。由于高压中部存在下沉气流,阻碍了对流的发展,天气以晴为主。

⑦赤道海洋气团(简写为 mE):形成于赤道附近的洋面,具有高温高湿的特征,大气层很不稳定,多雷暴和阵性降水天气。

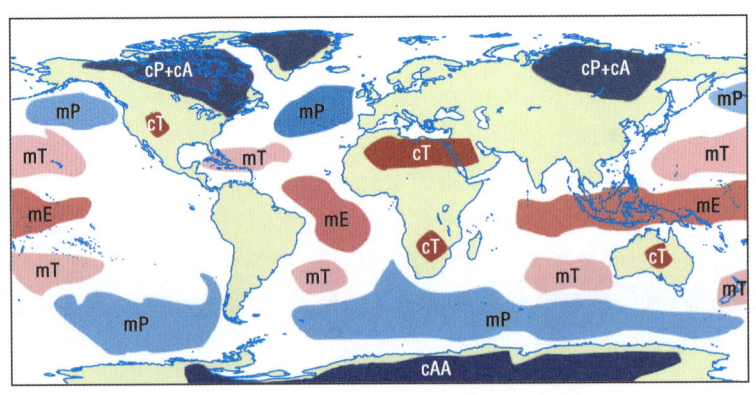

图 2.1　全球各类气团的分布概况

中国大部分处于中纬度地区,冷暖气流交绥频繁,缺少气团形成的环流条件;同时,地表性质复杂,没有大范围均匀的下垫面可作气团源地,因而,活动在中国境内的气团,大多是从其他地区移来的变性气团,其中最主要的是极地大陆气团和热带海洋气团。

春季,西伯利亚气团和热带海洋气团两者势力相当、互有进退,是天气变化最为频繁的时期。

夏季,西伯利亚气团在中国长城以北和西北地区活动频繁,中国东部沿海地区主要受变性的热带海洋气团影响。以上两种气团的交汇,是构成中国盛夏南北方区域性降水的主要原因。此外,热带大陆气团常影响中国西部地区,被它持久控制的地区,就会出现严重干旱和酷暑。来自印度洋赤道海洋气团的前部,可造成长江流域以南地区大量降水。

秋季,变性的西伯利亚气团在中国占主要地位,热带海洋气团退居东南海上,中国东部地区在单一的气团控制下,出现全年最宜人的秋高气爽的天气。

冬季,主要受变性极地大陆气团影响,它的源地在西伯利亚和蒙古,称之为西伯利亚气团。它所控制的地区,天气干冷。此外,来自北太平洋副热带地区的热带海洋气团可影响到华南、华东和云南等地。北极大陆气团也可南下侵袭中国,造成寒潮天气。

2.2.3　锋

1. 锋的概念和分类

锋是性质不同的气团之间的交界面或过渡区。从结构特点上讲,它是具有较大的温湿(水平和垂直)梯度和风速(水平和垂直)切变的狭长地区。在天气图上,由于比例尺小,锋区的宽度表示不出来,可把它看作空间的一个面,称为锋面。锋面与地面的交界称为锋线。锋面又可根据气团的相对运动,再细分为冷锋、暖锋、准静止锋和锢囚锋 4 大类。

(1) 冷锋

当锋面在移动过程中,冷气团起主导作用,推动锋面向暖气团一侧移动时,这种锋面则称为冷锋(图 2.2)。冷锋过境后,冷气团占据了原来暖气团所在的位置。冷锋在中国一年四季都有,冬半年更为常见。

(2) 暖锋

锋面在移动过程中,若暖气团起主导作用,推动锋面向冷气团一侧移动,这种锋面称为暖锋(图 2.3)。暖锋过境后,暖气团就占据了原来冷气团的位置。暖锋多在中国东北地区和长江中下游活动,大多与冷锋联结在一起。

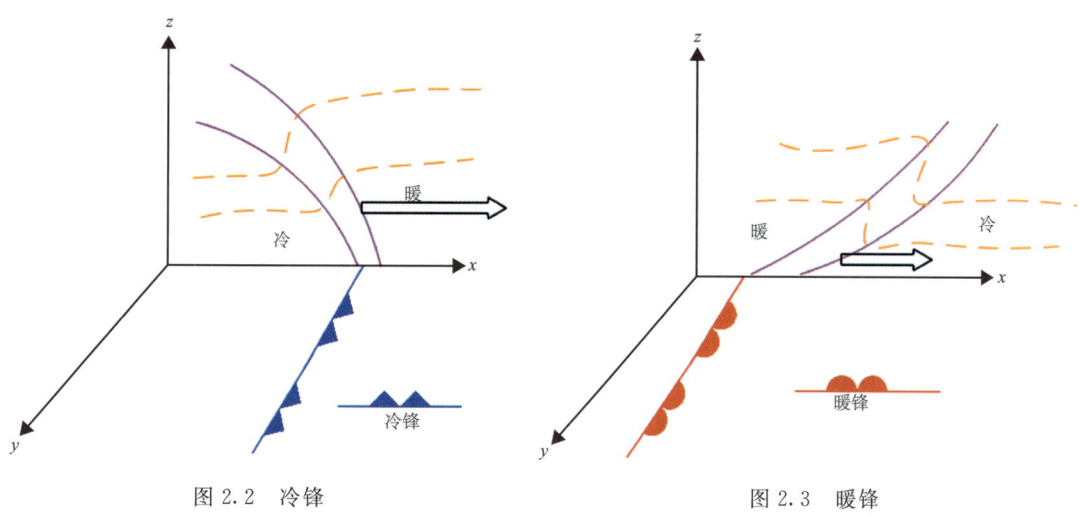

图 2.2　冷锋　　　　　　　　图 2.3　暖锋

(3) 准静止锋

当冷暖气团势力相当,锋面移动缓动,此时的锋称为准静止锋(图 2.4)。事实上,准静止锋很少完全静止。在这期间,冷暖气团势力相当,互相对峙,有时冷气团占主动地位,有时暖气团占主导地位,使锋面来回摆动。

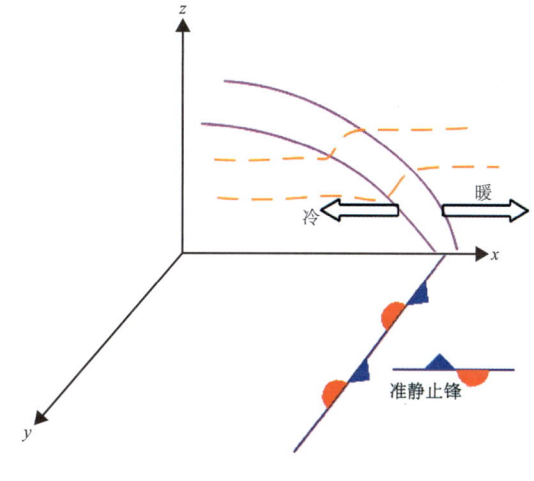

图 2.4　准静止锋

(4)锢囚锋

暖气团、较冷气团和更冷气团(3种性质不同的气团)相遇时先构成两个锋面,然后其中一个锋面追上另一个锋面,把暖气团"托举"在空中而形成锢囚。锢囚锋为冷锋后部冷气团与暖锋前面冷气团的交界面。空间剖面图上原来两条锋面的交接点称为锢囚点。锢囚锋又可再细分3类:

暖式锢囚锋:暖锋前的冷气团比冷锋后的冷气团更冷(图2.5)。

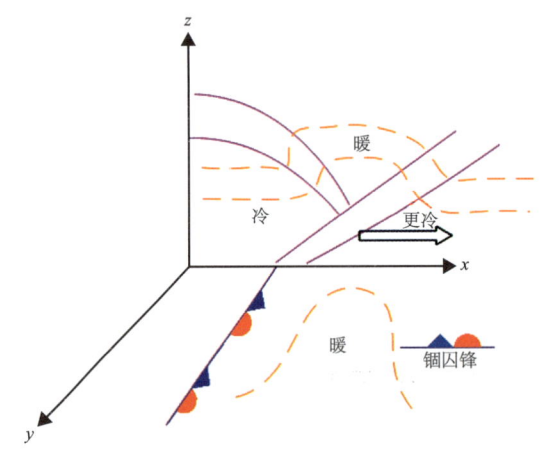

图 2.5 暖式锢囚锋

冷式锢囚锋:冷锋后的冷气团比暖锋前的冷气团更冷(图2.6)。

中性锢囚锋:冷锋后的冷气团与暖锋前的冷气团的温差较小(图2.7)。

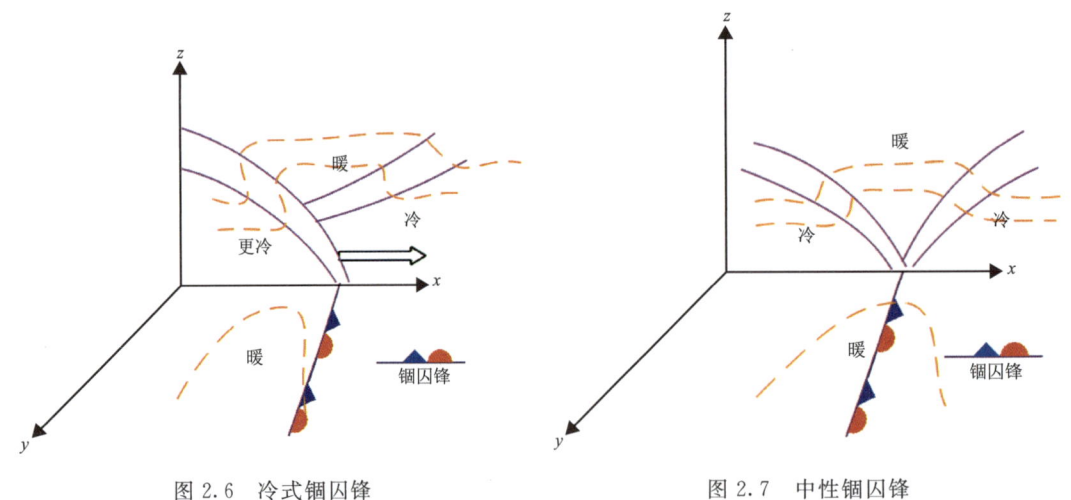

图 2.6 冷式锢囚锋　　　　　　　图 2.7 中性锢囚锋

2. 锋的结构特征

(1)温度梯度

锋区内温度水平梯度远比其两侧气团中大,在等压面图上等温线相对密集,锋区走向则与地面锋线大致平行。所以等压面上等温线的分布可以指示锋面的存在。等温线的疏密程度可反映锋区的强度,等温线愈密集,则水平梯度愈大,锋区愈强。

在冷气团、暖气团内部,温度随高度递减,但锋区内温度垂直梯度非常小。温度的水平分布比较均匀,所以等温线在气团内部呈准水平。当等温线由冷气团穿越锋区时会发生曲折。冷暖气团间温差愈大,过渡区越窄,通过锋区时等温线弯折得越厉害;反之亦然,如图 2.8 所示。

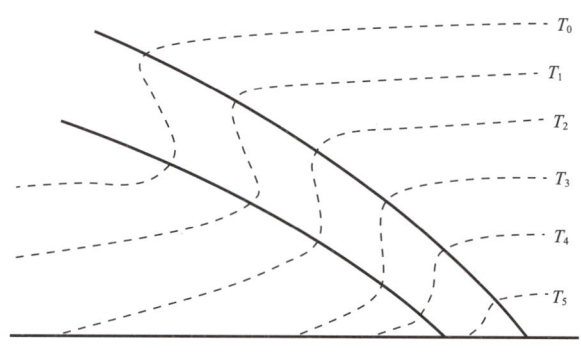

图 2.8　剖面图上锋区附近的等温线

(2) 坡度

无论是哪一种锋,锋面在空间上都向冷空气一侧倾斜,所以高空图上的锋区位置处在地面锋线的冷空气一侧,等压面高度越高,向冷空气一侧偏移越多。对比同一时刻各地面上锋区的位置,可以大致得出锋面的坡度。各等压面上的锋区位置相隔越近,锋面坡度越大。当冷气团推动暖气团时,直接受地面摩擦力影响,所以冷锋坡度较大。暖锋及准静止锋坡度则较小(图 2.9)。

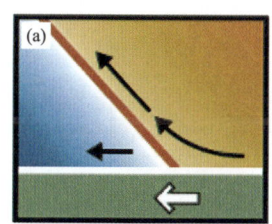 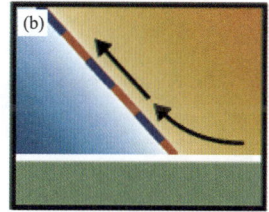 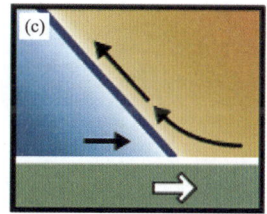

图 2.9　剖面图上锋区附近的空气运动(Ahrens,2018)
(a. 暖锋;b. 静止锋;c. 冷锋)

(3) 湿度

一般而言,暖空气来自南方比较潮湿的地区或洋面上,气温高、饱和水汽压大、露点高;冷空气来自北方内陆,气温低、水汽含量小、露点温度也低,所以锋面附近露点温度差异常比温度差异显著。

(4) 气压转变

由暖气团一方向冷气团看,暖气团内部由于空气密度较均匀,达至锋线前气压并无大变化。当通过锋线进入锋面下方的冷气团时,由于锋下密度较大的冷空气柱逐渐增长,气压必然相应增长,致使锋面两侧的气压梯度不连续。由此,等压线在锋面处产生折角,而且折角指向高压,即锋区处于低压槽中(图 2.10)。

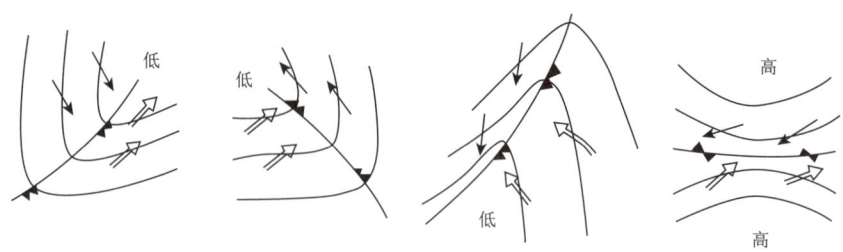

图 2.10 锋区附近常见的气压场和风场(朱乾根 等,2007)

当整个气柱中以冷平流为主时,地面气压将上升;以暖平流为主时,则地面气压下降。暖锋前有暖平流,故地面减压,暖平流越强,地面降压越多;冷锋后有冷平流,故地面加压,冷平流越强,地面加压越大;冷锋前和暖锋后或静止锋附近因为温度平流很弱,故由空气密度平流所引起的变压不明显。

(5)风速切变

由于地面锋线处在低压槽中,锋附近的风场具有气旋性切变。在地面摩擦作用下,风向偏离等压线向低值区吹,锋附近气流辐合,锋线是气流的辐合线。图 2.11 为美国克拉荷马的一个观测站;当有冷锋过境时,观测到的 1 h 气压、温度与湿度、风速、风向的变化。

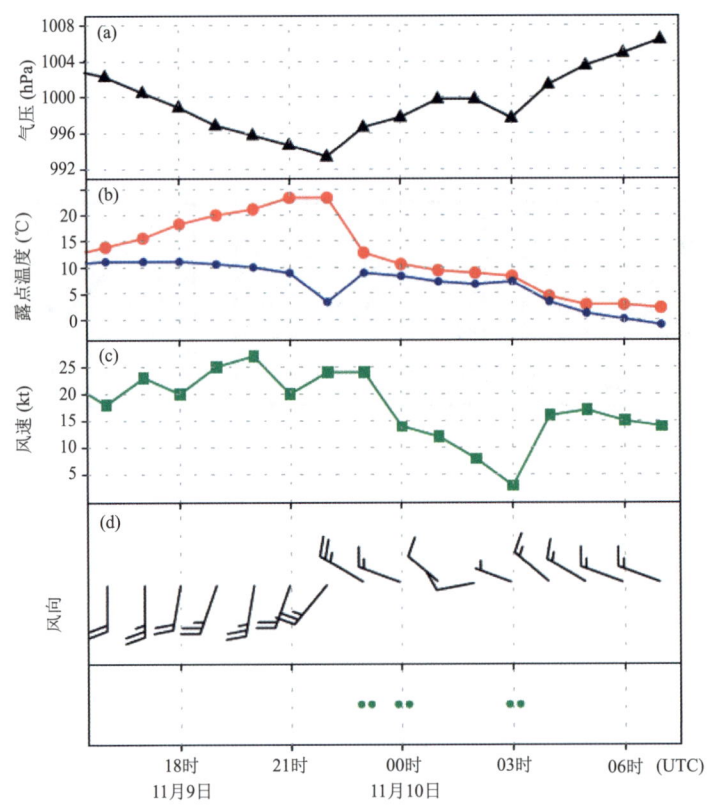

图 2.11 有冷锋过境时 1 h 气压(a)、温度与露点温度(b)、风速(c)、风向(d)的变化(Wallance et al.,2006)

3. 发展演变特征

锋面的发展和演变包括锋的生成、移动、强度变化直至消亡的全过程。锋面是气团密度不连续,温度水平梯度大的地方。锋生是指密度不连续性形成或加强的过程,或是已存在的锋面,其温度水平梯度明显加大的过程。锋消则指相反的过程,即锋的消失或减弱。水平运动、垂直运动和非绝热过程,都可造成锋生或锋消,其中尤以水平运动最为重要。

(1) 水平运动

两个性质不同的气团在有速度辐合的水平流场下,温度梯度加强,会引发锋生。当冷气团追上暖气团时,等温线会渐渐变密。相反,当两个性质不同的气团在速度辐散的水平流场下,温度梯度减少。在这种水平流场下,暖气团相对移速较快,使水平等温线变疏,发生锋消。

(2) 垂直运动

垂直运动可以用大气层结稳定性来讨论。若大气稳定且水汽含量低,空气下沉时会绝热增温;上升时则会绝热降温。因此,若一侧冷气团上升并绝热降温,一侧暖气团下降并绝热增温时,气团两边的水平温度梯度会增加,引起锋生。相反,若冷气团下沉并绝热增温,而暖气团上升并绝热冷却时,气团两边的水平温度梯度会减少,引起锋消。

但当大气水汽充沛,且大气层结不稳定时,则会因为潜热的释放引发锋生。暖空气一般来自南方,水汽比较充沛,锋前的湿暖空气受到较强烈的抬升后会绝热降温,水汽凝结后会放出大量潜热使暖空气增暖。冷空气一般来自北方,较为干燥,上升时无凝结发生,绝热冷却,使气团两侧的温度梯度加大,产生锋生。

(3) 非绝热加热

当冷空气南下移动时,会经过较暖的下垫面,下垫面的热量会通过湍流、对流和辐射等物理过程,使经过的冷空气变暖,导致气团之间的温度梯度减少,发生锋消。同样,暖空气北上非绝热冷却时,冷暖气团之间的温度梯度也会减少。

上述3种因素中有的有利于锋生,有的有利于锋消,在实际大气中往往3种或者两种因素共同起作用,其共同效应是有利于锋生还是锋消,要看哪个因素居主导地位。实践证明,在对流层低层,气流水平辐合、辐散是锋生、锋消的一种主要因素;在对流层中层,气流水平辐合、辐散和垂直运动往往同等重要,但两者所起作用相反;在对流层高层,垂直运动是一个重要因素,而水平气流辐合、辐散也是一个重要因素。

4. 对天气影响

(1) 冷锋

由于暖空气沿锋面攀升,在锋面上方会形成云。冷锋前由较远处向锋线一般依次出现以下云系:卷云—卷层云—高层云—降水性高层云或雨层云或层积云。

冷锋过境时,海平面气压会明显上升,温度会明显下降,同时风向会变成偏北风。

冷锋可按其移动速度,再分为一型和二型冷锋。

第一型冷锋一般处于高空槽的前部,多为稳定性的天气。这种锋移动比较缓慢,锋面坡度不大,锋后冷空气迫使暖空气沿锋面上升。当水汽比较充沛时,会形成和暖锋相似且范围较广的层状云系。云系出现在锋线后面,在锋线附近的降水区出现在锋后,多为稳定性降水(图2.12)。如果锋前暖空气不稳定时,在地面锋线附近一般也常出现积雨云和雷阵雨天气。夏季,在中国西北、华北等地,以及冬季在中国南方地区出现的冷锋天气多属于这一类型。

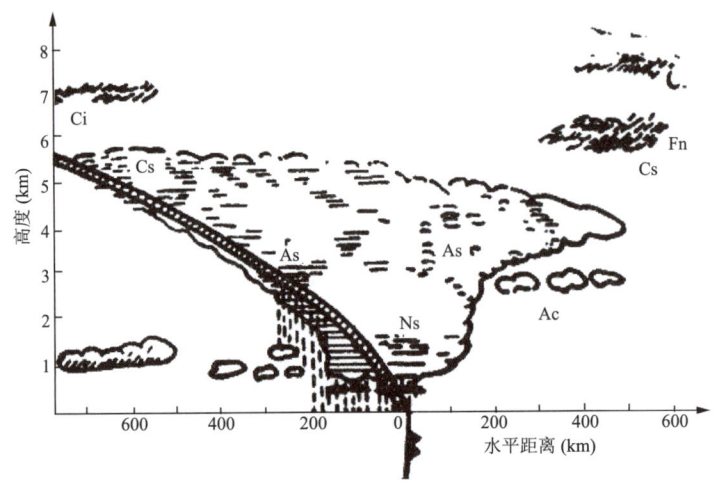

图 2.12 第一型冷锋的云系和天气(朱乾根 等,2007)

第二型冷锋移速较快,坡度较大。锋后冷空气移动速度比暖气团快,使暖气团强烈地上升。而在高层,因暖气团移速大于冷气团,出现暖空气沿锋面下滑的情况。而这种锋面处于高空槽后或槽线附近,加强了锋线附近的上升运动和高空锋区上的下沉运动。这类冷锋云系出现沿着锋线排列的积状云带。锋面前方出现高层云、高积云和积云(图 2.13)。第二型冷锋过境后往往伴随狂风、雷电、暴雨以及各种天气要素的剧变。这种冷锋天气多出现在中国北方的冬春季。

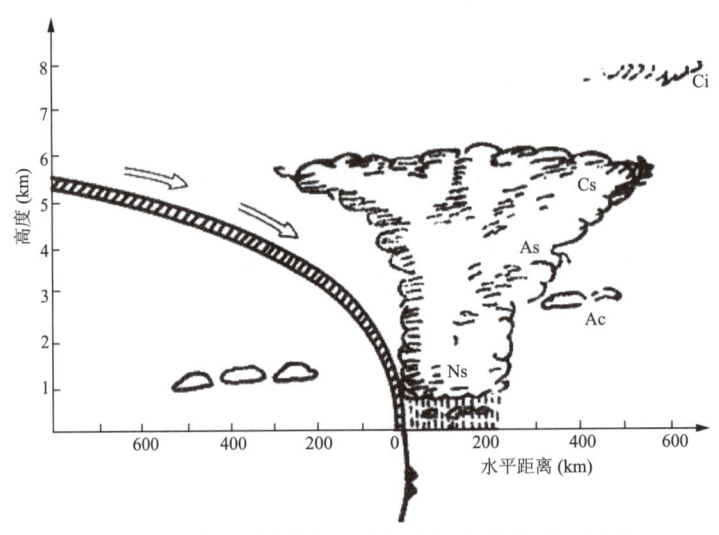

图 2.13 第二型冷锋的云系和天气(朱乾根 等,2007)

(2)暖锋

暖锋过境时,地面气压明显下降,温度明显上升,风向转成偏南风。

暖锋出现的云系和冷锋相反,暖锋前由较远处向锋线依次出现以下云系:降水性高层云或雨层云或层积云—高层云—卷层云—卷云。

暖锋上的云系由几层云组成,云层下部与地面锋线一致。暖锋的低空辐合和高空槽线的位置决定了降水发生在锋前还是锋后。若低层辐合明显,且高空 700 hPa 槽线位于地面锋上方,暖锋前降水较大(图 2.14)。但若 700 hPa 槽线在暖锋后很远,降水则在锋后。

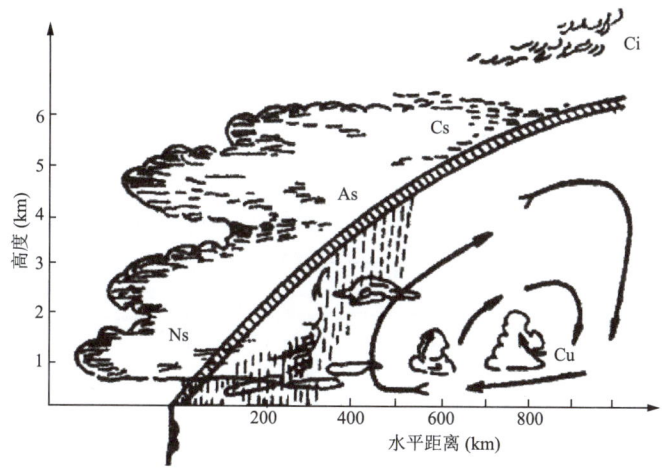

图 2.14 暖锋云系和天气(朱乾根 等,2007)

(3)准静止锋

准静止锋上的云系可以分为两类。一类是无降水或有层积云和雨量极少的零星降水(图 2.15),锋上暖空气中没有显著的云,在锋面稳定层下有冷湿空气沿地形抬升形成层积云。另一种是有显著降水(图 2.16),锋上的暖空气有较强的上升运动,因为静止锋的坡度一般较小,暖空气要滑升到距地面锋线一定距离才会发生降水。静止锋移动速度慢,降水区有机会在某地区滞留,带来大量降水。

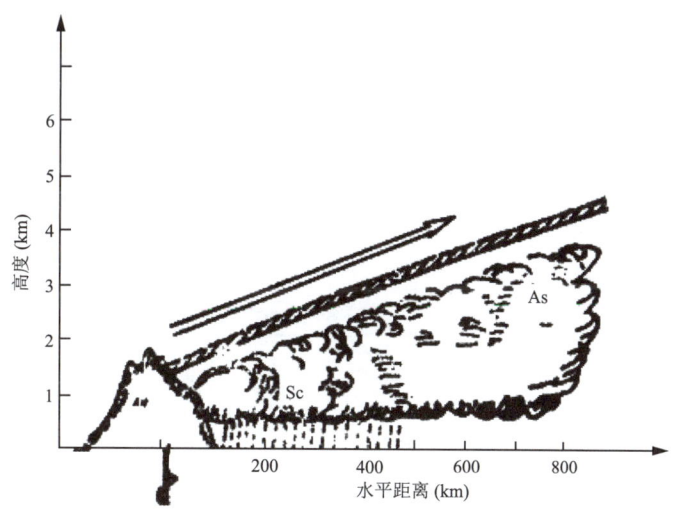

图 2.15 准静止锋的云系和天气(朱乾根 等,2007)

(4)锢囚锋

冷锋赶上暖锋后形成锢囚锋,锋的云系是由两条锋面的云系合拼而成,天气最恶劣的地方和降水区大多处于锢囚锋附近,云系多数是高层云、高积云和层积云。当锢囚锋随时间推移时,锋

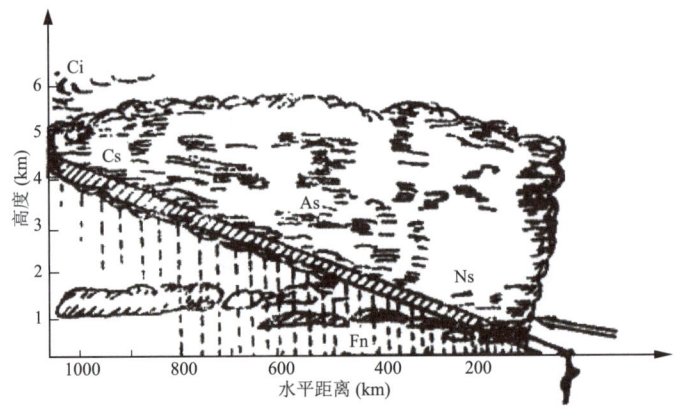

图 2.16　准静止锋的云系和天气（朱乾根 等，2007）

上的云系也由于暖空气被抬升，云底的高度也会越来越高，云也会越来越薄（图 2.17、图 2.18）。

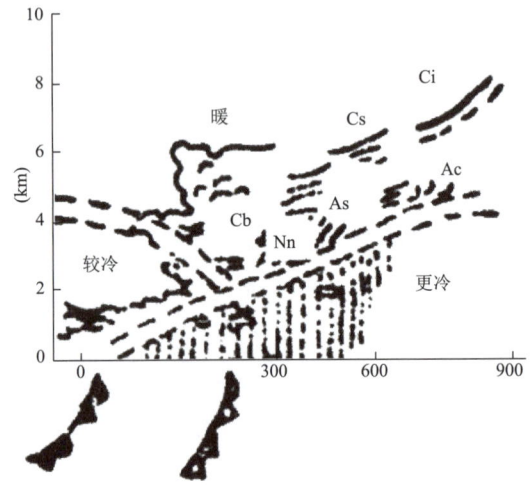

图 2.17　锢囚锋的云系和天气一（朱乾根 等，2007）

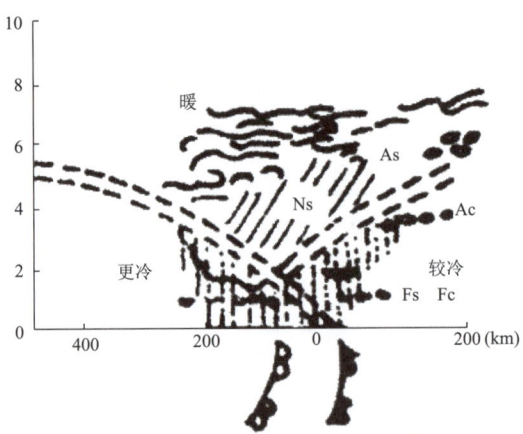

图 2.18　锢囚锋的云系和天气二（朱乾根 等，2007）

2.2.4 涡度、散度、垂直速度

1. 涡度

在每天的天气图上,不论是高空图还是地面图,天气系统的运动形式大都呈涡旋状或波状。因此,研究涡旋运动发生、发展及其移动的规律,直接关系到天气系统的发生、发展和移动,对实际天气预报有重要意义。讨论涡旋运动,首先必须引入涡度的概念,定义涡度为速度的旋度。大尺度大气运动中涡度的垂直分量远大于水平分量,规定:在北半球,逆时针旋转即气旋式旋转,对应涡度的垂直分量为正;顺时针旋转即反气旋式旋转,对应涡度的垂直分量为负。在高空图上,在槽区为正涡度,脊区为负涡度,零值等涡度线位于等高线呈直线的地区,如图 2.19 所示。

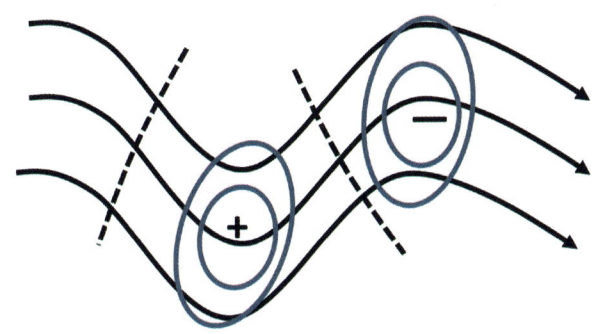

图 2.19 在槽脊区域中涡度的分布
(细实线为等涡度线,粗线为等高度线或流线,虚线为 0 涡度线)

2. 散度

规定向四周散开的水平流场为辐散,从四周向中心汇合的水平流场为辐合,如图 2.20 所示。在地面高压中心的周围,空气有经向的辐散,高层大气有水平的经向辐合,于是在地面高压的上方存在下沉(运动)气流,如图 2.21 所示。相反,在地面低压中心的周围,空气有经向的辐合,高层大气有水平的经向辐散,于是在地面低压的上方存在上升(运动)气流,如图 2.22 所示。

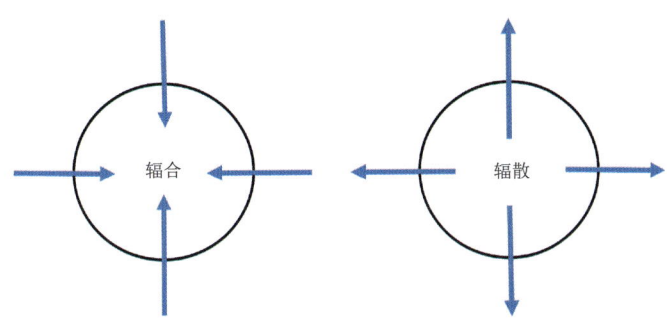

图 2.20 流场辐合与辐散理想形势示意图

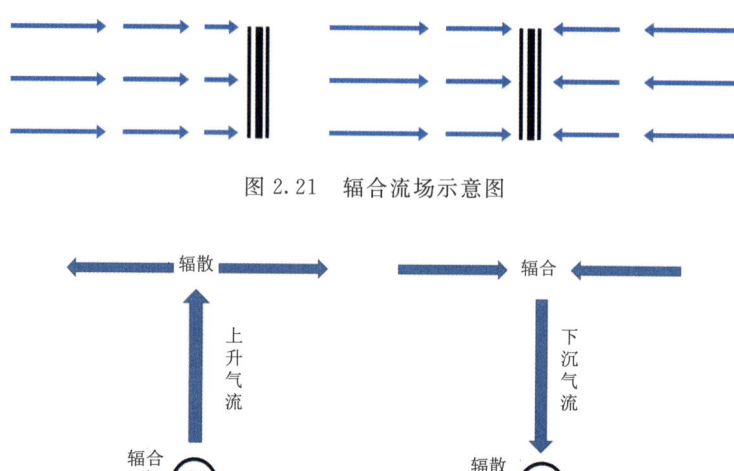

图 2.21　辐合流场示意图

图 2.22　与水平辐合、辐散相联系的垂直(气流上升和下沉)运动

图 2.23 给出的是上层大气和地面气流的辐合、辐散。在上层自由大气中,气流是沿着低压中心或者高压中心的等高线吹的。在地面上,由于摩擦的原因,气流在低压中心附近有向低压中心辐合的分量,高压中心附近有辐散的分量。

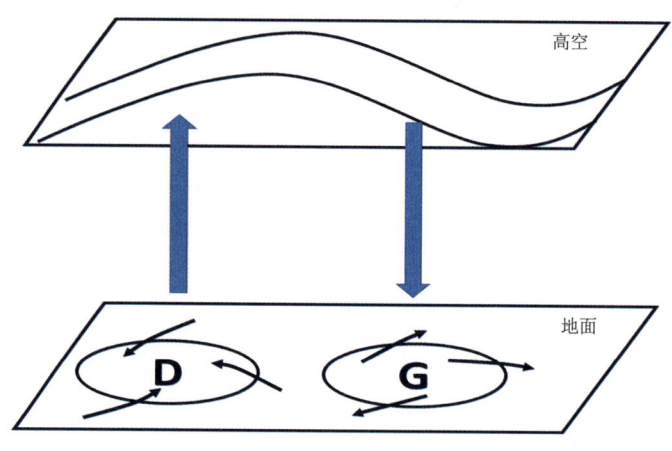

图 2.23　上层大气和地面气流的辐合、辐散

3. 垂直速度

大气层中空气块在垂直方向上受到重力和浮力的作用,当空气块受到动力因子或热力因子的扰动时,就会产生向上或向下的垂直运动。天气现象特别是大气中的降水现象与垂直运动密切相关,在水汽条件具备的情况下,垂直运动的状况决定了降水的有无和多少。

大气运动基本上是准水平的,因而空气的垂直速度很小,一般仅为水平速度的百分之一,甚至千分之一或更小。但垂直运动却与大气中云雨的形成和发展及天气变化有着密切关系。

大气中常出现大范围的空气层上升或下沉运动,这种大范围的升降运动常是由天气系统引起的。在系统性的垂直运动中,上升区或下降区的范围可达几百至几千千米,而升降速度却只有 1~10 cm/s。这样的升降速度持续时间为几小时甚至几天,空气在垂直方向上可以移动数百米至数千米,对天气的形成和变化有很大的影响。系统性垂直运动的发生往往同天气系统相联系。例如,与高压、低压、槽、脊以及锋面等有密切关系。

大气对流是指大气中的一团空气温度与环境空气温度不等而引起的。当空气块的温度高于四周空气温度时,一团空气的密度小于环境空气的密度,因而它所受的浮力大于重力,气块得到加速,在浮力作用下形成的上升运动,升至上层向外辐散,而底层四周空气随之辐合以补充上升气流,形成了对流运动。这种使空气块加速的能量为不稳定能量。在非绝热加热作用中,以凝结潜热释放为主,而下垫面的加热在某些情况下也较重要。湿空气在上升运动中膨胀冷却,达到饱和后就有水汽凝结并释放潜热,使空气增温,从而产生更强的垂直运动。由此可见,释放出的凝结潜热所引起的垂直上升运动,必须在其他原因造成了上升运动基础上才能产生。因此,人们常把凝结潜热引起的上升运动称为降水对于上升运动的反馈作用。通过大气对流一方面可以产生大气低层与高层之间的热量、动量和水汽的交换,另一方面对流引起的水汽凝结可能产生降水。在夏季经常见到的小范围的、短时的、突发性的和由积雨云形成的降水,常是热力作用下的大气对流所致。动力作用下大气对流主要是指在气流水平辐合或存在地形的条件下所形成的上升运动。在大气中大范围的降水常是锋面及相伴的气流水平辐合抬升作用形成的,而在山脉附近的固定区域产生的降水常是地形强迫抬升所致。一些特殊的地形(如喇叭口状的地形)所形成的大气对流既有地形抬升的作用,也有地形使气流水平辐合的作用。对流运动水平范围小,为几千米到几十千米,持续时间短,为几十分钟到几小时,垂直速度大,为 1~30 m/s,通常会造成雷雨、大风和阵性降水等不稳定的天气。

2.2.5 气旋与反气旋

1. 气旋的定义与分类

气旋是占有三维空间的、在同一高度上中心气压低于四周大气的大尺度涡旋,在北半球,气旋范围内的空气作逆时针旋转,在南半球其旋转方向则相反。在气压场上,气旋又称低气压(简称低压)。

根据气旋形成和活动的主要地理区域,可分为温带气旋和热带气旋。

根据气旋形成及热力结构,可分为无锋气旋和锋面气旋。其中,无锋气旋有热带气旋和地方性气旋两种。

(1) 热带气旋

发生在热带洋面上强烈的气旋性涡旋。当其中心风力达到一定程度时,称为台风或飓风。

(2) 地方性气旋

由于地形作用或下垫面的加热作用而产生的地形低压或热低压,这种低压基本上不移动。

根据气旋的发生发展的环流和天气形势,分为 A 类和 B 类。

A 类气旋与平直斜压锋区的斜压不稳定有关。在气旋初生阶段,低层有较强的温度梯度,高空表现为平直环流,但没有明显的高空槽,因此,涡度平流很小,低层先出现温压场扰动,然后逐渐向高空发展,才有高空槽出现。在气旋发展阶段高空槽与地面气旋保持相对稳定的距离,发展的最终结果达到经典的锢囚气旋,发展中具有明显的锋生现象,温度平流在 A 类气旋发展中起着决定性作用。

B 类气旋在气旋发生前有高空槽移来,高空槽前的强涡度平流叠加在低层弱的锋区或暖平流区,而后地面气旋产生,在气旋发展过程中,高空槽与地面气旋的距离迅速减小,当气旋中心轴线近于垂直时,气旋发展到最强盛阶段,高空涡度平流开始时很大,接近气旋最强时平流量减小。气旋刚发生时,温度平流较小,但它随着低层气旋的加强而增加,发展到最后也使气旋具有与经典锢囚气旋类似的热力结构。其他项(如绝热变化与非绝热变化项的作用)与A类气旋相同。

2. 反气旋定义和分类

反气旋是占有三维空间的、在同一高度上中心气压高于四周大气的大尺度涡旋,在北半球,反气旋范围内的空气作顺时针旋转,在南半球其旋转方向则相反。在气压场上,反气旋又称高气压(简称高压)。

根据反气旋形成和活动的主要地理区域,分为极地反气旋、温带反气旋和副热带反气旋。

根据热力结构,分为冷性反气旋和暖性反气旋,定义如下:

冷性反气旋:活动于中高纬大陆近地面层的反气旋多属此类,习惯上多称为冷高压。当冷高压主体从北方或西北方南下到达一定纬度后静止时,它的前方多以"扩散"形式扩散出一股股冷空气向偏南方向移动,在气压上表现为小的冷高压或高压脊,它们一般移动很快。锋面气旋的冷锋后面的小高压即属于此类移动性的冷高压。冬半年强大的冷高压南下,可造成24 h降温超过10 ℃的寒潮天气。

暖性反气旋:出现在副热带地区的副热带高压多属此类。北半球的副热带高压主要有太平洋高压和大西洋高压。副热带高压较少移动,但有季节性的南北位移和中短期的东西进退。

不同类型的气旋之间和反气旋之间,不存在不可逾越的鸿沟,在一定条件下会互相转化。如锋面气旋可转化为无锋面气旋(冷涡),无锋面气旋(热低压)也可以转化为锋面气旋;冷性反气旋也可转化为暖性反气旋。气旋、反气旋都应看作是有条件的、可变动的、互相转化的。

3. 结构特征

气旋是地面中心气压比四周低的大范围水平旋涡。在北半球,气旋区域内空气做逆时针方向流动,在南半球则相反;反气旋是中心气压高、四周气压低的水平旋涡。在北半球,反气旋区域内的空气作顺时针方向流动,在南半球则相反。气旋和反气旋一般也称低压和高压。

(1)气旋

在低层大气里,特别是在近地面附近,风向与等压线斜交,所以气旋在北半球是一个按逆时针方向旋转向中心汇集的气流系统;在南半球是按顺时针方向旋转向中心汇集的气流系统。由于气流从四面八方在气旋中心相汇,必然产生上升运动,气流升至高空又向四周流出,这样才能保证低层大气不断地从四周向中心流入,气旋才能存在和发展。图2.24a是气旋的空间结构特征,可以看出,气旋的存在和发展必须有一个由水平运动和垂直运动所组成的环流系统。因为在气旋中心是垂直上升气流,如果大气中水汽含量较大,就容易产生云雨天气。所以每当气旋(低气压)移到本区时,云量就会增多,甚至出现阴天降雨的天气。

(2)反气旋

在低层大气里,因为反气旋的气流是由中心旋转向外流动,在反气旋中心必须有下沉气流,以补充向四周外流的空气。否则,反气旋就不能存在和发展。所以,反气旋的存在和发展必须成为垂直运动与水平运动上下互补的完整的环流系统。图2.24b是反气旋的空间结构特征,可以看出,由于在反气旋中心是下沉气流,不利于云雨的形成。所以,在反气旋控制下的天气一般是晴朗无云。若是在夏季,则天气炎热而干燥。如果反气旋长期稳定少动,则常出现旱灾。中国长江流域的伏旱,就是在副热带反气旋长期控制下造成的。冬季,反气旋来自高纬大陆,往往带来干冷的气流,严重时可成为寒潮。

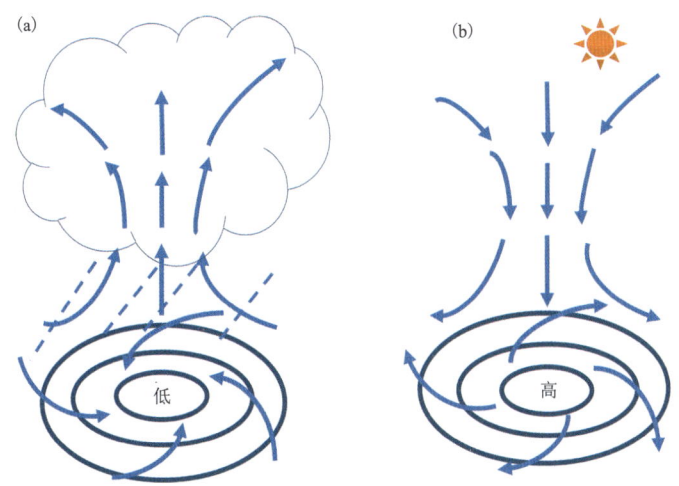

图 2.24　北半球气旋(a)、反气旋(b)的气流示意图

4. 发展演变特征

(1) 温带气旋发展

早期的温带气旋模式是由 J. 皮耶克尼斯(J. Bjerknes)提出的(图 2.25)。其特点是:温带气旋形成于锋面上,在此锋面上有较强的温度对比和风的气旋性切变。其生命史可分为 4 个发展阶段,如图 2.26 所示。

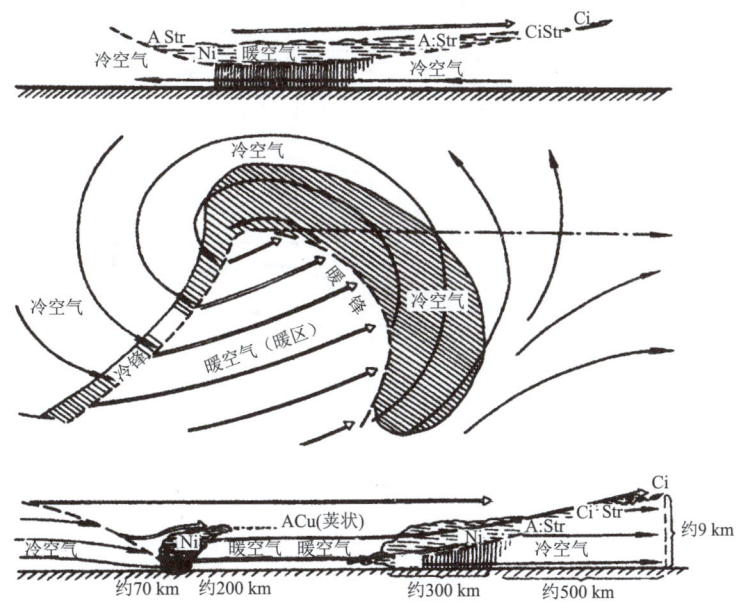

图 2.25　1919 年 J. 皮耶克尼斯(J. Bjerknes)提出并经他和索尔伯格(Solberg)
稍加修改过的气旋基本模式(朱乾根 等,2007)

(a) 波动阶段

在气旋发生前(图 2.26a),高纬为东风,低纬为西风,高纬冷,低纬暖,中间有一条锋面。这条锋面开始出现波动时(图 2.26b),冷空气向南侵袭,暖空气向北扩展,出现冷锋和暖锋及锋面降水。地面开始出现低压中心,比周围气压低 2~3 hPa,有时有一根闭合等压线。低压沿暖气流方向移动,24 h 可移动十几个经距。

(b) 成熟阶段

如图 2.26c,d 所示,波动振幅增加,冷锋和暖锋进一步各自发展,锋面降水继续增强,雨区扩大。地面图上闭合等压线增多,中心气压可比外围低 10~20 hPa,低压一般仍沿暖区气流方向移动,速度比波动阶段略减,24 h 约移动 10 个经距。这个阶段也称为青年气旋阶段,这时的气旋称为青年气旋。

(c) 锢囚阶段

图 2.26e,f 为锢囚阶段。锢囚开始时,冷暖锋相遇,使锋面抬升增强,降水强度及范围均增大。由于冷暖锋相互叠置,气旋涡旋在低层成为冷涡旋,而不像波动阶段,冷暖空气各占一部分。同时暖空气被抬离地面,气旋上空仍为冷暖空气交汇之处。随着锢囚的加深,冷涡旋的厚度也越来越大。这时地面图的低压中心气压较四周低 20 hPa 以上,移速大大减慢。

(d) 消亡阶段

图 2.26g,h 为消亡阶段。在此阶段,高空温压场已近于重合,成为一个深厚的冷低压。这时地面气旋也已变成一冷低压,锋面已移到气旋的外围,气压变化迅速减弱,由于摩擦辐合使气旋填塞而消亡。

完成这 4 个阶段一般要 5 d 左右,但不同地区可以有很大差异。例如,在北大西洋与欧洲有时锢囚阶段比较长,气旋自波动到消亡阶段可远远超过 5 d。但在东亚,波动与成熟阶段较短,有时 1~2 d 即到达锢囚阶段,所以在东亚,一次气旋活动过程在 3~5 d 即可完成。

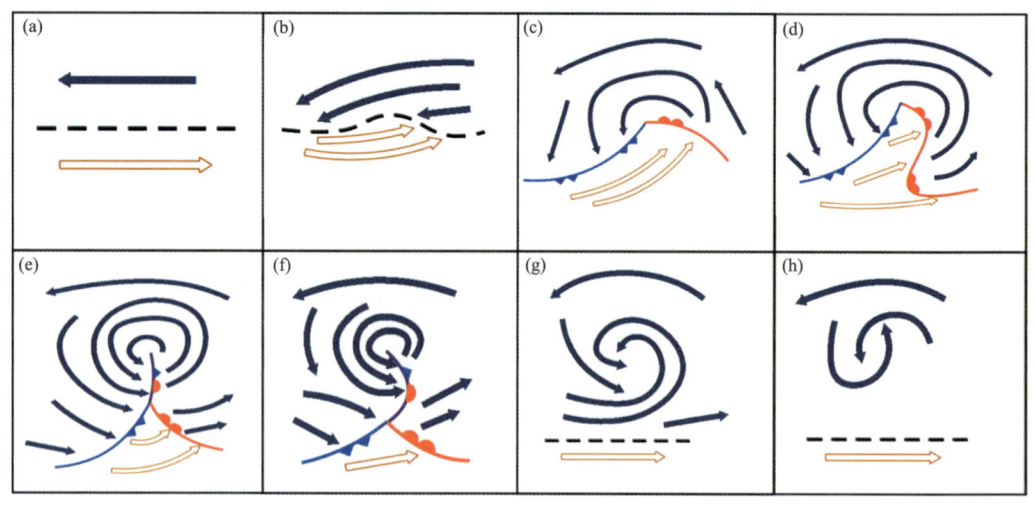

图 2.26 温带气旋生命史

（2）温带反气旋发展

和锋面气旋一样，温带移动性反气旋的发展，也受气压变化的涡度因子和热力因子所支配，通常它是从冷锋后部的一个微弱的地面高压脊中发展起来的。如图 2.27 所示，其发展过程可分为初生、发展和消亡 3 个阶段。

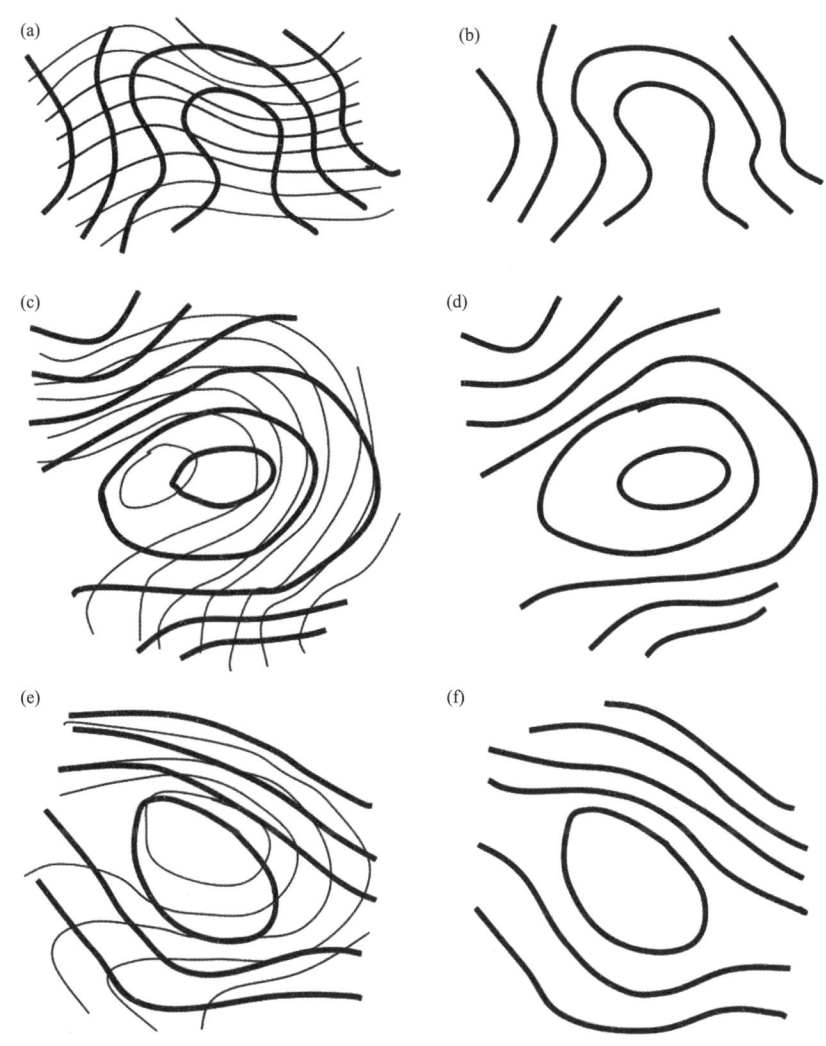

图 2.27 反气旋发展的高空高度场与地面气压场

（粗实线为地面等压线，细实线为 500 hPa 等高线）

(a) 初生阶段

反气旋的初生阶段，其高空温压场结构的主要特征为：等高线和等厚度线（或等温线）都是振幅不大的波动，温度场落后于高度场，地面高压脊位于高空高压脊前部，地面气旋后部的冷气团南缘，是通过地面气旋的锋面。在这种温压场配置下，地面高压脊上空为负涡度平流，高压脊前为冷平流，正变压，脊后为暖平流，负变压，高压脊一面发展，一面向前移动。在这一阶段，冷高压脊往往位于纬度较高的地区，下垫面的辐射冷却作用对冷性反气旋的发展十分有利。冬季西伯利亚、蒙古地区之所以有冷高压活动，就是因为那里的冷下垫面对空气有强烈的降温作用。

同时高空高压脊上的暖平流作用,使高空高压脊加强。又由于其前部的负涡度平流和后部的正涡度平流,使高空高压脊向前移动。

(b)发展阶段

这一阶段高空温压场的特征是:地面反气旋已发展到最盛时期,具有闭合中心和较多的闭合等压线。闭合等高线不仅在低空出现,同时在 500 hPa 等压面也可出现。由于反气旋发展中所伴随的下沉运动使气柱绝热压缩增温,并使温度脊加强,而与反气旋发展中心逐渐接近。冷暖平流虽在发展阶段初期比初生阶段要强,但到了最盛期则开始减弱,一个本来温度不对称的浅薄冷性反气旋,就开始转为温度比较对称的深厚暖性反气旋了,高低层的反气旋中心逐渐重合,高空负涡度平流区已移到地面反气旋中心的南部。在这种温压场结构下,涡度因子和热力因子所引起的变化已减小,且地面反气旋中心已无正变压出现,反气旋就停止发展。

(c)消亡阶段

冷性反气旋的消亡过程有两种情况:一种是转为暖性反气旋,然后减弱、消亡;另一种是减弱、消亡或并入副热带高压中。

第一种情况,这时反气旋已成为一个深厚的、中心轴线垂直和温压场对称的准静止的暖性反气旋。涡度因子已不能使反气旋继续发展,热力因子也不能使其移动。摩擦作用使反气旋从低层开始减弱,然后逐渐向上传递。这种情况多见于欧洲。

第二种情况,随着反气旋中的温度逐渐增高,其前方的冷锋逐渐锋消。反气旋在南移过程中,下垫面的非绝热加热作用使低层温度进一步增高,气团变性增暖,反气旋减弱。再加上摩擦作用,反气旋减弱、消亡或并入副热带高压中。这种过程在东亚是常见的。例如,西伯利亚、蒙古地区的冷性反气旋在高空脊前的西北气流引导下,入侵中国,到达南方后,由于和下垫面热量交换,非绝热加热作用使其减弱,最后并入西太平洋副热带高压中。

5. 对天气的影响

气旋与反气旋天气,可以看成是以气旋和反气旋的空气运动特征为背景的气团天气与锋面天气的综合。

(1)锋面气旋天气特征

锋面气旋天气是由各方面的因素决定的。锋面气旋的中部和前部在对流层中下层主要以辐合上升气流占优势,但由于上升气流的强度和锋面结构各有差异;同时,由于季节和地面特征的不同,组成气旋的各个气团的属性也有所区别。因此,锋面气旋的天气特征不仅是复杂的,而且随着发展阶段、季节和地区的不同而有差异。

为了便于了解典型气旋的具体天气特征,现分阶段来讨论。

图 2.28a 为初始(酝酿)阶段。此后进入波动发展阶段,强度一般较弱,有云系发展。如图 2.28b 所示,暖锋前会形成雨层云,伴有连续性降水及较坏的能见度,云层最厚的地方在气旋中心附近。当大气层结构不稳定时,如夏季,暖锋前也可出现雷阵雨天气。在气旋的暖区,如果是热带海洋气团,水汽充沛,则易出现层云、层积云,有时可出现雾和毛毛雨等天气现象;如果是热带大陆气团,则由于空气干燥,有的云层无降水。当气旋继续发展成为锋面气旋时,气旋区域内的风速普遍增大,气旋前部具有暖锋云系和天气特征。云系向前伸展很远,尤其靠近气旋中心部分,云区最宽,离中心越远,云区越窄。冷锋后部的云系和降水特征是属于第一型冷锋,还是第二型冷锋,则要视高空槽与地面锋线的配置情况及锋后风速分布情况而定。若高

空槽在地面锋线的后面,地面上垂直于锋的风速小,则属于第一型冷锋;若地面锋位于高空槽线附近或后部,则属于第二型冷锋。

当锋面气旋发展到锢囚阶段(图2.28c)时,气旋区内地面风速较大。辐合上升气流加强,当条件充足时,云和降水天气加剧,云系比较对称地分布在锢囚锋的两侧。当锋面气旋进入消亡阶段(图2.28d)时,云和降水开始减弱,云底抬高,而后逐渐消失。以上所讲都是假定气团为热力稳定时的情况,如气团处于热力不稳定时,则在气旋各个部位,都可能有对流性天气发生,特别在暖区,还可产生暴雨。

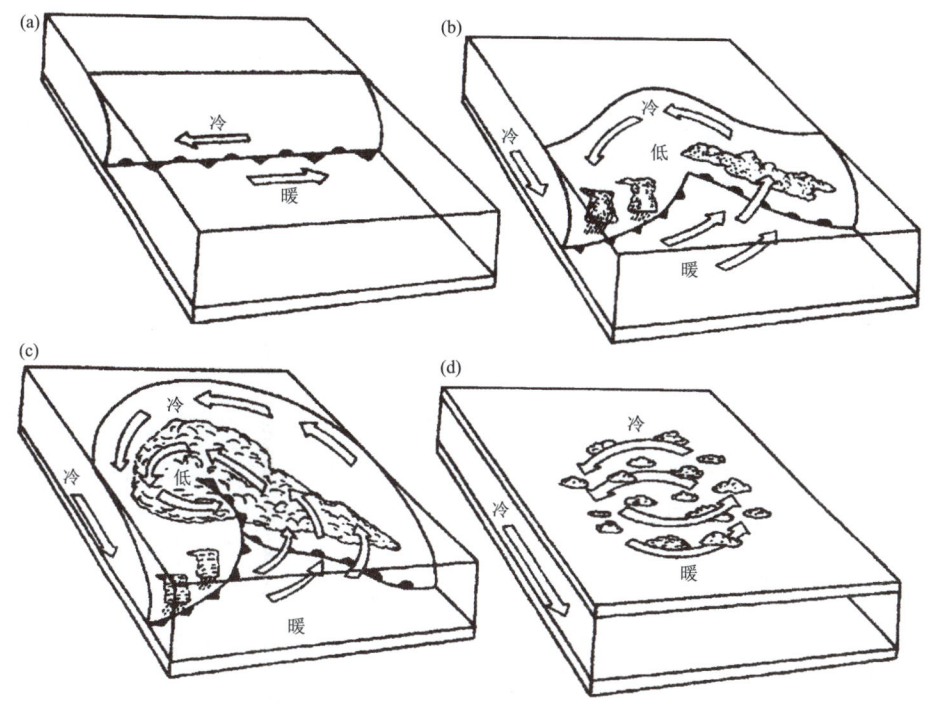

图2.28 气旋在不同发展阶段的天气特点(朱乾根 等,2007)

(2)反气旋对天气的影响

气团的性质所处的发展阶段和所在地理环境的不同而具有不同的特点。同时对某一个反气旋而言,随着反气旋结构变化、气团变性,天气情况也在变化。

温带反气旋是出现在南北半球中高纬度地区的高压涡旋,冬季温带反气旋及其前方的锋面系统能够造成明显的大范围天气现象,如剧烈降温、降水、大风、霜冻等气象灾害。天气尺度的反气旋不仅能够造成剧烈的天气现象,也与大尺度大气环流相互作用,进而在局地及全球气候变化中发挥重要作用。

反气旋的中下层,因有显著的辐散下沉运动,尤其在反气旋的右方冷平流最强的区域,下沉运动最强,一般是晴朗天气。同时反气旋是由单一气团组成,而且近地面层有明显的辐散,所以反气旋内天气分布比较均匀,近地面没有锋存在,但在其不同部位天气也有所不同。通常在反气旋的中心附近,下沉气流强,天气晴朗。有时在夜间或清晨还会出现辐射雾,日出后逐渐消散。如果有辐射逆温或上空有下沉逆温或两者同时存在时,逆温层下面聚集了水汽和其他杂质,低层能见度较低。当水汽较多时,在逆温层下往往出现层云、层积云,出现毛毛雨及雾等天气现象。在逆温层以上,能见度很高,碧空无云。反气旋的东部或东南部,因接近冷锋,常有较大的风力或较厚的云层,甚至有降水,西部和西南部,冷锋往往处在高空槽前,上空就有暖湿空气滑升,而出现暖锋前天气。

规模较小的位于两个气旋之间的反气旋天气是:前部具有冷锋后部的天气特征,后部具有暖锋后部的天气特征。

规模特大而强的冷性反气旋(即所谓寒潮高压),从西伯利亚和蒙古侵入中国时,能带下大量的冷空气,使所经之地,气温骤降,风速猛增,一般可达 10~20 m/s,有时甚至可达 25 m/s 以上。

6. 形成机制

地面气旋中心及其前方,低层气流辐合,高层气流辐散,盛行上升运动。当高层辐散大于低层辐合时,气压下降,气旋加深;反之,气压上升,气旋就被填塞。因此,对流层上部的强烈辐散是气旋发生和发展的重要条件。对流层上部低压槽的槽前为辐散区,槽后为辐合区,特别是当有一支急流由槽后流向槽前时,辐散量、辐合量将加大,在急流轴上,辐散量和辐合量更大。气旋发展的能量来源于温度对比很大的锋区所积蓄的能量,在暖空气上升和冷空气下沉过程中,气旋发展。

2.3 大气运动中的力

地球大气可以看成是一种连续介质,因此,在地球大气中所发生的运动可以利用流体动力学和热力学定律来研究。空气为什么会流动,其最根本的原因就是空气块受到各种各样力的作用。因此,为了了解大气运动,首先应知道作用于大气的力。根据流体动力学,在惯性参考系中,即在空间固定的坐标系中来看地球大气,影响大气运动的作用力有:真实力(基本力、牛顿力,在空间固定、绝对坐标系中)——气压梯度力、地心引力、摩擦力;非真实力(视示力、外观力,在旋转坐标系中)——惯性离心力、地转偏向力。

2.3.1 非真实力

众所周知,地球总是在不停地自转。如果人们观测大气运动是站在固定地球上来眺望随地球而旋转的大气运动,若大气没有受到外力作用,则可观测到空气将持续保持等速运动。然而,从空间固定的坐标系来看大气运动,则大气运动并不是等速的,它应当是不断加速的,这是由于从空间固定的坐标系来看,大气运动要受地转偏向力(也称科里奥利力、科氏力)的作用。地转偏向力是一种虚拟的力,实际上,并没有实物推动着大气运动使其偏离原先运动的方向。在北半球,如图 2.29 所示,由于地球转动产生的地转偏向力,使运动的物体总是偏向运动的右侧。如一列火车自南向北开,东边铁轨受力大;自北向南开,则西边铁轨受力大。地转偏向力的作用使大气运动的方向发生弯曲,如气流由南向北吹,由于受到地转偏向力的作用,此气流一定向东偏,变成为西南向东北方向吹的气流。在大尺度的空气运动中,地转偏向力是一个非常重要的力。

另外,物体在做曲线运动时所产生的,由运动轨迹的曲率中心沿曲率半径向外作用在物体上的力。这个力是物体为保持沿惯性方向运动而产生的,因此称惯性离心力。地转偏向力和惯性离心力只改变物体运动的方向,不改变运动的速度。

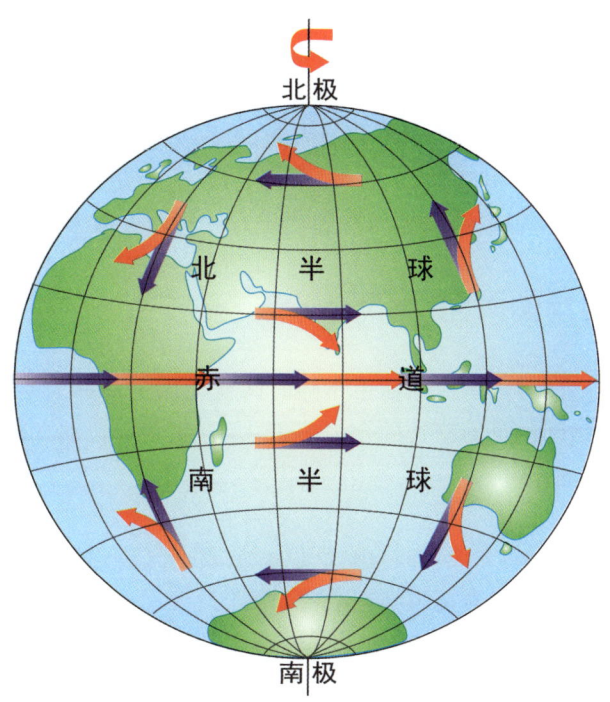

图 2.29 地转偏向力示意图

2.3.2 真实力

1. 气压梯度力

当气压分布不均匀时,单位质量气块上受到的净压力称为气压梯度力。气压梯度力的方向是由气压高处指向气压低处的。因为大气的气压随高度的升高急剧下降,所以气压梯度力在垂直方向上,表现为垂直向上,气压梯度力的垂直分量在很大程度上与重力相互平衡。此外,在水平方向上,因为地球表面状态的不均性以及太阳辐射的南北差异等原因,气压分布也是非常不均匀的,这就造成了水平方面的气压梯度力。气压梯度力是引起空气运动主要的力,空气的水平运动,主要是在水平气压梯度力的作用下产生的。水平气压梯度力大小与水平气压梯度成正比,与空气密度的大小成反比,其方向垂直于等压线,由高压指向低压。

2. 地心引力

牛顿万有引力定律说明,宇宙任何两个物体之间都有万有引力,其大小与两物体的质量乘积成正比,与两物体之间的距离平方成反比。地球对其他物体的这种作用力,叫做地心引力。其他物体所受到的地心引力方向向着地心。大气中的任一气块都受到地心引力的作用。从固定在地球上的坐标系统观察,单位质量空气所受到的重力是地心引力和地球旋转产生的惯性离心力的合力。

3. 摩擦力

两个相互接触的物体做相对运动时,接触面之间所产生的一种克服阻碍物体运动的力,大气运动中所受到的摩擦力一般分为内摩擦力和外摩擦力。内摩擦力是在速度不同或方向不同的相互接触的两个空气层之间产生的相互牵制的力,它主要通过湍流交换作用使气流速度发生改变,也称湍流摩擦力。其数值很小,往往不予考虑。外摩擦力是空气贴近下垫面运动时,下垫面对空气运动的阻力。它的方向与空气运动方向相反,大小与空气运动的速度和摩擦系数成正比。摩擦力的大小在大气中的各个不同高度上是不同的,以近地面层(地面至30～50 m)最为显著,高度越高,作用越弱,到1～2 km或以上,摩擦力的影响可以忽略不计。因此,把此高度以下的气层称为摩擦层(或行星边界层),此层以上称为自由大气层。

2.4 风场和气压场的关系

在流动的空气中,空间各点的运动速率不随时间变化的运动称为空气的稳定运动。在空气稳定运动中,作用于运动质点的诸力的合力等于0。这种稳定运动又称平衡运动。

2.4.1 地转风

对于中纬度天气尺度运动来说,在自由大气中,主要是气压梯度力和地转偏向力相平衡,如果空气质点做曲线运动,还要考虑惯性离心力。

在自由大气中,平直等压线情况下,水平气压梯度力与水平地转偏向力达到平衡时空气的等速、直线水平运动称为地转运动,这时的风称为地转风。在中纬度,自由大气的大尺度系统中,气压梯度力和地转偏向力平衡是近似成立的,它反映了在这种情况下风压场关系的主要特点(图2.30)。事实证明,实际风与地转风相差很小。因此,地转风原理可以用来指导天气图分析,严格地说,地转平衡只有在中纬度自由大气的大尺度系统中,当气流呈水平(无垂直)直线(无弯曲)运动且无摩擦时才能成立,这种条件在实际大气中经常不能满足。因此,地转平衡只能看成是一种近似关系,绝对的地转平衡并不存在。

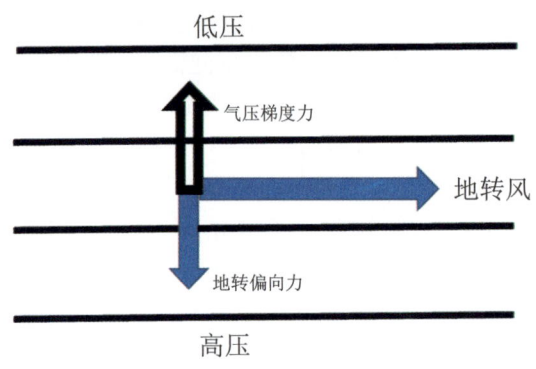

图2.30 北半球地转风示意图

赤道上水平地转偏向力等于0,不可能建立地转平衡的关系,也不存在地转风。即使不在赤道而在较低的纬度,地转偏向力也较小。例如,同样的风速,低纬度处的地转偏向力比中纬度处的地转偏向力要小一个量级,而运动方程中其他各项则相对较大,地转平衡不能建立。所以,在低纬处地转风与实际风差别较大,地转风原理不能应用。

地转风风速大小与水平气压梯度力成正比,这是因为水平气压梯度力越大,就需要有较大的水平地转偏向力与之平衡。所以当纬度相差不大时,凡等压线较密集的地区(即气压梯度大),则地转风较大,因而实际风也较大。反之,凡等压线较稀疏的地区,风速也较小。但对于不同高度的等高面,由于密度相差很大,所以相互之间不能比较。但如绘制等压面图,则不但同一张图上各处之间可以进行比较,而且不同层次的图也可互相比较。因为地转风仅与位势梯度成正比,即地转风大小取决于等压面的坡度,而与密度无关。当纬度相差不大时,凡等高线较密集的地区,风速较大,而等高线较稀疏的地区风速较小。显然在计算地转风时,用等压面图较用等高面图要优越,也方便得多。地转风与等压线平行,在北半球背风而立,高压在右,低压在左。

2.4.2 热成风

1. 正压大气与斜压大气

当密度的空间分布只依赖于气压,这种大气状态称作正压大气。正压大气中等压面、等密度面、等温面重合在一起。在静力平衡条件下,正压大气中各等压面相互平行,因而某一等压面在空间的倾斜状态可以代表所有等压面的倾斜状态。当密度的空间分布不仅依赖于气压而且依赖于温度,这种状态称作斜压大气。斜压大气中等压面与等温面、等密度面是交割的。正压大气是最简单的一种大气状态。一般而言,正压状态不能永远保持下去。大气受热不均匀,以及大气运动本身,都可以破坏原有的正压状态。若大气运动过程中原有的正压状态得以维持,这种大气称作自动正压大气。实际大气经常处于斜压状态,大气的斜压性对地球大气的运动具有重要影响。

2. 热成风

大尺度大气运动满足静力平衡条件,依据静力平衡概念,容易说明斜压大气中地转风必然要随高度改变。地转风大小与等压面坡度成正比,若等压面坡度随高度改变,则地转风必随高度改变。等压面坡度随高度改变是由于等压面上温度分布不均匀,即大气面坡度不随高度改变,地转风也就不随高度改变。因此,斜压大气是地转风随高度改变的充分与必要条件。

地转风随高度的改变量或垂直方向上两等压面上的地转风的矢量差即热成风。

热成风与平均温度线平行,背风而立,高温在右,低温在左。热成风大小与平均温度梯度成正比,与纬度成反比。

可从热成风的方向确定两层等压面间冷暖区的分布,从其大小确定温度梯度的强弱。设地转风随高度逆转(图2.31a),可推断等温线是东西走向,且北冷南暖。从图2.31a可见,在两层等压面间,地转风温度平流是冷平流。又设地转风随高度顺时针旋转,高层地转风与低层地转风的向量差也向东(图2.31b),因此,等温线也是东西向的,且北冷南暖。由图2.31b看

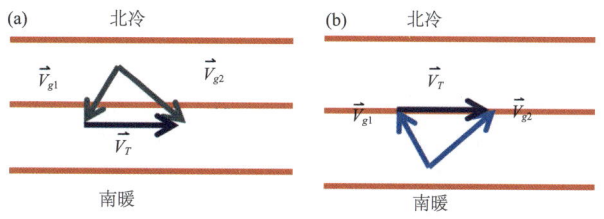

图2.31 地转风随高度变化与冷暖平流
(a)逆时针旋转;(b)顺时针旋转

出,在两层等压面间地转风温度平流为暖平流。所以,得到结论:当某层中地转风随高度逆时针旋转时有冷平流;地转风随高度顺时针旋转时有暖平流。

2.4.3 梯度风

在自由大气中水平运动方程中除考虑水平气压梯度力和地转偏向力外,并考虑向心加速度(或惯性离心力)时就得到梯度风的概念。如果站在随气块一起运动的坐标中观察时,则向心加速度消失,但出现了惯性离心力,这时气压梯度力、地转偏向力、惯性离心力三力平衡。因此,在低压中,风呈逆时针旋转,这个系统称为气旋,而在高压中,风呈顺时针旋转,这个系统称为反气旋(图 2.32)。

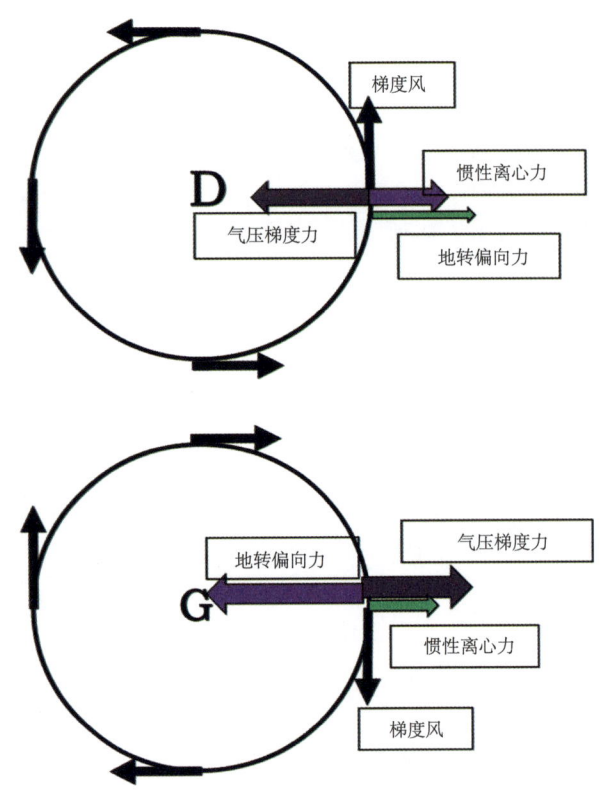

图 2.32 北半球梯度风示意图

综上所述,在大尺度运动系统中,低压与气旋性环流相结合,低压中心就是气旋性环流中心。反之,高压中心与反气旋性环流相结合,高压中心就是反气旋环流中心。

2.4.4 地转偏差

地转风虽然可以作为实际风的近似,但一般情况下实际风和地转风总是有差别的。为了量度实际风偏离地转风的程度,将实际风与地转风的矢量差定义为地转偏差,又称非地转风。

地转偏差虽然很小,但对大气运动的演变却起着极为重要的作用。有地转偏差时,空气微团才可能作穿越等压线运动,从而引起质量重新分布,造成气压场和风场的变化,所以地转偏差是天气系统演变的一个动力因子。

所以空气微团的动能在运动中保持不变。当有地转偏差时,若实际风偏于低压一侧,水平气压梯度力对空气微团做功,其动能将增加;若实际风偏于高压一侧,空气微团反抗水平气压梯度力做功,其动能将减小。因此,地转偏差对大气运动动能的制造和转换起着重要作用。此外,地转偏差对铅直运动也有重要意义。水平散度(即实际风水平散度)主要是由地转偏差决定的。铅直运动与水平散度联系在一起,如水平散度为0,也就无铅直运动,当然也没有云雨天气现象出现了。

摩擦层和自由大气中的非地转风是不一样的。

1. 摩擦层中的非地转风

在摩擦层中,主要是摩擦力、气压梯度力和地转偏向力三力平衡。因为摩擦力主要使空气运动减速,当三力平衡时,风的方向偏离等压线指向低压而速率减小,即偏向地转风的左侧。摩擦力越大,实际风的速率减小得越多,向左偏得越多,而实际风与地转风的交角也越大。根据统计,在中纬度地区,陆地上地面风风速为地转风风速的35%~45%;在海上为地转风风速的60%~70%。风向与地转风的交角,陆地上为35°~45°,海上为15°~20°。这是因为陆地比海面粗糙,湍流交换比海上强,因而摩擦系数较海上大。

由于摩擦力所造成的地转偏差,在弯曲等压线的气压场中,可以得到与在平直等压线的气压场中相类似的结论,即风速比应有的梯度风风速小,风向要偏向低压一方。因此,在北半球摩擦层中,低压中的空气,总的看来是沿逆时针方向流动的,但有向内流的分量(图2.33a);高压中的空气,总的看来是沿顺时针方向流动的,但有向外流的分量(图2.33b)。因此,在低压中摩擦作用使空气水平辐合,并引起上升运动,在高压中,就使空气水平辐散,并引起下沉运动。

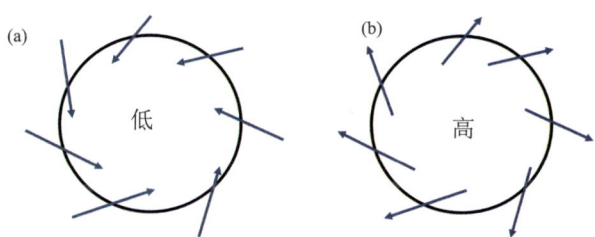

图 2.33 摩擦造成的空气辐合和辐散

2. 自由大气中的非地转风

自由大气中摩擦力很小,可以略去。自由大气中的地转偏差一般很小,与地转风的比值平均为20%左右,实际风偏离地转风的角度约为15°。

当位势高度(气压)发生局地变化,气压梯度力发生局地变化造成气压梯度力与地转偏向力不平衡,从而产生地转偏差,与变高梯度或变压梯度的大小成正比,且与变高梯度或变压梯度的方向一致。这种由变高梯度或变压梯度表示的地转偏差,通常称为变压风。常规天气图中,地面天气图上分析3 h等变压线,由变压分布可定性判断变压风的方向和强弱。变压风的方向应与等变压线垂直并指向低值区,如图2.34所示。图2.34a是有负变压中心时的情形,这时变压风向负变压中心辐合。图2.34b是有正变压中心的情形,这时变压风由正变压中心向外辐散。

当等高(压)线沿着气流的方向汇合,如图2.35所示,当气块因为惯性保持原来的速度由A点到B点时,在B处所受到的气压梯度力增加,但地转偏向力不变,气压梯度力大于地转偏向力,实际风偏向低压一侧,出现地转偏差,同理可以推论,当等高(压)线辐散时地转偏差指向高压一侧。

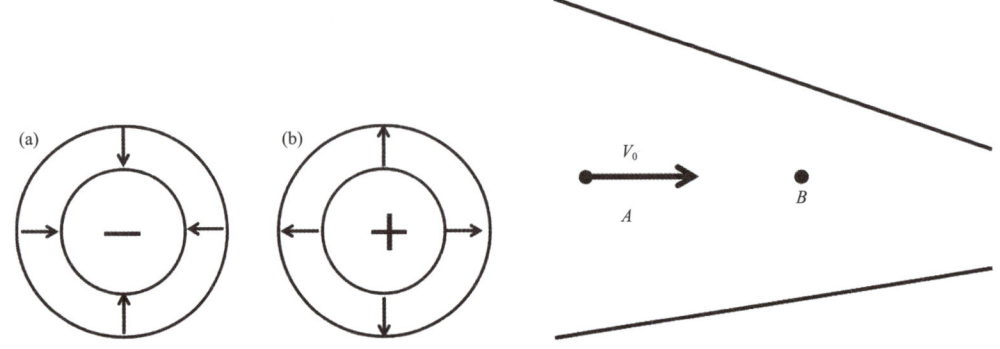

图 2.34　变压风　　　　　图 2.35　等高(压)线辐合气块的运动

当等高(压)线弯曲时,气压梯度力和地转偏向力不平衡所产生向心加速度。这种情况下,梯度风就是实际风,地转偏差就是梯度风与地转风之差。在槽前脊后有地转偏差的辐散。反之,在脊前槽后有地转偏差的辐合。

综上所述,在水平运动中,地转偏差可分解为三项来进行判断。一项是变压风,用 3 h 变压判断;一项用等压线(等高线)的辐散、辐合来判断;还有一项用等压线(等高线)的曲率来判断。一般来说,在高层,槽前脊后为辐散,槽后脊前为辐合;在低层,槽前脊后为辐合,槽后脊前为辐散。就某一固定地点而言,由下层向上层,辐散(合)转为辐合(散),其间必有一层辐散(合)为 0,称为无辐散(合)层。因为在槽前,低层辐合,高层辐散,而有上升运动;在槽后,低层辐散,高层辐合,而有下沉运动。同时因上下层辐散、辐合的不同,也不至于在槽前和槽后造成空气的大量堆积和流失,而能使上下层之间起到补偿的作用。

值得注意的是,在某些天气系统中垂直运动较强,还必须考虑垂直方向上的对流运动对应的地转偏差。这项地转偏差主要取决于垂直运动和温度场的配置。

复习与思考

1. 什么是天气学?天气学研究的对象是什么?
2. 什么是尺度?什么是天气系统?天气系统分为哪几类?
3. 什么是气象要素?主要的气象要素包括哪些,分别有什么物理意义?
4. 什么是气团?气团如何分类?影响中国的气团主要有哪些?
5. 什么是锋、锋面、锋线?锋可以分为哪几类?锋的结构特点是什么?各类锋面会带来什么天气现象?
6. 什么是气旋、反气旋?气旋和反气旋按不同的分类方法分别可以分为哪几类?什么是温带气旋?
7. 控制大气运动的力有哪些?
8. 什么是地转风?什么是梯度风?它们的物理意义是什么?它们的方向如何判断?
9. 什么是地转偏差?在摩擦层和自由大气中,地转偏差分别如何表现?

第 3 章

中国天气气候特征

3.1 中国地理气候

3.1.1 中国气候概貌

中国位于世界最大的大陆——欧亚大陆的东南部,濒临世界最大的海洋——太平洋。由于海陆之间热力差异而造成的季风气候特别显著。中国幅员十分辽阔,南北跨越 50 多个纬度,东西跨越 60 多个经度,从热带到寒温带,从热带雨林到沙漠景观都有。加之中国地形复杂,高低悬殊,青藏高原号称世界屋脊,吐鲁番盆地又深陷海平面以下。因此,中国的气候类型多种多样,气候资源优越丰富。

中国地域辽阔,自然环境复杂多样,人文景象千姿百态。自南向北,纬度逐渐升高,气温逐渐降低。南部的海南岛长夏无冬,四季鲜花盛开、瓜果飘香;北部的黑龙江长冬短夏,一年中有近半年天寒地冻,银装素裹。

从图 3.1 可以看出,中国气温、降水、地势的分布呈现有规律的变化,反映了中国自然环境

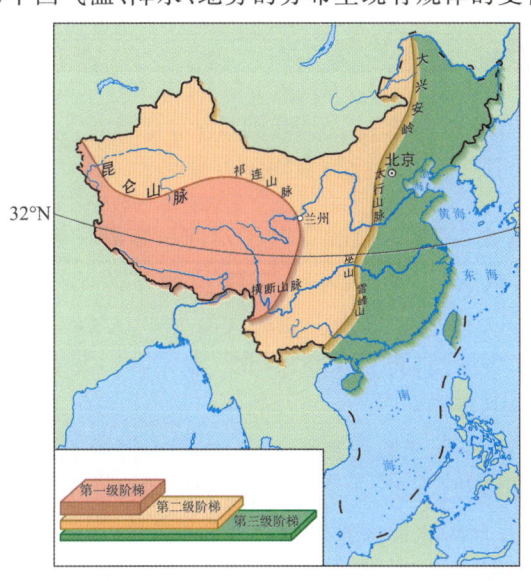

图 3.1 中国地势 3 级阶梯

的差异显著。中国地势西高东低,呈3级阶梯状逐级下降,阶梯状分布的特点,使中国大多数河流流向为自西向东。第一级阶梯以青藏高原为主,平均海拔高度在4000 m以上,主要地形区有青藏高原、柴达木盆地、昆仑山、阿尔金山、祁连山、横断山脉等大山脉;第二级阶梯以高原、盆地为主,海拔高度为1~2 km,包括内蒙古高原、黄土高原、云贵高原和塔里木盆地、准噶尔盆地、四川盆地;第三级阶梯以平原、丘陵为主,海拔高度在500 m以下,包括东北平原、华北平原、长江中下游平原及辽东丘陵、山东丘陵和东南丘陵等。

冬季,中国南北气温差别很大。从图3.2可以看出,中国大部分地区1月平均气温由南向北逐渐降低,1月0 ℃等温线大致沿秦岭—淮河一线分布。

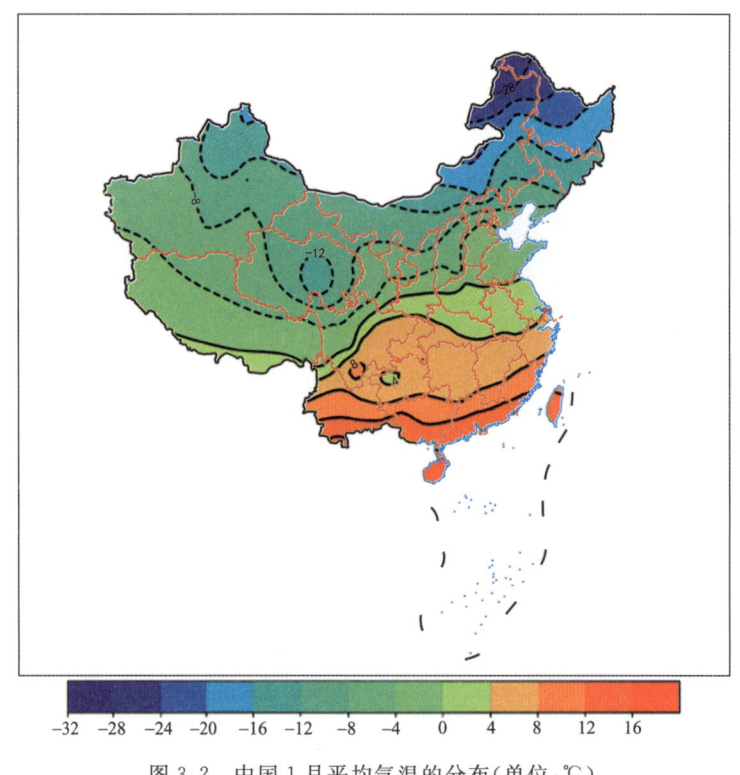

图3.2 中国1月平均气温的分布(单位:℃)

(数据来源:国家气候中心)

从1月等温线图可看出:0 ℃等温线穿过了淮河—秦岭—青藏高原东南边缘,此线以北(包括北方、西北内陆及青藏高原)的气温在0 ℃以下,其中黑龙江漠河的气温在−30 ℃以下;此线以南的气温则在0 ℃以上,其中海南三亚的气温为20 ℃以上。漠河和海口的1月平均气温相差约50 ℃。因此,南方温暖,北方寒冷,南北气温差特别大是中国冬季气温的分布特征。

气温南北分布的成因主要有:

①纬度位置的影响。冬季阳光直射在南半球,中国大部处于北温带,由太阳辐射获得的热量少,同时中国南北纬度相差大约30°,北方与南方太阳高度差别显著,北方昼长较南方短,故造成北方大部地区气温低,且南北气温差别大。

②冬季风的影响。冬季,从蒙古、西伯利亚一带常有寒冷干燥的冬季风吹来,我国北方地区首当其冲,因此,更加剧了北方严寒并使南北气温的差别增大。

③夏季,中国大部分地区普遍高温。从图3.3可以看出,中国大部分地区7月平均气温在20 ℃以上。只有青藏高原等少数地区,气温相对较低。所以除青藏高原等地势高的地区外,全国普遍高温,南北气温差别不大,是中国夏季气温分布的特征。夏季阳光直射点在北半球,中国各地获得的太阳光热普遍增多。加之北方因纬度较高,白昼又比较长,获得的光热相对增多,缩短了与南方的气温差距,因而全国普遍高温。

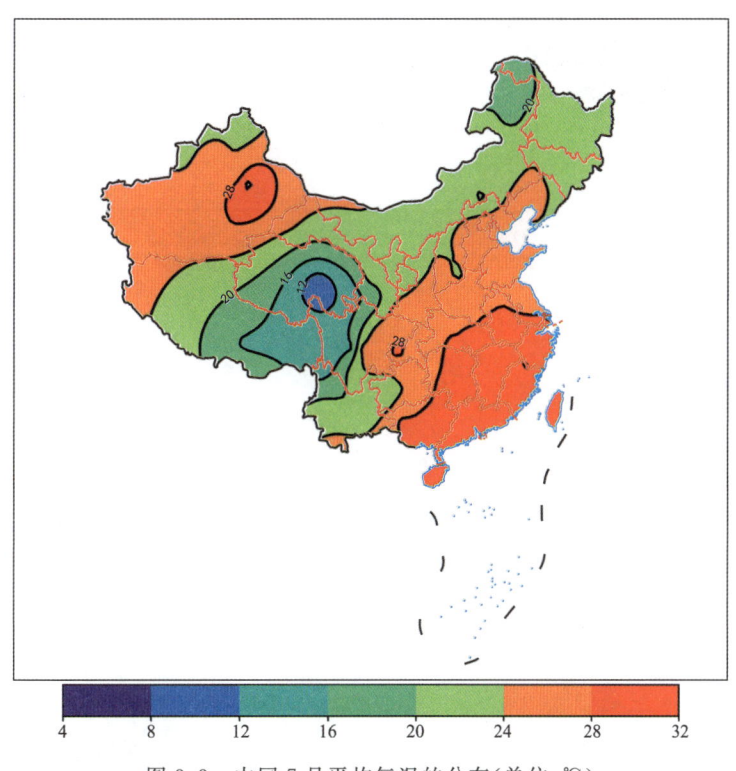

图3.3　中国7月平均气温的分布(单位:℃)
(数据来源:国家气候中心)

中国所跨纬度较大,受不同大气环流背景、下垫面性质的影响,高温分布表现出较强的区域性特征。东南部和西北部是两个年高温日数分布高值区,全年高温日数一般有15~30 d,新疆吐鲁番达99 d,为全国之最。江南部分地区及福建西北部年高温日数可达35 d左右。重庆市年高温日数也较多,有35 d(图3.4)。

根据气温的南北差异,并结合农业生产实际,从北到南,可以将中国划分为5个温度带(图3.5):寒温带、中温带、暖温带、亚热带、热带。另外,还有一个地高天寒、面积广大的青藏高原区。

自东南沿海向西北内陆,距海越来越远,降水越来越少。东南沿海地区湿润的环境下山清水秀;西北内陆地区干旱的环境下沙漠、戈壁广布。

从总体上看,中国降水的空间分布很不均匀。年降水量分布的总趋势是从东南沿海向西北内陆递减(图3.6)。东南沿海一带的年降水量多在1600 mm以上,800 mm等降水量线在淮河—秦岭—青藏高原东南边缘一线;400 mm等降水量线在大兴安岭—张家口—兰州—拉萨—喜马拉雅山东南端一线。而西北内陆的大片地区年降水量不足50 mm。中国地形呈西

中国天气

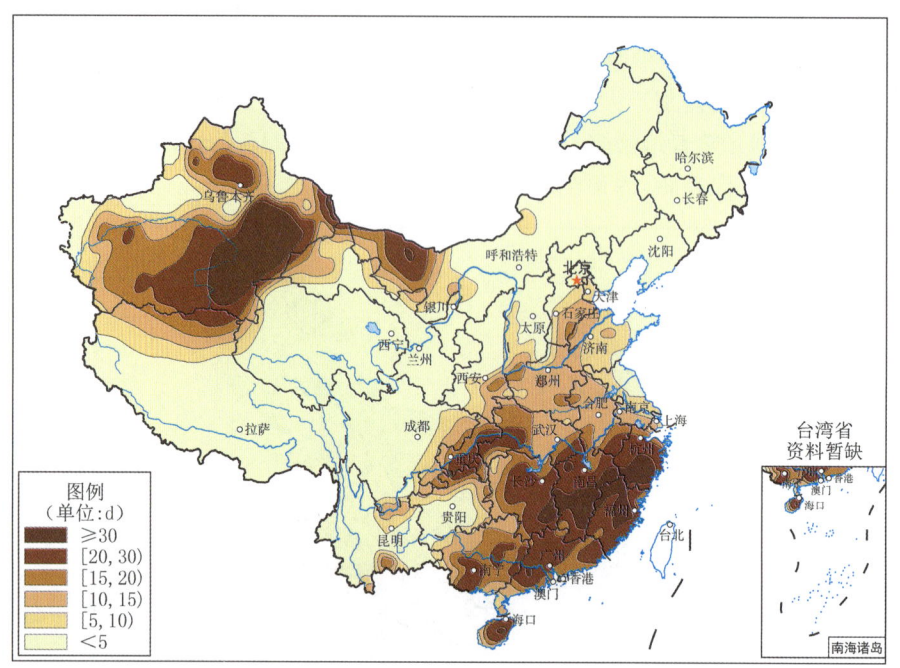

图 3.4　1981—2010 年全国高温日数分布
（图片来源：国家气候中心）

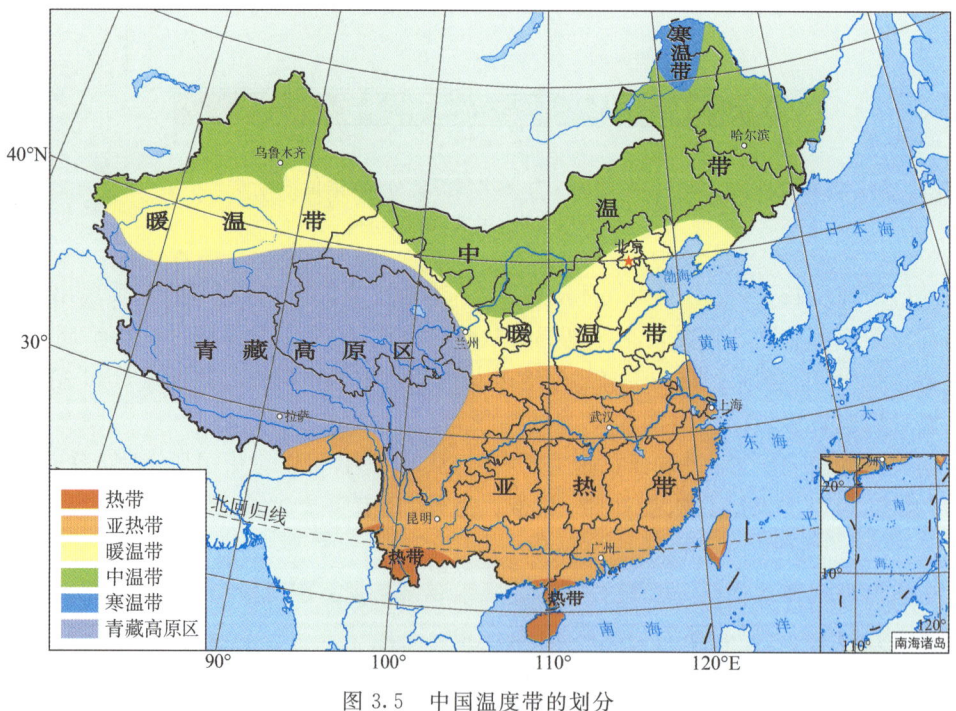

图 3.5　中国温度带的划分

高东低、朝大洋方向逐级下降的特点，不仅有利于来自东南方向的暖湿气流深入内地，对中国的气候产生深刻的影响，使中国东部平原、丘陵地区能得到充分的降水，尤其是最多的降水期和高温期相一致,为中国农业生产的发展提供了优越的水、热条件。

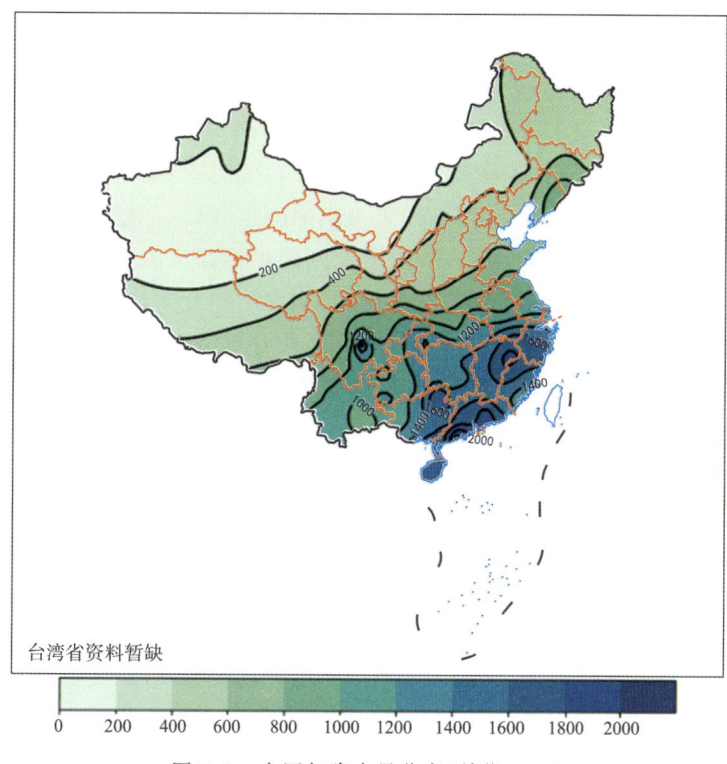

图 3.6 中国年降水量分布(单位:mm)
(数据来源:国家气候中心)

中国降水的时间分配也不均匀。大多数地区的降水集中在 5—10 月,这期间的降水量一般占到全年降水量的 80% 左右。在不同地区,雨季的长短差别很大。一般来说,南方雨季开始早、结束晚、雨季长,集中在 5—10 月;北方雨季开始晚、结束早、雨季短,集中在 7—8 月(图 3.7)。

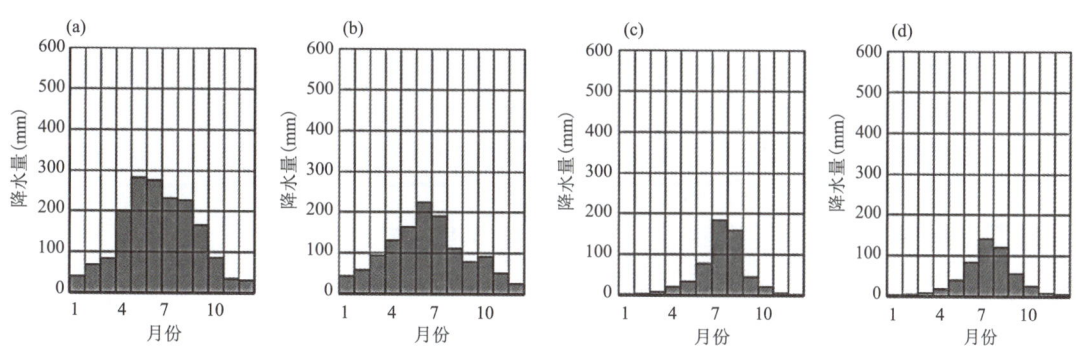

图 3.7 中国南北 4 个城市降水的季节差异
(a)广州;(b)武汉;(c)北京;(d)哈尔滨

中国降水量的时间变化表现在两个方面,即季节变化和年际变化。季节变化是一年内降水量的分配状况。全国大部分地区夏秋多雨,冬春少雨。

年际变化是年与年之间的降水分配情况。中国大多数地区降水量年际变化较大,一般是多雨区年际变化较小,少雨区年际变化较大;沿海地区年际变化较小,内陆地区年际变化较大。而以内陆盆地年际变化最大。

影响中国降水量分布的主要因素有:大气环流、海陆位置、纬度位置、地形、下垫面、人类活动等。其中地形、下垫面、人类活动因素主要影响局地降水分布,而大气环流、纬度位置、海陆位置是影响中国降水分布的最主要因素。

①纬度位置决定着气压带、风带的分布,进而影响降水分布。中国雨带的南北移动和副热带高压的季节性位移是一致的,降水很大程度上受到副热带高压的控制。5月,北上的暖湿气流与南下的冷空气在南岭一带相遇,雨带在此徘徊,华南雨季开始;6月,雨带向北推移到长江流域,并在长江中下游地区摆动约一个月,阴雨连绵,此时正值梅子黄熟时节,长江中下游地区进入梅雨季节;7—8月,雨带推进到华北、东北等地,中国北方降水量显著增加;9月,北方冷空气势力增大,雨带迅速撤回到长江以南,加上有台风雨配合,此时华南雨水仍较多。有的年份,副热带高压势力较强,北进速度快,则会出现南旱北涝的情况;有的年份,副热带高压势力弱,长期在低纬度徘徊,则会出现南涝北旱的局面。

②大气环流(季风)对降水的影响。主要受到来自海洋的夏季风(东南季风和西南季风)的影响。中国东南沿海＞1000 mm,秦淮一线为800 mm,西北非季风区＜400 mm,南疆中部＜50 mm,年降水量自东南沿海向西北内陆递减,而冬季,中国大部分地区受到来自大陆的冬季风影响,降水少。在季风气候影响下,中国降水的季节变化是夏秋多、冬春少。

③海陆位置对降水的影响。陆地位置距海远近的不同,受到海洋的影响程度也就不同,降水量分布会产生差异,呈现出自沿海向内陆逐渐减少的分布规律。同时降水分布还具有以下规律:副热带少雨带的大陆东部出现多雨区,温带多雨带的大陆内部出现少雨区。中国大部分地区处于副热带高压控制下的干旱气候,但由于濒临太平洋,大洋的丰富的水汽给中国东南沿海地区带来了丰富的降水,这使得降水的空间分布由东南沿海向西北内陆递减。

3.1.2 中国气象地理区域划分

全国一级气象地理区划中,将中国划分为11个大区(图3.8),分别为:

西北地区:陕西、甘肃、宁夏、青海、新疆5省(区)。

华北地区:山西、河北2省,北京、天津2市和河南、山东2省黄河以北地区。

内蒙古地区:内蒙古自治区。

东北地区:辽宁、吉林和黑龙江3省。

黄淮地区:黄河至淮河间所含的河南、山东、安徽、江苏4省地区。

江淮地区:淮河至长江间所含河南、湖北、安徽、江苏4省地区。

江南地区:长江至南岭间所含的湖北、湖南、江西、浙江、安徽、江苏、上海和福建北部(从南岭向东延伸)等地。

江汉地区:江淮、黄淮以西的河南、湖北其余地区。

华南地区:广东、广西、海南、台湾4省(区)和福建南部、香港特别行政区、澳门特别行政区。

西南地区:四川、重庆、贵州、云南4省(市)。

西藏地区:西藏自治区。

图 3.8　全国一级气象地理区划

中国是世界上河流众多的国家之一,有许多源远流长的大江巨川。这些河流提供了丰富的淡水资源,塑造了富饶的冲积平原,为众多动植物提供了栖息地,有利于灌溉、养殖、航运、发电和旅游等。中国地势西高东低,大多数河流自西向东流,最后注入太平洋。西南地区有些河流向南流入印度洋。在新疆北部,额尔齐斯河向北流入北冰洋。这些最终流入海洋的河流,称为外流河。

在中国内陆,有些河流最终流入内陆湖泊,有些河流河水沿途蒸发、渗漏,最终消失于荒漠中。这些最终未能流入海洋的河流,称为内流河。

汇集河水的地域称为河流的流域。外流河的流域称为外流区,内流河的流域称为内流区。中国外流区约占全国总面积的 2/3,水量超过全国河流总水量的 95%;内流区约占全国总面积的 1/3,水量不到全国河流总水量的 5%。河流在水量、水位、流量、流速、汛期与枯水期、含沙量、结冰期等方面的特征,统称为河流的水文特征。一般来说,中国夏季降水集中,河流水位高,流量大,形成汛期;冬季降水少,河流水位低,流量小,形成枯水期。秦岭—淮河一线以北的河流,冬季普遍有结冰现象;春季气温回升,冰雪消融,也会有短暂的汛期。

"中国七大江河"指的是长江、黄河、淮河、海河、珠江、辽河、松花江 7 条江河,总流域面积超过 430 万 km²(约占全国外流河流域面积的 70%),年水量为 15400 亿 m³(约占全国年水量的 60%)。

3.2　中国天气气候

3.2.1　季风气候

气候复杂多样和季风气候显著是中国气候的两个主要特征。

中国天气

早期季风表示印度洋特别是阿拉伯海沿海地区地面风向的季节性反转,即一年当中有半年吹西南风,另半年吹东北风。现在,季风的概念有了很大的拓展:地区上,扩大到亚洲、澳大利亚和非洲的热带、副热带大陆,以及毗邻的海洋地区;内容上,涵盖上述地区所有的天气年循环相关的现象。亚洲季风区是世界著名的季风区,亚洲季风区又包括南亚季风(印度季风)和东亚季风(中国季风);南亚季风属于热带季风,东亚季风又包括热带季风和副热带季风。

中国地域辽阔,气温和干湿状况的空间差异大,气候类型多样(图3.9)。影响中国气候的因素,主要有纬度位置、海陆位置、地形以及大气环流的年际和季节变化等。中国南北跨纬度大,自南向北,得到的太阳光热越来越少,气温越来越低。

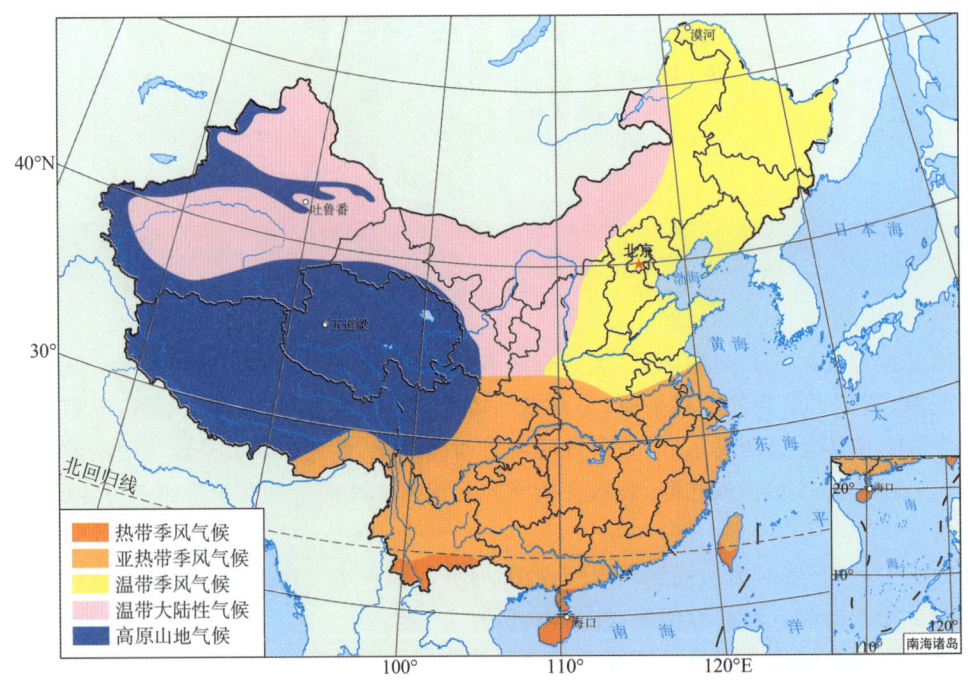

图 3.9 中国气候类型的分布

中国东部地区为世界上典型的季风气候区,由北向南分布着温带季风气候、亚热带季风气候和热带季风气候,季风气候的类型齐全。中国西北部分布着温带大陆性气候。青藏高原地区分布着独特的高原山地气候。

中国大部分地区冬夏风向更替明显。冬季气流主要来自高纬大陆,盛行偏北风(图3.10a),夏季气流来自低纬海洋,多吹偏南风(图3.10b)。冬季受冬季风控制,气候干冷、风大。夏季东部广大地区主要受夏季风影响,气候湿热、多雨。春秋季节受冬夏季风控制的气流相互作用,天气冷暖、晴雨多变。中国东南部广大地区具有干湿季明显,四季分明的特点。冬季风来自中高纬度的亚洲内陆腹地,那里太阳斜射,黑夜漫长,热量收入少而支出多,空气十分寒冷干燥。这种冷空气积累到一定程度,在有利的高空大气环流形势引导下就会向南爆发,北风呼啸南下,所到之处气温急剧下降。

夏季盛行从太平洋吹来的东南风和从印度洋吹来的西南风,温暖湿润,雨热相伴。中国东西跨经度大,自东南向西北,离海越来越远,受夏季风的影响越来越小,降水量越来越少。东南

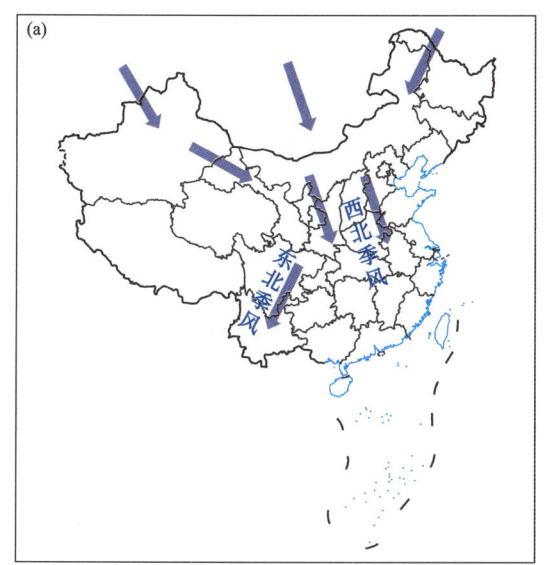 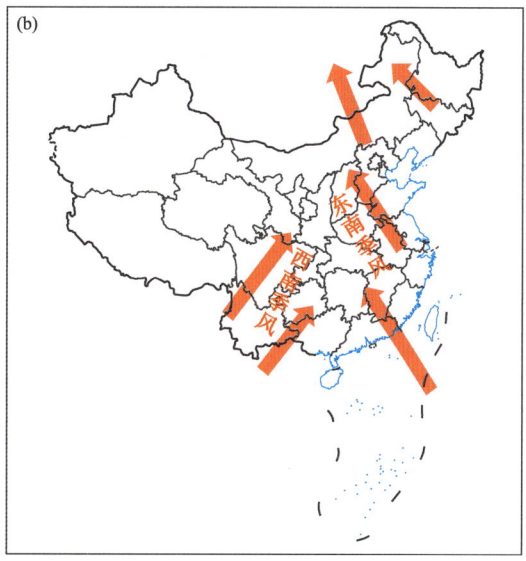

图 3.10 中国的冬季风(a)和夏季风(b)示意

季风来自太平洋,主要影响中国东部地区,西南季风来自印度洋和南海,主要影响西南和华南地区,但有时西南气流也可长驱北上,到达华中和华北地区,引起那里的暴雨。经过广阔洋面的夏季风,给中国大陆带来了丰沛的雨水,所以中国绝大部分地区的雨水集中在 5—9 月的夏半年里。

3.2.2 中国四季天气气候

中国四季有多种划分,古代以立春、立夏、立秋、立冬为四季的开始;天文上以春分、夏至、秋分、冬至为四季的开始。气候上以候平均气温为划分四季的标准:候平均气温 22 ℃ 为夏,小于 10 ℃ 为冬,10~22 ℃ 为春秋。天气上以 3—5 月为春季、6—8 月为夏季、9—11 月为秋季、12 月到次年 2 月为冬季。各地气候不同,四季长短不一,因地制宜。中国南方有的地区只有两季,即旱与涝。

1. 春季

春季指立春至立夏期间,含节气有立春、雨水、惊蛰、春分、清明、谷雨。春季是万物复苏的季节。气候学上以连续 5 d 平均气温在 10 ℃ 以上为春季的开始,温度高于 22 ℃ 时春季结束、夏季开始。春天万物生机萌发。气候温暖且多变,乍暖还寒,内陆大部分地区有降雨。

由冬转春,天气渐暖,温度上升较快。3 月平均 0 ℃ 等温线由淮河推过黄河,到达内蒙古南部。4 月除大兴安岭北段、阿尔泰山、天山西部及青藏高原等山地地区外,其他地区都回升到 0 ℃ 以上。东北和准噶尔盆地达 0~6 ℃,黄、淮流域和塔里木盆地达 12~16 ℃,长江以南达 16~26 ℃。江南地区有一个范围相当广阔的春雨区。

2. 夏季

夏季高温多雨。除青藏高原外,广大地区 7 月气温在 20~28 ℃。淮河流域以南,一般在 28~30 ℃。吐鲁番盆地极端最高气温达 48.9 ℃。青藏高原在 10 ℃ 以下。夏季风来自热带海洋,是全国大部分地区降水量最多的季节。在长江以南到南岭以北的地区以及新疆西北部山地,占全年降水量的40%以下,华北、东北大于60%,青藏高原大部分在70%以上。在宜昌以东、26~34°N是梅雨区,一般6月中旬至7月上旬为梅雨期,前后持续近一个月。这期间,阴雨连绵,夹有暴雨和雷雨,总降水量可达300 mm。台风对中国东南和南部沿海地区影响较大,在中国登陆的台风,平均每年9.2次,多集中在7—9月。登陆次数最多的是广东、台湾、福建3省,占中国台风登陆总数的88%,其中又以广东省为最多,约占全国台风登陆总数的40%。

5月,北方南下的冷空气与南方北上的西南季风相遇,中国华南地区雨季开始;6月,副热带高压脊线移到华南地区,长江流域进入梅雨季;7月,副热带高压北移并控制长江流域,那里出现伏旱天气。

夏季是许多农作物旺盛生长的最好季节,气候相对稳定,充足的光照和适宜的温度给植物提供了所需的条件。但是在菲律宾附近的海面上形成的台风,给周围地区带来灾害性天气。

3. 秋季

秋季是天高云淡,风和日丽的"秋高气爽"天气。进入秋季,虽有北方冷空气侵入,但势力不是很强。由于干湿状况的差异,有的地区会出现阴冷多雨,如华西的绵绵秋雨,有的则干燥凉爽。在较冷的深秋,由于昼夜温差大,白天蒸腾的水汽会在夜间凝结或凝华,或为露,或为霜。10月的等温线分布基本上与4月相似。大兴安岭、天山以及青藏高原地区,月平均气温在0 ℃以下。华北地区月平均气温在6~16 ℃。淮河、秦岭以南、南岭以北地区月平均气温在16~22 ℃。华南地区月平均气温在22~24 ℃。降水量较少,除东南沿海、青藏高原东侧、秦岭以南及川黔地区占全年降水量的30%以上外,全国其余大部分地区在15%~20%。

4. 冬季

冬季是全年最冷的季节,1月又是冬季最冷的月份,全国有2/3以上的国土平均气温在0 ℃以下。中国幅员辽阔,南北距离远,南方低纬度、北方高纬度,相差超过30°。太阳在北半球冬季时直射南半球,导致南方太阳辐射强度和日照时间都强于或者长于北方。纬度位置不同导致太阳辐射不同。夏天太阳直射北半球,虽然辐射强度南方仍然大于北方,可是日照时间北方却长于南方,这样南北太阳辐射量的差别就不会像冬季这么大。温度差也就没有这么大。

北方冬季来自西伯利亚的强冷空气南下,带来迅速降温、大风和雨雪天气。南方则受来自海洋的暖湿气流影响,冬季较为温和。东西走向的山脉(比如秦岭)阻挡了冷气团的南下,使南方气温偏高,而北方气温很低,温差自然就大。在多种因素(太阳辐射、气候、地理、地形)的综合作用下,使得中国南北温差冬季比夏天大很多。

1月0 ℃等温线大致通过淮河、秦岭一直向西延伸到青藏高原的东南边缘,然后穿过横断山脉到达西藏的林芝、德让宗。这条线以北地区,江河一般都冰冻。东北、西北以及大部分青藏高原,1月平均气温在-10 ℃以下,其中大兴安岭、小兴安岭、阿尔泰山及藏北高原还在-20 ℃以下,大兴安岭以北在-30 ℃以下。中国的"北极村"漠河镇极端最低气温达-52.3 ℃。在0 ℃等温线以南地区,江河无冰冻期,只有飘雪现象。南岭以南地区平均气温都在10 ℃以上。台湾、海南岛南端及南海诸岛平均气温都在20 ℃以上。总之,中国冬季气温分布的规律是自南向北,随着纬度的增高逐渐降低,南北气温相差极大,达50 ℃以上。平均每向北增加一个纬度,气温递降1.5 ℃。

在秋冬之交、冬季和冬春之交,中国常受到寒潮的袭击。寒潮大致分3条路线进入中国。

西路,由新疆东进,经河西走廊,沿青藏高原东侧南下,使西南、江南广大地区产生明显降温和大范围的阴雨天气;中路,经蒙古进入中国,经河套、华北直抵长江中下游地区,有时可越过南岭到达珠江流域,长江以北是大风降温天气,长江以南是雨雪天气;东路,源地在西伯利亚东北部或鄂霍茨克海,有时经东北南下,越渤海、过华北平原直达两湖盆地,有时经日本海、朝鲜半岛、黄海南下,影响中国东南沿海地区,引起较长时间的阴雨风雪天气。冬季降水不多,中国普遍干旱少雨,只有在长江中下游和江南地区形成一条较为稳定的降水带。

3.2.3 中国主要雨带

中国的雨季一般始于东亚夏季风爆发,止于夏季风撤退,雨带的南北位移和东亚环流的季节变化有关,受副热带高压脊线、青藏高压脊线、副热带西风急流和东亚季风季节变化影响。在夏季风正常活动的年份,如图 3.11 所示,每年 4 月、5 月暖湿的夏季风推进到南岭及其以南的地区。广东、广西、海南等省(区)进入雨季,降水量增多。如图 3.12 所示,6 月夏季风推进到长江中下游,秦岭—淮河以南的广大地区进入雨季。这时,江淮地区阴雨连绵,由于正值梅子黄熟时节,故称这种天气为梅雨天气。如图 3.13 所示,7 月、8 月夏季风推进到秦岭—淮河以北地区,华东、东北等地进入雨季,降水明显增多。9 月,北方冷空气的势力增强,暖湿的夏季风在它的推动下向南后退,北方雨季结束。10 月,夏季风从中国大陆上退出,南方的雨季也随之结束。

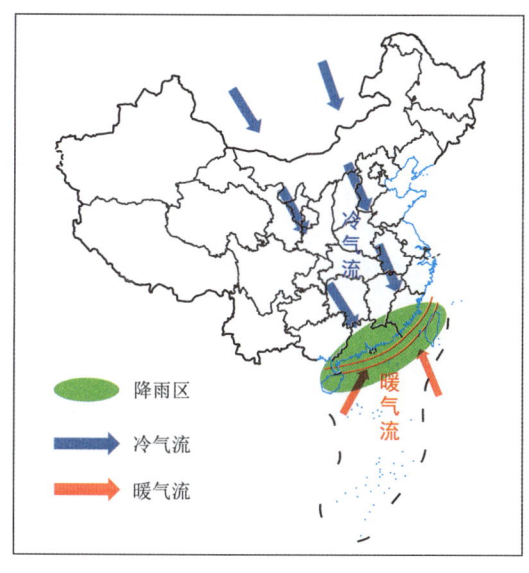

图 3.11 5 月中国东部地区主要雨带

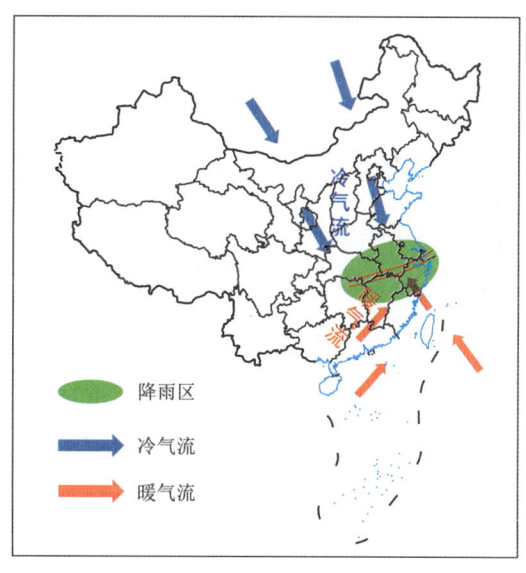

图 3.12 6 月中国东部地区主要雨带

雨量的季节分配不均匀,夏季多、冬季少,年际变化大。各地区降水主要集中在夏季(6—8月),在东部季风区,随着夏季风向北扩张,越往北或越深入内陆,雨量越集中。空间分布由东南沿海向西北内陆递减。降水量的年际变化大是季风气候的一个特点,每年季风进退时间的迟早和雨带在某一地区停留时间的长短都使得每年的降水量出现差异。一般来说,降水量多的地区,降水的年际变化较小;反之,变化就大。中国降水变化最小的地区在云南南部;降水变化最大的是在西北干旱地区。

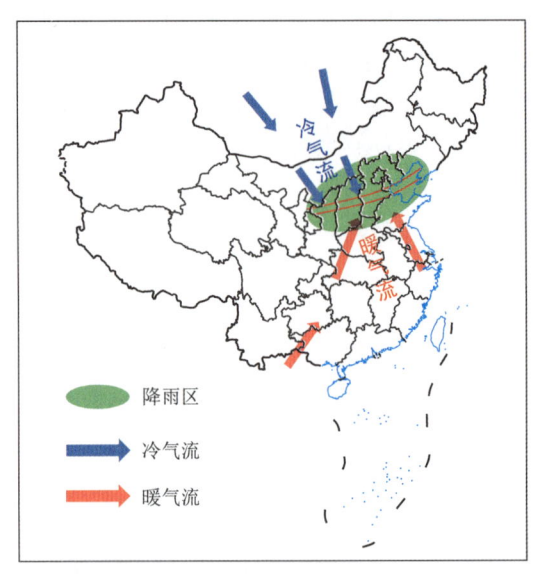

图 3.13 7月、8月中国东部地区主要雨带

中国东南部地区受季风影响,雨季起讫规律性明显。雨季开始南方早、北方迟,东部早、西部迟;雨季结束北方早、南方迟,西部早、东部迟。中国东南部广大地区由于受季风影响,降水以季风雨为主,降水的地区分布也不均匀,东部近海多雨,西部干旱少雨;南方比北方多雨。

中国东南部受季风气候影响,北部冬季干冷、夏季湿热,温度年变化与日变化比南方大,具有南北各地温度和湿度相差大,冬季比夏季相差更大的特点。

中国东部广大地区由于受季风影响,气温年较差大,与同纬度世界各地相比,冬季气温低,夏季气温较高。从20世纪70年代中后期以来,由于中国华北和东北南部降水处于年代际降水偏少阶段,造成这个区域干旱灾害发生频繁。从20世纪90年代以来,中国年平均农田受旱面积达 $2633.3 \times 10^4 \ hm^2$,特别在1999—2002年华北和东北地区出现近几十年来少有的持续严重干旱灾害,2000年和2001年全国受旱面积超过和接近约 $4000 \times 10^4 \ hm^2$,发生了近年来最严重的旱灾。这些干旱灾害不仅给华北地区的农业生产带来严重损失,而且造成此地区黄河断流,水资源严重缺乏。水资源的严重缺乏不仅严重地影响此地区的工农业生产和城乡人民生活用水,而且造成此地区生态环境严重恶化。因此,实施南水北调工程是完全有必要的,以便满足华北地区城乡人民生活用水以及工农业生产和维护生态环境用水。

1. 华南前汛期降水

华南地区位于中国最南端,是指武夷山—南岭以南的广西、广东、福建和海南等省(区)区域,是一个高温多雨、四季常绿的热带—亚热带区域。这里多数地方的年降水量在1400～2000 mm,但从常年来看,华南地区的降水有两个高峰期,一个发生在4—6月,也就是华南前汛期,另一个发生在7—9月,也就是华南后汛期。

如图3.14所示,华南前汛期的降水主要发生在副热带高压北侧的西风带中,由冷暖气流交汇引起。5月下旬到6月中上旬是华南前汛期的鼎盛期,此时恰逢端午节前后,因此称为"龙舟水"。5月中旬以前,大雨带位于华南北部;5月中旬以后,受季风影响,大雨带移至华南沿海,降水量增大。

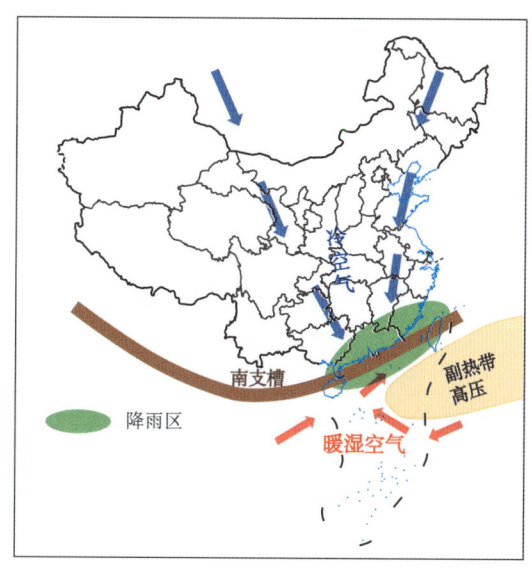

图 3.14　华南前汛期降水模式

华南前汛期每年平均有 20 场左右的暴雨,其特点是具有时间上的持续性、地域上的广阔性和程度上的猛烈性,降水有两个大值带:武夷山到南岭南麓和沿海,多暴雨,以 6 月最多;暖区降水,降水量比锋面降水多 3～5 倍,局地性强,降水范围小;夜雨现象明显,容易导致内涝、山洪等次生灾害,但有时也可解除秋冬季以来持续的旱情。

华南后汛期主要是热带天气系统造成的,尤其是台风带来的降雨,直接影响了华南后汛期降雨量的多少和地区的分布。华南后汛期的降水强度大,造成的局地灾害比较大,但总体上降雨量要小于华南前汛期。

2. 江淮梅雨

每逢初夏,正值梅子成熟之际,江淮流域阴雨连绵、降水强度大、雨量集中,故称此期为"梅雨"季节。由于梅雨期间,天气闷热,湿度大、风力小,物品极易潮湿霉烂,故此,又有"霉雨"之称。初夏长江中下游多阴雨天气,雨量充沛,相对湿度很大,日照时间短,降水一般为连续性,但常间有阵雨或雷雨,有时可达暴雨程度。

如图 3.15 所示,当寒冷的冬季过去,来自北方的冷空气势力大减,逐渐北撤,而太平洋上暖湿空气开始活跃北上。每逢初夏,这一冷一暖两股气流在中国江淮流域相遇,势均力敌,互不相让,造成江淮流域连阴雨。在这段时间内,雨日平均有 20 d 左右,历史上最长一年曾达 60 d。梅雨期间也有短暂的晴天,这是由于冷暖空气势力的变化造成的,当冷空气势力一度加强南下,江淮一带处于冷空气控制中,在梅雨天气中会出现短期晴天,而后再度显现连阴雨天气。有时江淮流域冷空气变性,南北温差小,天气也会暂时转好。当冷空气再度南下,阴雨天气又将来临。只有在暖空气势力不断加强北推,江淮流域完全置于暖空气控制下,梅雨天气才宣告结束。此时,晴朗炎热的盛夏已降临江淮。

梅雨天气开始、结束的迟早,季节的长短和雨量的多少,取决于当年冷暖空气的强度和进退时间。所以各年均不相同,梅雨可以出现在 5—7 月各时段。典型梅雨入梅时间为 6 月中旬(6 月 6—15 日),梅雨期长 20～24 d。出梅时间为 7 月上旬(7 月 6—10 日)。早梅雨是出现于

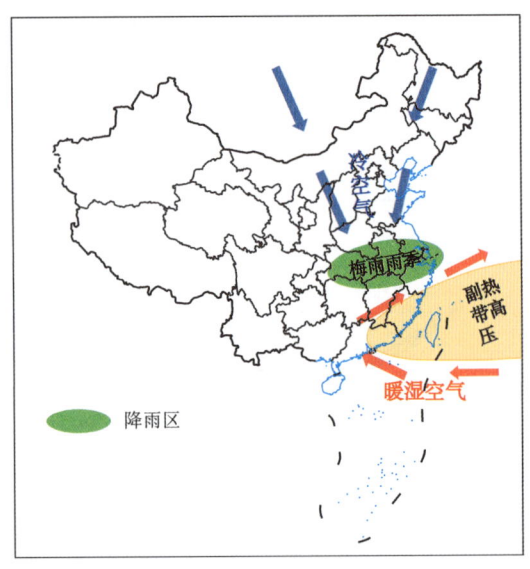

图 3.15 江淮梅雨降水模式

5 月的梅雨,平均开始日期为 5 月 5 日,梅雨天数平均为 14 d,它的主要天气特征与典型梅雨大致相同,不同的是梅雨期较早出梅后,主要雨带不是北跃而是南退;此后雨带如果再次北跃,就会出现典型梅雨。

一般说来,进入梅雨时间早,梅雨期长,总降水量也大。但也有个别年份,因暖空气强盛直驱北上,越过江淮而进入华北,所以,江淮流域梅雨期极短,甚至不出现梅雨,俗称"空梅",从而造成江淮流域大旱。

梅雨和农业生产关系非常密切。梅雨期间,正是中国长江中下游一带三麦收割、水稻播种季节,若梅雨来得过早,尚未收割的麦子容易发芽霉烂;若梅雨来得过迟,雨水不足,极易引起干旱,对水稻播种和棉田管理极为不利。

梅雨期间若雨量过分集中,还会引起水灾。在梅雨期间空气湿度大,天气忽冷忽热,给人民的生产和生活带来很大影响,如食物、粮食、衣物、药品等极易受潮发霉;仪器、装备等易生锈腐蚀;病菌也容易繁殖,引发肠道疾病等,所以饮食卫生要注意。同时,应注意衣服增减,以免受凉感冒。

3. 华北和东北雨季降水

华北雨季开始期集中在 7 月中旬左右,结束期集中在 8 月底左右。7 月中旬至 8 月下旬,江淮梅雨期结束,雨带移至华北和东北地区,形成本地区雨季。这个时期是一年当中雨水最为活跃的,平均降雨量占年平均降雨量的 60% 左右,且降雨强度大,分布极不均匀。华北雨季灾害呈增多趋势。期间降水强度大,持续时间短;降水的局地性强,年际变化大;降水时段集中;暴雨与地形关系密切。

雨季的形成与夏季风的进退有直接关系。中国地处中纬度地区,东南靠海,受季风影响比较大。冬季,中国大陆盛行冬季风,寒流频繁,雨水稀少,北方容易造成秋冬干旱;春末,夏季风开始活跃,从海上带来的暖湿气流与北方的冷空气交汇,形成中国主要雨带,之后,夏季风逐渐向北推进,华北和东北的雨季随即到来。

雨季里,冷暖空气激烈的交绥造成暴雨。暴雨日雨量常在 100 mm 以上,200 mm 以上的也很多见,个别地区的日降雨量甚至达 400~500 mm。以过程降水量计,一场暴雨达 500 mm 以上的也不少见。

4. 长江中下游春季连阴雨

3—4 月中国长江中下游各省(市)出现的持续 5~7 d 或 10 d 以上的阴雨天气,有时一次接着一次,致使阴雨天气持续 1 个月以上。连阴雨的主要特点是持续时间长、雨量小、范围广。连阴雨与北方的西风带和南方的副热带高压的季节性变化有关。连阴雨天气出现的区域有明显的季节变化,从冬季过渡到夏季时,雨区由南向北推移;从夏季到冬季时,则由北向南推移。春季,中国南方的暖湿空气开始活跃,北方冷空气开始衰减,但仍有一定强度且活动频繁,冷暖空气交绥处经常停滞或徘徊于长江和华南之间。南方的低温阴雨天气,主要是由西面青藏高原和云贵高原一带移来的中低云系和北方南下的冷空气影响所致。在此季节,每当西面中低云系东移或北方有冷空气南下,南方就会阴雨连绵。长江中下游地区春季连阴雨一般是大范围的,往往出现在从汉口到上海的长江中下游和江南(有时从华南一直到长江)上百万平方千米的地区,往往要持续 5~7 d 或更长的时间。这种天气的发生也是由大型天气过程和大型环流形势所支配的。秋季的连阴雨,发生在北方冷空气开始活跃、南方暖湿空气开始衰减(但仍有一定强度)的形势下,其过程与春季相似,只是冷暖空气交绥的地区不同,因而连阴雨发生的地区也和春季有所不同。

复习与思考

1. 中国冬季和夏季的气温分布特征是什么?这一特征形成的主要原因有哪些?
2. 中国降水的空间分布特征是什么?时间变化特点是什么?
3. 影响中国降水量分布的主要因素有哪些?
4. 全国一级气象地理区划将中国划分为哪些区?
5. 东亚夏季风爆发后,中国主要的雨带活动有哪些?
6. 中国季风气候的主要特征是什么?

第 4 章

中国天气主要影响系统

天气现象与天气过程的时空变化很复杂,但 1920 年前后挪威学派从大量的实例中归纳出了最典型的特征,并作了系统性的概括。以地面温度场为主要特征的早期天气学概念模式转化为天气分析和预报的实用规则,一直被沿用。

4.1 影响中国的锋面

4.1.1 影响中国的锋面主要类型

锋面系统是影响中国的主要天气系统,中国的降水和一些灾害性天气大多与锋有联系。中国大部分地区处在中纬度,冷暖气流交汇频繁,锋面活动非常活跃。在中国,锋面活动以冷锋最为显著,特别是在冬季更为突出,势力强,范围广。中国地域广大,地形复杂,锋面特点和锋面天气具有明显的地区差异。在中国,锋面活动主要集中在南北两带,与气旋活动分布相一致。冬季南北两个锋带基本上是发生在极地大陆气团与变性的极地大陆气团之间(昆明准静止锋和华南准静止锋除外),夏季锋带主要发生在极地大陆气团与热带海洋气团之间。

1. 影响中国的冷锋

冷锋在中国活动范围甚广,几乎遍及全国,尤其在冬半年,北方地区更为常见,华北地区是中国境内冷锋活动的必经之地,东北地区则是一年四季都有冷锋活动。中国的冷锋大多从俄罗斯、蒙古进入中国西北地区,然后南下。西北地区一年四季均有冷锋活动,冬季强,夏季弱,而出现的频数相近,其形状和移速受地形影响极大。冷锋活动的一般特点:在东亚地区都有冷锋活动,冷锋的活动频数北方多于南方,西南地区冷锋出现的频率最小;冬半年多于夏半年。冬季多二型冷锋,常能直驱华南及南海;但其移动到长江流域和华南地区后,常常转变成一型冷锋或准静止锋。夏季多一型冷锋,影响范围较小,主要活动在北方,一般只达黄河流域。夏季的冷锋常带来雷阵雨天气;冬季冷锋主要引起降温和大风;春季冷锋在东北常造成大风和降水,而在华北只引起风沙天气。

2. 影响中国的暖锋

在中国,暖锋常出现于气旋中心的东侧,而且多与冷锋成对出现,但坡度比冷锋小。暖锋过境时气压降低,气温升高,一般伴有阴雨。暖锋在中国活动范围较小,春季主要活动在华南地区、江淮流域和东北地区。夏季在黄河流域也有暖锋出现,但不占重要地位。

3. 影响中国的准静止锋

一般把天气图上 6 h 内锋面位置无大变化判为准静止锋。准静止锋的坡度比暖锋还小，沿锋面上滑的暖空气可以伸展到距离锋线很远的地方，云区和降水区比暖锋更为宽广。但是降水强度小，持续时间长，可能造成"淫雨霏霏、连日不开"的连阴雨天气。

影响中国的准静止锋主要有江淮准静止锋、昆明准静止锋、华南准静止锋、天山准静止锋等。准静止锋按云系可以分为两类：一类是云系发展在锋上，有明显的降水；另一类是云系发展在锋下，无明显降水。

(1) 江淮准静止锋

在中国江淮流域，每年初夏（6—7月），来自海洋上的暖湿气流抵达长江两岸，这时控制江淮流域的冷空气势力还较强，不易迅速向北撤退，冷暖气团在长江中下游和淮河流域交锋，势力相当，相持不下，形成著名的天气系统——江淮准静止锋。其影响范围为中国的长江中下游地区和台湾、辽东半岛，以及朝鲜半岛的最南部、日本的中南部。通常从每年 6 月中旬持续到 7 月上旬前后。

(2) 昆明准静止锋

昆明准静止锋也称西南准静止锋，早在 20 世纪 40 年代已为中国学者所发现。这是在冷空气爆发并向南扩展时，受云贵高原地形和南支西风阻挡形成的一种独特的锋面系统，它由变性的极地大陆气团和西南气流受云贵高原地形阻滞演变而成。锋上暖空气干燥而且滑升缓慢，产生不了大规模云系和降水；而锋下的冷空气沿山坡滑升和湍流混合作用，可以形成不太厚的雨层云，并常伴有连续性降水。当锋面西进时，会导致西南地区出现寒潮天气。长期稳定维持，会导致贵阳地区出现降水。

在青藏高原、云贵高原和横断山脉的作用下，昆明准静止锋沿地形呈准南北走向，并具有东西摆动和跳跃式西进的独特活动规律。影响范围在川西南、滇东北和黔西一带。锋区位置多在贵阳与昆明之间，影响时间多在冬半年。

(3) 华南准静止锋

华南准静止锋是指活动在中国华南一带的静止锋，也称南岭静止锋。呈东西向分布，是影响中国华南地区的重要天气系统。是由冷空气南下后势力减弱和南岭山脉的阻挡等所致。锋区多停滞于 22°~25°N，主要活动于南岭山脉或华南地区。一年四季都可见到，但多出现于冬春两季，秋季出现最少。冬季降水不强，春夏季可发生暴雨，持续数天，甚至 10 d 以上。华南准静止锋的位置，随季节不同而有所变化。冬半年，锋面北侧冷高压势力强大，锋区位置偏南；夏半年，锋面南侧副热带高压势力强大，使锋区位置偏北。

(4) 天山准静止锋

来自西伯利亚冷空气进入准噶尔盆地后，停滞不前，在天山北侧形成的地形锋性质的准静止锋。多在冬春季节影响天山北坡和北疆大部分地区。会造成阴雾或微雪天气，天山北坡和北疆大部分地区形成冬春降水。

4. 影响中国的锢囚锋

中国的锢囚锋主要出现在锋面频繁活动的东北、华北地区，以春季最多。中国东北地区的锢囚锋大多由俄罗斯、蒙古移来，多属于冷式锢囚锋。华北锢囚锋多在本地生成，属于暖式锢囚锋。

4.1.2 中国的锋生区

锋生是某一地区不同气团交汇的过程。中国境内的锋生区集中在华南到长江流域和河西走廊到东北这两个地区,常称之为南方锋生带和北方锋生带。这两个锋生带是和南北两支高空锋区相对应的。锋生带随高空温度线密集带位置的季节变化而相应地发生位移。自春到夏,锋生带逐渐北移,自夏到冬,则逐渐南移。

冬半年南方锋生带位于江南地区。春季锋生最频繁,因为这时南下的冷空气势力比冬季弱,而南方暖湿空气已开始加强,东移的高空低槽增多,地面倒槽容易发展,故利于锋生。6月、7月时锋生带移到长江流域,盛夏时,锋生带移到华北,这时江南极少出现锋生。9月以后,锋生带又逐渐南移。

北方锋生带有显著的季节变化。冬季,由于这一带经常位于高空脊前槽后,地面反气旋活动频繁,锋生不多。3月以后,这一地区的反气旋势力减弱,从西方东移的高空槽频繁,这时蒙古和中国东北地区常有锋生。5月以后,高空锋区北移,中蒙边界一带的锋生又减少。但中国东北地区,这时因常有冷涡存在,涡后强烈的冷平流常在东北及华北地区生成副冷锋。河西地区在夏季锋生较多,这是因为夏季侵入中国的冷空气路径偏西,常沿青藏高原东侧南下,此时,河西地区是冷空气必经之路。冬半年,由于冷空气路径偏东,所以春冬两季在这一带的锋生较少。

中国有些地区的锋生与地形有关。如天山北坡、南岭北坡和昆明—贵阳—成都一线的坡地等,都是常见的静止锋锋生区。

4.2 影响中国的气旋和反气旋

中国地处东亚大陆,在这一地区活动的气旋和反气旋在其源地、路径、发生和发展等方面都具有一定特点。东亚地区是温带气旋活动频繁的地区之一,气旋的活动范围广,其移动和发展带来的影响能从中国内陆地区一直延伸至西北太平洋。根据东亚气旋发生源地,分成北方气旋和南方气旋两类。其中,位于中高纬度蒙古地区和贝加尔湖附近的气旋活动时伴随着冷空气的向南侵袭,会造成中国北方地区春、夏季的降温和大风,当其与来自南方的暖湿空气汇合后形成锋面降水,雨量多少不仅与低纬环流系统的位置和强度有关,还受到中高纬度环流的制约。

4.2.1 气旋

1. 东亚气旋源地、移动路径

东亚地区上空有南北两支对流层锋区,因此,在锋区下方的气旋活动地区也分南北两带,分别称为南方气旋和北方气旋。从图4.1可以看出,北方气旋活动主要集中在蒙古—中国东北地区,该区也是北半球气旋活动最频繁的地区之一,气旋呈西南—东北走向。由于受高空槽前西南气流的影响,大陆气旋一般向东—东北方向移动,大多数在海上消亡,因此,在中高纬度西北海域也出现了一个相对较弱的频数集中区。主要活动区(蒙古—中国东北)的中心有两个,一个在蒙古国境内,中心位于101°E、44°N,中心最大频数值为72;一个在中国东北的北部地区,位于126°E、50°N,中心最大频数值为36,习惯上分别称为"蒙古气旋"和"东北气旋"(或东北低压)。南方气旋活动主要集中在中国东部沿海地区及日本南部海面上。与北方气旋不同的是,南方气旋频数区向南延伸比较明显,主要中心一个位于江淮流域,中心最大频数值为

18,还有一范围较大的海上气旋活动区,位于日本列岛的南部,中心频数值大于24。北方气旋和南方气旋活动区相比,北方气旋活动主要集中在内陆,而南方气旋活动则主要集中在海上及沿海地区。从年频数分布图上看,南方气旋的活动频数比北方气旋要小得多。

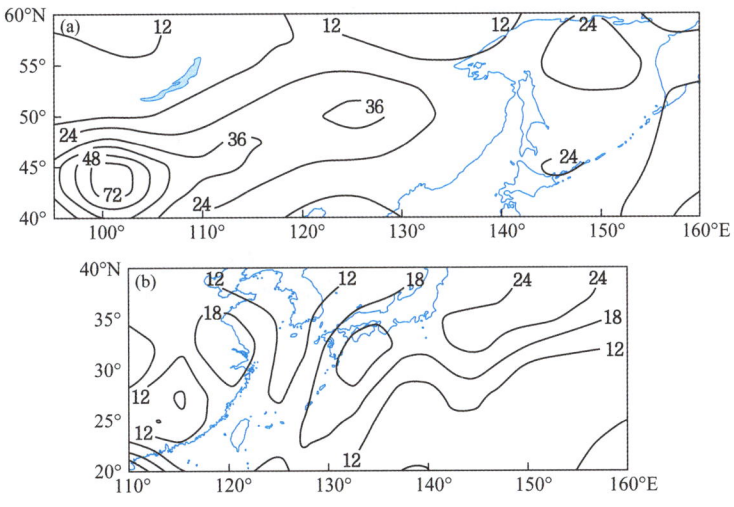

图 4.1 北方气旋(a)和南方气旋(b)多年平均年频数分布(王艳玲 等,2011)

由图 4.2 中线性趋势看,北方气旋的活动频数有逐年减少的趋势。南方气旋的活动频数却有逐年增加的趋势。

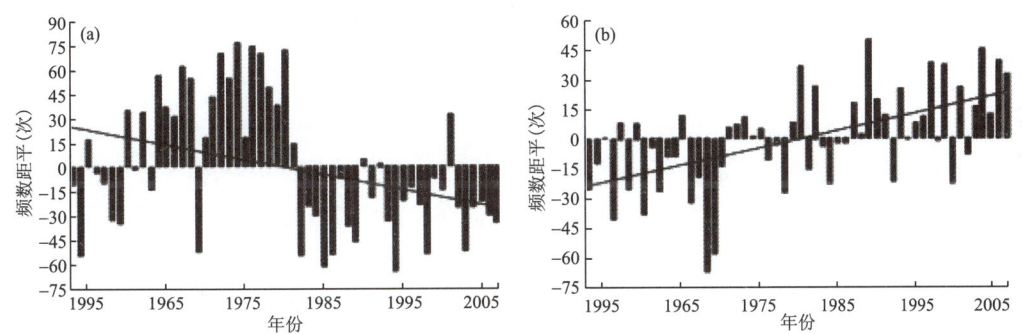

图 4.2 北方气旋(a)和南方气旋(b)年频数距平值变化(王艳玲 等,2011)
(斜线代表线性趋势)

不同源地的气旋,移动路径也不相同,就全年的平均情况(图 4.3)来看,东亚地区的气旋路径主要有 4 条:

①东海—太平洋路径:由东海气旋生成区出发经日本东面的太平洋向北和向东移动,此路径较为稳定。

②黄海—日本海路径:由黄海、渤海出发穿过对马海峡到日本海。

③蒙古—中国东北—鄂霍茨克海路径:来自蒙古西部、中国河套西侧以及俄罗斯贝加尔湖的气旋沿此路径经中国东北地区到达鄂霍茨克海,此路径也很稳定。

④西西伯利亚—东西伯利亚路径:从中亚细亚东北上,从欧洲移来以及从新地岛东南下的气旋沿此路径由西西伯利亚到东西伯利亚。

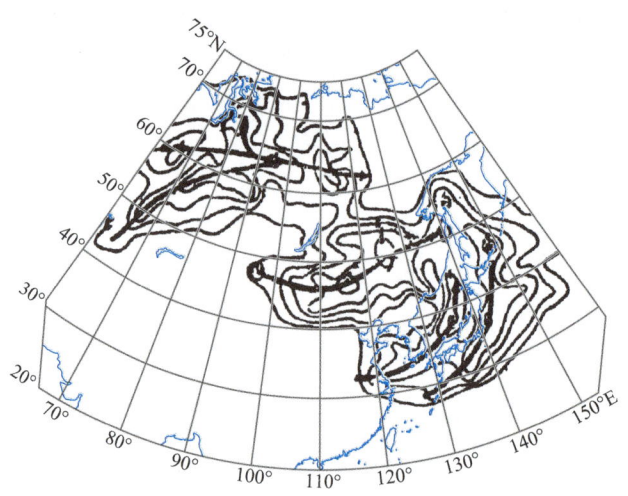

图 4.3 东亚锋面气旋主要移动路径(张培忠 等,1993)

2. 蒙古气旋和江淮气旋

蒙古气旋可作为北方气旋的典型,江淮气旋可作为南方气旋的典型。

(1)蒙古气旋

蒙古气旋一般是指生成于蒙古国的锋面气旋,一年四季均可出现,但以春秋季为最多。它是影响中国西北、华北、东北、黄淮地区及渤海地区的重要天气系统之一,可造成上述地区的风雪寒潮、暴雨和海上大风浪等危险天气,在春季常造成严重的风沙天气。

蒙古气旋按其生成过程可分为 3 类:

①在来自中亚或西伯利亚的锢囚气旋暖区内新生。

②冷锋进入蒙古西部暖性倒槽内形成。

③由蒙古副气旋发展而成。

其中,以①类型为最重要。蒙古气旋发生或发展在蒙古中部和东部高原一带,在 40°~50°N、100°~115°E,这个地区的西部、西北部多高山,蒙古中部和东部处于背风坡,有利于气旋的生成和发展。春秋季,冷暖空气活动频繁,气旋出现次数最多,冬季次之;夏季,锋区北移,暖空气活动占优势,故气旋显著减少。

统计发现,蒙古气旋生成后,除少数在原地减弱消失外,其余的基本上沿 500 hPa 气流方向移动,移动路径一般有 3 条:

①东北路径。气旋生成后向东北方向经蒙古东部越过中国大兴安岭北部向中俄边境移去。沿该路径移动的蒙古气旋一年四季都比较少,特别是冬季,几乎为零。

②偏东路径。气旋生成后向偏东方向经蒙古东部进入中国东北平原。沿该路径移动的蒙古气旋一年四季都比较多,冬季出现最少,夏季最多。

③东南路径。气旋生成后向东南方向经中国华北、渤海、长白山南端及朝鲜向日本海方向移去。沿该路径移动的蒙古气旋对华北地区的天气影响最大,冬季出现最多,春季次之,夏季最少。

冬春季节发展强大的蒙古气旋可引起内蒙古地区大范围的风、雪(雨)天气,春季大风和吹沙尤为明显,有时还会导致冷空气大举南下,造成大范围降温;常常可造成华北一带的大风、风沙或浮尘天气;如果蒙古气旋在内蒙古地区强烈发展,则本地及其周围常有偏南大风,当冷锋过境后常产生西北大风,有时伴有风沙天气;当气旋中心位置偏北时,本地常有浮尘天气出现,空中能见度较差;当水汽充足时,在气旋中心附近会产生降雪或暴风雪。夏季蒙古气旋也可造成雷雨等不稳定天气或形成不稳定云系。

(2)江淮气旋

江淮气旋是造成江淮地区暴雨的重要天气系统,4—8月出现的江淮气旋常常会给江淮地区带来暴雨、大风等恶劣天气。这种气旋往往和冷暖空气的强烈交锋有关,因此从性质上说,是温带气旋。

江淮气旋的形成过程大致可以分为两类:一是准静止锋上波动形成气旋,与典型气旋的形成过程类似,当江淮流域有近似东西向的准静止锋存在时,如其上空有短波槽从西部移来,在槽前下方有正涡度平流的减压作用而形成气旋式环流,偏南气流使锋面向北移动,偏北气流使锋面向南移动,于是静止锋变成冷暖锋。若波动中心继续降压,则形成江淮气旋;二是倒槽内锋生形成气旋,开始时,地面变性高压东移入海后,由于高空南支锋区上西南气流将暖空气向北输送,地面减压形成倒槽并东伸。这时在北支锋区上有一小槽从西北移来,在地面上配合有一条冷锋和锋后冷高压。而后,由于高空暖平流不断增强,地面倒槽进一步发展,并在槽中江淮地区有暖锋生成。此时,西北小槽继续东移,南北两支锋区在江淮流域逐渐接近。冷锋及其后部高压也向东南移动,向倒槽靠近。最后,高空南北锋区叠加,小槽发展,地面上冷锋进入倒槽与暖锋结合,在高空槽前的正涡度平流下方形成江淮气旋。

江淮气旋的发生源地不仅受大气环流季节变化的影响,还和地形特点、下垫面的性质相关,图4.4是江淮气旋生成源地频次的空间分布。可以看出:1981—2009年江淮气旋主要集中源地有3个区域:苏皖浙交界处及淮河上游,大别山东北侧、黄山北麓的苏皖平原,鄱阳湖及其以北。

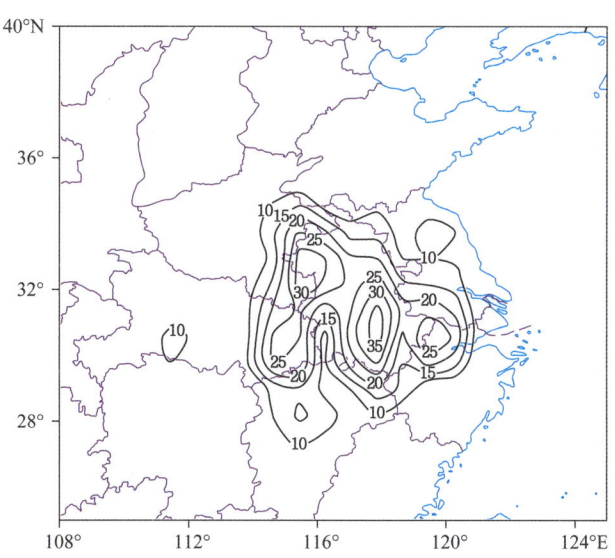

图4.4 1981—2009年江淮气旋生成源地频次的空间分布(单位:次;魏建苏 等,2013)

江淮气旋的雨区与典型气旋模式类似。暴雨在各部位均可发生。根据总结,如果气旋形成位置偏西,而向东移,又有低空切变线(850 hPa及700 hPa)与之配合,则雨区移向与气旋中心路径一致。如果气旋形成位置偏东,向东北移动,则除了在气旋中心有暴雨外,冷锋经过的地区也可产生雷雨或暴雨。

4.2.2 反气旋

图4.5是1948—2013年北半球温带反气旋中心累积频次的地理分布。可以看出,在大洋上,中纬度中东部的北太平洋、中纬度东北大西洋,均为反气旋活跃区。相较于东太平洋,东大西洋反气旋分布的纬度范围更广。

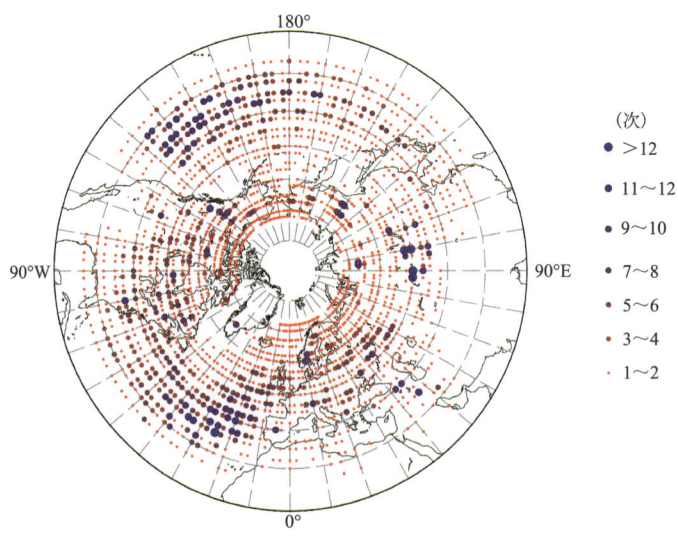

图4.5　1948—2013年北半球冬季反气旋中心累积频次分布(田笑 等,2016)
(反气旋中心累积频次为2.5°×2.5°区域内的反气旋频数)

大陆上,北美落基山脉东部和加拿大、美国东部、欧洲、亚洲中部与东亚地区反气旋活动频繁。东亚的反气旋活动范围呈西北—东南分布,东可达亚洲东海岸,南可到中国南海地区。东亚的蒙古高原、高纬地区的北地群岛、新西伯利亚群岛也存在两个极大值区。冬季大陆反气旋发生、发展与下垫面冷却和地形分布密切相关。

根据东亚(70°~140°E、20°~55°N)10年(1951—1960年)资料得到的反气旋频数分布(图4.6)可见:从蒙古西部到中国河套地区呈西北—东南向的狭长地带内反气旋出现频数最高,并以此为中心向东北和西南方向减少。冬半年冷性反气旋可伸到华南沿海,夏季偏北。一般活动在40°N以北地区。

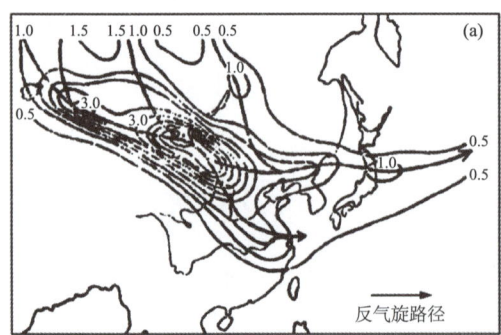 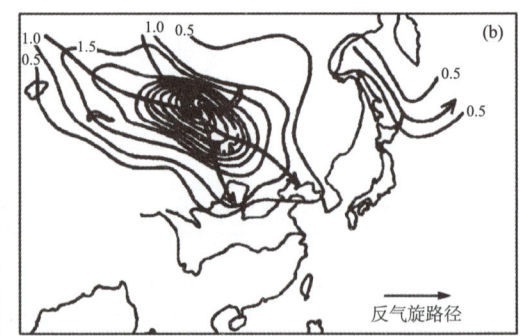

图4.6　东亚反气旋频数分布和路径(单位:次;朱乾根 等,2007)
(a)1月;(b)7月

进入中国的温带反气旋,大都是从亚洲北部、西北部或西部移来的,只有少数是在蒙古西部形成的。它们进入中国的路径归纳为以下4条(图4.7):

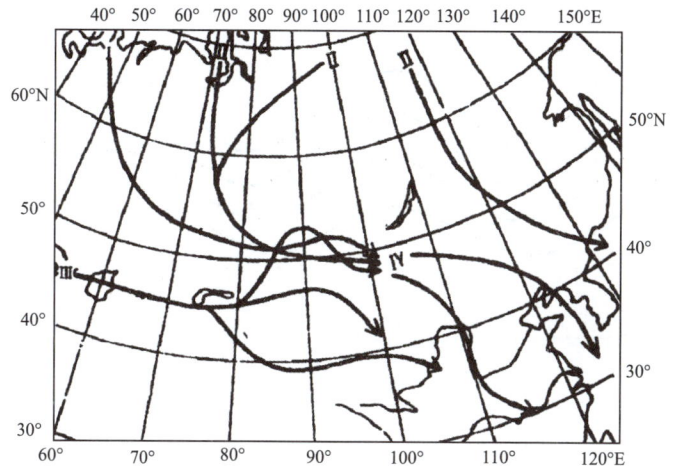

图4.7 亚洲冷性反气旋的移动路径(朱乾根 等,2007)

①从亚洲大陆西北方移来,经西伯利亚、蒙古,然后进入中国。

②从亚洲大陆北方移来,有的开始自北向南或自东北向西南移动,一般到55°N以南附近就转向东南,然后经西伯利亚西部、蒙古,进入中国;有的经西伯利亚东部进入中国东北地区。

③从亚洲大陆西方移来,在50°N以南,多由西向东移动,有的直接进入中国新疆地区;有的则折向东北移动,经蒙古进入中国。

④起源于蒙古,常直接南下进入中国。反气旋的移动路径随季节、过程、强度的不同而有差异。一般来说,冬半年以①、②、④为主,夏半年以③为主。反气旋的移速因地区、季节和系统强度的不同而相差极为悬殊。

4.3 高空槽和高空脊

西风带是位于副热带高气压带与副极地低气压带之间(大致在南北纬30°~60°)的行星风带。北半球副热带高压北侧的气流在地转偏向力的作用下转成西风,成为西风带的盛行风。西风带以波动形势围绕着极涡沿纬圈运行,常表现为振幅、波长不等的槽和脊,大体上分为两类:一是波长比较长的长波;二是叠加在长波上的波长比较短的短波。在长波、短波发展演变过程中,有时形成闭合的高压和低压。这些长波、短波和闭合高压、低压系统不仅相互联系,而且可以相互转化,西风带的波状流型有时表现为大致和纬圈平行,这种环流状态称为纬向环流,也称为平直西风环流;有时则表现为具有较大的南北向气流,甚至出现大型的闭合高压和低压,这种环流状态称为经向环流,经向环流和纬向环流经常交替出现。

4.3.1 定义

高空槽脊是活动在对流层中层西风带上的长波或短波槽脊(图4.8)。高空低压槽一年四季都有出现,但春季出现最多。高空槽的波长约1000 km,移动方向为自西向东。槽前盛行暖湿西南气流,常常成云致雨,槽后盛行干冷西北气流,常常晴冷天气。一次高空槽活动反映了不同纬度间冷暖空气的一次交换过程,给中高纬度地区造成阴雨和大风天气。

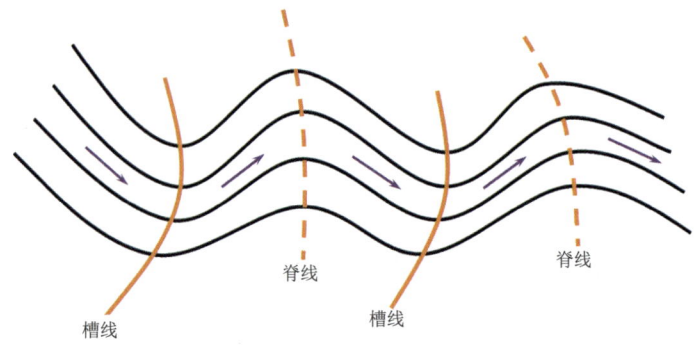

图 4.8 高空槽和高空脊示意图

在高空图上等温线也呈波形,与等高线的波状型相对应,一般情况下等温线的位相稍稍落后于等高线,具有冷槽、暖脊的温压场结构。槽前是暖平流,槽后是冷平流;槽前对应着大范围辐合上升运动和云雨区,槽后对应着大范围辐散下沉运动区和晴朗天空。长波的强度随高度增加,到对流层顶处达到最强。

长波槽和脊的活动不仅是维持大气环流的一种重要机制,而且是中高纬度较小尺度天气系统产生和发展的背景条件。因而长波的稳定和调整往往引起与其相联系的天气系统的变化,甚至造成环流形势的转换。

高空高度槽常与高空温度槽相配合,二者配置不同,可出现 3 种不同形式的高空槽,即后倾槽、垂直槽和前倾槽。

①后倾槽。当温度槽落后于高空槽时,低压槽线随高度升高逐渐向与其移动方向相反的方向倾斜,即向冷区倾斜,这种情况叫后倾槽。后倾槽随着温度槽位置的前移,高空槽将继续加深发展,槽前广阔范围内盛行辐合上升气流,如果水汽充沛,将产生稳定性云系和降水。

②垂直槽。当温度槽与高空槽重合时,低压槽线垂直,称为垂直槽。当高空槽发展到最盛阶段,天气也发展到最强盛。

③前倾槽。当温度槽超前于高空槽时,高空槽线随高度升高向前倾斜,称前倾槽。前倾槽的槽后冷空气将置于槽前暖空气之上,导致低槽很快消失,产生不稳定云系。

4.3.2 特征

在自由大气中,一般对于对流层中上层的等压面来说,在其下层若有暖平流时,将使气柱厚度增大,等压面升高,气压升高;若有冷平流时,将使气柱厚度减小,等压面下降,气压降低。若温度槽脊落后于高度槽脊,在槽线处有冷平流,气压降低,高空槽加深;在脊线处有暖平流,气压升高,高空脊加深。

青藏高原大地形对大气环流的动力作用主要是迫使气流绕行和爬坡。青藏高原对于西风带有明显的分支作用,在高原南北部形成两支明显的西风急流,在高原东部又会合,在日本上空形成北半球最强大的西风急流,这两支急流的活动和稳定性对中国南部和东部的降雨天气起着很大的作用。青藏高原对影响中国的天气系统有明显的作用:高空槽接近高原时,其南部被高原切断,停留在高原西部,而其北部向东移动,强度减弱,只有当移离高原后才重新得到发展,而对于高压脊和高压系统在接近高原时却有明显的加强作用;另一方面,由于地形的扰动又可在下坡或下游引起低压槽的产生和高压脊的减弱,于是形成了中国河西一带西北低压槽和西南地区低涡。它们经常存在,又影响东亚大气环流平均环流特征的形成,高原北部会有高压脊,南部会有低压槽,在大陆东岸、日本附近形成大槽。

4.3.3 对天气的影响

1. 东亚大槽

东亚大槽是由海陆热力差异所形成的大尺度地形波,它是北半球 500 hPa 上两个基本驻波(也称准定长波)之一,它位于欧亚大陆东海岸,另一地形驻波位于北美大陆东海岸(称北美槽),在强度上前者明显大于后者,由于它们都是大陆热力属性和海洋热力属性对比后的产物,所以热力记忆力都比较长,从而决定它们的存在与变化对邻近区域气候都会产生明显影响,如槽的走向以及深浅不同,一定程度上就会改变上下游地区的短期气候。东亚大槽有明显季节性变动,冬季东移入海,夏季西移回大陆;而西太平洋副热带高压既是东亚地区一个大气活动中心,同时也是一个北邻西接东亚大槽的重要气候系统,在季节和年代际变化方面与东亚大槽相辅相成。

如图 4.9 所示,东亚大槽是北半球冬半年最为重要的大型天气系统,冬季东亚大槽的异常变化会影响东亚冬季风,进而影响东亚地区的气温以及降水变化。

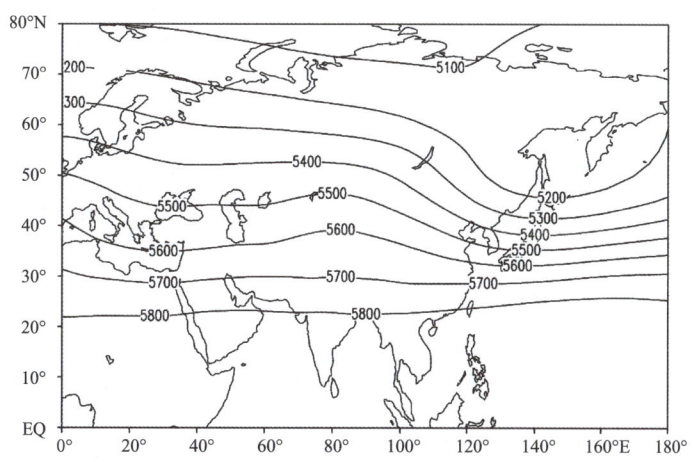

图 4.9 1951/1952—2010/2011 年冬季 500 hPa 平均位势高度场(单位:gpm;黄小梅 等,2013)

东亚大槽是东亚地区对流层中层的重要环流系统,其变化影响着东亚冬季风活动。中国处于东亚季风区内,气候变化受东亚冬季风影响严重。冬季风时期,东亚大槽的存在有利于引导极地和高纬度地区的冷空气向东南方向移动,对处于大槽后部的中国天气气候产生重大影响。

东亚大槽的强度和位置变化影响着中国大部分地区春季旱涝以及东部地区秋冬旱涝。研究表明,东亚大槽偏东偏弱时,华北地区春季降水多,而强度偏弱(强),且位置偏东(西),西北东部春季严重雨涝(干旱)发生,它的异常减弱和乌拉山地区高度场的明显降低是造成山东省春季降水异常偏多的主要原因,由于东亚大槽稳定维持在日本东北部,配合高原上空稳定的高压脊,中国大陆长期处于槽后西北气流控制下,冷空气活动频繁,从而造成 2008/2009 年秋冬季中国东部地区严重干旱的发生,类似地,2011 年春季,由于东亚大槽和贝加尔湖高压较常年明显偏强,使中国大部分地区处于高压脊的控制之下而降水偏少,从而造成了全中国范围的严重干旱。

东亚大槽不仅影响着中国降水变化,还对中国东北地区春季气温及中国北部和东部地区冬季气温产生重要影响。研究表明,春季东亚大槽偏强年对应东北低温,而偏弱年则对应东北高温,其强度变化对黑龙江省的气温影响明显,当大槽强度偏强时,对应同期的黑龙江省气温偏低,反之亦然。冬季,东亚大槽及贝加尔湖高压脊为影响华北地区冬季气温的主要系统,由于它的强度偏弱、亚洲极涡面积指数偏小,从而造成了黑龙江省 2006 年冬季气候持续偏暖,当东亚大槽和乌拉尔山高压脊同时加强时,陕西省气温下降。反之,当二者同时减弱时,陕西省气温会逐渐上升,山东省冷冬年,东亚大槽偏西加深,西伯利亚高压加强,亚洲地区维持稳定的经向环流,而暖冬年则呈相反特征。东亚大槽的变化还会对亚洲中高纬度地区的环流结构、锋区位置、偏北冷空气气流路径及中国强冷空气事件的爆发特性产生重要影响。此外,它对中国东部地区的最低气温也有较大影响。东亚大槽在中国东部地区最低气温的典型冷年较典型暖年偏强。

2. 槽对天气的影响

中国的高空槽有西北槽、青藏槽和印缅槽,它们很少产生于中国,大多从上游移来。它们对东亚的天气过程有很大影响。当纬向环流比较平直时,高空槽一个接一个东移,容易造成阴晴相间周期变化的天气。如果移动过程中受高压所阻,高空槽将减速或停滞,可能造成持续性降水。高空脊常伴有辐散和下沉运动,天气晴好。

10 月中旬以后东亚高空西风急流受青藏高原阻挡而分为南北两支。北支急流强度逐渐加强达全年最强程度。整个中国大陆都在西风环流控制之下,西风带的大槽平均位于 140°E 附近,强度明显加强。青藏高原北部 90°E 附近为平均脊所在。中国上空基本气流是西北风。

秋季,南支槽在孟加拉湾北部建立,南支槽槽前暖平流和副热带高压外围偏南气流带来大量水汽,在槽前辐合上升,南支槽前有明显降水。

冬季,对流层下半部的西风带绕过高原,向东流去;对流层中上部的气流则爬坡越过高原。这两种作用使得高原北部形成一个地形脊,南部形成地形槽,即南支槽,槽前常促使温带气旋的发展,槽后则形成反气旋。南支槽东移离开高原后,在云南附近形成低压区,即西南涡,给华南带来雨天。西风槽也使副热带高压东退,热带气旋转向东北方向移动。从欧洲东移来的长波槽在高原邻近减速减弱,往往分为两段:远离高原的北段迅速东移,至贝加尔湖附近可能重新加强;槽的南段或是切断变成冷涡,停滞少动并渐渐就地减弱,或是绕过高原往东移去。

蒙古冷性高压只有在高空有较大的低槽移来而地面气旋发展时,才能在短时间内受到破坏,但是这种高空槽和地面气旋往往诱导一次新的强冷高压入侵东亚地区,造成一次强冷空气过程。当这种过程结束后冬季风会相对稳定一段时间,整个冬季基本上就是这样一次次冷空气活动重复的过程。同时,西南气流不断向中国输送暖空气,与蒙古冷性高压向南输送的冷空气相遇而形成昆明准静止锋以及华南准静止锋,对中国南方天气影响很大。

春季,南支槽前水汽输送增大,特别是副热带高压外围暖湿水汽输送加强,上升运动发展和对流加强,南支槽造成的降水显著增加。南支槽加深加强时,水汽输送充足,中国西南地区降水偏多。南支槽减弱,水汽条件不足,西南地区降水偏少。

夏季,西太平洋副热带高压在中国东部增强。冷空气南下在高空槽上表现为冷性低压槽或冷涡。雨带就发生在西太平洋副热带高压脊的西北部的西南气流绕流与中高纬短波槽脊引导的冷空气交绥的地方。

4.4 阻塞高压和切断低压

4.4.1 定义

阻塞高压是大尺度大气环流持续性异常背景下的天气系统。在西风带长波槽脊的发展演变过程中,在脊不断北伸时,其南部与南方暖空气的联系会被冷空气所切断,在脊的北边出现闭合环流,形成暖高压中心,叫做阻塞高压(图4.10)。阻塞高压出现后的大范围环流形势称为阻塞形势。北半球阻塞形势的建立、维持与崩溃对北半球大气环流的变化有重要的影响,特别是它的持续性维持常常会引起北半球长期天气过程的异常;在整个阻塞高压的发展阶段,在高压的脊后为暖平流,脊前为冷平流,并且其暖平流的强度向上减少。有阻塞高压存在并且形势稳定,是一个富有特征的经向环流,它的建立、崩溃、后退常常伴随着一次大范围的环流形势的强烈转变即环流调整,阻塞高压的长久维持会使大范围地区天气异常。它的崩溃则会导致下游大范围环流调整,带来中国一次寒潮过程。

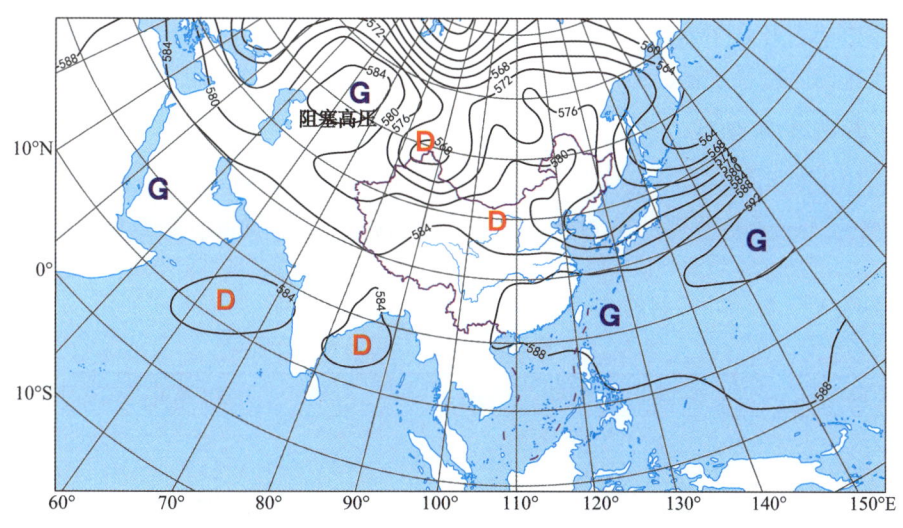

图 4.10　2020 年 7 月 14 日 08 时 500 hPa 高度场(单位:dagpm)

在西风带长波槽脊的发展演变过程中,当槽不断向南加深时,高空冷槽与北方冷空气的联系会被暖空气切断,在槽的南边形成一个孤立的闭合性冷低压中心,称为切断低压。切断低压移动缓慢,局地可维持数天,有些个例可维持 2～3 周。

切断低压在对流层中上层,在 300 hPa 上表现最清楚。地面图上有一冷性高压与它对应。中国最常见的切断低压是东北冷涡。它一年四季都可能出现,而以春末夏初活动最频繁。它的形成是因为贝加尔湖槽线被蒙古高原暖空气槽后入侵所致,它的天气特点是造成低温和不稳定性的雷阵雨天气。

4.4.2 特征

1. 阻塞高压的条件

具备以下几个条件的高空高压称为阻塞高压(简称"阻高"):

中高纬度(一般在50°N以北)高空有闭合暖高压中心存在,表明南来的强盛暖空气被孤立于北方高空。

暖高压中心至少要维持3 d,但它维持时期内,一般呈准静止状态,有时可以向西倒退,偶尔即使向东移动时,其速度也不超过7~8个经度/d。

在阻高区域内,西风急流主流显著减弱,同时急流自高压西侧分为南北两支,绕过高压后再会合起来,其分支点与会合点间的范围一般大于40个经度。

阻高最常出现在大西洋、欧美及北美西部阿拉斯加地区,而且在大西洋上空比太平洋上空出现更多些,其维持天数为5~20 d。在亚洲地区阻高经常出现在乌拉尔山及鄂霍茨克海地区。平均维持天数为8 d,最短维持天数为3~5 d。

阻高的定义有多种统计标准。其中根据天气学定义对阻高进行统计考虑因素更为全面,通常包括以下4个方面:

①500 hPa高度场在中高纬有高压中心存在。
②西风气流出现北凸南凹的分支情况,能观测到从上游的纬向环流向下游的经向环流转变。
③高压中心日移动不超过10°。
④至少维持一定的天数。

2. 阻塞高压的分区

阻塞高压准静止地存在于一个比较固定的区域,这有利于对阻塞高压进行分区,分析它们各自的特征、它们之间的可能联系和相互作用,以及它们对大气环流的影响和对持续天气异常的作用。

根据实际天气图统计得到的北半球阻塞高压分区分布特征,如表4.1所示。

表4.1 对整个北半球进行阻塞高压分区

区号	区域	经度范围、纬度范围
1	鄂霍茨克海	120°~150°E、50°~60°N
2	贝加尔湖	80°~110°E、50°~60°N
3	乌拉尔山	40°~70°E、40°~50°N
4	欧洲	10°~40°E、40°~70°N
5	北大西洋	50°W~0°E、50°~70°N
6	北美	130°W~0°W、40°~70°N
7	太平洋	160°E~0°W、40°~60°N

在表4.1中,鄂霍茨克海、贝加尔湖、乌拉尔山这3个地区是阻塞高压发生频率较高的区域,是对于中国天气影响较大的阻塞高压关键地区,这些地区夏季有无阻塞高压建立、维持和崩溃对中国夏季降水及旱涝影响很大。

3. 阻塞高压的结构特征

阻高水平结构表现为 Ω 型的等高线,并且有基本相似的温度场相配合。

如图 4.11 所示,阻高垂直结构在对流层中上层,是深厚的暖性高压系统,可达对流层顶。在它的东西两侧盛行南北气流,其南侧有明显的偏东风。暖高压凌驾于地面变性冷高压之上,地面图上高压的东西两侧均有气旋性活动,常以西侧更为活跃。暖高压对应着冷的对流层顶,200 hPa 图上高压中心附近为冷中心。高压轴线自下向上向暖的西北方向倾斜,高层轴线近于垂直。在平流层下部 200 hPa 的脊线上和脊线以西为冷平流。而在 500 hPa 的脊线上和脊线以西为暖平流,这种冷暖平流随高度的分布,有利于高压脊的发展。

阻高控制的大部分地区以晴好天气为主,特别是其东侧,由于冷平流的作用天气晴朗;西侧由于暖平流的作用时有云雨出现。

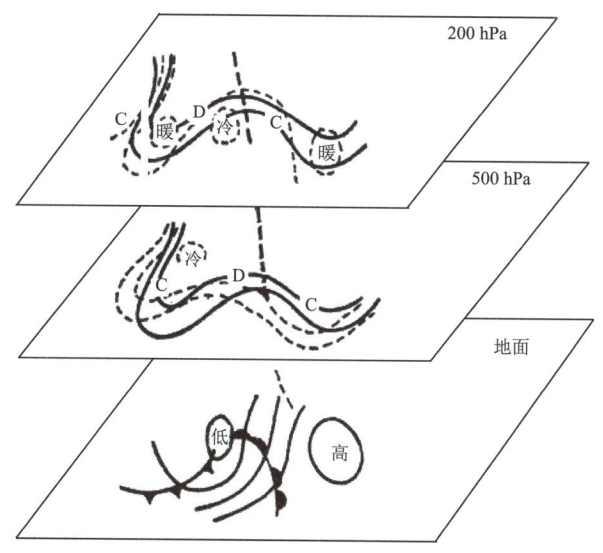

图 4.11 阻塞高压建立时期各等压面之间配合示意图(朱乾根 等,2007)
(C 表示气流辐合,D 表示气流辐散,粗虚线表示高压(脊)轴线)

4. 阻塞高压发展演变特征

(1)阻塞高压的建立

第一型:如图 4.12 所示。开始阶段,阻高生成区的上游,在约 40 个经度处,有一个高空槽强烈发展,并伴有强烈的冷空气向南爆发(图 4.12a)。第二阶段,在这个高空槽的下游,高压脊的西部,有强烈的暖平流。高空高压脊也同时发展。在这个高压脊的下游,又有一个低槽正在发展(图 4.12b)。第三阶段,环流的经向度继续发展,在第一阶段中冷空气强烈向南爆发的地方,已建立一个稳定的低槽,并有切断低压;而在其下游,高压脊已发展成阻高(图 4.12c)。

第二型:如图 4.13 所示。开始阶段,在未来阻高生成区域 40°~70°N 范围内,基本属于纬向气流,已经有一个长波脊存在并且很少移动,在它的上游有一个槽 A 沿长波脊向东北移去。每一次低槽在发展东移的过程中,伴随一次暖平流向东北扩充。第二阶段,低槽 B 的发展已达到顶点,暖平流也发展到最强,低槽 B 前面的移动性脊开始并入长波脊,使得长波脊又一次发展,这时上游又出现一个低槽与暖舌。第三阶段,低槽 C 的槽前暖平流区开始并入长波脊。

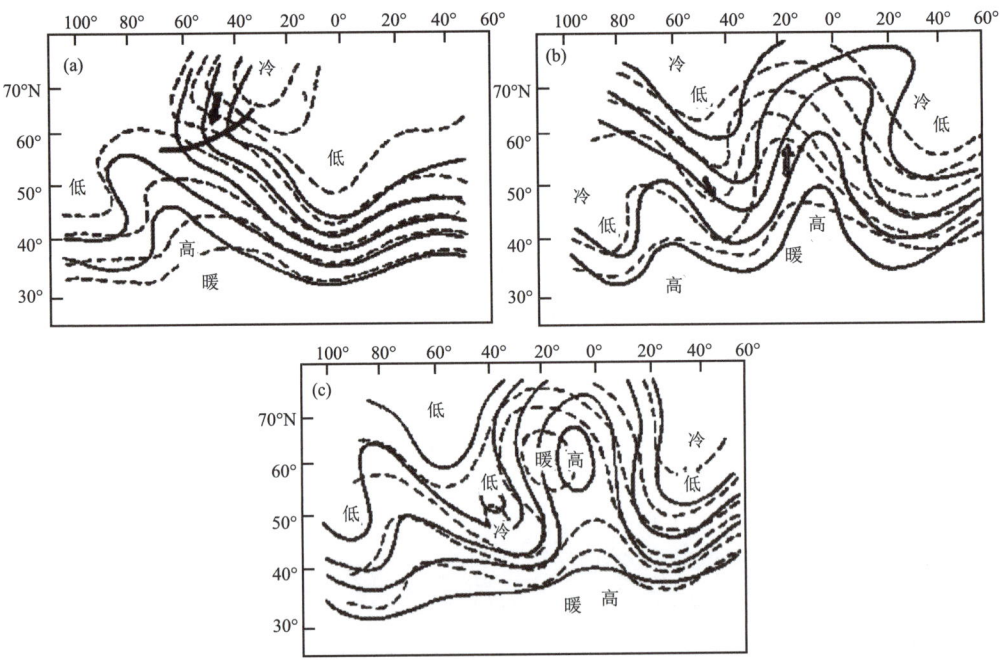

图 4.12 阻塞形势建立过程第一型示意图(实线:等高线,虚线:等温线;朱乾根 等,2007)
(a)开始阶段;(b)第二阶段;(c)第三阶段

第四阶段,长波脊加强成为阻高。

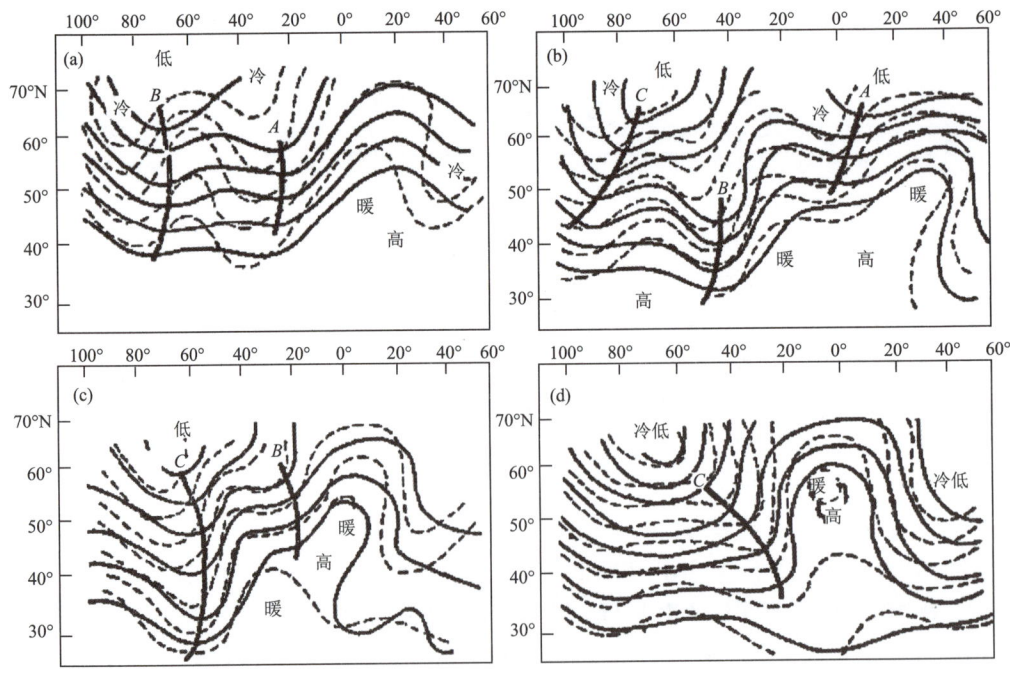

图 4.13 阻塞形势建立过程第二型示意图(实线:等高线,虚线:等温线;朱乾根 等,2007)
(a)开始阶段;(b)第二阶段;(c)第三阶段;(d)第四阶段

(2)阻塞高压形成的共同点

①阻高形成的上游地区,有较强的冷空气向南爆发,冷平流使低槽加深,槽前出现较强的暖平流与明显的暖舌。暖平流与负的热成风涡度平流输入前面的高压脊,使高压脊不断发展。

②高压脊西侧有槽向东南伸展,成为西北—东南走向的槽,高压脊东侧的槽向西南伸展,成为东北—西南走向的槽,使得高压脊断开,成为阻塞中心。这种槽的斜伸,常与冷平流造成的负变高相联系。

平流层下部 200 hPa 的脊线上和脊线以西为冷平流。而在 500 hPa 的脊线上和脊线以西为暖平流。这种冷暖平流随高度的分布,有利于高压脊的发展。

(3)阻塞高压重建与后退

阻高重建:阻高在某地建立相当长时间又趋于消失,后另一个阻高又相继建立起来,这个新阻高若是在旧阻高的原地建立,称为阻高重建。

阻高后退:如果一个阻高的西侧为正变高,东侧为负变高,那么阻高将西退。这种后退是连续的,称为连续后退。如果一个阻高趋于消失,而在消失的阻高西侧一段距离的地方又新生一阻高,看起来好像阻高也在后退,其实是一个生成,另一个消失。阻高位置作幅度较大后退,称为不连续后退。

(4)阻塞高压崩溃

开始阶段:阻高西部的环流不再具有稳定的特征,上游槽已开始东移,并且在槽前具有明显的冷平流。第二阶段:阻高西边的系统一个个向东移,原先位于阻高西边紧接着的那个槽已侵入阻高区域,而使阻高东移并减弱,阻高下游的槽也开始东移。第三阶段:在上游的槽一次次地侵袭下,阻高中心随之消失,并蜕变为一个弱脊而向东移去。在原阻高附近广大范围内,环流由经向式转变为纬向式。

5. 切断低压发展演变特征

阻高与切断低压经常是同时出现,由于这种阻高和切断低压的形成与维持阻挡着上游波动向下游传递,破坏了正常的西风带环流,使地面天气图上的气旋和反气旋的移动受到阻挡。切断低压的形成过程从形式上看,有两种情况:一种是与阻高相伴出现;另一种是如图 4.14 所示的西风槽被切断的过程。即西风带长波槽不断加深、南伸,直至槽南端冷空气被暖空气包围并与北方冷空气主体脱离而形成的闭合低压。在这类西风槽中,槽线附近和槽前有明显的冷平流,槽后有很强的暖平流。切断低压形成后,能维持 2~3 d 或更长的时间。切断低压大多发生在冷暖空气都比较活跃的季节和地区,以春秋较多,北美、西欧地区较多,北太平洋、北大西洋以及亚洲大陆上空也有形成。中国东北地区春末夏初出现切断低压,称东北冷涡。

切断低压的消亡有两种情况:一种是因为摩擦本身导致消亡;另一种是因为有新的冷空气南下,把它推向东南方向移动,导致冷空气堆迅速下沉而消亡。

4.4.3 对天气的影响

北半球阻高中,对中国天气、气候有最直接影响的当属东北亚阻高。在亚洲地区,乌拉尔山和鄂霍茨克海经常出现阻塞高压形势。如图 4.15a,b,c 所示,亚洲的阻高往往出现在乌拉尔山、贝加尔湖和鄂霍茨克海上空,对中国的天气气候影响很大。由于阻塞高压在大气中的持续时间较长且位置稳定少变,通过上下游效应影响大范围地区的天气和气候,给中国及周边地区带来严重的天气、气候异常乃至灾害。阻高的生成、维持和崩溃与大气环流的剧烈变化相联

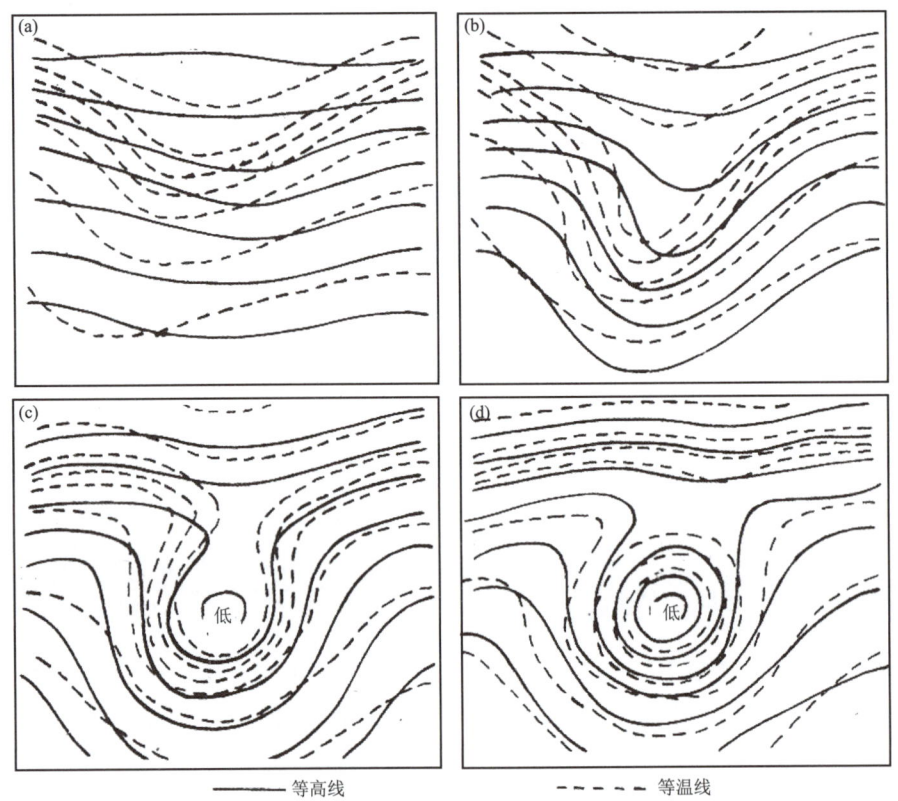

——— 等高线　　　- - - - 等温线

图 4.14　切断低压形成过程（朱乾根 等，2007）

系。它的长时期持续可以给大范围地区带来干旱和连阴雨；在冬季，阻塞形势的破坏与寒潮的爆发密切有关；乌拉尔山阻高的崩溃经常在东亚造成大范围的寒潮；而鄂霍茨克海阻高的维持是中国梅雨发生的重要的大尺度环流条件。

当今全球气候变暖逐渐成为共识，在气候变暖的背景下，阻塞高压活动更加频繁，且这种特征是全球性的。3 个关键区阻塞高压对中国天气气候有重要影响；旱灾和寒潮灾害主要和乌拉尔山阻塞高压活动有关；雨涝灾害主要受乌拉尔山和鄂霍茨克海地区阻塞高压活动影响，而夏季低温和冬季低温雨雪冰冻灾害则与乌拉尔山和贝加尔湖地区阻塞高压活动有密切关系。从图 4.16 可以看出，在 1950—2008 年，乌拉尔山地区阻塞高压年平均次数为 7.46 次，贝加尔湖地区阻塞高压年平均次数为 2.59 次，鄂霍茨克海地区阻塞高压的年平均次数为 2.17 次。3 个阻塞高压关键地区阻塞高压次数都有明显的线性增加趋势。从图 4.17 对比 3 个阻塞高压关键区可见，1950—2008 年乌拉尔山地区的阻塞高压天数是 3 个地区中最多的，年平均阻塞高压天数为 55.71 d，贝加尔湖地区的年平均阻塞高压天数是 15.36 d，鄂霍茨克海地区年平均阻塞高压天数为 14.54 d。3 个关键区的总年平均阻塞高压天数为 85.61 d，最大值在 1954 年，为 141 d，最小值在 1975 年，为 25 d。

切断低压内的天气因部位不同而有差异。低压前部（东和东南侧）因低层有冷暖空气交汇，常有锋面气旋波动发生，有云雨天气出现。后部（西侧）因不断有冷空气南下，常有冷锋和切变线生成，有阵性降水出现。

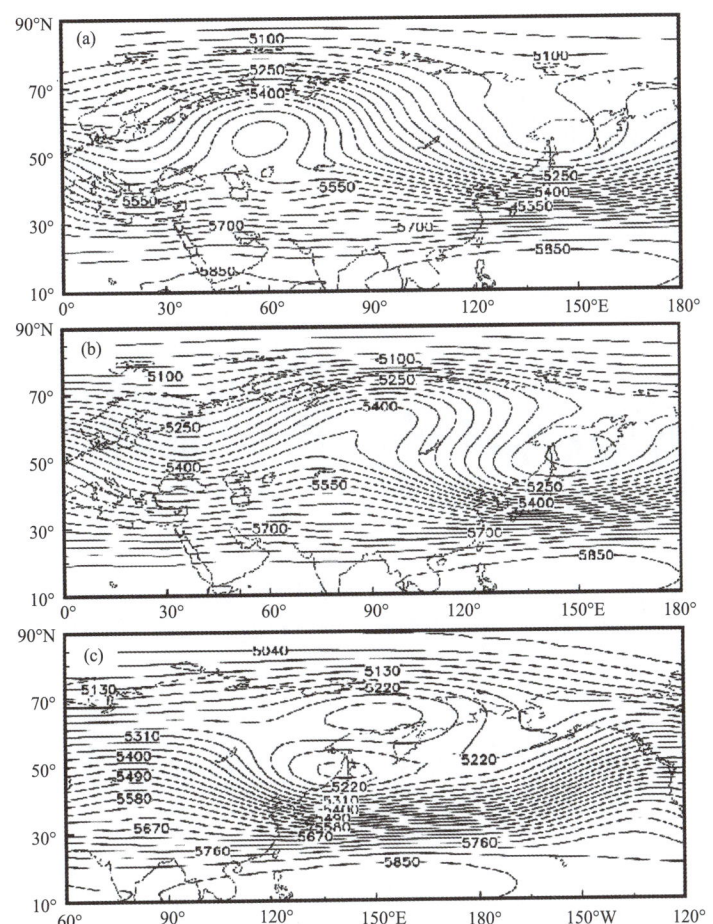

图 4.15 1950—2015 年冬季区域阻塞高压 500 hPa 高度场的合成分析(周宁,2016)
(a)乌拉尔山;(b)贝加尔湖;(c)鄂霍茨克海

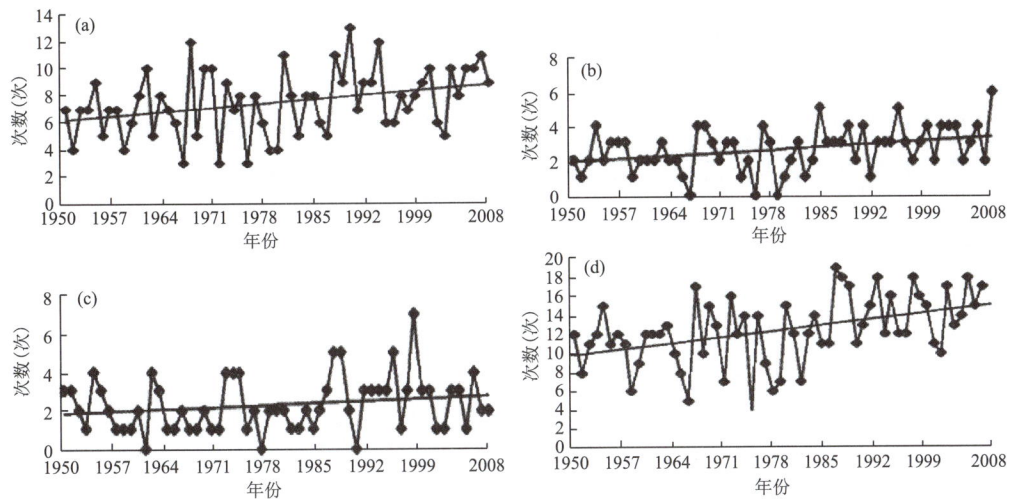

图 4.16 1950—2008 年阻塞高压次数的年际变化(李艳 等,2010)
(a)乌拉尔山;(b)贝加尔湖;(c)鄂霍茨克海;(d)3 个关键区

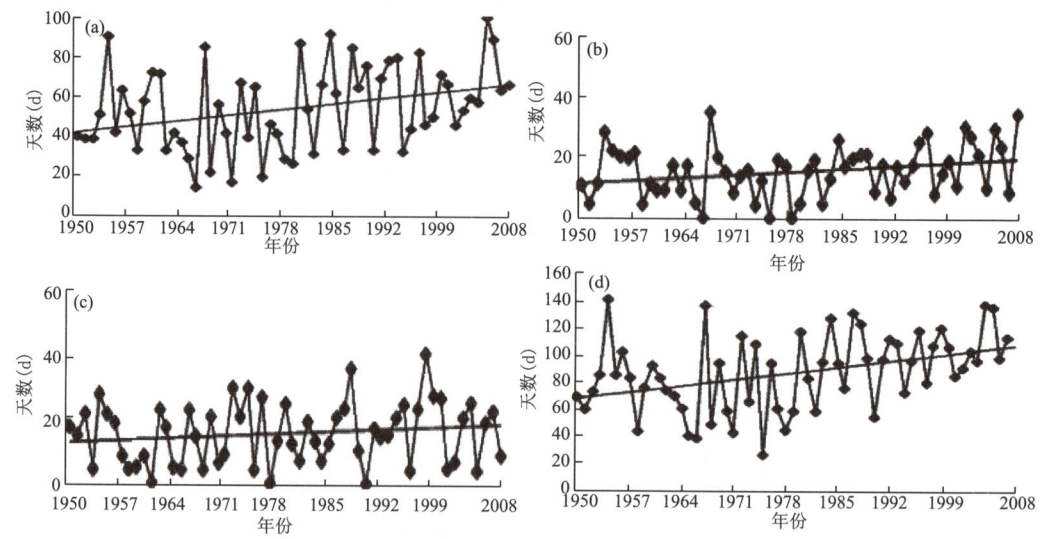

图 4.17　1950—2008 年阻塞高压天数的年际变化(李艳 等,2010)
(a)乌拉尔山;(b)贝加尔湖;(c)鄂霍茨克海;(d)3 个关键区

4.5　急流

4.5.1　定义

急流是指一股强而窄的气流带,急流中心最大风速在对流层的上部必须大于或等于 30 m/s,它的风速水平切变量级每 100 km 为 5 m/s,垂直切变量级每 1 km 为 5～10 m/s。急流中心的长轴就是急流轴,沿着狭长急流带的轴线上可以有一个或多个风速的极大值中心,急流轴在三维空间中呈准水平,多数轴线呈东西走向。若急流与强烈发展的大型扰动相伴随出现,急流轴可能转成南北方向。总体来说,对流层上部的急流是弯弯曲曲地环绕着地球的,某些地区强些,另一些地区弱些,甚至在某些地区中断(即风速小于 30 m/s),有时出现分支,有时又有两支急流汇合起来。

急流的水平长度达上万千米,常环绕地球,水平宽度几百千米,厚度几千米,在一定纬度上急流中心最大风速值愈强,急流的水平宽度愈宽,长度愈长,同一风速值的急流带低纬比高纬长些。

一般采用在等压面图上分析等风速线的方法来表示急流的位置和强度,最大风速中心达到并超过标准值的地方称为急流中心。为了了解急流的三维空间结构,常制作各种剖面图。有时也采用简便的西风廓线图。

4.5.2　特征

1. 结构特征

急流轴的左侧风速具有气旋性切变,右侧风速具有反气旋性切变,如果流线曲率很小,那么急流轴的左侧相对涡度为正,右侧相对涡度为负。相对涡度的量级与地转参数相同。涡度梯度在急流轴附近最大(图 4.18)。

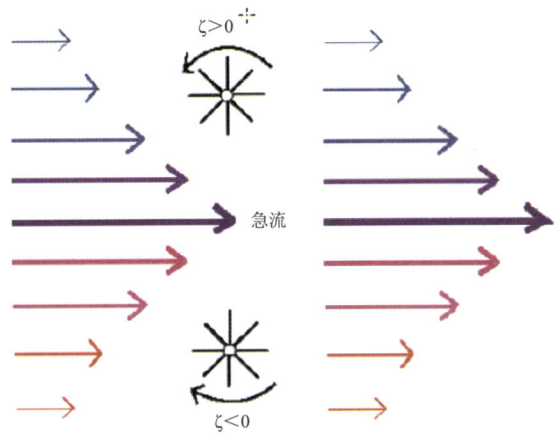

图 4.18　急流轴两侧的切变涡度

(ζ 表示涡度)

如图 4.19 所示,平直西风的急流轴两侧,内摩擦的侧向混合使轴两侧的实际风速比没有考虑内摩擦作用时的地转风要大,地转偏向力相应加大,在急流轴两侧就产生了与其梯度方向相反的偏差风。而在急流轴上内摩擦侧向混合作用使得实际风减小,小于地转风,地转偏向力相应减小,就产生了与气压梯度方向相同的偏差风。如果急流附近的流线曲率定量表示流线弯曲程度都很大,那么偏差风就更大了。急流中心若与槽线重合或相交,那么急流轴的右侧槽前就具有强烈的偏差风辐散,槽后的急流轴左侧辐合强烈。这样的高空槽即使开始时并无地面气旋、反气旋与它配合,也会导致地面气旋与反气旋的发生。

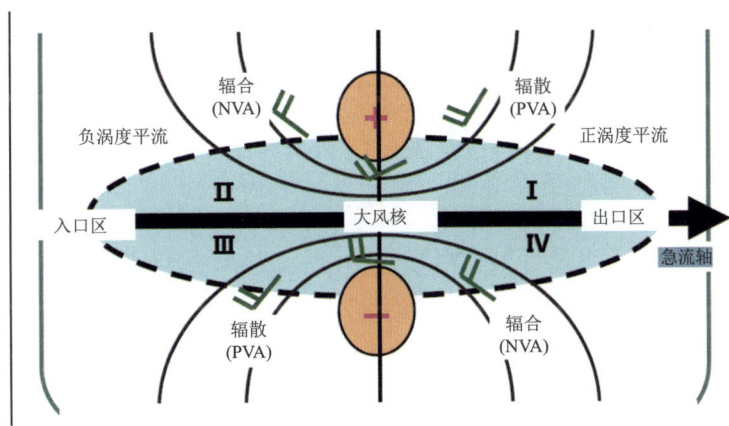

图 4.19　高空急流大风核附近的散度

2. 高空急流

对流层上部的急流,根据其性质与结构的不同可分为极锋急流、副热带西风急流和热带东风急流(图 4.20)。

(1)极锋急流

如图 4.21 所示,急流中心的下方,有温度水平梯度很大的锋区,急流中心附近上方对流层顶断裂。极锋急流中心有规律地沿着急流轴移动,移动速度大体保持不变。

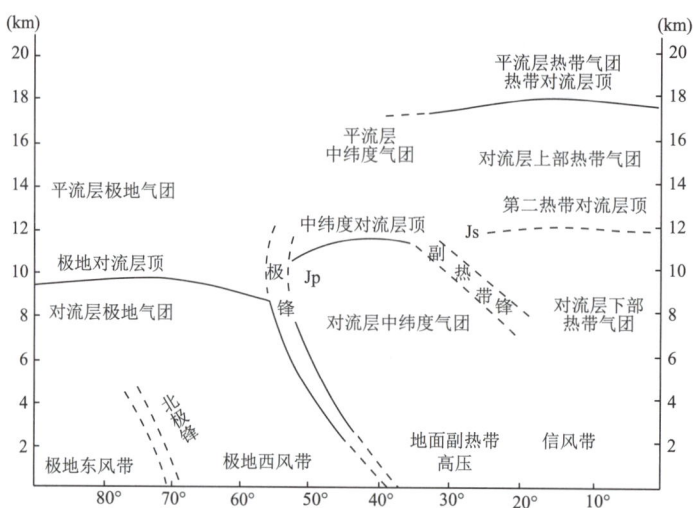

图 4.20 经向方向上对流层到平流层的主要气团和锋面示意图(朱乾根 等,2007)
(Jp 和 Js 分别表示极地急流和副热带急流的位置;虚线表示气团和锋的位置随季节有摆动)

极锋急流随着极锋而南北移动很大。冬季平均位于 40°～60°N,甚至还可能达到更低的纬度;夏季平均位于北极圈附近。急流所在高度平均约在 300 hPa 等压面上,中心最大风速可达 105 m/s。急流强度在冬季较强,夏季较弱。急流轴附近辐散、辐合的分布特点叠置于斜压性很强的极锋上,地面上就产生气旋和反气旋,有时极锋急流还与地面上一串气旋、反气旋相对应,而气旋、反气旋的发生发展又破坏了急流轴与极锋相平行的位置。

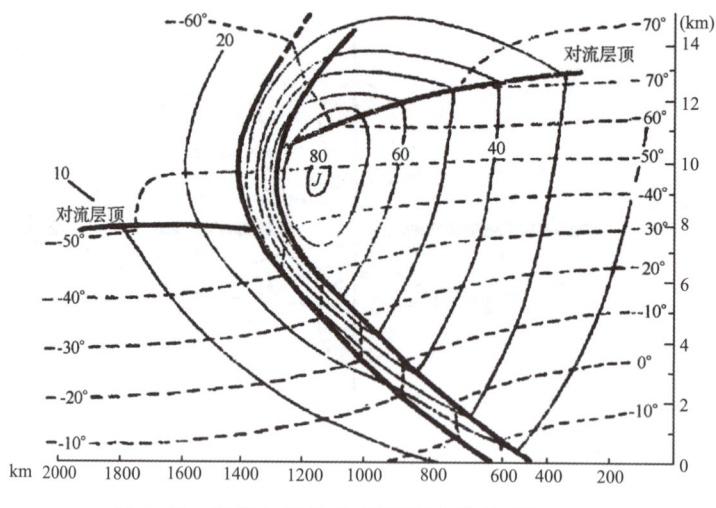

图 4.21 极锋急流的垂直剖面(朱乾根 等,2007)

(2)副热带西风急流

副热带西风急流是由哈得来环流的上层支(向北支)携带低层大气在东风带获得的地球角动量来维持的。由于温度经向水平梯度而引起的气压经向水平梯度随高度增大而增大,所以角动量输送也随高度而增大,在对流层顶附近达到最大。

副热带急流最大风速中心,出现在对流层上部哈得来环流和费雷尔环流汇合的中纬度对流层顶(约 250 hPa)与热带对流层顶(约 100 hPa)之间的断裂处附近。因为费雷尔环流很弱,而且这两个环流圈汇合下沉产生了水平辐散,所以副热带锋区特征在对流层的中下部几乎看不到,对流层上部也只在亚洲和北美洲的东海岸附近才比较清楚。因而副热带西风急流的风速垂直切变在对流层的上部最大,在 500 hPa 等压面上副热带西风急流的强度就大大减弱。极锋急流则相反,因为极锋中斜压性最强区出现在对流层中下部,所以地转风垂直切变也在这层中达到最强。

从图 2.22 可见,副热带急流的风向和地理位置比极锋急流稳定得多,整个北半球的冬季副热带急流位于 20°~30°N,近乎定常的事实是与哈得来环流位置和强度相当稳定有关。各个季节之间的强度和位置也随着哈得来环流的强度和位置变化而变化,冬季强度强,夏季强度弱。夏季位置向北移动 15 个纬距左右,其轴基本上呈东西向。

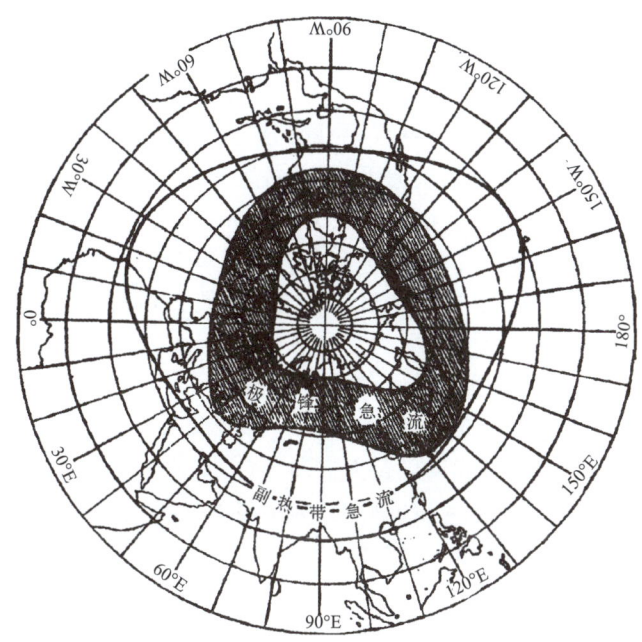

图 4.22　冬季副热带急流轴和极锋急流轴的主要活动区(朱乾根 等,2007)

(3)热带东风急流

夏季随着北半球西风带北移,赤道地区的东风带也北移,在热带对流层顶附近 100~150 hPa 处,东风达到急流标准。亚洲地区在海陆对比和青藏高原热源的共同作用下,东风急流是全球最强且最稳定的。盛夏最强的平均东风位于 10°~15°N 附近的阿拉伯海上空,风速约 35 m/s。

3. 低空急流

在对流层下部 600 hPa 以下,也常有强而窄的气流带,虽然中心最大风速、风速的水平切变和垂直切变可能均达不到上述标准,而且尺度也比对流层上部的急流的尺度小得多,可能仅是在一定地区范围所出现的。为了区别于对流层上部的高空急流,就把 600 hPa 以下出现的强而窄的气流称为低空急流。日常工作中常把 850 hPa 或 700 hPa 等压面上,风速≥12 m/s

的西南风极大风速带称为低空急流。它是与夏季强降水相联系的一种动量、热量和水汽高度集中带，刘鸿波等（2014）总结出这种低空的高速气流一般具有以下天气学特征：

①很强的超地转风。夏季对流层中，气压梯度和温度梯度都很小，这种温压场结构下造成的热成风不足以维持急流轴以下很强的风垂直切变。一般情形下，实际风速超过地转风风速的20%。

②具有明显的日变化。一般情况下，尽管各地区之间急流事件的起止时间、最大风速方向及急流高度有所差异，但无论是气候平均还是个例分析，低空急流风速一般都在日落时开始增大，在当地时间午夜至清晨达到最大，此时风的垂直切变也是最大，中午前后最小。

③极强的动力与热力不稳定性。在中尺度对流复合体（MCC）的发展过程中，低空急流中风速切变会造成大气不稳定，为对流活动的发展和维持提供有利的动力和热力条件。里查逊数（Ri）是小尺度扰动发展的一个标志，小的里查逊数反映了边界层中的不稳定性。低空急流的左前方为一个里查逊数负值区，这正是低层最不稳定的地区，这种情况有利于对流或中小尺度系统的发展。里查逊数的小值区常常与暴雨区相联系。

④强风速中心的传播。沿低空急流轴传播的中尺度风速脉动或风速最大值甚至比低空急流本身更为重要，这种情况类似于高空急流中心的急流带。观察表明，在一次暴雨过程中，可以观测到几个风速最大值中心沿急流轴向下游传播，风速最大值前部为上升运动，后部为下沉运动。热量和水汽的中尺度最大值伴随风速最大值，也沿急流轴传播。

低空急流由于可以为极端降水过程提供有利的背景场及充足的水汽，能够极大地促进强降水事件的发生，因此，自20世纪30年代被发现之日起便受到人们的广泛关注。低空急流之所以能够被越来越多的学者所关注，是因为它与暴雨等强对流天气、航空安全、火箭和导弹发射的准确性，以及风能、空气污染物的输送和扩散、森林火灾的蔓延等有密切的联系。20世纪50年代后对这一现象开展了大量的研究工作。低空急流现象广泛分布于地球上的各个大陆，如北美和南美地区、非洲、亚洲、大洋洲以及南极洲。自20世纪80年代以后，中国学者也重点针对低空急流与暴雨的关系进行了大量的研究，为中国的暴雨预报提供了有利的参考依据。

在低空急流核区上游存在着气流的辐散，而在下游则对应一辐合区域。因此，当气流穿越急流中心时便会在上游位置辐散下沉，而在下游区域辐合上升，这种配置将有利于对流系统在低空急流下游的发展与加强。中国长江以南地区常与暴雨伴随出现的低空急流存在着与上述类似的结构，即急流左前方为强烈辐合所对应的高温、高湿空气的上升区。

发生在中国长江流域及华南地区的强降水过程，当有低空急流与之相伴时，急流的东侧往往是副热带高压，西侧则多为低压系统（如西南涡），这种高低压系统的过渡带形成了强大的水平气压梯度，从而加强了风速，并有利于低空急流的形成。

4.5.3 对天气的影响

冬季副热带急流位于极涡系统的外围，其变化与冷空气的活动密切相关，并且急流在冬季最强，其结构的空间差异也最明显，经过青藏高原时低层气流因受地形的阻挡作用发生绕流，绕流的北支气流与南支气流分别向中国地区输送冷暖空气，从而对天气、气候产生一定影响，高原上空的急流的变化是影响中国天气、气候的重要因子之一。

高空急流对暴雨的作用：

急流下方强垂直切变的环境风能提供对流发展的动能；急流区的强风有利于对流云顶质

量辐散的增强和上升气流的维持;高空的强风能将云体上部增暖的空气带走,起到通风作用,从而有利于对流云的维持和发展。

低空急流对暴雨的作用:

输送水汽,水平水汽通量辐合;输送暖湿气流,导致大气产生不稳定层结;产生上升运动。

低空急流通过动量、热量及水汽的输送为对流系统提供有利的发展条件,而高空急流则主要通过环流场配置在高空为低层对流系统的发展提供有利的辐合、辐散形势,同时高空急流所诱发的直接及间接力管环流还可以促进三维空间上质量和动量的传输,并由此与低空急流耦合。高低空急流的相互作用是有组织的强风暴系统在高空急流出口区发生、发展的一个重要因子,高空急流也为低空急流的形成、发展及加强起到促进作用。

华南前汛期暴雨、长江流域梅雨、华北暴雨(暴雪)这些重要天气过程,在大多数情况下都存在着低空急流。但不是所有低空急流都有暴雨伴随,若低空偏南强风速轴不具备输送和积累水汽的性能且具有很大的稳定性,则此急流即为"空急流"过程。从急流建立到暴雨发生间隔的日数大多是 0~4 d,约占 80%,为暴雨预报提供了相当有用的信息。低空急流与暴雨是相互促进的,低空急流的存在有利于暴雨的发生,而暴雨的发生又促进了低空急流的形成和维持。与暴雨关系最密切的次天气尺度低空急流常发生在暴雨之前,对暴雨区起着暖湿输送带、动力抬升和触发作用。在暴雨产生发展阶段,天气系统通过低空急流促成暴雨,而暴雨活动通过上升运动加大来加强暴雨过程本身并增强低空急流。低空急流与其他强对流天气、台风、沙尘暴等关系也非常密切。

4.6 极涡

北极极涡是北极对流层中上层和平流层大气的持续性大尺度气旋性环流,极涡的位置、强度以及移动对极地、高纬地区的天气都有明显影响,对北极涛动、北大西洋涛动及北半球乃至全球大气环流都有重大影响,也直接影响中国的天气和气候。

4.6.1 定义

极涡又称"绕极环流""极地涡旋",是绕南极或北极的高空气旋性大型环流。冬季在极涡外围的极夜线附近,平流层内存在一支强大的急流,称为"极夜急流"。极涡在北半球冬季极区对流层中上层 500 hPa 上表现为绕极区气旋式涡旋,是大规模冷空气的象征;每年冬末,极区平流层有数次突然增温,随之极涡和极夜急流崩溃,在一个较短时间内,反气旋环流控制极区,并逐渐向中低纬度地区扩展,到 5 月已控制整个半球。相对而言,北极平流层的"爆发性增温"比南极地区要剧烈得多。

极涡在地面上表现为浅薄的冷高压,在 700 hPa 上转为低压环流。

在北半球,由于大陆分布不均匀,北极的中心是海洋,极涡经常不在北极中心,而偏于北美大陆或欧亚大陆,这会引起这些地区偏冷。在南半球,由于南极的中心是大陆,周围是海洋,海陆分布比较均匀,所以极涡几乎无偏心现象,中心位置比较稳定。南北极的平流层内,冬季为极涡,但夏季则为一巨大的反气旋所控制。

根据极涡中心的分布特点,按 100 hPa 的环流分为以下 4 种类型:a. 绕极型:北半球只有一个极涡中心,位于 80°N 以北的极点附近的环流;b. 偏心型:在北半球只有一个极涡,但中心位于 80°N 以南,整个半球呈不对称的单波型,有位于西伯利亚东部到阿拉斯加暖脊,欧亚大陆高纬度为一个椭圆型冷涡;c. 偶极型:极涡分裂为两个中心,中心分别位于亚洲北部和加拿大,整个北半球高纬度环流呈典型双绕极;d. 多极型:北半球有 3 个或以上极涡中心,整个北半球形成三波绕极分布,波槽的位置与冬季平均大槽的位置接近。

这 4 种极涡型在冬半年各月分布的频率并不相同,绕极型在 10 月占绝对优势,频率占 50%,11—12 月偶极型频率占 40%～50%,到 1—2 月偶极型频率接近 60%,其平均持续时间也较长,可达 11.8 d。

4.6.2 特征

1. 结构特征

在北半球,受下垫面不均匀性的影响,冬季极涡中心经常不在北极点,而偏向北美或欧亚大陆,使得这些地区偏冷。极涡出现频率最高、最常见的类型是偶极型,其结构如下:500 hPa 平均图上,极地涡旋断裂为一个闭合中心(图 4.23),一个在格陵兰岛西侧与加拿大之间;在亚洲的东北部有一个狭长的槽,极地是一个槽区。

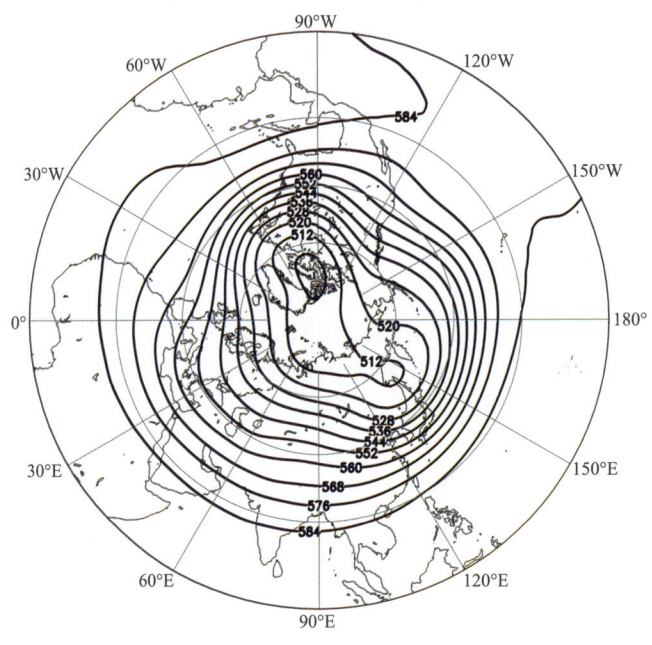

图 4.23 北半球 1 月 500 hPa 平均等高线(单位:dagpm)
(数据来源:1948—2018 年 NCEP/NCAR 的逐月平均高度场再分析资料)

700 hPa 平均图基本上与 500 hPa 一样,在新地岛 500 hPa 平均图上有槽的地方在 700 hPa 上是一个闭合的小低压,其他两个位于格陵兰与加拿大之间及亚洲东北部的低中心,在 700 hPa 上的位置比 500 hPa 偏向东南(图 4.24)。

在 1 月地面图上,极地则基本上是一个高压带。但冰岛低压很强大,向大西洋的极圈伸出一个槽,约占极地一半的面积(图 4.25a)。7 月(图 4.25b),极地的气压系统强度减弱,极点附近出现了较弱的低压。在格陵兰依然维持着冷高压。

夏季与冬季相比,极涡中心合并为一个,极涡系统明显减弱,500 hPa 极地涡旋中心在极点附近(图 4.26)。

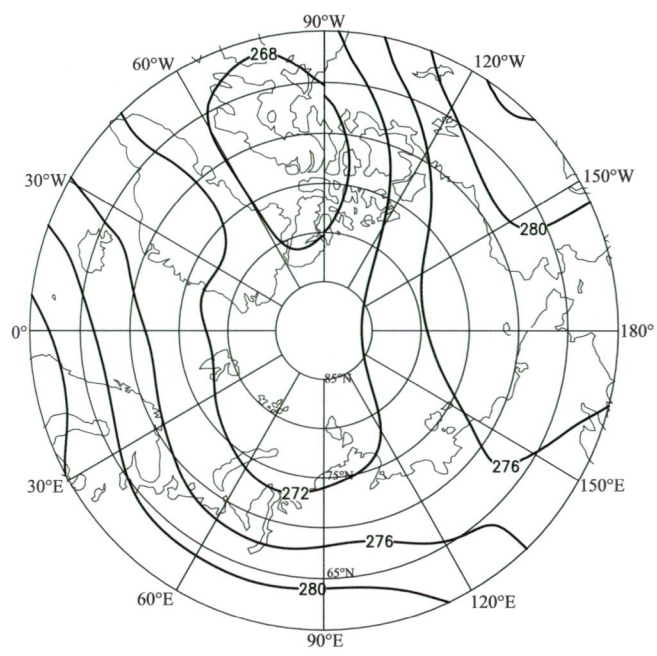

图 4.24　北极地区 1 月 700 hPa 平均等高线(单位:dagpm)
(数据来源:1948—2018 年 NCEP/NCAR 的逐月平均高度场再分析资料)

700 hPa 低压中心也在极点附近(图 4.27),低压中心的轴线几乎垂直。地面图上除了在加拿大地区尚有一闭合低压中心外,其他系统不明显。极地地区,地面图上多年平均气压是高压。相对冬季而言,夏季极涡系统比较浅薄。

2. 发展演变特征

(1)极涡面积的演变特征

北极极涡的面积就是 500 hPa 特征等值线以北所包围的面积。逐月来看,在冬季(12 月至次年 2 月)和初春(3 月)是极涡面积的相对大值期,极大值出现在 2 月。而夏季(7 月、8 月)和初秋(9 月、10 月)是极涡面积相对小值期。

冬季,极涡在 100 hPa 面积最大,500 hPa 次之,200 hPa 最小。研究发现,1958—2006 年在 500 hPa、300 hPa、200 hPa 和 100 hPa 这 4 层等压面上,极涡面积总体经历了从扩展到收缩的变化过程,极涡面积的缩小与全球变暖相关联。

综合来看,极涡在 100 hPa 上的季节性变化最强烈,且极大值的出现落后于其他各层,而极小值的出现又早于其他各层。

(2)极涡强度的演变特征

研究表明,1958—2006 年极涡强度的减小没有面积指数那么显著,从各等压面来看,对流层中高层 500 hPa、300 hPa 和 200 hPa 下降明显,而 100 hPa 相对平缓。

强度指数随季节的变化总体表现为冬半年其强度加强,极涡外扩;春季、夏季其强度减弱,极涡收缩。平均每年为 2—5 月、6—8 月,即春夏季为极涡的减弱阶段,强度极小值出现在 8

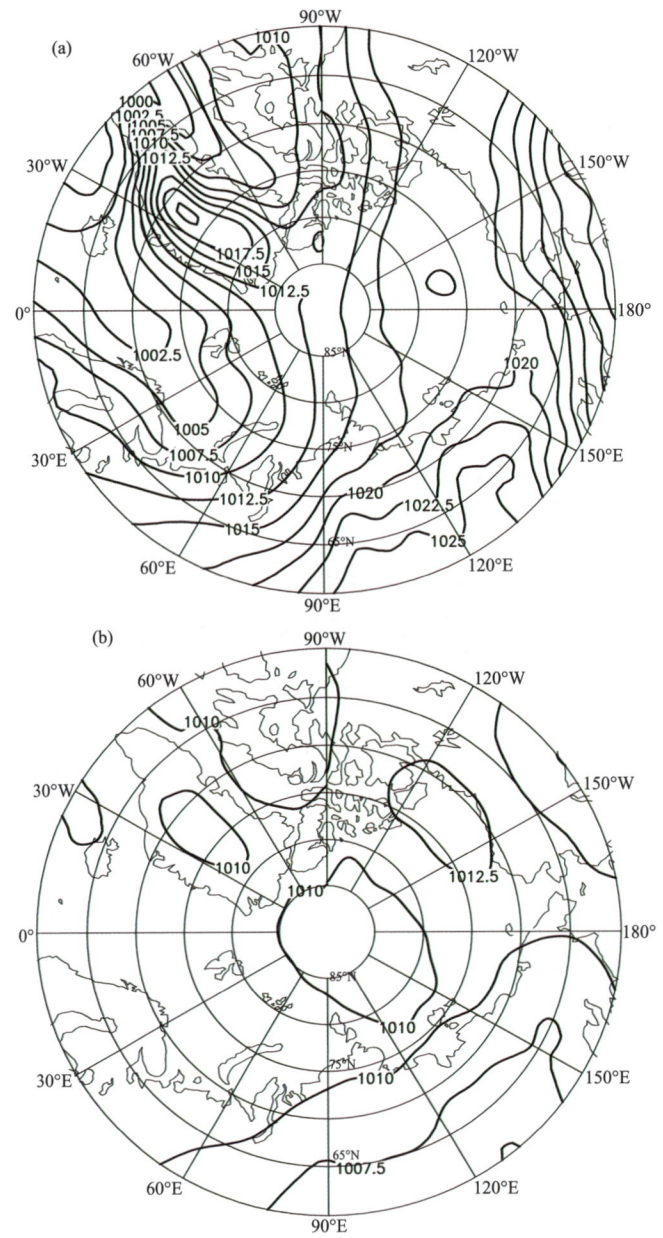

图 4.25 北极地区 1 月(a)和 7 月(b)的多年地面平均气压场(单位:hPa)
(数据来源:1948—2018 年 NCEP/NCAR 的逐月平均海平面气压场再分析资料)

月,春末夏初减弱幅度较大,而仲夏强度基本不变。平均每年的 1—2 月、5—6 月、9—12 月为极涡的增强阶段,相对而言,5—6 月以及深秋到初冬的增强较为明显,极大值出现在 2 月。可见,极涡强度减弱的幅度明显强于其增强的幅度。图 4.28 给出北极极涡面积和强度指数随月份的变化趋势。

(3)极涡位置的演变特征

冬季 500 hPa 极涡偏向太平洋和北美大陆区,偏离亚洲大陆和欧洲西部。300 hPa、200 hPa 和 100 hPa 其主体位置越来越偏向亚洲大陆和太平洋地区,远离北美大陆和欧洲西部。

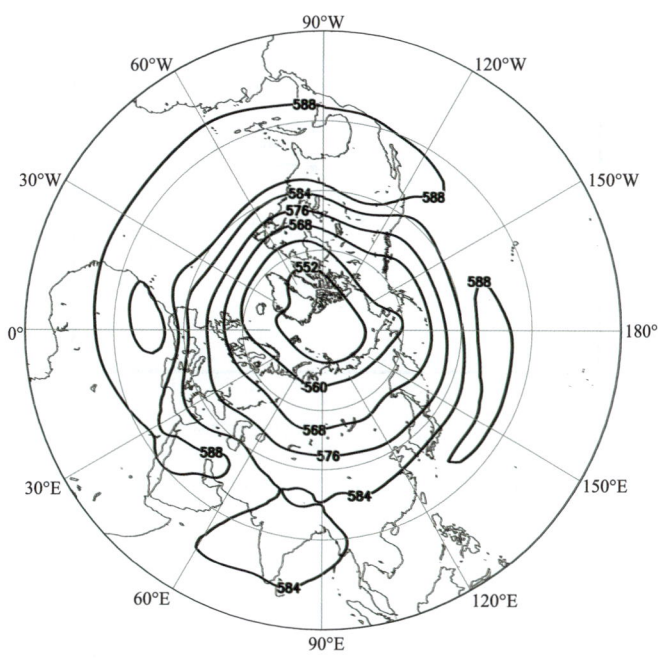

图 4.26　北半球 7 月 500 hPa 平均等高线（单位：dagpm）
（数据来源：1948—2018 年 NCEP/NCAR 的逐月平均高度场再分析资料）

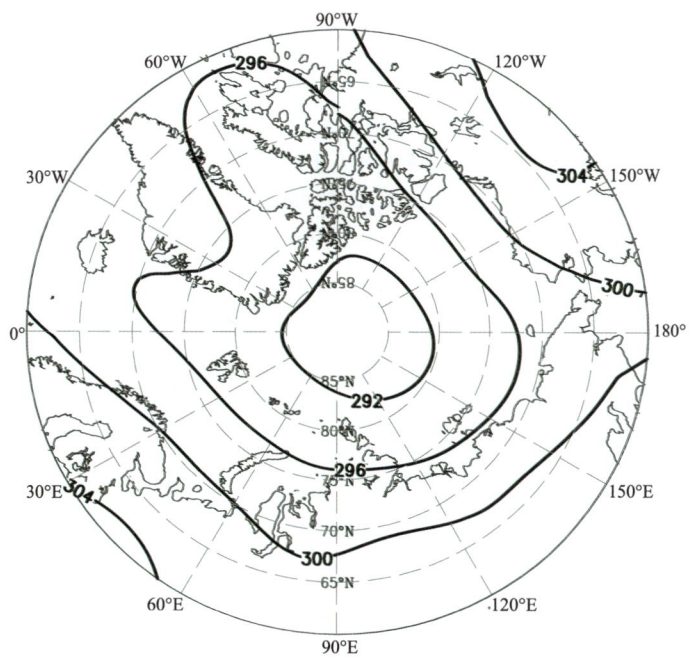

图 4.27　北极地区 7 月 700 hPa 平均等高线（单位：dagpm）
（数据来源：1948—2018 年 NCEP/NCAR 的逐月平均高度场再分析资料）

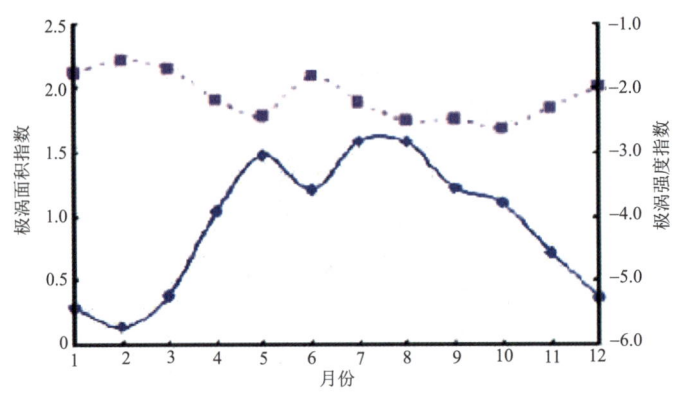

图 4.28 1958—2006 年极涡面积指数和强度指数随月份的变化(唐秋艳,2012)
(注:实线表示极涡强度指数的变化趋势,虚线表示极涡面积指数的变化趋势)

3. 形成机制

关于极涡的变化及影响机理的研究主要从大气化学和大气动力学两个方面着手,大气动力学方面主要包括行星波破碎、平流层爆发性增温(sudden stratospheric warming,SSW)、平流层对流层的动力耦合等过程中极涡的变化特征及所起作用,以及赤道平流层东西风准两年振荡(quasi-biennial oscillation,QBO)与极涡的关系;极涡的大气化学作用主要指极涡对硝酸、臭氧等化学成分渗吸和输送过程的影响,以及化学成分再分布对它的反馈;另外,极涡与海温、冰雪、植被甚至太阳活动等都有着密切的关系。

4.6.3 对天气影响

极涡的位置、强度、移动对极地以及高纬地区的天气影响明显。由于北极极涡与副热带高压是两个影响中国气候变化的主要大气环流实体,两者紧密相连,且对华北夏季降水有明显作用。极涡与副热带高压、阻高及季风等大气环流因子配合起来共同作用于天气、气候及环境。

①北半球极涡强度存在明显的年代际变化特征,20 世纪 90 年代以前极涡强度以上升趋势为主,90 年代以后以减弱趋势为主。极涡强度存在显著的准 13 年的年代际振荡周期。

②在极涡强值年,中国东部和北方大部分地区的温度升高,其中华北、东北和西北地区的气温明显偏高;中国南方地区降水普遍增多,其中华南和长江中下游地区的降水偏多明显。

③相对极涡弱值年而言,极涡强值年,极地地区的位势高度场降低,中高纬度地区的位势高度场升高,东亚大槽减弱,冷空气向极地聚集;同时,东亚冬季风显著减弱,从孟加拉湾、南海和东海有暖湿空气吹向中国内陆,华南和长江中下游地区降水偏多。

有研究指出,极涡与阻高通常存在负相关作用。极涡面积越大,东亚夏季季风越强;极涡显著加强,东亚冬季季风减弱。极涡面积与中国气温之间以负相关为主,不同季节,不同月份有所差异;极涡指数、副热带高压脊线及北界指数与华北降水基本呈负相关。当亚洲和欧洲极涡异常南扩,北非、大西洋、北美副热带高压显著收缩减弱,西太平洋和南海副热带高压明显北抬时,华北降水易增加。

4.7 东北冷涡

4.7.1 定义

冷涡是冷性低涡的简称。是指出现在空中(一般指 700 hPa 高度以上)的冷性低涡,其强度随高度的增加而增强。高空冷涡是在对流层中上层的低压系统,其中心附近的气温明显低于四周,故称其为高空冷性涡旋。

高空冷涡是大尺度的环流系统,从低空到高空都有表现,是比较深厚的系统,如东北冷涡、华北冷涡等。东北冷涡是东亚阻塞形势下在东北地区发生、发展的冷性涡旋。

东北冷涡是指在中国东北附近地区具有一定强度(闭合等高线多于两根),能维持3~4 d,且有深厚冷空气(厚度达 300~400 m)高空的气旋性涡旋。如图 4.29 所示,它一般是指在 500 hPa 天气图上,115°~145°E、35°~60°N 范围内出现闭合等高线,并有冷中心或冷槽相配合,持续 3 d 及以上的低压天气尺度系统。在北半球,涡旋系统在准地转运动条件下常与低压中心相联系,故冷涡又常被称为"低涡"。其一年四季都有可能出现,但以 5 月、6 月为最多,而以 8 月和 3 月、4 月为最少。东北冷涡的天气具有不稳定的特点,冬季:持续性低温天气,出现冰晶结构低云,可以有很大的阵雪;夏季:对流性不稳定,常造成雷阵雨天气。东北冷涡是造成东北地区低温冷害、持续阴雨洪涝、冰雹和雷雨大风等突发性强对流天气的重要天气系统。

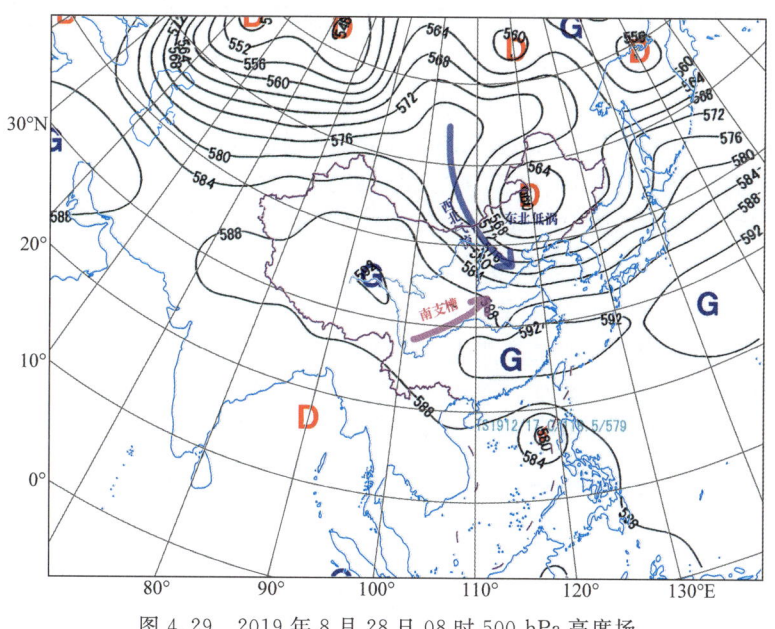

图 4.29 2019 年 8 月 28 日 08 时 500 hPa 高度场

4.7.2 特征

1. 东北冷涡空间分布

冷涡密集区初春主要出现在东北平原的北部,大约位于 52°N,且呈纬向分布。另一个主要的密集区位于东北平原的中部和西北日本海沿岸。一般情况下,出现在40°~45°N区域内的东北冷涡常常给辽宁带来连续几天的间断性降水、持续多日的气温下降天气,40°~45°N区域内的东北冷涡在初春时节出现频率较低。

2. 东北冷涡演变特征

东北冷涡一年四季都可能出现,但夏季出现的概率要明显大于冬季。东北冷涡活动的最大密集带从4月开始逐渐向南移动。移动比较缓慢,可以不断再生发展,具有一定的准静止性,一个东北冷涡活动的生命周期一般为5~7 d,最长可达10余天,因此,它是一个天气尺度的系统,带来连续数日的低温阴雨天气。

年平均(4—10月)为80 d左右,其中最长为114 d,最短44 d。对1956—1990年(4—10月)气候资料统计结果,发现东北冷涡共出现2750 d,4—10月占总天数的37%,特别是夏季6—8月,受东北冷涡影响的天数为1364 d,6—8月占总天数的42%。6月、7月、8月平均分别可出现东北冷涡15.1 d、12.5 d、11.3 d,其中上述月份中每月冷涡活动超过15 d的比例也分别可以达到54.3%、51.4%、40.0%。

1956—1990年(4—10月)共出现了698个东北冷涡过程,平均每次冷涡活动过程3.94 d,其中夏季(6—8月)达4.07 d,达到和超过6 d的东北冷涡出现的概率为20%,周期统计可知,东北冷涡有8~9年的低频变化周期。

东北冷涡的发生具有明显的月际变化,6—7月平均每年出现5~6个东北冷涡天气过程,22.9 d冷涡活动日。6月与7月平均每个冷涡活动时长差异不大,均在4 d左右。持续最长的冷涡活动过程6月为11 d,7月为9 d。6月4日前后是东北冷涡的第一个高发期,出现频率为70%,6月东北冷涡活动有7 d左右的周期。

根据1956—1990年7个月(4—10月)东北冷涡出现天数的地理分布,发现有两个密集区,一个出现在大兴安岭背风坡东北平原的北端,密集区最大轴线贯穿整个东北平原;另一个出现在三江平原(黑龙江、松花江、乌苏里江)的低洼地上空。

东北冷涡活动的最大密集区从4月开始逐渐向南移动,6月达到最南端,这也是冷涡活动的最强盛时期。之后,这一高频地区缓慢北移,进入盛夏之后(8月为例),这一冷涡活动的高频轴线出现了一次不连续的北跳,一下子就移到大约52°N,并且一直维持到10月以后。冷涡活动密集区的这一显著变化与盛夏副热带高压大幅北进,江南梅雨期结束几乎是同步的。

极地是冷涡形成的冷空气源地。冷空气侵袭的路径,大多经泰梅尔半岛、新地岛、乌拉尔、巴尔喀什湖、贝加尔湖、西伯利亚等地,然后侵入我国东北地区。无论何种类型的冷涡,其500 hPa的环流特征都是:从里海附近起,40°N附近的纬带上有延续的西风急流带,这是冷涡形成的前兆,冷空气的影响路径的不同也决定着冷涡路径和发展。根据1980—1999年6—8月时间内出现的86个冷涡天气分析,冷涡有以下5种路径:

①北路径的冷涡是指在影响区域的北方,受北风气流影响南下的涡,这一路径的冷涡比较少,只发生过6个,占总数的7%。环流形势为在俄罗斯的中西伯利亚高原或者在蒙古西部到中国新疆地区有高压脊建立,有时鄂霍茨克海有高压阻挡,形成切断涡,也有时沿脊前下滑的极地冷空气南下形成涡后移动进入影响区域。这一路径的涡多配合地面低压冷锋,移动速度较快,常形成不稳定降水。

②东北路径的冷涡是在东北气流的引导下向西南方向移动(又称为倒行),进入影响区域的。这一路径的冷涡比较少,只出现了2个,占冷涡总数的2.3%。其环流形势为在蒙古到俄

罗斯中部、东部地区有较强的高压脊存在,而鄂霍茨克海为一大槽区。当脊前的东北风气流加强时,大槽内有新的冷空气分裂出来,形成涡,沿东北气流进入影响区域,多配合地面东北低压产生阵雨或雷阵雨天气,降雨强度在中等以下。

③西南路径的冷涡在西南路径的引导下,由西南路径移入影响区域。这是一种少见的路径,在20年普查中只出现了1个。环流形势:俄罗斯西西伯利亚地区的冷空气在乌拉尔山较强北风气流的引导下,冷空气向南移动进入中国新疆地区,再向东南方向移动到黄河河套西部地区,切断成涡。这时中国东南部的大陆高压较强,而且稳定。涡沿着高压后部的西南气流由南方进入,直至北上到黑龙江省中部减弱填塞。涡配合地面河套气旋,经过渤海时进一步加强,携带大量水汽,在涡的东北象限产生大暴雨天气。

④西路径的冷涡在影响区域的西方,由东风气流的引导东移进入影响区域。大约沿45°N线,这一路径的冷涡20年来出现了11个,占总数的13%。环流形势为纬向型,在俄罗斯的西西伯利亚到巴尔喀什湖一带为一稳定的大低槽区,槽底部分裂出冷空气,有时直接断出涡东移。西路径的涡多配合地面蒙古低压、河套倒槽和黄河气旋等系统,进入我国辽宁省后产生大面积强度为中等以上的强降水。降水开始时多数为稳定降水,后期转为不稳定或混合性降水。

⑤西北路径的冷涡在西北气流的引导下,由西北方进入影响区域。这一路径的涡出现次数最多,20年中有66个,占总数的77%。环流形势主要分为两类,其一类为在乌拉尔山有高压脊存在,有极地冷空气沿脊前下滑,经过贝加尔湖进入影响区域。其二为在乌拉尔山地区和西西伯利亚地区存在大低槽,在俄罗斯东部和日本海有西风带高压和副热带高压结合形成的混体高压脊,形成阻高。当乌拉尔山和西西伯利亚大槽分裂出来的冷空气东移受阻后,切断成涡,再进入影响区域。西北路径的涡多经过贝加尔湖一带进入中国东北地区。涡与地面江淮气旋、黄河气旋和渤海气旋天气系统配合时,产生的降雨面积大、强度强,多为稳定性和混合型;与东北低压和冷锋结合时,多产生小范围阵雨或雷阵雨,降水范围分散。

4.7.3 对天气的影响

东北冷涡是中国东北地区特有的重要天气系统,东北冷涡多寡是造成东北地区洪涝、干旱、低温冷害以及冰雹和雷雨大风等突发性强对流天气的重要原因。东北冷涡一年四季均可出现,但主要集中在夏季,尤以6月最多,同时东北冷涡活动具有群发性、持续性等特征。频繁的东北冷涡活动,能引起明显的降水和气温异常,对东北地区的天气气候有重大影响。东北冷涡实际构成了一个大的环流背景,各类灾害性强影响天气的发生都是在大背景下发生的,除沙尘暴是依托大尺度环流远程输送外,多数情况下都是在大的涡旋系统中,时不时甩出一股股冷空气,尺度不大,影响性极强。

东北冷涡甩出的小股冷空气之所以会有那么大的影响,是因为对流不稳定能量的释放。冷涡系统一般在大气中高层温度比较低,当冷空气沿涡旋后部偏北气流向南侵入时,若遇到低层大气加热增温条件较明显时,就会形成上冷下暖的对流不稳定条件,易形成剧烈天气发生,且由于大尺度冷涡移动缓慢,稳定少动,类似的天气可以在同一地点反复发生。

如图4.30所示,东北冷涡对华中、华东、西南和西北等地区强对流天气的影响,主要是提供有利的环流背景引导冷空气南下,而低层的偏南气流向影响区输送暖湿气流,高层干冷和低层暖湿造成了层结不稳定,易于强降水发生。高空冷涡在形成降水上有很复杂的形势,在冷涡云系附近或后部都有可能不同程度地出现对流云的发展,尤其是冷涡区后部的晴空区,常有高空冷平流和低空暖平流叠加,加上地面白天辐射增温,形成不稳定层结,有利于对流的发展。高空急流几乎围绕着低层涡旋,涡旋具有较强的斜压结构,在 500 hPa 或 700 hPa 冷中心落后于气压系统,形成涡底及涡后极强的冷平流,由于中空冷平流带来层结不稳定,使它所产生的天气比较剧烈,带有阵性,随低涡向东移动。事实上,由于东北冷涡高空温度比较低,当低层加热时,常常发生很强的对流不稳定,产生冰雹、雷暴等天气,也有时产生稳定的连续性降水,出现区域性暴雨。

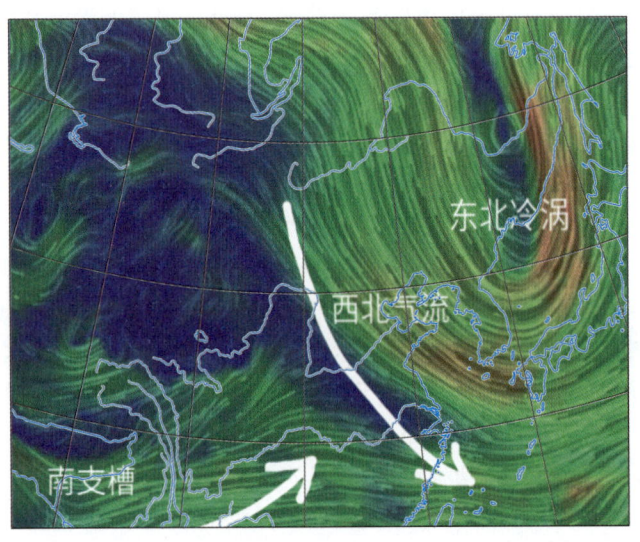

图 4.30　东北冷涡造成低温、降水示意图

春夏季节出现的东北冷涡天气,对农牧业生产危害极大。因气温偏低影响水稻、高粱、玉米、大豆等作物的春播或幼苗的生长发育,因而造成秋粮减产。在牧区,牧草不能及时返青,牛羊由于饲料不足而掉膘。根据低温出现的时间不同,对农作物造成的影响也不同。6 月的低温使农作物不能正常生长而推迟生育期;8 月农作物正处在灌浆乳熟干物质积累阶段,正需温度高、阳光充足的天气,低温易造成籽粒不饱满或空壳而减产。

4.8　切变线

4.8.1　定义

切变线一词源于流体力学,皮耶克尼斯最初将切变线引入气象学中,后来这一名词被广泛应用于热带气象和中高纬气象学研究中。在中国,切变线定义为:在天气尺度系统中,切变线是出现在低空(700 hPa 或 850 hPa)的具有气旋式切变的风的不连续线。切变线附近往往伴随风的辐合,产生垂直运动,触发中尺度对流系统的发生,从而释放不稳定能量,带来暴雨。南方的切变线多为东西向,从气压场上来看也就是低空东西向的横槽。北方切变线多为南北向。切变线在中国常常会引起不同强度的降水过程。尤其是在夏季切变线是中国主要的降水天气系统之一。低空切变线附近的上升速度通常超过 5 cm/s 量级,如果切变线维持时间为 6~12 h,则上升运动可将低层空气抬升 1~2 km,从而导致强烈的对流活动。

4.8.2 特征

切变线是北方或西北方下来的冷空气与南来的暖湿气流的交界处,具有锋的性质,而不仅仅是风场的不连续。但切变线两侧密度差常常是比较小的。

1. 气旋性

切变线是针对风场而言,在风向气旋性切变特别明显的两个高压之间的狭长低压带内或在近于东西向的狭长低压带内分析切变线,此时气压梯度可能并不明显,而风场不连续明显。切变线的尺度范围很大,有几十至几百千米。按风场的型式分为冷锋式、暖锋式、准静止锋式。切变线上降水量分布很不均匀,常在气流辐合较强、水汽供应充沛的地区形成暴雨。西南低涡沿切变线东移,常是增强辐合的主要原因。

2. 季节性

切变线是东亚夏季环流的一个成员,对中国夏季天气影响非常大。切变线一年四季均可出现,但以冷暖空气频繁活动的春末夏初最为频繁。影响中国切变线的位置与西太平洋副热带高压的活动有密切关系。春季西太平洋副热带高压脊线位于20°N以南,切变线形成于华南地区,称为华南切变线;6—7月,太平洋副热带高压北上,其脊线位于20°~25°N,切变线形成于江淮流域,称为江淮切变线。在它控制下,常产生暴雨和雷雨,是江淮地区梅雨期降水的重要天气系统;7月中旬至8月中旬,副热带高压脊线位于25°~30°N,切变线形成于华北地区,称为华北切变线。冬季,高空西风急流遇青藏高原分成南北两支气流,在高原以东汇合形成的切变线是影响西南广大地区的重要天气系统。此外,夏季在西北和青藏高原地区也有切变线活动,造成气流较强的降水,它所在的高度一般在400 hPa左右。切变线上的降水量分布很不均匀,常在辐合较强、水汽供应充沛的地区形成暴雨。切变线形成的天气,随季节而有变化,冬季由于空气中水汽含量少,大气层结比较稳定,多出现连续性降水,降水区较宽,但降水量较少。夏季空气中水汽充沛,大气层结不稳定,则切变线上常出现雷阵雨,但降水区较窄。

4.8.3 对天气的影响

1. 江淮切变线

东亚梅雨暴雨是多尺度天气系统共同作用的结果。切变线、低压、低空急流、梅雨锋等均为梅雨暴雨提供所需的暖湿水汽和上升运动。在6—7月,多位于西太平洋副热带高压和西风带小高压之间,在气压场上可视为近于东西向的横槽。在平均资料所揭示的东亚季风环流典型结构中,活动在东亚副热带平原(江淮地区)的切变线,称为"江淮切变线",常位于850 hPa或700 hPa,江淮切变线附近多伴随辐合上升运动,促进不稳定能量释放,可引发江淮地区强降水甚至长时间持续的暴雨过程,极端情况下可导致5~7 d的暴雨过程。由此可见,江淮切变线与梅雨期降水关系紧密,不仅是影响中国天气的主要天气系统,也是东亚夏季风系统中的重要成员之一(姚秀萍 等,2017)。

(1)江淮切变线的降水

根据武汉中心气象台统计,在下半年,由于江淮切变线产生的暴雨,占全部暴雨日数的41%,就整个江淮地区统计,有暴雨的切变线过程占全部切变线过程的76%,6月、7月更甚,占90%以上。在全球变暖背景下,对1981—2013年6—7月的江淮切变线及其暴雨特征的分析表明,1980年以来,江淮地区6—7月,近2/3的江淮切变线产生暴雨,近3/4的江淮暴雨是由江淮切变线引发的;6—7月的江淮切变线暴雨主要集中在6月4候到7月2候,对应于梅雨期降水最集中的时期,即梅雨期降水以切变线降水为主。这就是说,大多数江淮切变线过程都能带来暴雨,一个切变线过程有时还会带来连续5~7 d的暴雨。

江淮切变线的降水多位于地面锋线的北部、700 hPa切变线以南的地区。这是因为700 hPa切变线以南的偏南气流一方面可将南方的水汽不断输送过来,另一方面这股气流沿着锋面向上滑升,使水汽冷却凝结成雨。因此,如风速偏南分量愈大,而锋面坡度越陡,则上升运动强,降水量大,但这种大范围的上升运动,仅能造成连续大片降水,降水量并不大。

切变线上降水分布并不均匀,只有气流辐合较大,水汽供应充分的地区,才有较大的暴雨,而切变线上辐合不同的原因,主要是西南涡沿切变线东移所造成的。因此,江淮切变线上产生的暴雨和西南涡是分不开的。

(2)江淮切变线的形成

江淮切变线的形成一般有两种解释:一种与"西风带短波槽"有关,700 hPa槽线东移时,其南段受到副热带高压阻挡,使槽线偏转为东北西南向,槽后从河西走廊有高原侧向摩擦作用产生的一小暖高压向东移,小暖高压在移到河套地区后,与南边副热带高压在此东西向槽线的两侧对峙,在风场上形成一条切变线;另一种与"气旋性曲率东伸"有关,高原北侧并没有西风槽东移,只是促使在高原东侧低层气旋性环流的发展,然后逐渐向东延伸,切断原来在中国东部的南北向的"高压坝",最后形成一条切变线。

当江淮流域高空500 hPa图上西风气流较平直,副热带高压呈东西向时,从西经河西一带东移的西风槽比较平浅,多不发展,这时700 hPa槽线在移动过程中南端就受到副热带高压的阻挡,槽线停滞或缓慢移动,而北端继续东移,于是使槽线顺转而成东西的切变线(图4.31)。在这种形势下,槽后常有小高压中心形成并向东移动,切变线就处于此小高压和副热带高压之间,小高压主要是在平直西风环流下,由于高原的侧向摩擦作用而产生的。

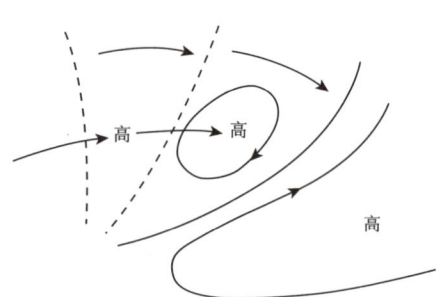

图4.31 700 hPa江淮切变线的形成
(朱乾根 等,2007)

(3)江淮切变线的移动

切变线形成后,移动一般比较缓慢,江淮切变线也是如此。当高空槽加深,地面气旋发展时,处于槽后的切变线南移。冷锋式切变线南移,暖锋式切变线北移,所以当有切变线东移时,涡前切变线北抬,涡后切变线南压,东移过去一个低涡,切变线就南北摆动一次。如西太平洋副热带高压脊势力加强北上,则整个切变线也北抬;反之,如西太平洋副热带高压脊势力减弱而东南撤退,则整个切变线也南移。

(4)江淮切变线的转换

旧的切变线消失,新的切变线建立过程,即切变线的新陈代谢过程,一般称为切变线的转换,当旧切变线在江淮地区维持时,如从河西走廊又有一个新的较强的西风槽的东移(图4.32a),则新槽前的旧小高也东移,并逐渐与副热带高压合并,于是旧冷式切变线的东段南压消失,而旧小高后部还有低涡东移,这时旧切变线的西段由于处于旧小高后部与涡前部的偏南气流中,就变为暖式切变线而北上(图4.32b),并逐渐与新槽相接(图4.32c),形成北槽南涡型,然后,在低槽低涡东移过程中,新槽槽线逐渐顺转,变为新的切变线,而新槽后的小高代替了旧小高。当旧切变线北上时,对应的雨区也北移,但强度减弱,而新槽与此切变线相接时,不管有无明显涡旋,雨区又重新发展,并形成暴雨。这样,一次江淮切变线的转换过程即告完成。

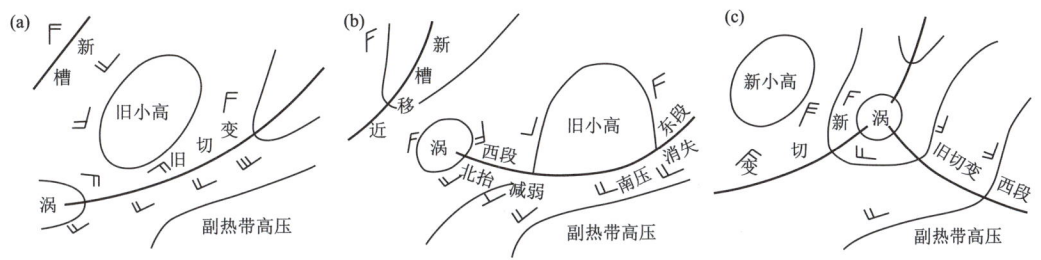

图 4.32　江淮切变线的转换(朱乾根 等,2007)

(5)江淮切变线的分类与江淮切变线暴雨

安徽省(位于江淮地区)气象台统计表明,1961—1972 年 6—7 月安徽的切变线中,与暴雨过程有关的切变线占到 66%,就整个江淮地区而言,90%切变线可产生暴雨。但该结果存在一定的局限性:a.样本的时空跨度有限,仅针对安徽省而非江淮地区全部,统计的时段 1961—1972 年不足一个气候态;b.1980 年之前统计的结果,距今较久远,尤其 20 世纪 80 年代之后,全球变暖,江淮地区的气候,包括江淮切变线暴雨,也许存在一定的变化。所以,马嘉理等(2015)进一步分析了全球变暖背景下,1981—2013 年 6—7 月的江淮切变线及其暴雨特征和关系。结果发现,1980 年以来,江淮地区 6—7 月,近 2/3 的江淮切变线产生暴雨,近 3/4 的江淮暴雨是由江淮切变线引发的;6—7 月的江淮切变线暴雨主要集中在 6 月 4 候到 7 月 2 候,对应于梅雨期降水最集中的时期,即梅雨期降水以切变线降水为主。

(a)江淮切变线的分类

传统上,江淮切变线按照风场可分为 3 类,即暖切变线、冷切变线和准静止切变线。实际上,在气象学家分析中发现,还存在暖切变线和冷切变线共存的一类,这类切变线通常伴有闭合环流的低涡,把这类切变线另列为一类,定义为低涡切变线。低涡可以在切变线上生成、发展和移动。因此,Yao 等(2020a)将江淮切变线划分为 4 类,即暖切变线、冷切变线、准静止切变线和低涡切变线,4 类江淮切变线的特征和界定标准如下。

暖切变线:暖切变线为西南风和东南风之间的切变,多呈西北东南走向,南风强于北风,暖切变线有向北移动特点。雨带通常位于暖切变线南部,并与之平行。定义受暖切变线影响的暴雨为暖切变线暴雨,如图 4.33a 所示。

冷切变线:冷切变线为西南风与东北风之间的切变,多呈东北西南走向,北风强于南风,有向南移动特点。定义受冷切变线影响的切变线暴雨为冷切变线暴雨,如图 4.33b 所示。

准静止切变线:准静止切变线为东风和西风之间的切变,多呈准东西向走向,位置稳定少动。定义受准静止切变线影响的切变线暴雨为准静止切变线暴雨,如图 4.33c 所示。

低涡切变线:低涡切变线是从存在闭合风场的低涡里延伸出来的,其上游部分是冷切变线,下游部分是暖切变线。低涡切变线及其附近降水有东移特点。定义受低涡切变线影响的切变线暴雨为低涡切变线暴雨,如图 4.33d 所示。

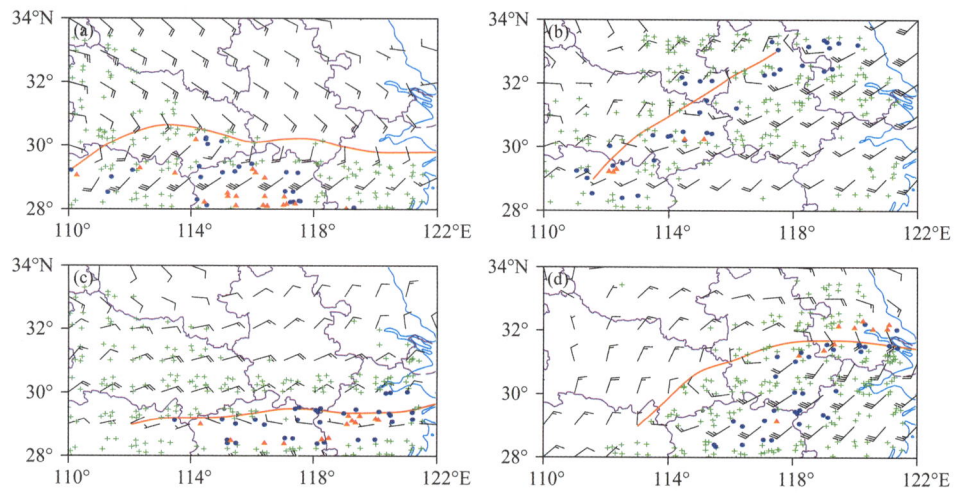

图 4.33 江淮地区 4 类切变线暴雨实例(Yao et al.,2020a)

(a)2003 年 6 月 25 日暖切变线暴雨;(b)2001 年 6 月 18 日冷切变线暴雨;(c)1989 年 6 月 17 日准静止切变线暴雨;(d)2009 年 7 月 28 日低涡切变线暴雨

(其中,红色实线为客观辨识的江淮切变线;黑色风矢杆表示 850 hPa 风场,单位:m/s。离散的符号为站点日降水量;符号意义:绿色+:日降水量<50 mm,蓝色●:50 mm≤日降水量<100 mm,红色▲:100 mm≤日降水量)

(b)4 类江淮切变线暴雨出现的频数

依据以上分类标准,对 1981—2013 年 6—7 月 4 类江淮切变线暴雨出现的频数进行统计分析。如图 4.34 所示,在江淮切变线暴雨中,暖切变线暴雨出现的频数最多,达到 276 d,占切变线暴雨总日数的 38.1%;其次为冷切变线暴雨和低涡切变线暴雨,分别为 158 d 和 154 d,分别占 21.8% 和 21.3%;准静止切变线暴雨出现的频数最少,为 136 d,占 18.8%。

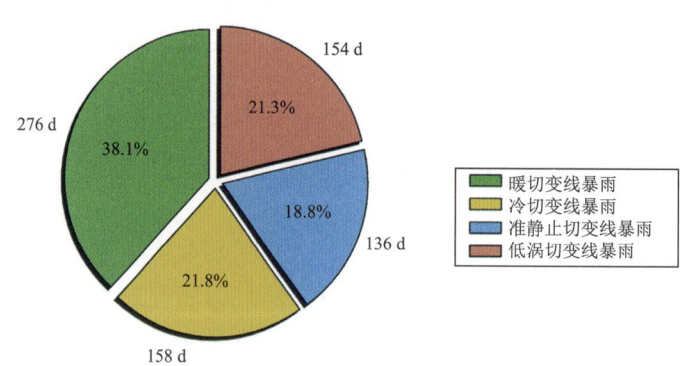

图 4.34 1981—2013 年 6—7 月 4 类江淮切变线暴雨频数及其占比分布(Yao et al.,2020a)

可见,在江淮切变线暴雨中,暖切变线暴雨出现频数最高,约占到 40%,其他 3 类切变线暴雨分别约占到 20%。这与在 6—7 月东亚夏季风盛行时,偏南暖湿气流活动相对活跃有关。

表 4.2 概括给出了 4 类江淮切变线的分类标准和移动特征,以此作为依据,对 1981—2013 年 6—7 月 4 类江淮切变线暴雨出现的频数进行统计分析。

表 4.2 江淮切变线的分类标准和移动特征（Yao et al.,2020a）

江淮切变线	暖切变线	冷切变线	准静止切变线	低涡切变线
风切变形式	西南风和东南风	东北风和西南风	东风和西风	闭合风场,上游冷切变型,下游暖切变型
切变线移动特征	北移	南移	静止	东移

（c）江淮切变线暴雨的空间分布特征

6—7月江淮切变线暴雨年平均降水量的空间分布如图4.35所示。从图上可以发现,切变线暴雨年平均降水中心出现在安徽、江西和湖北3省交界处,年平均降水量超过350 mm。年平均降水量的空间分布总体呈"西北少而中南多"的特征,这与江淮切变线暴雨主要出现在切变线以南有关。

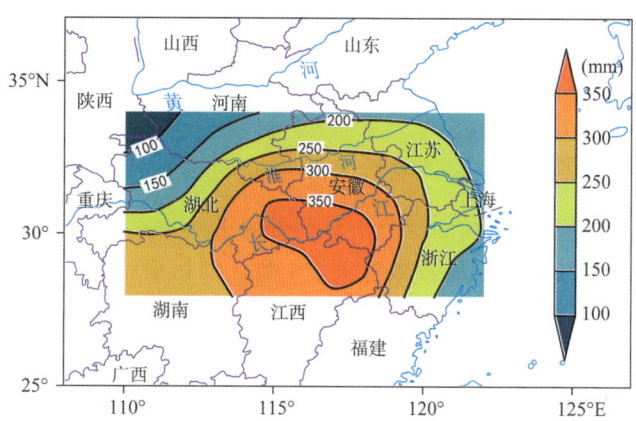

图 4.35 6—7月江淮切变线暴雨年平均降水量的空间分布（Yao et al.,2020a）
（图中阴影区范围内为江淮地区）

4类江淮地区切变线暴雨年平均降水量空间分布（图4.35）有所不同,暖切变线暴雨主要集中在江淮地区的中南部地区,东北部地区较少（图4.36a）;冷切变线暴雨主要集中在江淮地区的东部地区,西北部地区较少（图4.36b）;准静止切变线暴雨主要集中在江淮地区的南部地区,北部地区较少（图4.36c）;低涡切变线暴雨主要集中在江淮地区的中部地区,西北部地区较少（图4.36d）。

可见,江淮切变线暴雨的年平均降水量的空间分布与江淮切变线类型有关,对比图4.35和图4.36可知,江淮切变线暴雨年平均降水量空间分布与低涡切变线暴雨最为相似。

通过分析,得到暖切变线暴雨出现频数较多,但是降水强度最小;而低涡切变线暴雨出现频数较少,但是降水强度最大。对江淮切变线暴雨总雨量而言,4类江淮切变线的贡献率见表4.3。

表 4.3 4类江淮切变线对江淮切变线暴雨总雨量贡献率（Yao et al.,2020a）

类型	暖切变线	冷切变线	准静止切变线	低涡切变线
贡献率(%)	33	25	17	25

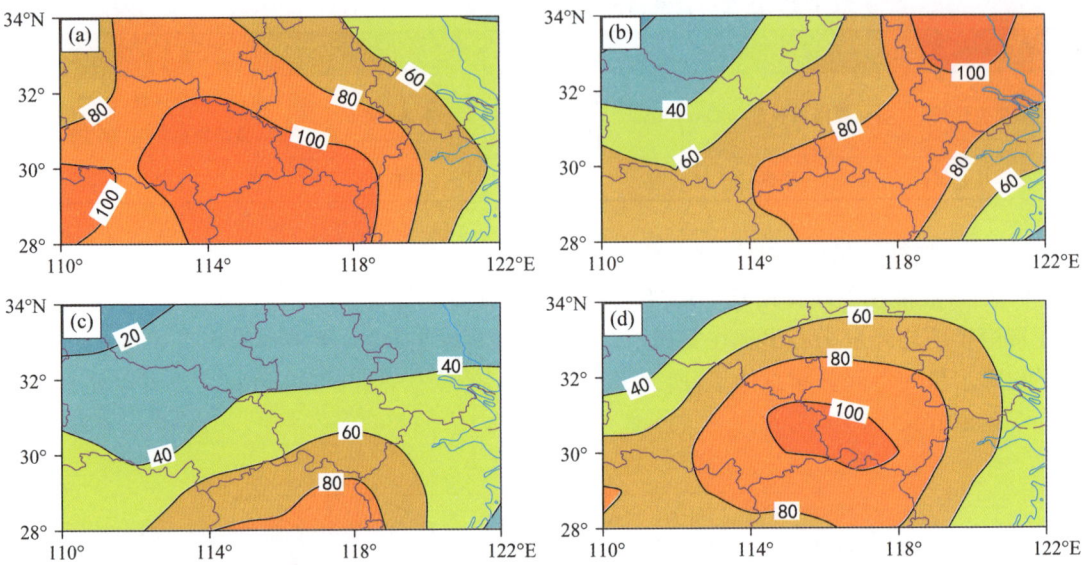

图 4.36 6—7月4类江淮切变线暴雨年平均降水量的空间分布(单位:mm;Yao et al.,2020a)
(a)暖切变线暴雨;(b)冷切变线暴雨;(c)准静止切变线暴雨;(d)低涡切变线暴雨

不同类型江淮切变线暴雨对切变线暴雨总雨量的贡献并不仅取决于该类切变线暴雨的降水强度,还与该类切变线暴雨出现的频数有关。4类江淮切变线对江淮切变线暴雨总雨量贡献率如表4.3所示,可知,暖切变线暴雨对江淮切变线暴雨总雨量的贡献最大,达到33%,冷切变线暴雨和低涡切变线暴雨的贡献各为25%,准静止切变线暴雨的贡献最少,仅为17%。

暖切变线暴雨频数最多,即使其降水强度最小,但对切变线暴雨总雨量贡献非常大。低涡切变线暴雨强度尽管最大,但由于频数不高,对切变线暴雨总雨量贡献不是最高。

(6)江淮切变线的消失

在江淮切变线的形成、移动和转换过程中,整个江淮地区高空的环流形势,没有大的变化,主要是维持纬向西风平直环流,而江淮切变线的消失,则常是随着高空由纬向转变为经向环流,其具体过程大致有两类:

(a)切变线南移逆转为西风带低槽而消失

一般表现为高空槽加深,或副热带高压南撤,预报时主要应注意这时高空河西走廊及青藏高原东部一带转为西北风,冷空气侵入西南地区,或台风北上迫使副热带高压减弱东移。

(b)切变线北方小高压合并于副热带高压而消失

此过程相当于江淮切变线在转换过程中,东段南压消失,西段北抬减弱的阶段,但这时没有新槽东移,以替代旧的切变线,最终使旧切变线西段也逐渐消失。因为消失的关键在于没有新槽东移,在低层也就没有冷空气补充南下,所以除注意西北槽的活动外,还要注意在蒙古、中国河西走廊有无冷空气活动。如蒙古、中国河套一带有热低压发展,冷空气被隔断而不能南下,切变线消失。

2. 青藏高原切变线

青藏高原位于中国西部,占中国领土的1/4,平均海拔高度为4000 m以上,由于其独特的地理位置和地形环境,形成特有的高原天气系统。青藏高原地区活动的切变线称为"高原切变线",常位于 500 hPa,高原切变线形成于高原边界层内,500 hPa 上表现最为显著,切变线附近的经向温度梯度小、变温小、变压小。高原切变线就是青藏高原特殊地形条件下形成的典型天气系统。

高原切变线的形成从环流角度讨论有两种解释:一种是西风槽在东移过程中,南段受高原地形及 500 hPa 副热带高压作用影响,移动缓慢,从而在高原东部形成了东—西或东北—西南向的切变;另一种是新疆地区高压东移与副热带高压西北侧的西南气流之间形成了东北—西南向的切变。同时高原大地形的热力作用也是高原切变线形成的主要原因之一,夏季高原的非绝热加热作用会造成高原上空对流不稳定,利于高原切变线生成(姚秀萍 等,2014)。

高原切变线不仅是高原地区的降水天气系统,而且在有利的环流形势配合下,该系统的东移发展往往引发高原下游大范围暴雨、雷暴等灾害性天气,甚至影响长江中下游、黄淮流域等中国东部地区的大范围降水过程。连续成串的、生长于高原中东部的对流云团族,可东移发展为长江暴雨的初始对流云系。高原切变线活动的频数以及它所带来的降水次数比低涡多,高原低涡往往伴随低涡切变线过程东移出高原。高原切变线是夏季分布在高原中东部、活动在 30°~35°N 范围内的切变线,该切变线西南段位于高原主体上空,一般呈准静止状态。500 hPa 等压面上 3 站以上风向对吹的辐合线,长度大于 5 个经度/纬度,地面 24 h 的变温变压很小。从地面到 400 hPa 高度上均存在,往往以 400 hPa 最清楚,且高频中心在西藏那曲的横切变线和位于高原东侧陡坡地区(103°E 附近),呈南—北走向的横切变线或东北—西南走向的竖切变线,横切变线出现次数比竖切变线多一倍,横切变线多出现在 30°~35°N 的高原地区,竖切变线多出现在 103°E 高原陡坡地区和高原中部。横切变线由于少动,所以在高原维持时间较长,而竖切变线能移出高原,在高原上影响时间短,但是对中国东部地区天气有明显影响。横切变云带的长度可贯穿整个高原东西,竖切变云带可贯穿整个高原南北,其宽度多数在 4~6 个纬距,影响整个高原。

高原切变线与暴雨(24 h 降水量达到 25 mm)存在紧密的联系。基于 1998—2010 年《中国气象年鉴》,主要从高原切变线的生命史和降水之间的关系进行了统计。郁淑华等(2013)的研究结果表明,冬半年,生命史在 24 h 以上的横切变线与生命史在 12 h 以上的竖切变线均可造成高原中雪天气。夏半年,生命史在 24 h 以上的竖切变线可造成高原暴雨及其周边地区小雨以上降水,还有一半以上年份,每年有 1 次竖切变线可移出高原,影响中国中部并产生中雨到大暴雨;48 h 以上生命史的横切变线在高原可造成暴雨以上量级的降水,绝大多数年份每年有 1~3 次移出高原的横切变线,并造成中国西南部、中部暴雨以上量级降水,有的甚至影响华东、华南及华北地区,并导致暴雨或大暴雨。此外,基于客观识别方法和近 40 年长时间序列再分析资料,研究(姚秀萍 等,2021;Zhang et al.,2016)发现夏半年高原切变线与暴雨发生的频数关系得到了系统的统计。相关统计结果表明,夏半年有超过 50% 的横切变线可给高原主体地区带来暴雨。主汛期(6—8 月),高原上横切变线与暴雨的关系更为密切,二者相关系数达 0.499,其在 8 月的相关系数高达 0.588。6—8 月,近 60% 的高原横切变线能够引起暴雨。

与高原横切变线相比,高原竖切变线年平均日数较少,为横切变线的 2/3,但竖切变线与高原东侧及其近邻地区暴雨间存在着密切关系,甚至与长江中下游暴雨也有紧密关系,统计显示,1981—2016 年竖切变线最多年份有 1998 年、2014 年和 2016 年,其中以 2014 年日数最多,而 1998 年是高原近邻地区暴雨日数多发年份,也是高原东侧四川盆地夜雨雨强最强的一年,同时 2016 年和 1998 年是长江流域夏季出现较大洪涝灾害的年份,竖切变线最多的 2014 年,9

月和10月竖切变线日数是近36年中最多的一年,该年是华西秋雨较多的年份;竖切变线日最少的2006年对应着高原近邻地区的暴雨少发年份。对于高原竖切变线,夏半年有超过55%的能引发高原东侧及其近邻地区暴雨,8月两者相关系数高达0.628。6—8月,约有73%竖切变线可给高原东侧及其近邻地区带来暴雨(Yao et al.,2022)。

高原在夏季以感热加热、潜热加热和辐射加热等组成的非绝热加热,成为直接加热对流层中部的强大热源。高原切变线是暴雨主要影响天气系统,暴雨产生的潜热加热对切变线演变发展起正的反馈作用(姚秀萍 等,2019;Yao et al.,2021)。

根据高原切变线热力特征,高原切变线可分为暖性、斜压性和冷性3类,分别与无风带、西风带和东风带相对应。其中暖性和斜压性切变线存在于400 hPa以下,东风带中的冷性切变线可伸展到300 hPa以上。暖性切变线附近,云均匀分布在切变线两侧,这与一般切变线附近云和降水多数沿切变线两侧对称分布相一致;斜压性切变线上空的云带主要分布在其北侧,而冷性切变线云带随季风侵入,主要分布在切变线南侧。

从图4.37可见,高原低涡与高原切变线各自存在较大的年变化,但两者的年变化趋势基本一致。2009年高原涡、高原切变线生成数量均最少分别为29个、31条,2008年高原涡生成数量最多为70个,该年高原切变线生成数量也较多(57条),2005年高原切变线生成数量最多为65条,该年高原涡数量也较多(54个),除2014年高原涡数量明显低于高原切变线数量以外,其余各年二者的生成数量相差不大,尤其2007年、2009年、2010年和2011年二者生成数量较为接近。

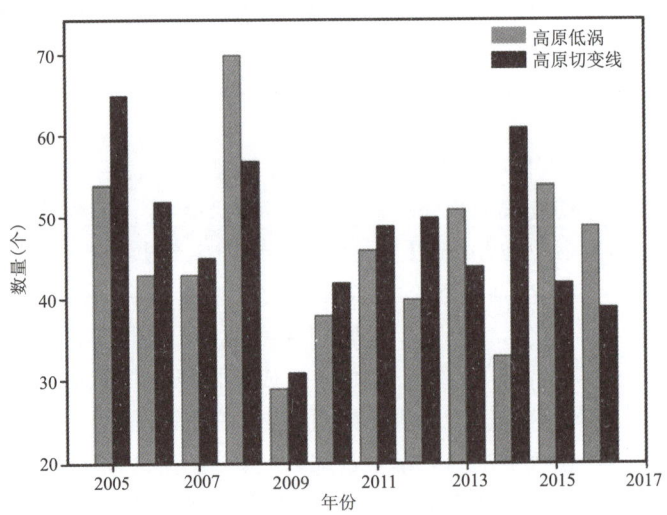

图4.37 2005—2016年高原涡、高原切变线逐年生成数量(刘自牧 等,2018)

从高原东侧向东移动的低涡大多会迅速衰减,不会带来严重的天气。高原低涡、切变线不易移出高原。准东西向切变线的运动主要有北抬和南压两类,这与副热带高压北抬和南退有关,切变线移动存在向平原、海面移动且远离山脉的趋势。高原切变线的运动与南亚高压有关,南亚高压的走向、形状和向东移动程度,会造成低层高原切变线位置发生改变。季风低压北扩使切变线加强以及新疆东倾的高压脊加强东移,使其与副热带高压之间的切变流场加强,这些均有助于高原切变线和低涡东移。卫星水汽图像上所表现的切变线水汽带的变化对高原切变线活动有指示意义:当切变线水汽带范围变宽时,高原切变线稳定;当切变线水汽带减弱时,高原切变线向东南移动,有些高原切变线可以移出高原,有些移不出高原,这两种情况所出现的环流背景有所不同。

从大范围环流分析,高原横切变线形成于高原北部偏东气流与南部西南气流之间。南部的西南气流,初夏属于南支槽前的西南风,而盛夏则属于副热带高压西侧的偏南风或印度倒槽东侧的偏南风,比较稳定。北边的偏东气流常为位于川西高原上小高压底部的偏东风。从环流配置上,中纬度低压槽的东移与西伸加强的副热带高压,在高原北部地区可以形成有利于高原切变线生成、发展的环流条件。

4.9 西南涡

4.9.1 定义

如图 4.38 所示,西南低涡是在青藏高原、横断山脉和四川盆地等特殊地形的影响下,产生并发展于中国西南地区 700~850 hPa 等压面上具有气旋性环流的闭合的中尺度低涡系统,其水平尺度为 300~500 km,属于中尺度涡旋。

大多数西南涡是冷性的,也有少数西南涡是暖性的,或初生时是暖性,以后变为冷性的。

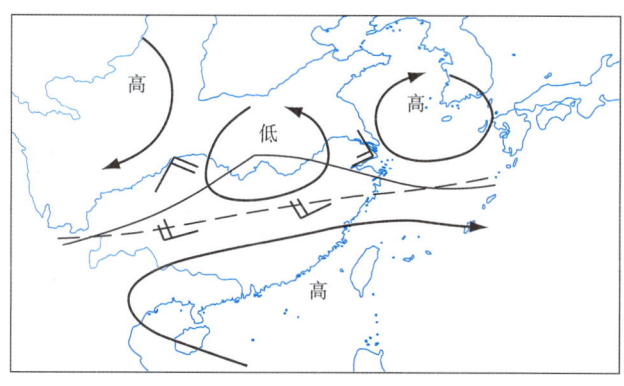

图 4.38 西南涡示意图(朱乾根 等,2007)

4.9.2 特征

1. 统计特征

据统计,1979—2012 年西南低涡在源地生成个数的年际变化如图 4.39 所示。西南低涡生成个数的年际差异是很大的,最多年可以是最少年的 145%,多年平均生成低涡个数为 59 个。从 1980—1992 年,低涡生成的个数表现为波动上升,1992—2006 年,低涡生成的个数呈减小的趋势,之后又呈增加的趋势。低涡生成个数的极大值年份为 1980 年、1989 年、1992 年、1997 年和 2009 年,平均可达 69 个,其中在 2009 年达到 71 个;极小值年份为 1981 年、1990年、1996 年和 2006 年,平均仅有 51 个。最少为 2006 年的 49 个。

如图 4.40 所示,4—6 月出现最多,其中,5 月达到峰值,共生成低涡 113 个。而在 8 月和

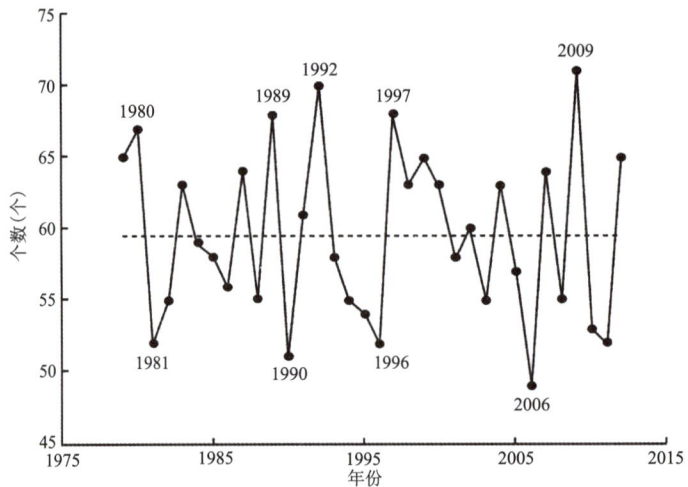

图 4.39　西南低涡生成个数的逐年变化(王金虎 等,2015)

10月恰好相反,为全年最少,分别为80个和75个。这说明春末夏初,在低涡源地及其附近地区具备低涡新生和发展的条件,而秋季没有这种条件。

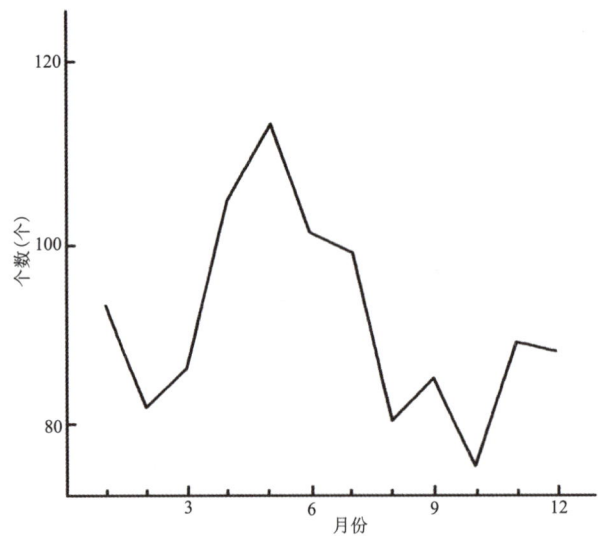

图 4.40　1970—1989年在700 hPa等压面上的西南低涡的逐月出现个数(卢敬华 等,1993)

2. 演变特征

西南涡存在着显著的南北向温度梯度。在西南低涡发生、发展及减弱过程中,200 hPa 由冷转暖,出现暖心结构;对流层中低层是由暖转冷,850 hPa 由暖转为半冷半暖结构,最后转为冷性,700 hPa 有明显的暖舌特征。在垂直大气层结上表现为对流性不稳定结构。

西南涡在源地发展不大,只有在东移过程中才能发展。

冷空气从低涡的西部或西北部侵入,低涡东移发展;冷空气从东或东北部侵入低涡,则使西南涡的气旋式环流减弱,使低涡填塞。

500 hPa 上青藏高原低槽发展东移,有利于西南涡的东移和发展。

根据 1956—1958 年资料统计,西南涡移出的年平均频数占其总数的 41%,而 59% 的西南涡是不大移动的,它们出现以后,维持 12~24 h 就原地消失。

西南涡移动路径(图 4.41):

①向东南移动经贵州、湖南、江西、福建出海,有时会影响到广西、广东。②向东北方向移动,经陕西、华北地区出海,有时甚至可进入东北地区。③沿长江东移入海。

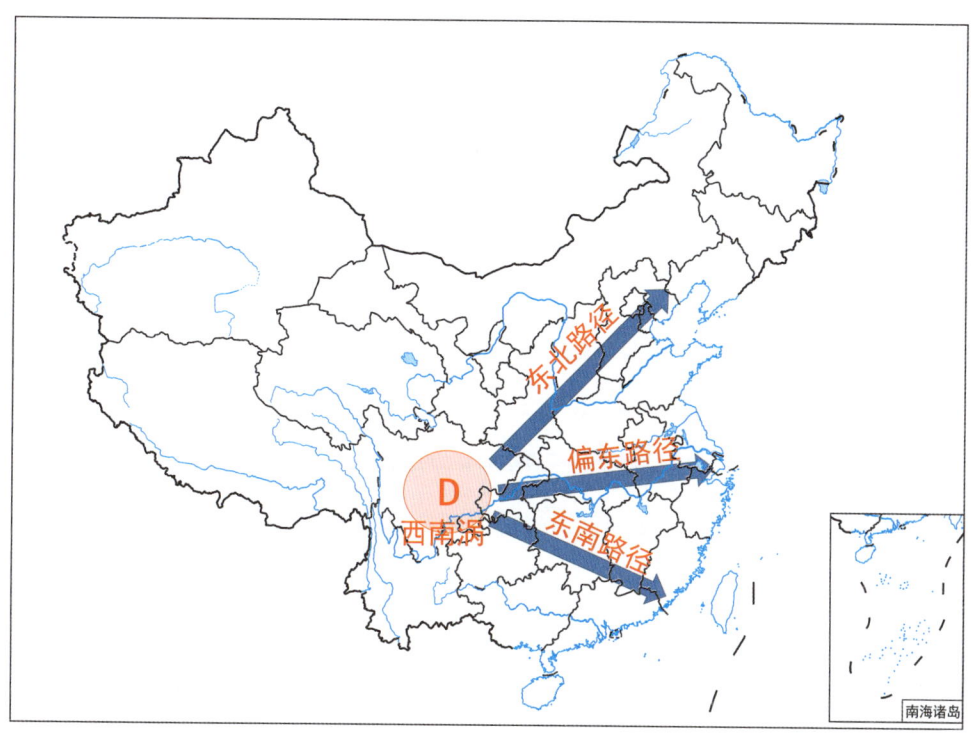

图 4.41 西南涡的 3 种移动路径

统计 1979—2012 年夏季移出且长生命史(高影响)型低涡移动的路径。如图 4.42 所示,低涡移动路径的密集带位于秦岭以南、江淮流域、黄淮流域、华北平原、山东半岛等地区。低涡移出源地后最东可达日本海甚至鄂霍次克海附近,最北可达小兴安岭以北,东北方向的低涡有些是先移到江淮流域,再在西太平洋副热带高压东北侧的西南气流作用下突然北折,经山东半岛、黄海或朝鲜半岛移向东北地区。最南可达南海,东南方向的低涡移出源地后,有些是先进入广西盆地,受副热带高压南侧强烈东风和印度低压南侧东风的作用会向西移动,达到印度北部地区。统计低涡移出源地后不同的移动方向,得出东北方向最多;正东方向次之;东南方向最少。夏季副热带高压很强,其西伸脊点会延伸到 120°E 以西,副热带高压西南部的东南风和印缅槽前强烈的西南暖湿气流使得西南低涡容易往东北方向或正东方向移动,而往东南方向移动的低涡较少。夏季华南地区的降水主要受台风残余低压,切变线,低空急流等天气系统的影响,西南低涡相对而言影响较小。

当东亚沿海大槽显著发展,太平洋高压位置偏南,低涡多向东南方向移动;若东部无大槽,太平洋高压较强,低涡多向东北方向移动;如太平洋高压强度较弱或正常,低涡都向正东方向移动。

中国天气

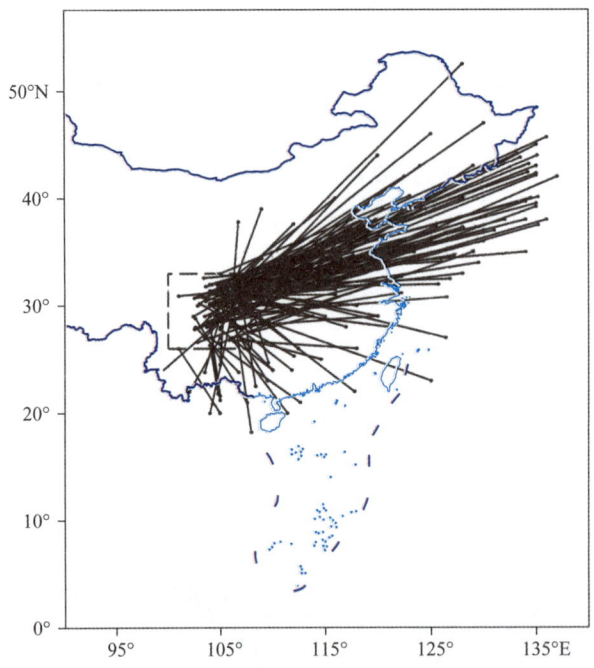

图 4.42　夏季高影响低涡移动路径分布（王金虎 等，2015）

西南涡的移向与相应的 500 hPa 面上气流方向基本一致，但略偏南些；移速则为 500 hPa 面上风速的 50%～70%。

位于切变线上的西南涡，常沿切变线东移。这是因为西南涡位于切边线上时，其长轴方向与切变线一致，而低压是接近长轴方向移动的。而且如 700 hPa 面上有切变线存在，而 500 hPa 面上又为平直的西风气流时，其引导气流方向向东，故低涡是沿切变线东移的。

3. 形成机制

西南涡的形成与西南地形、500 hPa 上高原槽的东移以及副热带高压、切变线等都有着密切的关系。一方面，四川盆地处于西风带背风坡，有利于降压而形成动力性气旋。另一方面，由于高原的阻挡，西风气流从高原的南北两侧绕过。从南侧绕过的西风气流，由于受高原侧向边界的摩擦作用而产生气旋性涡度，终于形成低涡。

500 hPa 面上有高原槽东移。经普查发现，如果 500 hPa 面上没有低槽，就不会有低涡发生。这表明 500 hPa 低槽前正涡度平流所造成的低层减压，是西南涡形成的一个重要因素。

700 hPa 图上要有能使高原东南侧的西南气流加强，并在四川盆地形成明显的辐合气流的环流形势。因此，当华北高压脊或高压中心东移时，在其后部的偏东南气流与副热带高压西北边缘的西南气流之间，若在四川构成一辐合线，则易有西南涡形成。另外，江淮切变线的西端也易形成西南涡。

以上 3 种作用中，地形的作用是天天存在的，然而西南涡并非天天出现，实际上，地形作用仅能造成一些动力小涡旋，只有在一定的环流形势配合下，才能产生具有天气意义的低涡。

4.9.3　对天气的影响

夏季，由于热带地区暖湿气流北上加剧，加之青藏高原东麓的地形强迫，极易产生西南低涡,因此,西南低涡是造成中国西南地区夏半年暴雨洪涝等气象灾害的主要影响系统,西南低涡在原地时,可以产生一些阴雨天气;当低涡移出时,无论低涡是否发展或是否有地面锋面配合,绝大部分(95.5%)都有降水,雨区主要分布在低涡的中心区和低涡移向的右前方。在低涡的左前方降水较小,而在低涡的后部则基本上无雨。

低涡天气有日变化,一般夜间或清晨比白天坏些。这可能是由于夜间或清晨云层顶部辐射冷却,造成不稳定,而使对流加强的缘故。

当西南涡发展东移时,雨区也不断扩大和东移,降水强度逐渐增强。一般到了两湖盆地降水量便大大增加,往往形成暴雨。同时,西南涡的东移和发展,往往引起地面锋面气旋的发生发展,而大风、低云、恶劣能见度等也随之出现。

4.10 西太平洋副热带高压

4.10.1 定义

在南北半球的副热带地区,存在着副热带高压,由于海陆的影响,常断裂成若干个高压单体,这些单体统称为副热带高压。在北半球,它主要出现在太平洋、印度洋、大西洋和北非大陆上。出现在西北太平洋上的副热带高压称为西太平洋高压,其西部的脊在夏季可伸入中国大陆。

副热带高压是制约大气环流变化的重要成员之一,是控制热带、副热带地区的、持久的、大型的天气系统之一。它与西太平洋和东亚地区的天气变化有极其密切的关系,且是控制和影响台风活动的最直接最主要的大型天气系统。

对出现在副热带地区的暖性高压系统,笼统地称为副热带高压,但从低层到高层,高压的强度、位置有很大的差异,高压的性质和形成过程也有所不同,如在地面图上,在太平洋地区常为一大高压控制(即副热带高压),而在西藏地区却常为低压所控制。在对流层高层 200 hPa,常出现相反的情况,即太平洋地区为低槽区,西藏地区却为高压区。高原上空的高压和太平洋上的高压,虽然同是副热带地区的高压,但在形成过程中,前者是热力因子起主要作用,后者则是动力因子占主要地位。因此,为了严格区别,把主要出现在对流层中下层位于大洋上的暖高压按惯例称为副热带高压,而把主要出现在对流层上层,位于高原大陆上的暖高压称为高原高压或大陆高压。

4.10.2 特征

地球—大气系统所接收的辐射能,各纬度分布并不均匀,产生由热带指向两极的温度水平梯度,温度高的地方空气密度小,而气压随高度的递减率也慢;温度低的地方则相反。这样,在对流层中上部就产生了指向极地的气压梯度,同时在低层又有指向赤道的气压梯度。在北半球,高空空气在气压梯度力作用下由赤道向北运动,当空气离开赤道后,由于自转的地球上相对于地球运动的空气质点必受到地转偏向力的作用,而且地转偏向力与地转参数一样,随纬度增大而增大。在北半球原来向北运动的空气质点就逐渐转变为向东的运动(偏西风),在 30°N 附近气压梯度力与地转偏向力达到平衡,空气运动方向转为自西向东。自赤道源源不断向北运动的空气也就在 30°N 附近发生辐合,有质量堆积,使地面气压升高,形成一条高压带。同理,在南半球也存在这样的一条高压带。南北半球的高压带均位于副热带地区,因此,称为副热带高压带,副热带高压带在海陆影响下断裂成若干个高压单体,西太平洋地区的高压单体即称为西太平洋副热带高压。

1. 西太平洋副热带高压的概况

多年观测事实表明,太平洋副热带高压是常年存在的,它是一个稳定而少动的暖性深厚系统。其强度和范围,冬夏都有很大不同,夏季,太平洋副热带高压特别强大,其范围几乎占整个北半球面积的 1/5～1/4(图 4.43)。冬季,强度减弱,范围也缩小很多。太平洋副热带高压多呈东西扁长形状,中心有时有数个,有时只有一个。一般冬季多为两个中心,分别位于东太平洋、西太平洋。西太平洋副热带高压除在盛夏偶有南北狭长的形状外,一般长轴都呈西西南—东东北走向。

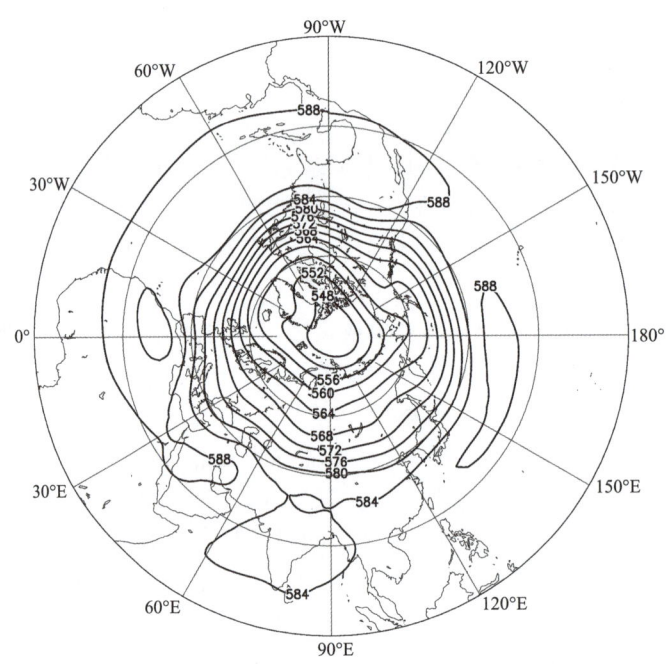

图 4.43　北半球 7 月 500 hPa 平均等高线(单位:dagpm)
(数据来源:1948—2018 年 NCEP/NCAR 的逐月平均高度场再分析资料)

2. 西太平洋副热带高压的结构

(1)温度场及湿度场

副热带高压脊呈西西南—东东北走向,在 500 hPa 以下各层都较一致,但其脊线的纬度位置随高度有很大变化。冬季,从地面向上,副热带高压脊轴线随高度向南倾斜,到 300 hPa 以后,转为向北倾斜。夏季,对流层中部以下,多向北倾斜,向上则约呈垂直,到较高层后又转为向南倾斜。但位于 140°E(海洋上)的副热带高压脊轴线在低层随高度仍然是向南倾斜。这是因为海洋上的热源或最暖区位于副热带高压的南方,而大陆上的热源或最暖区却位于副热带高压的北方,因此,在 500 hPa 以下的低层,海洋上副热带高压脊轴线随高度往南偏移,而大陆上则往北偏移,这显示了热力因子对副热带高压结构的影响。

副热带高压脊的强度总的看来随高度是增强的。但由于海、陆之间存在显著的温度差异,使 500 hPa 以上的情况就不大相同。夏季,大陆上及接近大陆的海面上温度较高,所以位于该地区上空的高压随高度迅速增强,而位于海洋上空的高压则不然,其在 500 hPa 以上各层表现得比大陆上的弱得多。至 100 hPa 上,太平洋副热带高压已主要位于沿海岸及大陆上空,与地面图比,形成完全改观。通常所说的太平洋副热带高压脊主要指 500 hPa 及其以下的情况。

在对流层内高压区基本上与高温区的分布是一致的。每一高压单体都有暖区配合,但它们的中心并不一定重合。在对流层顶和平流层的低层,高压区则与冷区相配合。

另外,太平洋副热带高压脊的低层往往有逆温存在,这是由下沉运动造成的。特别当高压脊向西伸展的过程中,逆温更明显。逆温层下部湿度大,上部湿度小。

太平洋副热带高压脊中一般较为干燥。在低层,最干区偏于脊的南部,且随高度向北偏移,到对流层中部时,最干区基本与脊线相重合。高压的南北两缘有湿区分布,主要湿舌从大陆高压脊的西南缘及西缘伸向高压的北部。

(2) 风场

西太平洋副热带高压在对流层低层表现得比较明显,200 hPa 高压强度比较弱。在高压区内,中下层以辐散为主,主要位于高压南部,高压西北侧有辐合。

在对流层上层,南部是辐合,北部为辐散。任一高度上,高压区内都是反气旋性环流,高度越高,反气旋性环流越弱。在对流层下半层高压内主要为下沉运动。

太平洋副热带高压脊线附近气压梯度较小,水平风速也较小;而其南北两侧的气压梯度较大,水平风速也较大,又因为太平洋副热带高压是随高度增强的暖性深厚系统,故其两侧的风速必然也随高度而增大,到一定高度上便形成急流。其北侧为西风急流,中心位于 200 hPa 附近,风速约为 40 m/s;南侧为东风急流,中心位于 130 hPa 附近,风速比西风要小一些。这是因为西风急流常与低层南移的冷锋相结合的缘故。

(3) 垂直环流

在对流层上层,高压脊轴南侧存在着广大的下沉运动,北侧及脊轴附近有上升运动,再往北侧又有下沉运动,因此,在高压脊轴附近有一反(经圈)环流,而其两侧各有一正(经圈)环流。如图 4.44 所示,在对流层下层的 700 hPa 等压面上,316 dagpm 等值线内的西太平洋副高压区内基本为下沉运动。

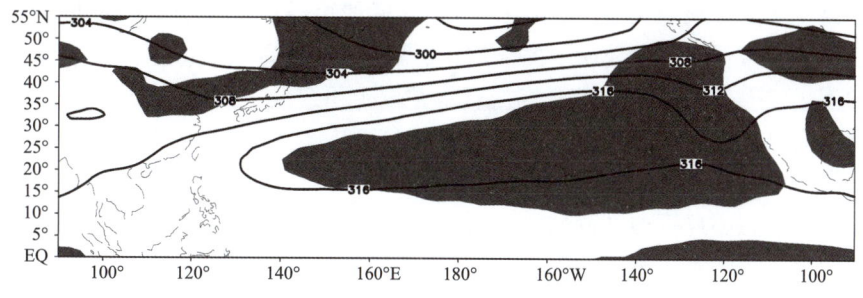

图 4.44　700 hPa 高度场和下沉区(单位:dagpm)

(阴影区:垂直运动为下沉;数据来源:1948—2018 年 NCEP/NCAR 的逐月平均高度场再分析资料)

从气候平均的角度看,如图 4.45 所示,在 6 月 110°~130°E 平均经向垂直环流图上,从赤道到 60°N 都为一致的上升气流,同时在 20°~25°N 平均的纬向垂直环流图中在 90°~180°E

也表现为一致的上升运动。

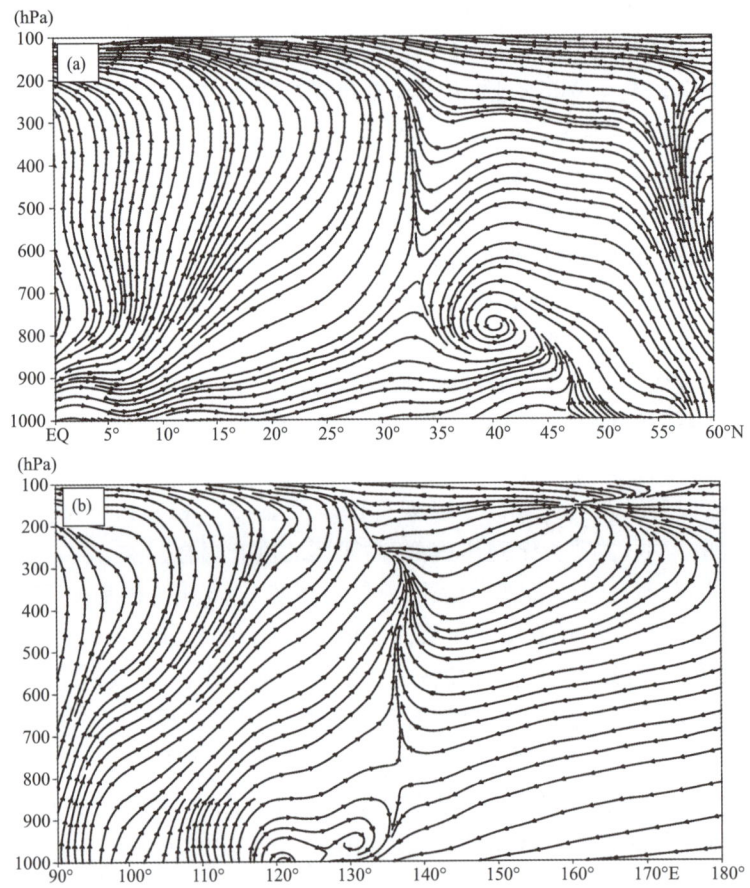

图 4.45　1980—2019 年 6 月经向(110°～130°E 平均)(a)及纬向(12.5°～20°N 平均)(b)垂直环流
(单位:hPa/s)

(阴影区为下沉运动区,$\omega>0$;数据来源:1948—2018 年 NCEP/NCAR 的逐月平均高度场再分析资料)

(4)在卫星云图上

副热带高压主要表现为无云区或少云区,无云区的边界一般较明显。副热带高压脊线一般位于北方锋面云带伸出来的枝状云的末端;或是在副热带高压西部洋面上常有一条条呈反气旋曲率的积云线时,500 hPa 副热带高压脊线常位于积云线最大反气旋曲率北边 1～2 个纬度处。副热带高压脊线附近也常有太阳耀斑区存在。副热带高压西部常有的一些呈反气旋性曲率的积云线,常可维持 2～3 d。当副热带高压强度减弱时,低层常有大范围的对流云发展,有时甚至可出现一些小尺度的气旋性涡旋云系(常出现在副热带高压南侧东风气流里)。这些云系在天气图上常反映不出来,但其出现对副热带高压强度减弱有一定的预报意义。另外,当强冷锋入海后,冷锋云系的残余常可伸入到副热带高压内部,甚至越过副热带高压进入低纬度,这在春秋季节发生较多。

3. 发展演变特征

对副热带高压的形成,一般认为 Hadley 环流起主要作用。但是,一年中南北两个半球的

Hadley 环流的位置均为 1 月偏南,7 月偏北;而强度则是冬天强,夏天弱。北半球的副热带高压的位置与强度均在 1 月偏南偏弱,7 月偏北偏强。

南半球副热带高压的位置、强度变化和 Hadley 环流的变化完全一致,而北半球副热带高压仅位置变化与 Hadley 环流一致,强度变化与之相反。这说明北半球副热带高压的强度还受到其他一些因子的影响。

影响中国的并不是副热带高压主体,而是伸向中国大陆的脊。因此,副热带高压的变动是指脊的变动。副热带高压的变动主要是指脊的强度、位置的变动。副热带高压季节性变动是指副热带高压的位置、强度随季节而发生的变化。定义一些指数用于表征副热带高压的特征:

①副热带高压脊线。东西风的分界线,纬向风速为 0。常用 120°E 上副热带高压脊线所在纬度的变化来表示副热带高压南北移动。

②副热带高压西伸脊点。500 hPa 月平均图上 588 dagpm 最西端所在经度。

③面积指数。取 500 hPa 月平均图上 10°N 以北、110°～180°E 范围内 588 dagpm 所包含的范围,用来表示副热带高压的面积大小。

④强度指数。取 500 hPa 等压面上西太平洋地区最高的等高线数值。

一般来说,西太副热带高压从冬到夏位置北移,强度增大;从夏到冬,位置南退,同时东撤,强度减弱。8 月到达一年中的最北点。

副热带高压一年中北进与南撤并不是匀速进行的,而是稳定少变、缓慢移动与跳跃 3 种形式。

如图 4.46 所示,平均而言,冬季副热带高压脊线在 15°N 附近,3—4 月开始缓慢北移,5—6 月(一般在 6 月中旬)出现第一次北跳,脊线北跳到 20°N 以北,并稳定在 20°～25°N 1 个月左右。7 月中旬,脊线再次北跳,越过 25°N。在 7 月底或 8 月初,副热带高压达到一年中最北位置,9 月以后,副热带高压向南撤退。

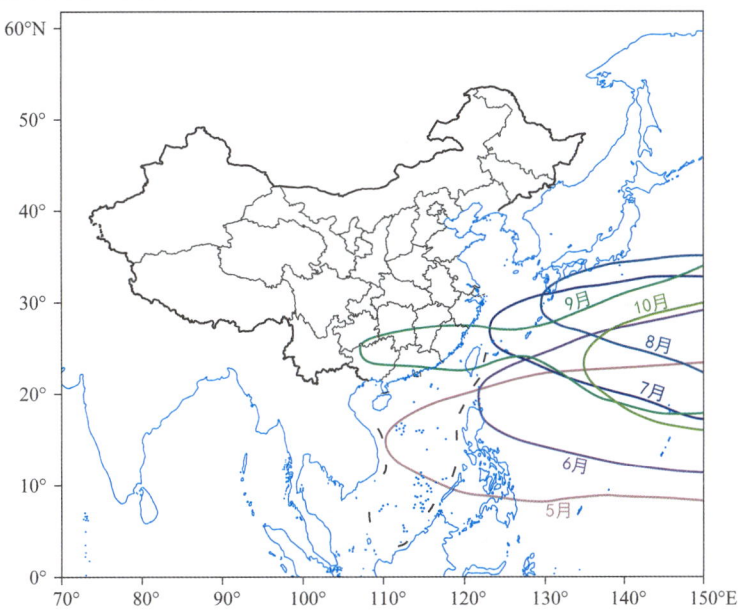

图 4.46 西太平洋副热带高压的高压脊(588 dagpm)活动示意图
(数据来源:2009—2018 年 NCEP/NCAR 的逐月平均高度场再分析资料)

副热带高压季节性变动存在显著的年际变化,有的年份北跳早,有的年份北跳迟。副热带高压稳定在某一位置上持续的时间长短也不相同。例如,1991 年,副热带高压在 20°～25°N 维持达到 59 d 之久,而在 1978 年,只维持了 3 d,就北跳到 25°N 以北。

副热带高压随季节作南北移动的同时,还存在较短时期的活动,即北进中可能有短暂的南退,南退中可能出现短暂的北进,且北移常与西进结合,南退常与东缩结合。如将一个进退算一个周期的话,有周期为 15 d 的中期变动和一周左右的短期活动(一般称 10 d 以上为长周期,以下为短周期)。

太平洋副热带高压是常年存在的,是一个稳定而少动的暖性深厚系统。其强度和范围,冬夏都有很大不同,夏季,太平洋副热带高压特别强大,其范围几乎占整个北半球面积的 1/5～1/4,位置最北;冬季强度减弱,范围也缩小很多,位置最南。西太平洋副热带高压(以下简称西太副高)脊线随着季节北进、南撤现象是东亚大气环流季节转换的最显著特征。

4.10.3 对天气的影响

1. 西太平洋副热带高压的变动对天气的影响

如图 4.47 所示,副高脊线及脊线附近天气:副高脊线附近,为下沉气流,多晴朗少云的天气;又因气压梯度力较小,风力微弱,天气更为炎热。所以副高控制下高压脊线北侧为西南偏西气流,暖湿空气与中纬度南下冷空气交汇,多气旋和锋面活动,上升运动强,经常形成阴雨和暴雨天气,是中国东部地区的重要降水带。脊南侧为东风气流,当其中无气旋性环流时,一般天气晴好,但当有东风波、台风等热带天气系统活动时,常出现云、雨、雷暴,有时有大风、暴雨等恶劣天气。

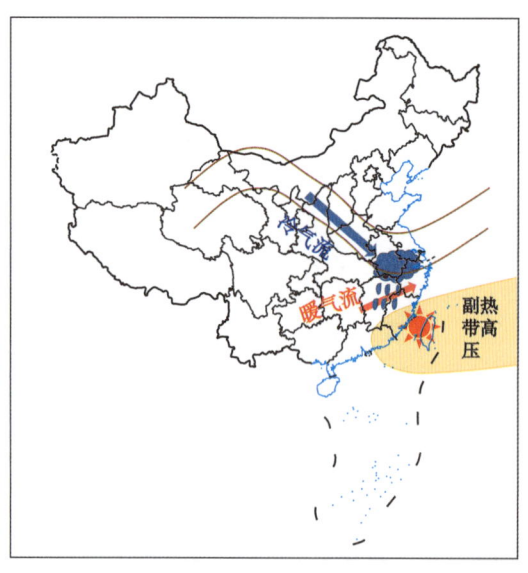

图 4.47 西太平洋副热带高压与中国天气关系示意图

副高对水汽的输送:西太副高是向中国输送水汽的重要天气系统。其位置和强度关系着东南季风向大陆输送水汽的路径和多寡,同时影响西南气流输送水汽的情况。

当脊西伸时,因其西部地区往往为低压或槽区控制,故天气较坏,脊刚到达时,下沉气流还不十分强烈,但天气转晴,故有时有热雷暴产生,随着脊的进一步西伸,下沉气流逐渐加强,开始天气晴好。

2. 西太平洋副热带高压活动与中国雨带

初夏至盛夏西太平洋副热带高压脊线北跳的位置对中国东部雨带的变化有直接影响。如图4.48所示,从初夏到盛夏西太平洋副热带高压有两次明显的季节性北跳,平均而言,6月中旬前后,副热带高压开始第1次北跳,东亚夏季风推进到长江流域,江淮流域入梅;7月中旬左右,副热带高压第2次北跳,东亚夏季风推进到华北,江淮流域梅雨结束,华北雨季开始。9—10月,副热带高压南退,在湖北西部、湖南西部、重庆、四川东部、贵州北部、陕西关中陕南地区、宁夏南部和甘肃南部等地出现经常性降水天气,即华西秋雨。

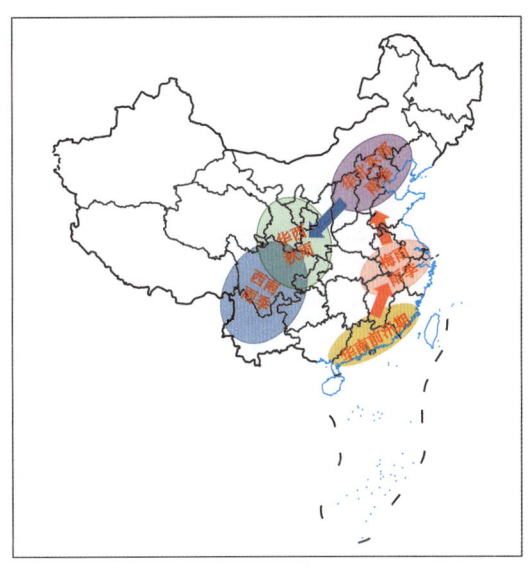

图 4.48 中国雨季进程图

中国东部汛期降水异常与西太平洋副热带高压脊线位置的异常密切相关。夏季西太平洋副热带高压脊线位置偏南,低纬西太平洋地区和高纬鄂霍茨克海地区位势高度偏高,500 hPa高度上东亚高纬鄂霍茨克海地区出现阻塞型,高纬冷空气可直达东亚中纬度地区,梅雨锋扰动加强,江淮流域汛期降水偏多。夏季西太副高脊线位置偏北,低纬西太平洋地区和高纬鄂霍茨克海地区位势高度偏低,500 hPa高度上东亚高纬鄂霍茨克海地区没有阻塞型,冷空气路径沿着高纬向东传,梅雨锋扰动减弱,江淮流域汛期降水偏少。

在梅汛期,西太平洋副热带高压是决定长江流域入梅、出梅及梅雨强度的重要因子之一。西太平洋副热带高压西伸脊点偏西、西太平洋副热带高压强度偏强、脊线偏南时,中国长江中下游降水量偏多,由此可以发现西太副高与中国长江中下游降水有密切关系。

西太副高偏弱,位置偏东偏北,气流的辐合上升区移至中国华北一带,长江流域上空上升气流较常年偏弱,不易降水;西太副高偏强,位置偏南偏东,中国长江流域有较强的辐合上升气流,高层有较强的气流辐散,对流旺盛,雨带在此维持,容易引发洪涝。

3. 西太平洋副热带高压与周围天气系统结合对天气的影响

(1)西太平洋副热带高压与短波槽脊的关系

当深槽移近西太副高时,它就东撤南退,如果有降水的话,会随着副高的东退,深槽的东移,降水区随着东移,当强脊移近副高时,它便西伸北进。

(2)西太平洋副热带高压与华北暖高压的关系

夏季,当华北暖高压并入西太副高时,可使西太副高脊的形状发生较大的变化,脊线可从原来的东西向转为南北向。

(3)西太平洋副热带高压与大陆冷高压的关系

初夏或秋季,从中国大陆有冷高压东移入海,在刚一入海的阶段,可使西太副高脊减弱东撤;而当冷高压渐渐变性增暖并入西太副高后,西太副高脊往往加强西伸。

(4)西太平洋副热带高压和台风的关系

太平洋上的台风,多产生于副高的南缘,台风移动一般沿副高边缘移动,而副高和台风也可发生相互的作用。如果副高较弱,台风就可以导致副高收缩到海上,甚至是台风穿过副高脊北上。副高较强时,台风就会沿副高边缘移动。副高不断增强,影响的是台风走向,不使风力减弱或提高。在夏季副高一般是位于30°N附近南北移动,台风的走向就无法穿越副高北上,只能够沿着副高的南部西移影响广东沿海地区。

夏季当西太副高强大且呈纬向流型时,其南侧的热带气旋往往受偏东气流的引导向西移行。而由于天气形势的变化及其与热带气旋的相互作用错综复杂,有些台风在预报为西行登陆的情况下会转而北行,路径穿越副高北上,会引起台风路径预报的严重偏差。

当副高外围的等高线向台风中心之南及后部伸出时,称为"副高南落",出现这种情况时多数台风均将转向,但也有少数台风不转向而一直西移登陆中国。

(5)西太平洋副热带高压和南亚高压的关系

南亚高压与西太副高纬向位置异常对长江中下游流域、江南地区环流和降水异常有显著影响。当南亚高压与西太副高纬向异常重叠时,长江中下游流域存在异常上升运动,江南地区有异常下沉运动。长江中下游流域出现异常水汽辐合,造成该地区降水偏多,而江南地区出现水汽通量异常辐散,降水偏少易形成干旱。当南亚高压与西太副高纬向异常分离时,长江流域存在异常下沉运动,降水偏少,江南地区则存在异常上升运动,降水偏多。

当夏季 100 hPa 南亚高压为东部型和 500 hPa 西太平洋副热带高压西伸时,陕西地区最易出现多雨时段,而且南亚高压和西太副高常有相向而行的关系。

当南亚高压东部型的显著周期正好与西太副高西伸的显著周期叠加时,陕西地区为多雨时段,往往出现连阴雨天气过程。

4.11 南亚高压

4.11.1 定义

南亚高压是夏季出现在青藏高原及邻近地区上空的对流层上部的大型高压系统,又称青藏高压或季风高压。它是北半球夏季 100 hPa 层上最强大、最稳定的控制性环流系统,对夏季中国大范围旱涝分布以及亚洲天气都有影响。

由于受大地形的动力和热力作用影响,夏季南亚高压有两个平衡态,即中心不仅可在 90°E 左右的青藏高原上,还可在 60°E 左右的伊朗高原上,呈青藏高压型和伊朗高压型的双模态分布。

4.11.2 特征

如图 4.49 所示,青藏高原在夏季是强热源,高原上空整个对流层平均是个高温区。空气在高原上受热上升,低层空气辐合形成低压环流。这种加热作用使中下层产生巨大的辐合,高层产生巨大的辐散,因而促使青藏高原高空形成高压,中低空形成热低压。

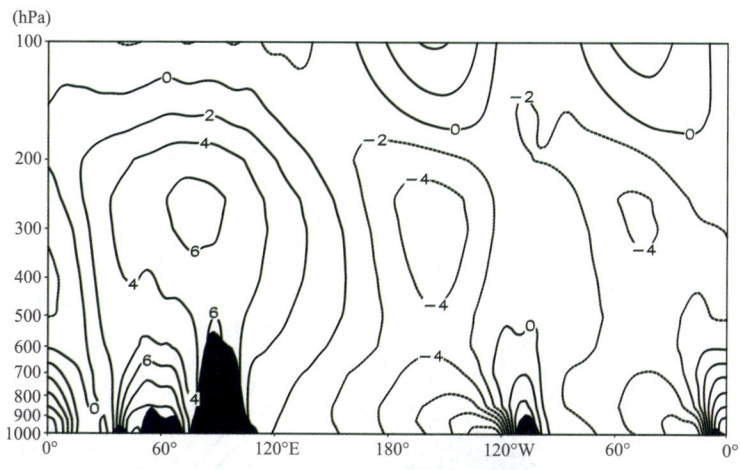

图 4.49 7 月沿 30°N 纬圈温度距平分布

(图中阴影部分为地形,数据来源:1948—2018 年 NCEP/NCAR 的逐月平均气温再分析资料)

1. 南亚高压具有行星尺度的反气旋环流特征

如图 4.50 所示,夏季存在于青藏高原上空对流层上部的大型反气旋环流系统,这一反气旋系统正是夏季南亚高压在流场中的表现。反气旋环流以高原为中心,其范围从非洲一直延伸到西太平洋,约占所在纬圈的一半。

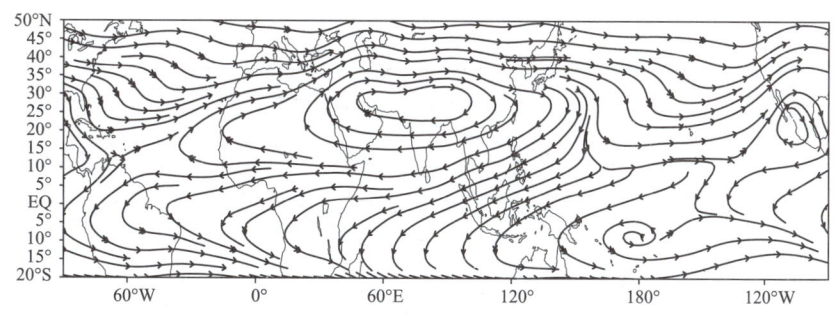

图 4.50 200 hPa 夏季平均流场

(数据来源:1948—2018 年 NCEP/NCAR 的逐月平均风场再分析资料)

2. 南亚高压是对流层上部的暖高压

青藏高原在夏季是强热源,高原上空整个对流层平均是个高温区。空气在高原上受热上升,低层空气辐合形成低压环流,在气压场上,南亚高压下面 600 hPa 以下整个高原为热低压控制,500 hPa是过渡层,400 hPa以上转变为暖高压,南亚高压在150～100 hPa气层达到最强。在7月北半球100 hPa平均图上,高压脊线在30°N附近。在南亚高压的南侧是热带东风急流,北侧是高空副热带西风急流。

3. 南亚高压具有独特的垂直环流

如图4.51所示,沿90°E的7月平均经向环流中,高原经度上的巨大季风环流代替了哈得来环流,而且在经圈环流内高原上空叠加了两个尺度较小的环流圈,在南亚高压控制区中所出现的两个方向相反的垂直环流圈与青藏高原的加热效应有关。高原虽然比孟加拉湾的总加热率要小,但高原是一个中空热源,相对于周围自由大气加热效应强得多,因而这两个经圈环流是热力直接环流。

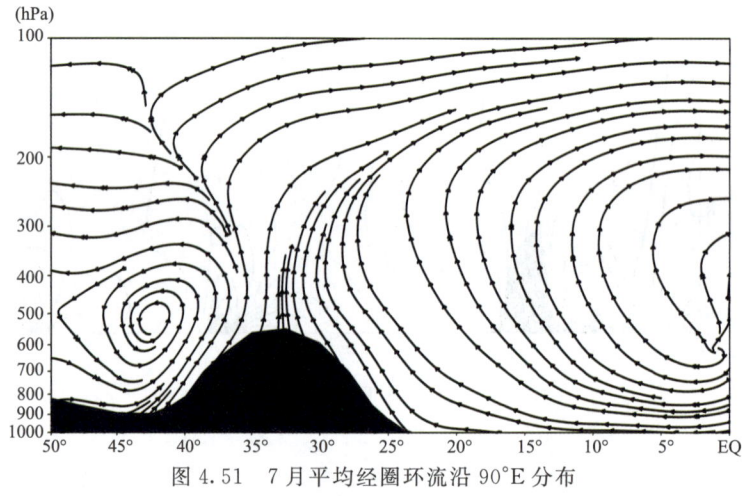

图4.51 7月平均经圈环流沿90°E分布

(数据来源:1948—2018年NCEP/NCAR的逐月平均风场再分析资料)

如图4.52所示,在纬向方向上,7月平均的垂直环流沿35°N的显著特征是在高原上升和在太平洋下沉,这一纬向环流主要是高原与其东部海洋之间热力差异所引起的热力直接环流。以上特征表明,南亚高压及其附近的垂直环流与副热带高压具有显著不同的结构。

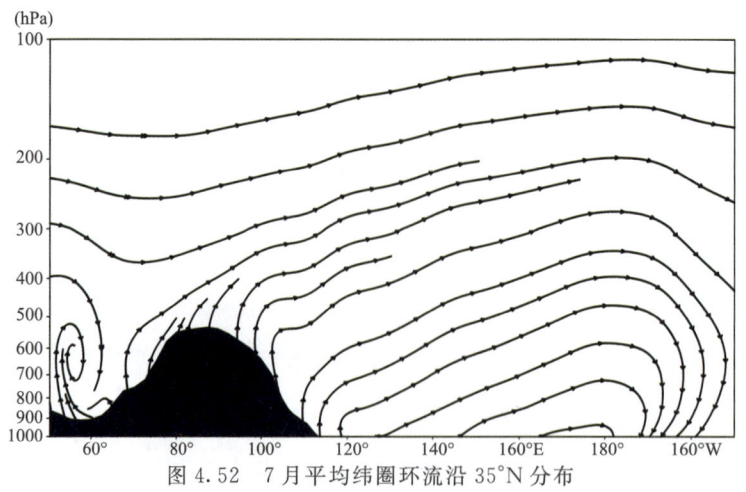

图4.52 7月平均纬圈环流沿35°N分布

(数据来源:1948—2018年NCEP/NCAR的逐月平均风场再分析资料)

1979年青藏高原气象科学实验资料的分析结果表明,南亚高压位于不同地理位置时环流结构具有不同的特征。当南亚高压位于云贵南部和中南半岛北部时(高原的东南边沿),500 hPa以上各层等压面上的高压具有一般副热带高压的特征:高压配合暖区,下沉运动。在700~850 hPa气层中为低压区和上升运动。当南亚高压位于高原上空时,具有独特的温压和环流结构:上层高压对应下层低压,并与高压区配合,整层为上升运动,季风环流圈较强。当南亚高压位于中国东部上空时,它的结构具有一般副热带高压的结构特征,在100~850 hPa各层等压面上都是高压区,高压中心附近为下沉气流。

南亚高压控制区具有潮湿不稳定特征,对流活动非常活跃。

4. 发展演变特征

南亚高压的活动对北半球大气环流的演变具有重要作用,它有2种主要活动方式,即高压脊线的南北摆动和高压中心的东西增长对中国乃至亚洲区域天气、气候的旱涝分布有重要的影响,作为一个行星尺度环流背景,是天气、气候变化的一个强信号。

南亚高压是对流层上部的暖高压,由于夏季青藏高原加热作用最为显著,如同一个"热岛",所以南亚高压中心在夏季稳定于高原上空。但是从这一暖高压作为对流层上部大气环流的成员角度来看,其位置和强度都有明显的季节变化。对流层上部的暖高压在冬季也存在,其中心位于菲律宾东南沿岸附近,但是在4月以后开始向西北方向转移,5月移到中南半岛,6月跳上高原,7月、8月在高原上空最为强盛,9月以后又逐渐转移到海上。从其脊线的平均位置看,4月在15°N,5月在23°N,6月在28°N,7月在32°N,8月在33°N,9月又回到28°N附近。考虑这种季节性变化特征,有人认为夏季南亚高压的形成不仅仅决定于青藏高原的加热作用,而且与全球加热场的季节变化所决定的行星风带变化有关。

南亚高压的位置不仅随季节有所变化,而且在夏季期间还有明显的经度变化。如图4.53所示,南亚高压在夏季期间的变化可分为3个基本的天气型过程:东部型过程,主要高压中心在90°E以东,维持时间在5 d以上;西部型过程,主要高压中心在90°E以西,维持时间在5 d以上;带状性过程,在50°~140°E有几个强度相当的高压中心,维持时间较短,它属前两型的

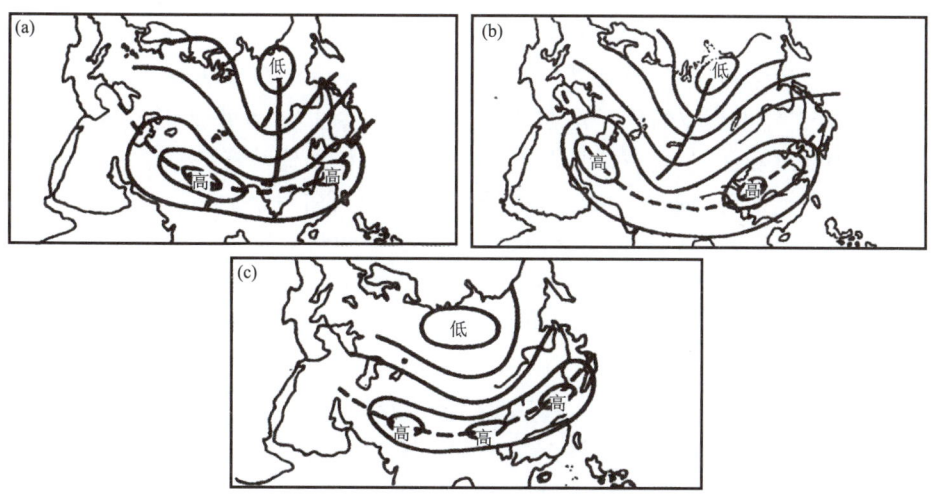

图4.53 南亚高压的主要环流型(朱乾根 等,2007)
(a)西部型;(b)东部型;(c)带状型

过渡型。当南亚高压为东部型时，500 hPa 西太副高常西伸北跳，588 dagpm 线控制在长江中下游，长江流域少雨，而西北、东北地区一带多雨。当南亚高压为西部型时，500 hPa 588 线偏东偏南，雨带多在长江流域。

南亚高压东部型和西部型的转换具有准双周东西振荡的特征。这种东西振荡主要受加热场的变化和周围大气环流调整所制约。夏季在南亚高压中心附近纬带上有两个主要加热中心，一个位于高原上，另一个位于长江中下游地区。当长江中下游梅雨期雨带中所释放凝结潜热加热超过高原加热强度时，南亚高压主要中心稳定在中国东部上空，南亚高压由西部型转为东部型。在东部型南亚高压环流控制下，中国东部降水减少，至高原上的加热过程超过东部地区时，位于东部的南亚高压中心减弱，位于高原上的南亚高压中心增强，南亚高压又由东部型转为西部型。若这种过程反复出现，便形成南亚高压中心的东西振荡。一些实例分析表明，南亚高压的每一次东西振荡都与西风带的长波调整有关。当高原经度范围由长波脊变为长波槽时，南亚高压由西部型转为东部型；当高原经度范围由长波槽变为长波脊时，南亚高压由东部型转为西部型。此外，热带环流的调整对南亚高压的东西振荡也有影响。

4.11.3 对天气的影响

南亚高压是一种行星尺度的环流系统，它不仅对中国天气有直接影响，而且对南亚和东亚大范围地区的天气气候有重要影响。

南亚高压脊线的位置和变动与中国主要雨带的位置和季节性变化有着密切的关系。据1961—1973年资料分析结果，南亚高压在120°E的脊线从春到夏的季节转换中，共有4次明显的北跳。第一次出现在5月16日前后，脊线跳过20°N；第二次在6月5—10日，脊线跨过25°N，长江流域进入梅雨期；第三次在6月、7月之交，脊线由28°N推进到31°N；第四次出现在7月10—15日，脊线跳到33°N以北，这时长江流域梅雨结束，进入伏旱期。值得注意的是，100 hPa 南亚高压在120°E的脊线比500 hPa 西太副高脊线提早10 d左右北跳，而且100 hPa 高压脊线比500 hPa 高压脊线偏北4~6个纬距，盛夏时要偏北6~7个纬距。可见，100 hPa 等压面上南亚高压脊线的变动对中国东部主要雨带的变动具有预报指示意义。若初夏时南亚高压脊线比常年偏北，提早跳到25°~30°N，江淮流域可能提前入梅，造成梅雨偏多。如果盛夏时南亚高压脊线较常年偏南，而稳定在25°~30°N，则会使出梅日期推迟，也会形成梅雨偏多，甚至形成洪涝。江淮流域的伏旱是在南亚高压脊线跳过33°N以北时发生的。如果南亚高压脊线过早地北跳和在33°N以北长期稳定，则会引起江淮流域持续干旱。对于华南而言，若初夏100 hPa层上的脊线比常年偏北，则降水偏少。但是，对华北来说，盛夏100 hPa层上的脊线过早跳过33°N以北，则有利于该地区雨季的提前和雨量偏多。

南亚高压主要中心的位置和东西振荡与中国主要雨带中的中期变化也有着密切的关系。据1961—1973年夏季资料的统计结果，其中南亚高压东部型过程有26次，西部型过程有54次，带状性过程有12次。对长江中下游而言，东部型过程中有24次是少雨的，带状性过程中有11次少雨，而在西部型过程中有37次是多雨的。对其他地区而言，不同地区的降水过程与南亚高压主要中心的关系并不相同。

南亚高压进入高原到退出高原之间的时期，刚好是高原的雨季。但是，当伊朗动力性副热带高压进入高原时，在高原上空形成了"上高下高"的形势，高原雨季会出现短暂的中断。

长江流域涝年南亚高压呈青藏高压型，脊线偏南、强度偏强，对应低层副热带高压也偏南、偏强并西伸,位于其西北边缘的西南暖湿气流和北方来的西北气流正好在长江流域一带汇合,导致较大降水;旱年时南亚高压呈伊朗高压型,高压偏北、偏弱,对应低层副高也偏北、偏弱并东撤,使得长江流域在副高控制下,干旱少雨。在偏西年,中国南部降水较平均态多,北部降水较平均态少;在偏东年,中国北方降水比平均态多,南方降水少于平均态。南亚高压与 500 hPa 西太副高存在"相向而行"和"相背而去"的关系。南亚高压偏东年长江流域降水偏多;偏西年西太副高减弱东撤,使得长江流域降水较少。南亚高压偏东(西)年高原西部和中国长江流域上升运动较强(弱)。

4.12 热带气旋

中国是世界上受热带气旋(Tropical Cyclone,TC)影响最严重的国家。TC 带来的大风、暴雨和风暴潮等灾害,常常给中国沿海和内陆地区造成重大经济损失和人员伤亡,随着中国经济社会的发展,TC 造成的经济损失日益严重。21 世纪以来,影响中国 TC 的强度明显增加,其中一半最大风力≥12 级,比 20 世纪 90 年代增加了近 1 倍。另外,TC 活动每年也为中国南方地区带去了约 20%的降水,有效保障了粮食生产和人民群众的日常生活。因此,科学认识 TC 活动的气候学规律和特征,对提高 TC 活动的预测能力和做好防台减灾都具有重要意义。

4.12.1 定义

热带气旋是形成在热带或副热带洋面上,具有有组织的对流和确定的气旋地面风环流的非锋面性的天气尺度系统。

热带气旋的等级(中央气象台):
(根据中心附近最大风速)
热带低压(6~7 级;10.8~17.1 m/s);
热带风暴(8~9 级;17.2~24.4 m/s);
强热带风暴(10~11 级;24.5~32.6 m/s);
台风(12~13 级;32.7~41.4 m/s);
强台风(14~15 级;41.5~50.9 m/s);
超强台风(16 级或以上;≥51.0 m/s)。

强度:热带气旋的强度以近中心地面最大平均风速和中心海平面最低气压值来确定。热带气旋风速大者达 110 m/s,甚至更大,中心气压值一般为 950 hPa,低者达 920 hPa,有的仅 870 hPa。

如图 4.54 所示,几乎所有的热带气旋都形成于暖的热带水域,其中 87%在赤道两侧 20 个纬度以内,在西北太平洋和西北大西洋高于 20 个纬度的海域有时也有热带气旋形成。全部热带气旋的 2/3 形成于北半球,东半球发生的热带气旋数是西半球的两倍左右。

4.12.2 特征

1. 结构特征

如图 4.55 所示,热带气旋是一个深厚的低气压,中心气压很低。热带气旋周围等压线密集,气压水平梯度大。垂直方向气压梯度随高度减小,到一定高度转为高压,但低压范围可直

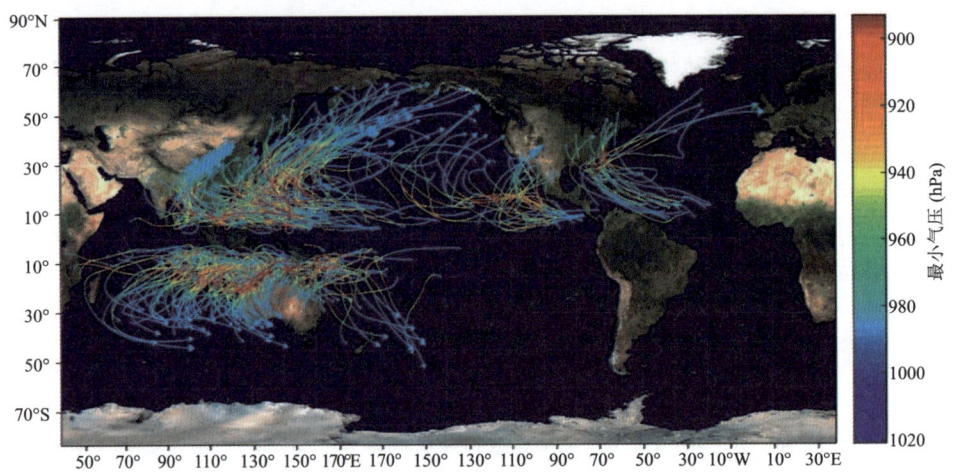

图4.54 热带气旋路径

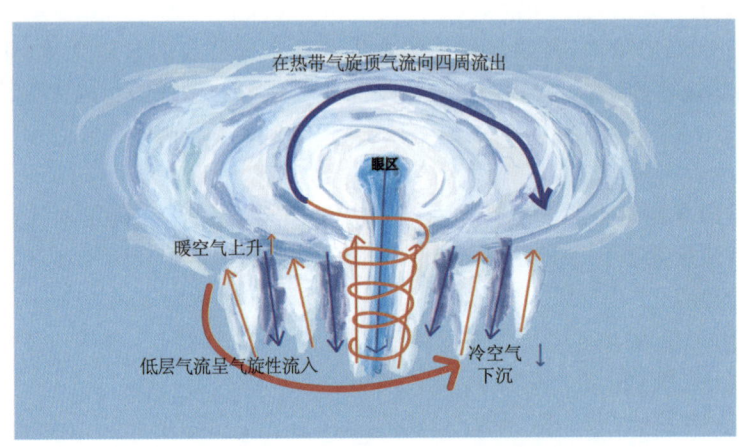

图4.55 北半球热带气旋横截面

到平流层底部。在低空,四周空气的气旋式旋转向内流入,并产生上升运动。空气流到热带气旋眼壁附近后,就环绕眼壁作螺旋式上升,从而产生高耸的云墙。图4.56是热带气旋顶部的流场,在热带气旋顶部,气流都是从热带气旋中心向四周流出的。

热带气旋是一个强大而深厚的气旋性涡旋,发展成熟的热带气旋,其低层按辐合气流速度大小分为3个区域:

①外圈,又称大风区,自热带气旋边缘到涡旋区外缘,半径为200~300 km,其主要特点是风速向中心急增,风力可达6级以上。

②中圈,又称涡旋区,从大风区边缘到热带气旋眼壁,半径约100 km,是热带气旋中对流和风、雨最强烈区域,破坏力最大。

③内圈,又称热带气旋眼区,半径为5~30 km。多呈圆形,风速迅速减小或静风。

如图4.57所示,热带气旋流场的垂直分布,大致分为3层:

①低层流入层,从地面到3 km,气流强烈向中心辐合,最强的流入层出现在1 km以下的行星边界层内。由于地转偏向力作用,内流气流呈气旋式旋转,而且在向内流入过程中愈接近

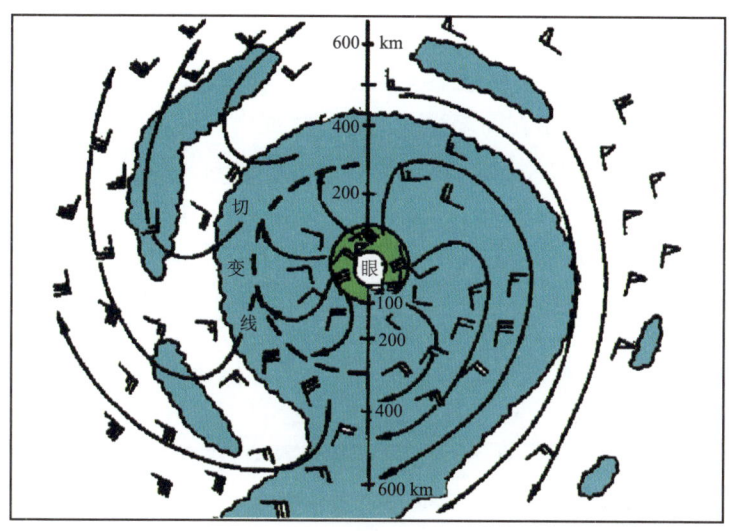

图 4.56 热带气旋顶部的水平结构

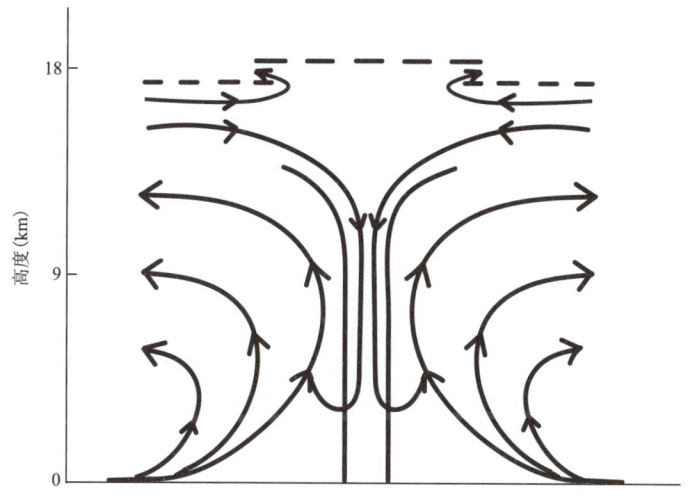

图 4.57 热带气旋的垂直环流模式

热带气旋中心,旋转半径愈短,等压线曲率愈大,惯性离心力也相应地大。结果在地转偏向力和惯性离心力作用下,内流气流并不能到达热带气旋中心面,而在台风眼壁附近强烈螺旋上升。

②上升气流层,从 3 km 到 10 km 左右气流主要沿切线方向环绕热带气旋眼壁上升,上升速度在 700～300 hPa 达到最大。

③高空流出层,大约从 10 km 到对流层顶(12～16 km),气流在上升过程中释放大量潜热,导致热带气旋中部气温高于周围,热带气旋中的水平气压梯度力便随着高度而逐渐减小,当达到某一高度(10～12 km)时,水平梯度力小于惯性离心力和水平地转偏向力的合力时,便出现向四周外流的气流。空气的外流量同低层的流入量大体相当,否则热带气旋会加强或减弱。

热带气旋各个等压面上的温度场是近于圆形的暖中心结构。热带气旋低层温度水平分布是自外围向眼区逐渐增高的,但温度梯度很小。这种水平温度场结构随着高度逐渐明显,这是眼壁外侧雨区释放凝结潜热和眼区空气下沉增温的共同结果。

2. 形成条件

台风形成及发展机制,尚无完善的结论。大多数学者认为,台风是由热带弱小扰动发展起来的。当弱小的热带气旋性系统在高温洋面上空产生或由外区移来时,因摩擦作用使气流产生向弱气旋内部流动的分量,把洋面上高温、高湿空气辐合到气旋中心,并随上升运动输送到中上部凝结,释放潜热,加热气旋中心上空的气柱,形成暖心。暖心的反馈作用又使空气变轻,地面气压下降,气旋性环流加强。环流加强进一步使摩擦辐合量加大,向上输送的水汽增多,继续促使对流层中上部加热,地面气压继续下降,如此反复循环,直至增强成台风。由上可见,台风形成和发展的重要机制是台风暖心的形成,而暖心的形成、维持和发展需要有合适的环境条件以及产生热带扰动的流场,这两者既是相互关联的,又是缺一不可的。一般认为台风形成的合适环境条件和流场如下。

①广阔的高温洋面:台风是一种十分猛烈的天气系统,具有相当大的能量,这些能量主要由大量水汽凝结释放的潜热转化而来,而潜热释放又是大气层结不稳定发展的结果。所以大气层结不稳定就成为台风形成、发展的重要前提条件。而对流层低层大气层结不稳定程度主要取决于大气层中温度、湿度的垂直分布。大气低层温度愈高、湿度愈大,大气层结不稳定程度愈强,因而广阔的高温洋面就成为台风形成、发展的必要条件。据统计,海温低于 26.5 ℃ 的洋面,一般不会有台风发生,而海温高于 30 ℃ 的洋面则极易发生台风。北太平洋西部的低纬洋面暖季(7—10 月)海温可达 30 ℃ 以上,水汽又充沛,成为全球台风发生最多的区域。

②合适的地转参数值:热带初始扰动的发展、壮大,需要依靠一定的地转偏向力的作用,才能不断地使辐合气流逐渐变为气旋性旋转的水平涡旋,使气旋性环流加强。否则,若无地转偏向力或地转偏向力过小,达不到一定数值时,水平辐合气流可径直到达低压中心,发生空气堆积,中心填塞,致使气旋性涡旋减弱或不能形成。据计算,只有在距赤道 5 个纬距以外的地区,地转参数值才达到一定数值,有利于台风形成。事实上,大多数台风发生在纬度 5°~20°。

③气流铅直切变要小:为使潜热聚积在同一铅直气柱中而不被扩散出去,基本气流的铅直切变要小。否则高低空风速相差过大或风向相反,潜热会迅速平流出去,不利于暖心形成和维持,因而也不利于发展成台风。据统计,台风多形成于 200 hPa 和 850 hPa 等压面间,风速差小于 10 m/s 的地区。西太平洋风速垂直切变一年都很小,夏季更小,因而台风发生多。印度洋北部的孟加拉湾和阿拉伯海地区,盛夏时低层是西南季风,高层是青藏高压南侧的强东风急流,铅直风速切变很大,台风发生的可能性很小,而春秋季时铅直风速切变变小,台风发生较多。

④合适的流场:大气中积蓄的大量不稳定能量能否释放出来转化为台风的动能,同有利流场的起动和诱导关系甚大。卫星云图资料表明,台风发生之前都有一个扰动系统存在,并由扰动发展、演变成台风。这是因为大气低层扰动中有较强的辐合流场,高空有辐散流场,有利于潜热释放(尤其当高空辐散流场强于低空辐合流场时),低空扰动就得以加强,逐渐发展成台风。热带辐合带、东风波都是气流辐合系统,极易产生弱涡旋,成为台风形成、发展的有利流场。

上述条件仅仅是必要条件,不是充分条件,在热带洋面上,满足以上条件的时间和海域很多,相比较而言,热带气旋发生得很少。

从全球来看,台风生成有一定的地区性和季节性。

3. 形成机制

热带气旋在热带洋面上从弱的低压扰动发展为一个强大的气旋性涡旋,必然要通过某种途径持续不断地获得能量。能量的来源是什么？形成的物理机制是什么？这是关于热带气旋发生发展的基本问题。通过大量观测事实、天气学和动力学的分析研究以及数值模拟和物理模拟实验，人们提出了许多有关热带气旋形成和发展的理论。1964年查尼(Charney)等一些气象学家在前人工作的基础上提出了第二类条件不稳定(Conditional Instability of Second Kind,简称CISK)理论,它较好地解释了热带气旋的发展问题,之所以称作第二类条件不稳定是便于与产生小尺度积云对流的条件不稳定区别开。

CISK描述的是这样的一个过程:一个弱的热带低压扰动,通过边界层的作用,造成热带潮湿空气的大量辐合流入和抬升(即埃克曼(Ekman)抽吸),形成积云对流。积云释放的潜热,使低压中心上空大气的温度升高,高层等压面抬高形成辐散流出,结果使地面气压降低,出现指向地面低压中心的更大流入。由于绝对角动量守恒关系,切向风大,低层的气旋性环流增强。结果导致低层的辐合上升运动加强,积云对流发展更旺,凝结潜热释放更多,加热更大,地面气压更低,如此循环,造成积云对流对低层环流间的正反馈,使得低压扰动不断发展。在积云对流和热带低压的相互作用过程中,边界层摩擦不只是耗散能量的因子,而且通过Ekman抽吸和积云对流成为能量的制造者。

4. 台风的消失

①登陆后消失。台风登陆后,使低层空气质量的辐合大大超过高层的辐散,因而台风减弱消失。台风的填塞大多先从低层开始,逐步及于高层,故高层台风的消失常滞后一段时间。一般来说,台风登陆后消失的快慢,要看台风本身的强弱以及所经过的地表情况而定。

②在海上消失。大多数台风是在海上消失的。台风在海上消失的原因很多,其中有的是由于台风移入强盛的副热带高压范围之内,下沉气流破坏了台风的环流,因而台风减弱消失,有的是因为有强冷空气从台风北部侵入,导致台风减弱填塞。

③演变成锋面气旋。台风北移进入西风带后,如有冷空气从台风西北部侵入,则台风有可能演变成温带锋面气旋。

4.12.3 对天气的影响

1. 伴随的天气

热带气旋所伴随的天气主要有大风、暴雨及在海上引起的风暴潮(即海上巨浪),它们往往带来巨大的灾害。热带气旋所带来的暴雨,其影响范围在中国南北约跨30个纬度,东西可达30个经度。观测事实揭示,热带气旋暴雨的强度是各类暴雨系统中最强的。

(1)热带气旋降水有4类:
①热带气旋眼区周围云墙区降水(内雨带)。
②热带气旋眼区外围螺旋云雨带降水(外雨带)。
③热带气旋和其他系统(西风带系统或热带系统)相互作用产生的降水。
④与热带气旋相联系的热带云团的降水。
依据卫星云图和雷达回波,可以看出发展成熟的台风云系,由外向内有:
①外螺旋云带,由层积云或浓积云组成,以较小角度旋向台风内部。云带常常被高空风吹散成"飞云"。
②内螺旋云带,由数条积雨云或浓积云组成,直接卷入台风内部,并有降水形成。

③云墙,由高耸的积雨云组成的围绕台风中心的同心圆状云带。云顶高度可达12 km以上,好似一堵高耸云墙,形成狂风、暴雨等恶劣天气。

④眼区,气流下沉,晴朗无云天气。如果低层水汽充沛,逆温层以下也可能产生一些层积云和积云,但垂直发展不盛、云隙较多、一般无降水(图4.58)。

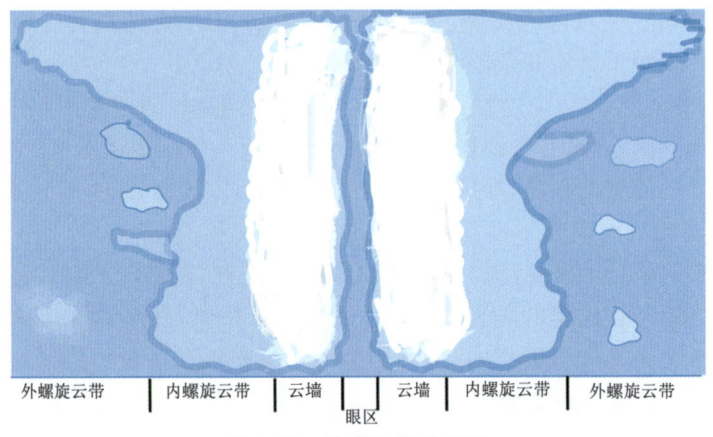

图 4.58 热带气旋的云团

2. 移动和路径

台风移动的方向和速度取决于作用于台风的动力。动力分内力和外力两种。内力是台风范围内因南北纬度差距所造成的地转偏向力差异引起的向北和向西的合力,台风范围越大,风速越强,内力越大。外力是台风外围环境流场对台风涡旋的作用力,即北半球副热带高压南侧基本气流东风带的引导力。内力主要在台风初生成时起作用,外力则是操纵台风移动的主导作用力,因而台风基本上自东向西移动。由于副高的形状、位置、强度以及其他因素的影响,导致台风移动路径并非规律一致而变得多种多样。如图4.59所示,以西北太平洋台风移动路径为例,其移动路径大体有3种。

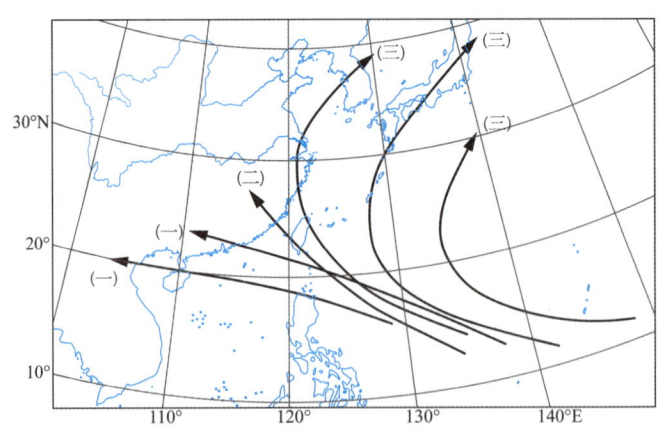

图 4.59 西北太平洋台风的移动路径(朱乾根 等,2007)
(一为西移路径;二为西北路径;三为转向路径)

①西移路径:当西北太平洋副热带高压脊线呈东西走向,而且强大、稳定时,西北太平洋副热带高压不断增强西伸时,台风从菲律宾以东洋面向西移动,经过南海在中国海南岛或越南一带登陆。

②西北路径:当西北太平洋副热带高压脊线呈西北—东南走向时,台风从菲律宾以东洋面向西北方向移动,穿过琉球群岛,在中国江浙或横穿台湾海峡,在浙、闽一带登陆。这条路径对中国影响范围较大,尤其是华东地区。

③转向路径:西北太平洋副热带高压东退海上时,台风从菲律宾以东海区向西北方向移动,然后转向东北方向移去,路径呈抛物线型。对中国东部沿海地区及日本影响较大。

此外,有的台风在移动过程中有左右摆动或打转等特殊路径。显然这同当时的环流形势有关。台风移动的速度平均为 20~30 km/h,当发生转向时速度有所减缓,转向以后又有所增快。

3. 西北太平洋热带气旋

热带气旋(TC)带来的灾害主要有大风、暴雨和风暴潮,其中暴雨灾害在上述 3 种灾害中发生最为频繁。中国最大的暴雨也是由 TC 造成的,2009 年 8 月 6—10 日,0908 号台风(Morakot)在中国台湾造成特大暴雨,其中阿里山站 3 d 降水量达 3004.5 mm,9 日单日降水量达 1165.5 mm;1975 年 8 月 7503 号台风(Nina)侵入河南省造成特大暴雨,过程总降水达 1631 mm,日最大降水量达 1062 mm,为中国大陆特大暴雨之最,如此大的暴雨使水库崩溃,江河泛滥,损失惨重。因此,TC 降水始终是热带气旋的热点问题之一。

西北太平洋指赤道以北、180°以西的海域,包含南海地区,西北太平洋上空是 TC 易于产生的区域,每年 6—11 月大约 30 个热带气旋在此区域生成。据统计,1949—2016 年西北太平洋热带气旋生成频数的逐年演变如图 4.60 所示。1949—2016 年,西北太平洋上共有 1827 个 TC 生成,年平均生成 26.9 个,最多年生成 40 个(1967 年),最少年生成 14 个(1998 年和 2010 年)。从长期趋势看,西北太平洋生成 TC 个数呈减少趋势,平均每 10 年减少 0.8 个,同时表现出明显的年代际变化特征,1980 年以前处于生成较活跃的阶段,年平均生成 28.5 个,此后接近多年平均值,在 1995 年之后处于生成较不活跃的阶段,年平均生成 23.6 个。已有研究表明,这可能是中东太平洋海温的年代际变化诱发的西北太平洋大气环流所造成的,但是具体的影响机理还有待进一步研究。

之所以在此区域上空产生这么多的 TC,不仅仅是由于这个海域为全球最高海表温度的区域,此海域终年海表温度超过 28.5 ℃,总是满足热带气旋生成的热力条件,而且也是由于在热带西太平洋上空具有有利于 TC 形成的季风槽及其他大尺度环流,这些大尺度环流为 TC 生成提供低层辐合和气旋性相对涡度以及适宜的垂直切变。

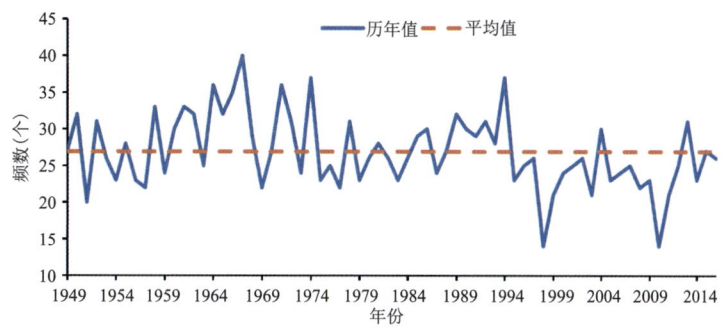

图 4.60　1949—2016 年西北太平洋热带气旋生成频数逐年演变(Yao et al.,2020b)

TC 活动存在明显的季节变化规律,早在 20 世纪 70 年代便有学者指出,西北太平洋 TC 活动的峰值为 8 月,9 月次之,南海 TC 活动的高峰为 9 月,就季节而言,西北太平洋超强台风月频数最大值发生在秋季。秋季 TC 频数在 1998 年发生了突变,在 1998 年之前处于活跃期,在 1998 年之后处于非活跃期。TC 生命史中的强度变化也存在季节锁相性,突然增强、缓慢增强、缓慢减弱和突然减弱 4 类 TC 发生的频率在 9 月达到最大。秋季 TC 的变化与 ENSO(El Niño-Southern,厄尔尼诺与南方涛动)、IOD(印度洋偶极子)有一定的联系,在拉尼娜现象开始年秋季 TC 生成偏多,在拉尼娜延续年生成个数偏少。

尽管秋季台风的成员不如夏季台风那样多,但两者的影响力相当。秋季正值南方稻抽穗扬花的成熟期,秋季台风对农业等社会经济生产也有较重影响。2016 年西北太平洋有 14 个秋季台风(常年平均为 11 个)生成,为典型的秋季台风活跃年。如 1614 号秋台"莫兰蒂"正面袭击福建厦门,全城电力供应基本瘫痪、全面停水、基础设施损坏严重,成为 1949 年以来登陆闽南的最强台风,也是 2016 年影响最大的台风,直接经济损失达 316.5 亿元。再如 1617 号秋季台风"鲇鱼"登陆福建时南北直径超过 1200 km,强降雨导致浙江、福建、江西多地内涝、泥石流、滑坡等灾害持续发展,直接经济损失达 103.6 亿元。2016 年 9 月连续出现两个秋季强台风,其破坏性之强,损失之重,让人们对秋季台风望而生畏。秋季台风受到高度重视,对秋季台风的科学研究备受关注。

1949—2016 年,秋季西北太平洋年平均生成 TC 11.2 个,最多年生成 18 个(1964 年),最少年生成 6 个(2010 年)。从长期趋势看,秋季台风生成个数有微弱减少趋势,但不如全年生成个数减少趋势明显。在年代际尺度上,表现出明显的波动特征,20 世纪 60 年代之前处于生成不活跃期,进入 60 年代之后处于活跃期,70 年代又转为不活跃期,至 1985 年前后转为活跃期,于 1995 年后又处于不活跃期,2007—2016 年又逐渐开始活跃,如 2013 年秋季生成 15 个,2016 年秋季生成 13 个(图 4.61)。

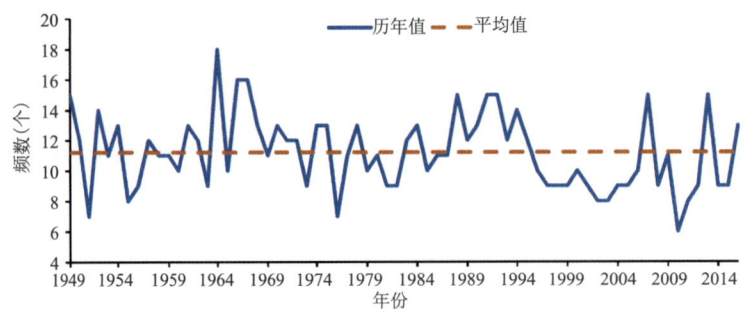

图 4.61　1949—2016 年西北太平洋秋台生成频数逐年演变(Yao et al.,2020b)

表 4.4 给出 1949—2016 年西北太平洋热带气旋生成频数季节分布情况,从季节分布看,夏秋两季是 TC 生成的主要季节,占全年生成 TC 的 84.9%,其中生成于夏季的台风占 43.2%,秋季台风其次,占 41.7%。

表 4.4　1949—2016 年西北太平洋热带气旋的生成频数季节分布(Yao et al.,2020b)

季节	总频数(个)	年平均生成频数(个)	百分比(%)
夏季(6—8 月)	790	11.6	43.2
秋季(9—11 月)	762	11.2	41.7
冬季(12 月至次年 2 月)	127	1.9	7.0
春季(3—5 月)	148	2.2	8.1
全年	1827	26.9	100

从 1949—2016 年西北太平洋夏季台风和秋季台风生成个数占全年 TC 生成数比例的逐年演变情况(图 4.62)来看,在多数年份里,秋季台风占全年的比例与夏季台风呈现"此消彼长"的反位相关系。

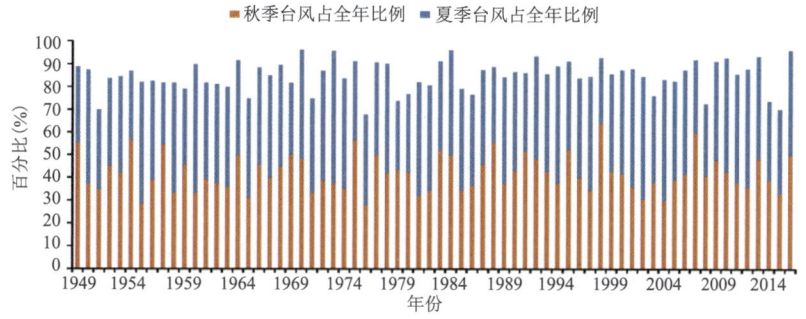

图 4.62　1949—2016 年西北太平洋夏季台风和秋季台风生成个数占全年比例的逐年演变(Yao et al.,2020b)

4.13　赤道辐合带

4.13.1　定义

赤道辐合带(ITCZ)又称热带辐合带、赤道锋,是南北半球两个副热带高压之间气压最低、气流汇合的地带,它是一种行星尺度的、热带地区主要的、持久的大型天气系统,有时甚至可以环绕地球一周。在卫星云图(图 4.63)上赤道辐合带为一长条近于连续的对流云带。赤道辐合带的移动、变化、强弱生消,对热带地区长中短期天气变化影响极大;台风的发生和发展也与之有极密切的关系。据统计,有 70%~80% 的台风是由赤道辐合带内的热带扰动加强而形成的。

有些地区的赤道辐合带,南北侧气流的温湿差异较大,该地区的赤道辐合带具有锋面特征,所以赤道辐合带也称为赤道锋。

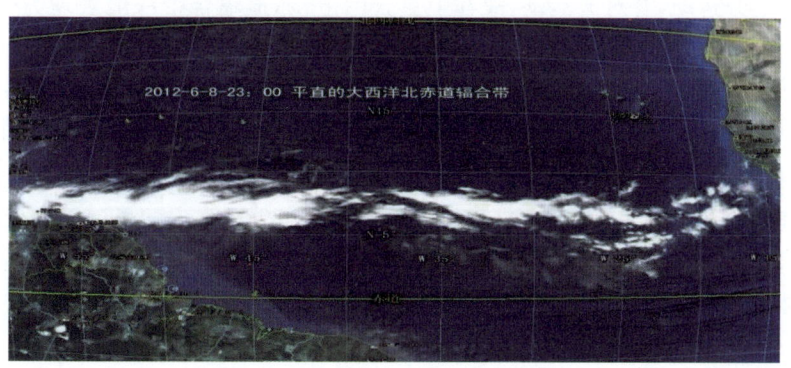

图 4.63　卫星云图上的赤道辐合带

4.13.2 特征

赤道辐合带是低纬地区热量、水汽输送最为集中的地区,是大气能量的源地,对大气环流起着极其重要的作用。在卫星云图上表现为一条由一系列活跃对流云团组成的近于纬向的连续云带,宽度可达 5 个纬距以上,东西长达数千千米;通常的情况下,赤道辐合带仅表现为单独一条,但有时表现为双赤道辐合带云带特征,分别位于南北半球,在气压场上,赤道辐合带表现为低纬地区的槽区或低压区。

根据天气图上气流汇合的情况,赤道辐合带可以分为两种类型,如图 4.64 所示,一种是无风带,一种是信风带。

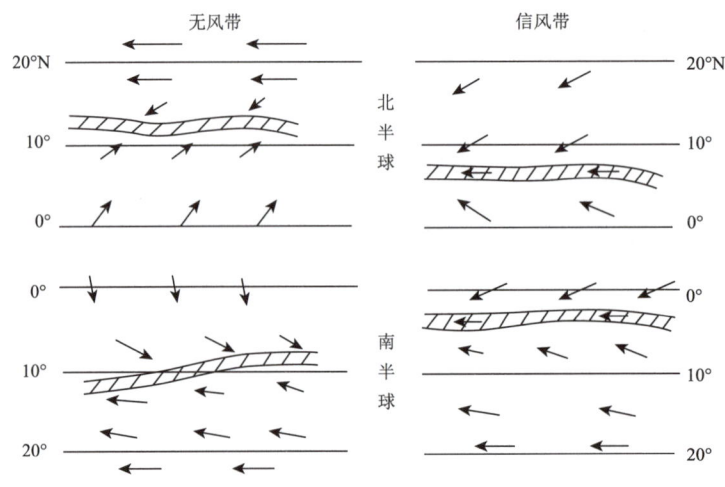

图 4.64 南北半球赤道辐合带模式(朱乾根 等,2007)

无风带:在辐合带中,地面基本静风,辐合带正处于东风带和西风带之间,是东西风的过渡带。如南半球的东南信风跨越赤道到达北半球后,由于地转偏向力作用改变了方向,而转为西风。这支西风与北半球的东北信风形成了另一种气流汇合区,又称静风赤道槽,也称季风槽,原因是这种辐合带多出现在北半球的西太平洋到阿拉伯海带的亚洲季风区。由于气流辐合,辐合带中存在上升运动,有对流活动,故在卫星云图上,赤道辐合带一般表现为一个个天气尺度的云系排列在一起,形成带状;有时为一条连绵几千千米,200~300 km 宽的云带。

信风带是东北信风与东南信风交汇成条渐近线形式的气流汇合、气压最低的地带,这种情况在辐合带中吹东风。北半球夏季,东北信风位置偏北,南半球东南信风越过赤道后受到相反方向地转偏向力作用,风向转为西南风,西南风与东北信风相遇而形成的辐合带。季风辐合带内不仅存在偏北风和偏南风的风向辐合,而且还存在西南季风强烈的风速辐合,有利于大范围热带对流云团的产生,通过水汽凝结潜热释放加热对流层中上部,因此其上较易发生像台风这样的强烈热带天气系统。

4.13.3 对天气的影响

由于辐合带低层辐合总是存在的,而且它上面常有低涡或台风形成和发展,所以辐合带上常有很活跃的天气现象出现,中南半岛、中国南海和华南一带的盛夏降水,常与辐合带的活动有联系。

辐合带的降水范围通常可达 200～800 km 宽。主要降水区一般位于辐合带两侧附近。辐合带的天气分布是不连续的。最大降水区位于辐合最强的气旋性环流区域,24 h 降水量可达 100 mm 以上。在中南半岛南部和沿海地区雨量中心往往位于低层辐合带的南侧,24 h 降水量可达 200 mm 以上。这除了辐合带影响外,可能还与西南季风的加强和地形有关。在辐合带上有的部分并无降水,最多出现一些积状云。所以,在赤道辐合带的狭长带内,好坏天气交错存在。在卫星云图上常可看到赤道辐合带是一条狭长的近于连续的对流云带,有时云区和晴好区相间出现,有时则云区十分宽广,东西长可达几千千米。

复习与思考

1. 中国的温带气旋常见的有哪几类？温带气旋和反气旋生成和发展的过程是什么？对天气的影响有哪些？

2. 什么是高空槽、高空脊,与天气的关系是什么？中纬度高空槽脊的发展和移动规律是什么？

3. 什么是阻塞高压、切断低压、阻塞形势？阻塞高压必须满足的 3 个要求是什么？阻塞高压对天气的影响是什么？

4. 急流的概念是什么？高空急流包括哪几类？低空急流的定义是什么？高空急流和低空急流分别对天气有什么影响？

5. 极涡的定义是什么？分为哪几类？极涡有哪些结构特征？极涡异常对中国的天气有何影响？

6. 东北冷涡的定义是什么？结构特点是什么？东北冷涡对中国天气的影响有哪些？

7. 什么是切变线？可以分为哪几类？切变线的结构特点是什么？江淮切变线的演变特征是什么？对天气的影响是什么？青藏高原切变线的演变特征是什么？对天气的影响是什么？

8. 西南涡的定义是什么？西南涡的形成和发展与哪些因子的作用有关？西南涡对中国天气有哪些影响？

9. 西太平洋副热带高压的结构特点是什么？随季节有哪些变化？西太平洋副高脊线的变化与中国天气有什么关系？

10. 南亚高压的定义是什么？南亚高压的结构特征是什么？南亚高压的不同分布型对中国天气的影响是什么？

11. 什么是热带气旋？热带气旋有哪些等级？热带气旋发生的源地和季节有什么特点？发生热带气旋最多的海区是哪里？台风内低空风场水平结构特点是什么？垂直方向的结构特点是什么？热带气旋发生发展的必要条件有哪些？西太平洋台风的移动路径有哪几条？热带气旋会引起哪些天气？西太平洋热带气旋的有哪些特点？

12. 赤道辐合带的定义是什么？有哪些分类？

大气环流

随季节和纬度变化的太阳辐射与不同的地形分布等,通过动力和热力过程作用于大气,最终形成了大气环流及其变化,它在很大程度上决定了特定天气系统的分布及其变化。

把围绕地球的大气在全球范围展开的环流运动统称为大气环流。大气环流的时间尺度一般在一至几天、一月、一季、半年、一年直至多年平均的大气环流。大气环流的演变不仅仅是大气内部状态和行为的反映,而且是与大气密切相关的太阳辐射、海洋、冰雪、陆地和生物圈所组成的复杂系统的总体行为,因此,控制大气环流的基本因子有内外两类。

5.1 大气环流形成的主要因素

1. 太阳辐射作用

大气运动需要能量,大气运动的根本能源是太阳辐射能,地球的自转和公转使地球表面产生温度的差异,而太阳辐射能在地球上的非均匀分布,正是大气环流的原动力。太阳辐射对大气系统加热不均是大气产生大规模运动的根本原因,而大气在高低纬间的热量收支不平衡是产生和维持大气环流的直接原动力。

2. 地球自转作用

大气是在自转的地球上运动着,地球自转产生的偏向力迫使运动空气的方向偏离气压梯度力方向。在北半球,气流向右偏转,结果使直接热力环流圈中自极地低空流向赤道的气流偏转成东风,而不能径直到达赤道;同样,自赤道高空流向极地的气流,随纬度增高,偏转程度增大,逐渐变成与纬圈相平行的西风。可见,在偏向力的作用下,理想的单一的经圈环流既不能生成也难以维持,因而形成了几乎遍及全球(赤道地区除外)的纬向环流。纬向风带的出现阻挡着经向气流的逾越,引起某些地区空气质量的辐合和一些地区空气质量的辐散,使一些地区的高压带和另一些地区的低压带得以形成和维持。结果全球气压水平分布在热力和动力因子作用下,呈现出规则的纬向气压带,而且高低气压带交互排列。而气压带的生成和维持又是经圈环流形成的必需条件。因而地球自转是全球大气环流形成和维持的重要因子。

3. 地表性质作用

地球表面有广阔的海洋、大片的陆地,陆地上又有高山峻岭、低地平原、广大沙漠以及极地冷源,因此是一个性质不均匀的复杂下垫面。从对大气环流的影响来说,海陆间热力性质的差异所造成的冷热源分布和山脉的机械阻滞作用,都是重要的热力和动力因素。海洋与陆地的热力性质有很大差异。夏季,陆地上形成相对热源,海洋上成为相对冷源;冬季,陆地成为相对冷源,海洋却成为相对热源。这种冷热源分布直接影响到海陆间的气压分布,使完整的纬向气压带分裂成一个个闭合的高压和低压。这种随季节转换的环流是季风形成的重要因素。

地形起伏,尤其是大范围的高原和高大山脉对大气环流的影响非常显著,其影响包括动力作用和热力作用两个方面。

4. 地面摩擦作用

大气在自转地球上运动着,与地球表面产生着相对运动。相对运动产生着摩擦作用,而摩擦作用和山脉作用使空气与转动地球直接产生了转动力矩(角动量)。角动量在风带中产生的损耗以及在风带间的输送、平衡,对大气环流的形成和维持具有重要作用。

大气环流的形成和维持,除以上因子外,还同大气本身的特殊性质有联系。

5.2 水平环流

水平环流是指纬向环流受到扰动(主要是地球表面海陆分布以及地面摩擦和大地形作用所引起)后发展起来的槽、脊和高、低压环流。

1. 海平面气压场

分析多年平均海平面气压场(图 5.1)可知,全球经常有 7~8 个巨大的高低压区,一般称之为大气活动中心。大气活动中心的形成与下垫面有很大关系。北半球海陆交错,大气冷热源有季节变化,大气活动中心随季节也有很大变化。南半球的海陆分布比较均匀,大气活动中心则较为稳定。

图 5.1a 中 1 月的海平面气压图上,以亚洲的冷高压为最强大,一个中心位于蒙古—西伯利亚,另一个中心位于北美大陆上(加拿大高压)。此外,冰岛附近有一个强大低压,阿留申群岛也有一个强大的低压。另外,北半球海洋上还存在北太平洋高压和北大西洋高压。南半球海洋上有 4 个高压中心。赤道辐合带(ITCZ)主要活动于赤道及其以南地区,赤道辐合带上有 3 个大陆性热低压。西风环流在 60°S 纬圈上表现清楚。

如图 5.1b 所示,7 月在北半球,冰岛附近的低压仍然存在,但大为减弱,阿留申低压中心已消失,北美东北部为弱低压,只有以下 3 个大气活动中心:亚洲大陆为强大的低压区,称为印度低压,低压中心经常在印度西北部;北太平洋与北大西洋为强大高压所占据,分别称为太平洋副热带和大西洋副热带高压。南半球正是隆冬,大洋上 3 个高压强度增强,澳大利亚大陆区也为高压区,所以有 4 个高压中心。

在北半球,海平面气压系统分布从冬到夏发生了很大的变化,亚洲大陆上出现了一个大低压。与气压系统相伴随的风系也发生了根本的变化。这种大规模的风系随季节的转换称为季风。印度、中印半岛和中国是世界上著名的季风气候区。北美的气压系统从冬到夏也有巨大的变化,但不及亚洲明显。在海洋上,冰岛低压比冬季弱得多,但位置不变;阿留申低压夏季减弱很多,仅变成亚洲大陆低压的一个低槽;副热带高压大大加强,以北太平洋的副热带高压为最强,脊线位于东太平洋洋面约 40°N 处。比较冬夏海平面气压场可知,在北半球冬夏季存在的系统有冰岛低压、阿留申低压、太平洋副热带高压(或称夏威夷高压)和大西洋副热带高压

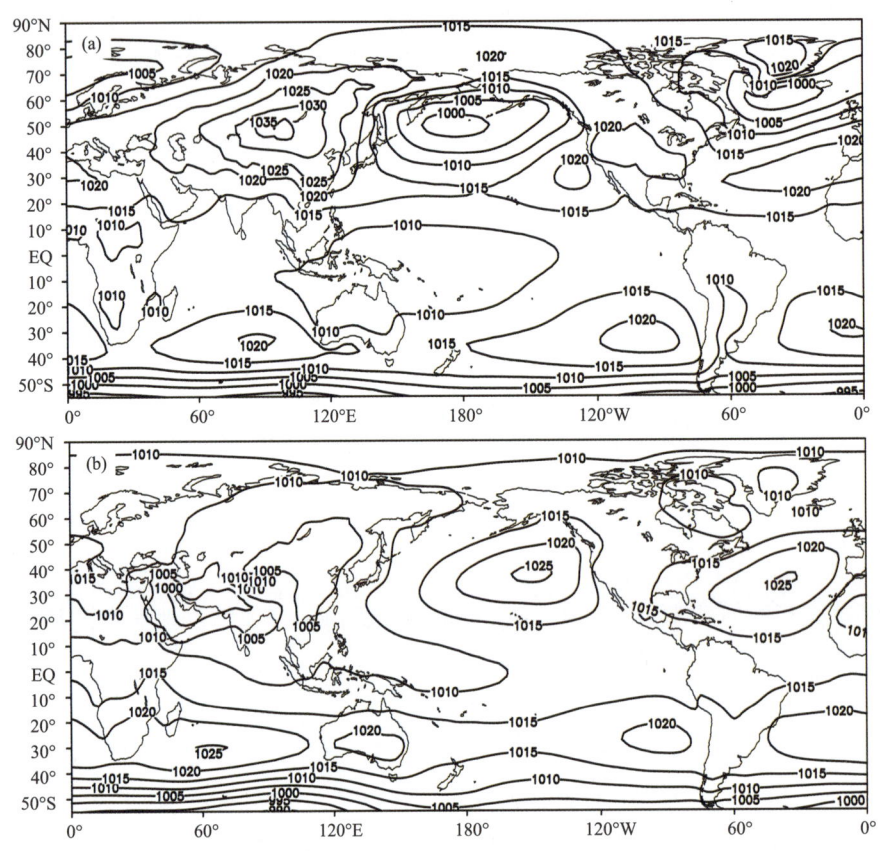

图 5.1　北半球 1 月(a)和 7 月(b)海平面气压场(单位:hPa)

(数据来源:1948—2018 年 NCEP/NCAR 的逐月平均海平面气压场再分析资料)

(或称亚速尔高压),这些系统的活动,对广大地区的天气和气候都有重大影响。大气活动中心对促使南北和海陆之间热量、水汽和动量之间交换有重要作用,是大气环流的重要成员,它们的变化也可以体现大气环流的变化。除了上述大气活动中心外,在北半球还有亚洲高压(也称为蒙古高压或西伯利亚高压)、亚洲热低压(或印度低压)、北美冷高压和北美热低压 4 个季节性的系统季节性大气活动中心。

风场分布揭示的 1 月与 7 月的环流差异主要发生在亚洲—印度洋地区。1 月,亚洲大陆为冷高压控制,东南亚、南亚和赤道以北印度洋为东北气流控制,低纬度地区的气流辐合集中位于赤道以南。7 月,亚洲大陆为热低压,东南亚、南亚和赤道以北印度洋为西南气流控制,赤道以南印度洋出现较强的东南气流,阿留申低压的位置相对冬季偏东。图 5.1 中亚洲与印度洋的季风环流特征非常明显。

2. 对流层平均水平环流(500 hPa 气压场)

在北半球对流层中高层的平均水平环流形势是西风带上存在着大尺度的平均槽脊,如图 5.2 所示,1 月 500 hPa 等压面图上西风带有 3 个平均槽,即位于亚洲东岸的东亚大槽、北美东岸的北美大槽和乌拉尔山西部的欧洲浅槽。在 3 个槽之间并列着 3 个脊,脊的强度比槽弱得多。7 月(图 5.3),西风带显著北移,槽脊的位置也发生很大变动,即东亚大槽东移入海,原欧

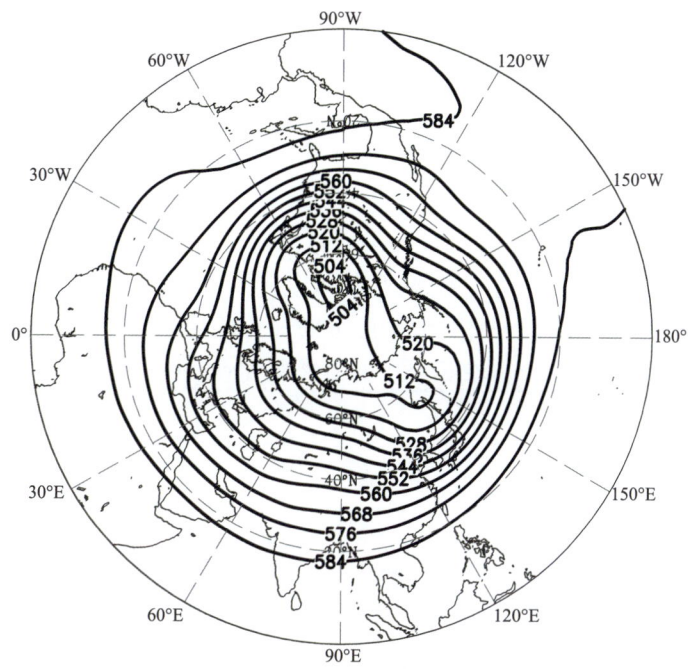

图 5.2　北半球 1 月 500 hPa 平均等高线（单位：dagpm）

（数据来源：1948—2018 年 NCEP/NCAR 的逐月平均高度场再分析资料）

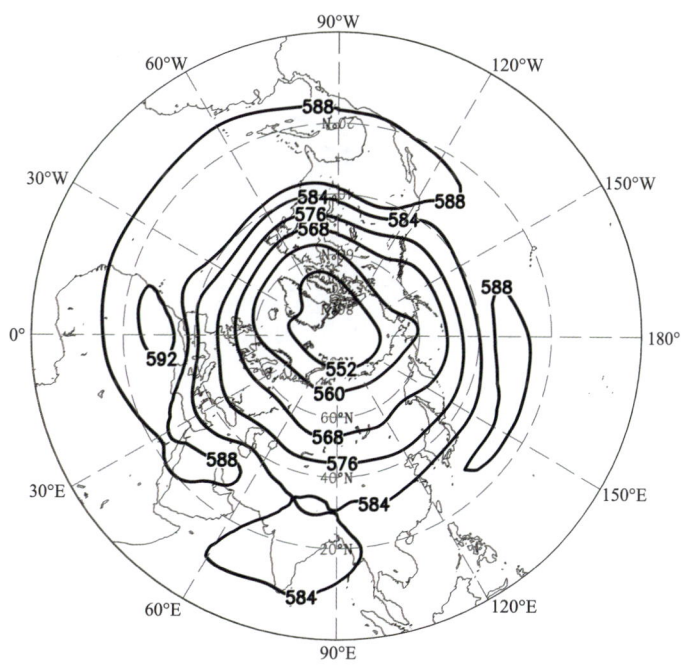

图 5.3　北半球 7 月 500 hPa 平均等高线（单位：dagpm）

（数据来源：1948—2018 年 NCEP/NCAR 的逐月平均高度场再分析资料）

洲浅槽已不存在,并变为脊。而欧洲西岸和贝加尔湖地区各出现一个浅槽,北美大槽位置基本未动。另外,冬季副热带高压强度弱,位置偏南(20°N 以南),高压不明显;夏季副热带高压强,位置偏北,中心在 20°～30°N,在低纬太平洋、大西洋和北非大陆有明显的高压中心,北非高压最强。再有,在印度半岛有(副热带)低压存在。

3. 平流层平均水平环流(100 hPa 气压场)

一般平流层大气是指 100～1 hPa 层的大气,100～10 hPa 称为平流层低层,10～1 hPa 称为平流层高层。100 hPa 代表对流层顶层和平流层低层大气的特征。由北半球 1 月(图 5.4)及 7 月(图 5.5)的多年平均图可见,1 月极涡强大,中高纬 3 个大槽很清楚。7 月极涡减弱,范围收缩,而副热带高压非常明显,亚非大陆为强大的高压所控制。100 hPa 平均高度为 16 km 左右,为平流层底部,大气环流形势在相当程度上受到对流层环流的影响。

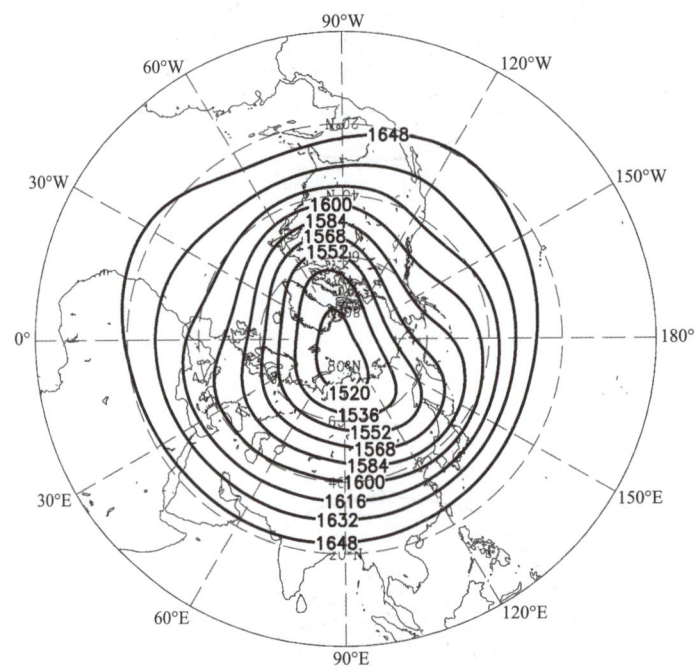

图 5.4　北半球 1 月 100 hPa 平均等高线(单位:dagpm)

(数据来源:1948—2018 年 NCEP/NCAR 的逐月平均高度场再分析资料)

5.3　经向环流

大气运动的根本能源是太阳辐射能,地球自转和公转使地球表面产生温度的差异,而太阳辐射能在地球上的非均匀分布,正是大气环流的原动力。在地球表面只要有冷热的差异就会产生热力环流。太阳辐射能的纬度分布不均,造成高低纬度间的热量差异,热力环流的形成引起大气运动。

近地面空气的受热不均,引起气流的上升或下沉运动,同一水平面上气压的差异和大气的水平运动都会影响热力环流的变化。

假设最初大气状态是均匀的,没有任何扰动,并且等压面完全平行于地表面,如图 5.6a 所

第 5 章 大气环流

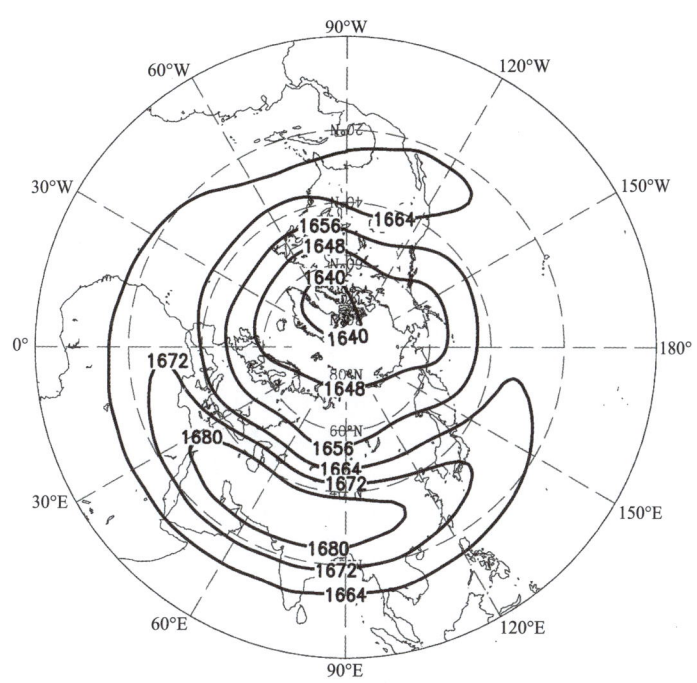

图 5.5 北半球 7 月 100 hPa 平均等高线（单位：dagpm）
（数据来源：1948—2018 年 NCEP/NCAR 的逐月平均高度场再分析资料）

示。当 B 点下方受到加热以后，B 点空气团必受热膨胀，有一个向上的运动分量，此时 B 端等压面必然会上移，则 A 和 B 两点之间的等压面不平行于地面。这样，B 点上空的空气团受到挤压而密度加大，与 A 点上空的空气团之间形成一个气压梯度，受到气压梯度力的作用，空气团则由 B 点上空流向 A 点上空；同时，B 点下方的空气团由于产生向上的运动，其四周必然有空气过来补充，必然有 A 点处的空气流过来，A 点上空的气体下来补充 A 点下方流走的空气，这样，就形成了一个热力环流圈，流动方向如图 5.6b 中箭头所示。由于这种环流是因温度分布不均而产生的，所以称为热力环流。由此可以看出，在地球表面上只要有冷热的差异就会产生热力环流。例如，在地球上的极地和赤道之间、陆地与海洋之间都存在着热力的差异，因此均可形成大气热力环流。

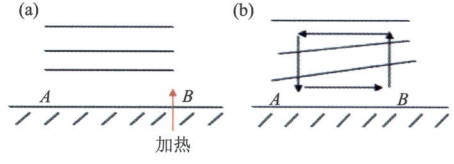

图 5.6 热力环流

5.3.1 单圈环流

假设地球没有自转，而且地表均一，即不存在地形。只考虑太阳辐射作用，不考虑其他因子时建立的单圈模型。

如图 5.7 所示，由于太阳辐射随地理纬度的增高而减小，造成赤道地区终年炎热，两极地区终年严寒。根据热力环流原理，赤道地区大气受热膨胀上升，上空的气压就会高于极地上空同一高度的气压,赤道上空的空气就向极地流动。赤道上空由于有空气流出,气柱质量减少,地面气压就会降低,因而形成低压,称赤道低压带。在极地上空有空气流入,再加上气温低,大气冷却下沉,地面气压就会升高形成高压区,称为极地高压。于是在低层就产生了空气自极地流向赤道的气流,这支气流在赤道地区受热上升,补偿了赤道上空流走的空气质量。这样,在极地赤道间就构成了南北向的闭合环流,称为一圈环流。一圈环流是针对半球范围而言。

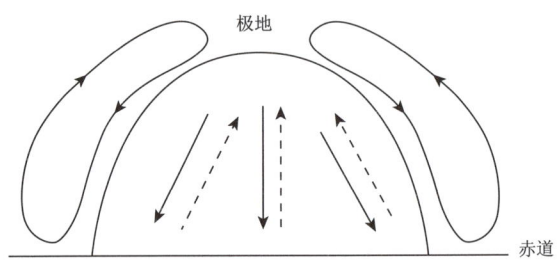

图 5.7 一圈经向环流模式

5.3.2 三圈〔经向〕环流

地球的自转,假设地表性质均一,太阳直射赤道,则引起大气运动的因素是高低纬之间的受热不均和地转偏向力。

从北半球来看,赤道地区上升的暖空气,在气压梯度力作用下,由赤道上空向北流向北极上空(南风)移动,受地转偏向力影响,由南风逐渐右偏成西南风,在30°N附近上空堆积,于是产生下沉气流,致使近地面气压升高,形成副热带高气压带。近地面,在气压梯度力作用下,大气由副热带高气压带向南北流出。向南的一支流向赤道低压,在地转偏向力影响下,由北风逐渐右偏成东北风,称为东北信风。同理,南半球也会形成东南信风,东北信风与南半球的东南信风在赤道附近辐合上升,在赤道与副热带地区之间便形成了低纬环流圈。

近地面,从副热带高气压向北流的一支气流,在地转偏向力的作用下,逐渐右偏成西南风即盛行西风。从极地高气压带向南流的气流(北风)在地转偏向力影响下,逐渐向右偏形成东北风,即极地东风。较暖的盛行西风与寒冷的极地东风在60°N附近相撞,在近地面形成暖锋(极锋)。暖而轻的气流爬升到冷而重的气流之上,形成了副极地上升气流。上升气流到高空,又分别流向南北,向南的一支气流在地转偏向力的影响下,由北风逐渐右偏成东北风,在30°N附近与来自赤道的高空西南风相撞形成冷锋,加强了副热带高气压带高空的下沉气流,进一步升高副热带高气压带的气压,于是在副热带地区与副极地地区之间构成中纬度环流圈;向北的一支气流在北极地区下沉,是在副极地地区与极地之间构成了高纬度环流圈。由于副极地上升气流使近地面的气压降低,于是形成了副极地低气压带。北半球的三圈〔经向〕环流模式中,从南向北依次是哈得来环流、费雷尔环流、极地环流。其中哈得来环流、极地环流是直接环流圈,费雷尔环流是间接环流圈。

同理,南半球同样存在着低纬、中纬、高纬3个环流圈。因此,在近地面,共形成了7个气压带、6个风带,如图5.8所示。

全球的气压带、风带随太阳直射点的移动而移动:大致北半球的夏季北移,冬季南移。

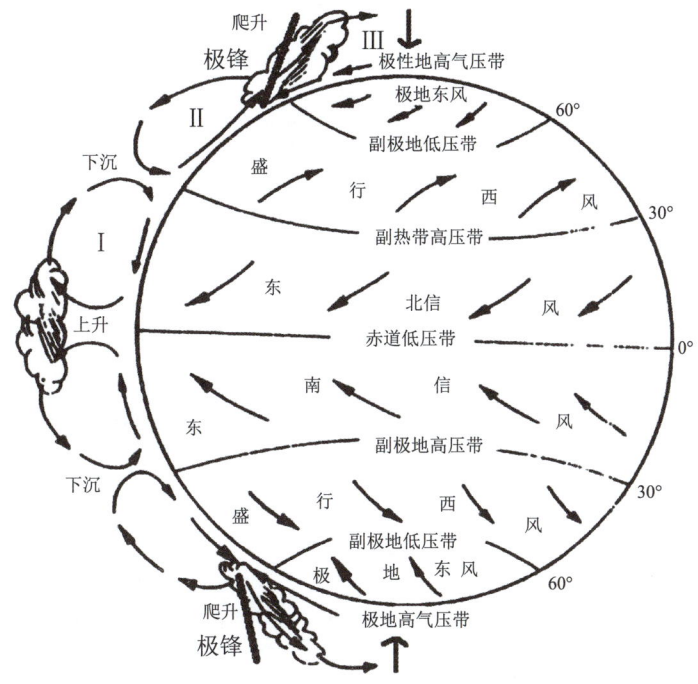

图 5.8 三圈经向环流模式

5.3.3 平均经向风分量的经向分布

北半球冬季，30°N 以南地区的对流层低层，有比较强的平均偏北风，最大风速约 3.5 m/s，同时在它的上空（200～300 hPa）有一明显的南风分量中心，最大平均风速为 2.5 m/s（图 5.9）。对流层中部经向风分量非常弱。40°N 以北低层平均为南风，高层则平均为北风，但是平均风速都不足 1 m/s。

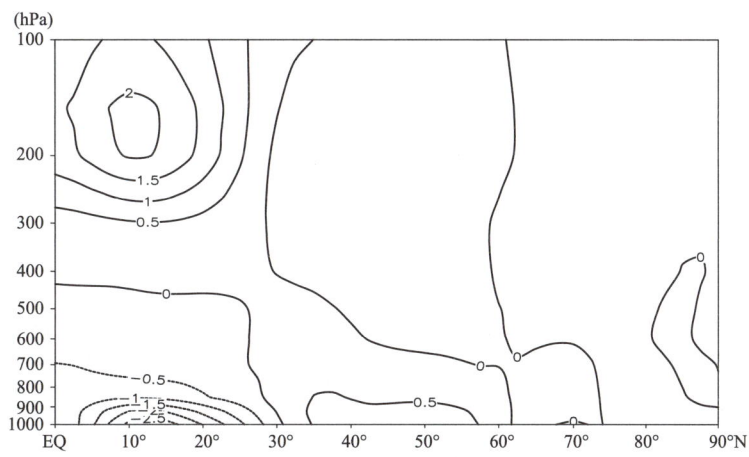

图 5.9 北半球冬季（12 月至次年 2 月）平均经向风分量（单位：m/s）
（正值为南风，负值为北风；数据来源：1948—2018 年 NCEP/NCAR 的逐月平均风速再分析资料）

由图 5.10 可见,北半球夏季,在 40°N 和 13°N 之间,低层盛行 1 m/s 以下的北风分量,高空深厚的气层里都是较弱的南风;接近赤道的区域,低层平均南风分量达 2.5 m/s,高空为 2 m/s 以下的北风分量。

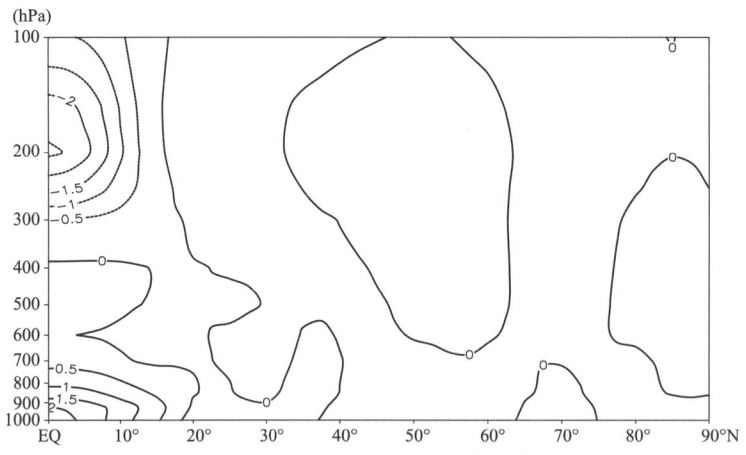

图 5.10　北半球夏季(6—8 月)平均经向风分量(单位:m/s)

(正值为南风,负值为北风;数据来源:1948—2018 年 NCEP/NCAR 的逐月平均风速再分析资料)

5.4　纬向环流

1. 平均纬向风

图 5.11 表明,在低纬地区,除了夏季北半球的对流层低层有小范围弱西风以外,全部为东风,最大风速中心在平流层。东风带的宽度在对流层下部约占南北各 30 个纬距,铅直向上冬季东风带迅速变窄,夏季则变化较小。中高纬度的对流层中,冬夏季均为西风,冬强夏弱,北半球的强度变化尤其显著。最大风速中心在 200 hPa 高度附近,冬季位于 30°N 附近,夏季在 40°N 附近,整个东西风带随季节都有南北移动。极区的近地面为弱东风,冬季从对流层到平流层均为西风,夏季对流层中仍为西风,但强度大大减弱,平流层则变为环流极地的东风,与低纬的东风相连。

比较平均纬向风与经向风的大小,可以看出纬向风比经向风要大得多,说明地球上空大气运动基本上是环绕着纬圈自东向西(东风)或自西向东(西风)运动的。但是也有南北向的空气交换,冬强夏弱。

2. 西风带的大型扰动

中高纬度的平均经向环流(费雷尔环流)很弱,平均水平环流在对流层盛行西风称为西风带。西风带弯弯曲曲围绕着极涡沿纬圈运行,平均而言,西风带中冬季有 2 个槽脊,夏季则变为 4 个槽脊。这种波状流型称为西风带波动。在每日的高空天气图上,西风带波动比平均图复杂得多,常表现为振幅、波长不等,有时甚至出现一些闭合涡旋。西风带的波状流型有时表现为大致和纬圈相平行,这种环流状态称为纬向环流,也称为平直西风环流;有时则表现为具有较大的南北向气流,甚至出现大型的闭合暖高压和冷低压,这种环流状态称为经向环流。

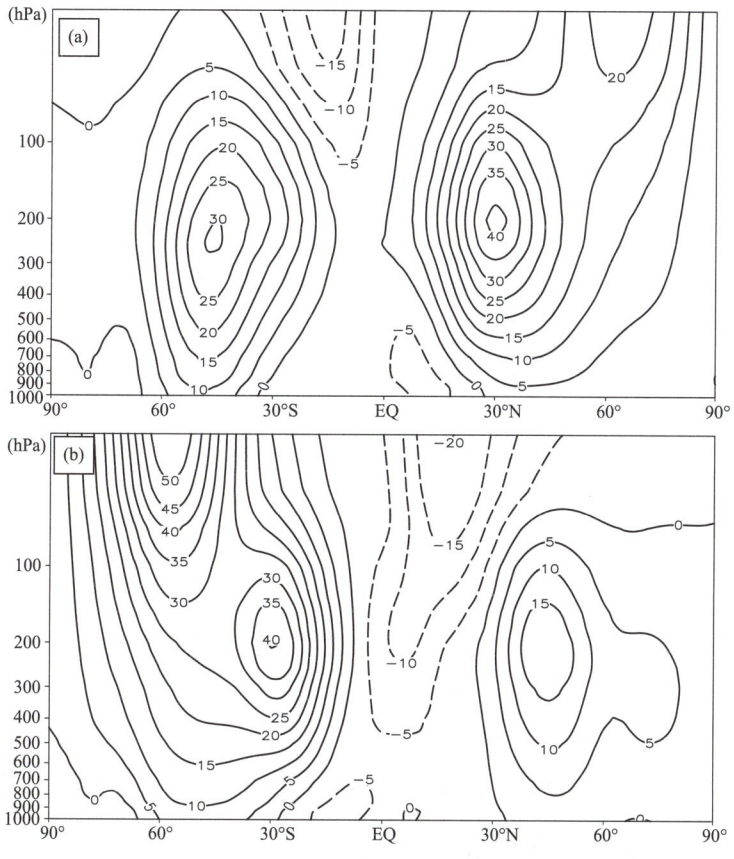

图 5.11　1月(a)和7月(b)平均纬向风的经向分布(单位:m/s)
(数据来源:1948—2018年 NCEP/NCAR 的逐月平均风速再分析资料)

20世纪30年代后期,罗斯贝(Rossby)最早提出了西风指数的概念,即用35°N和55°N纬圈平均海平面气压的差反映北半球温带地区(35°~55°N)西风的强弱,以此来作为定量描述大气运动基本状态的一个参数。温带西风强时称为"高指数"环流,弱时则是"低指数"环流。威利特(Willett)及纳米亚斯(Namias)随后指出,西风极大值出现的位置也随西风指数的强弱有明显的经向移动,高指数时强西风位置偏北。低指数时强西风位置偏南,多位于副热带,可达30°N 左右。Namias 进一步提出了指数循环的概念。这些开创性的工作极大地推动了对大气环流的研究。早期人们主要是从天气学的角度来研究西风指数的变化,不过由于指数循环的时间尺度为4~6周,所以月平均西风强度的变化反映的是时间尺度更长的西风变率。西风指数的变化有准两年震荡的特性,西风指数的强弱,反映了中高纬大气环流的基本状态,这种状态的高纬与中低纬之间大气质量、动量及热量的交换,与半球及全球气候异常均有密切的联系。西风环流主要通过影响西伯利亚高压和东亚大槽而影响中国气候。当西风增强时,东亚大槽变弱、高度增加,高空西风气流更为平直。当西风环流增强时,西伯利亚高压强度及东亚大槽强度减弱,南下的冷空气活动也相应减弱,所以中国大部分地区气温会升高。同时,在东部地区,由于北方冷空气势力减弱,雨带位置偏北,造成长江以及黄土高原一带降水增加。

经向环流和纬向环流在空间分布和时间演变中经常是交替出现的。即在某一广大地区为平直西风环流,而另一广大地区则出现经向环流。西风带环流变化的主要特征就是经向环流与纬向环流的维持及其间的转换。它们互相转换的基本原因可以理解为:设先为平直西风环流,气流南北交换弱,由于南北太阳辐射强度的差异,西风带中温度梯度将加大,即锋区增强,有效位能增大,当受扰动作用,扰动因获得有效位能释放得以发展成为大型扰动(大槽大脊),甚至可出现闭合系统,纬向环流转为经向环流,南北交换增强,南北向的水平温度梯度减小,有效位能转为动能,摩擦耗散动能,大型扰动逐渐减弱乃至消失,又恢复纬向环流。

3. 沃克环流

沃克环流是热带太平洋上空大气循环的主要动力之一,也是全球最重要的大气环流系统之一。

首先由 Walker 等发现,热带太平洋沃克环流是赤道海洋表面因水温的东西差异而产生的一种洋盆尺度的纬圈热力环流。如图 5.12 所示,正常情况下,由于海表面气压差的作用,太平洋表层常年为东风,太平洋西侧靠近赤道暖池区域上方气流上升,暖空气在上升过程中逐渐变冷,到达高空后向东移动,最后冷而干的空气在东太平洋冷舌区域下沉,形成纬向垂直闭合环流圈。太平洋沃克环流强度变化与厄尔尼诺和南方涛动有紧密的联系,环流强度在厄尔尼诺事件期间减弱,在拉尼娜事件期间增强,环流强度的改变对全球范围气候有重要影响。

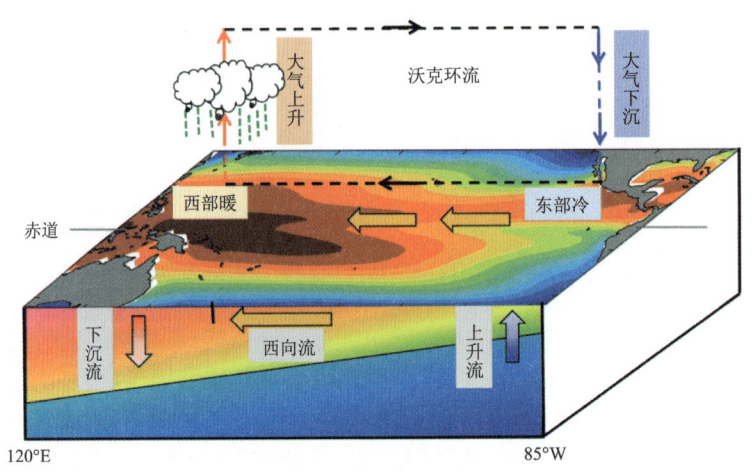

图 5.12 沃克环流示意图

沃克环流的上升支和热带太平洋西部暴雨频繁、台风活跃和云层厚密有关。至于东边远处的沉降支则为该区带来干燥晴朗的天气。沃克环流的强弱变化是判断厄尔尼诺和拉尼娜现象的重要依据。

当沃克环流减弱时,海洋温度分布发生巨大变化,大气也会进行相应的调整。中东太平洋气压随着海温的上升而下降,西太平洋气压随着海温的下降而上升,热带太平洋两侧气压变小,导致赤道东风减弱和向东撤退,同时,随着西太平洋暖水区向东移动,沃克环流的上升支和下沉支的位置也发生偏移,对流活动的中心移至中太平洋上空,中东太平洋上升气流大大加强,降水显著增加;而西太平洋上升气流明显减弱,变成少雨区,形成大范围干旱,也就形成了厄尔尼诺现象。

当沃克环流增强时,东太平洋会变得更冷,赤道西太平洋海温可能会进一步升高,东西太平洋气压差也进一步增大,西太平洋也会更多雨,而东太平洋则更加少雨,这时候拉尼娜现象也就发生了。

国际上沃克环流增强和减弱的标准:连续3个月以上太平洋东部和中部赤道海域的月平均温度高于平均值0.5 ℃以上,也就是一次厄尔尼诺现象。如果赤道中东太平洋海域的表层海水温度连续6个月比平时低0.5 ℃,也就是拉尼娜现象。

沃克环流的增强和减弱仍然是当代科学之谜。一般有两种说法:

一是自然因素。赤道信风、地球自转、地热运动等都可能与其有关。

二是人为因素。即人类活动加剧气候变暖,也是赤道暖事件剧增的可能原因之一。

沃克环流的增强和减弱规律:每隔3～7年沃克环流便会减弱一次,也就出现厄尔尼诺现象,活动期通常延续一年以上,其间还间隔地出现沃克环流增强的现象,也就是拉尼娜现象。

当沃克环流减弱时,也就是厄尔尼诺现象发生的时候,对中国的影响主要表现有:

①夏季主雨带偏南,北方大部少雨干旱。

②长江中下游雨季大多推迟。

③秋季中国东部降水南多北少,易使北方夏秋连旱。

④全国大部冬暖夏凉。

⑤登陆中国台风偏少。除了上述一般规律外,也有一些例外情况。因为制约中国天气气候的因素很多,如大气环流、季风变化、陆地热状况、北极冰雪分布、洋流变化乃至太阳活动等。

当沃克环流增强时,也就是发生拉尼娜现象的时候,对中国的影响基本相反,主要表现有:

①热带气旋增多,即在西北太平洋生成和登陆中国的热带气旋增多。

②中国东北春夏易出现干旱,气温偏高。

③中国南方易发生干旱,华北洪涝。

④冬季较寒冷,寒潮多发,南方易出现冻雨、风雪。

复习与思考

1. 大气环流形成的主要因素有哪些?

2. 什么是大气活动中心?1月和7月北半球分别有哪些大气活动中心?

3. 热力环流是如何产生的?什么是一圈环流?三圈环流的假设有哪些?北半球的三圈环流的名称分别是什么?

4. 平均纬向风的经向垂直分布特征是什么?

5. 有哪几类天气现象?思考天气预报方法有哪些,有哪些局限性?

6. 什么是沃克环流?沃克环流异常时对中国的影响是什么?

第 6 章

暴雨与强对流天气

降水虽然来自云中,但有云不一定都有降水。这是因为云滴很小(通常把半径小于 100 μm 的水滴称为云滴,半径大于 100 μm 的水滴称为雨滴),不能克服空气阻力和上升气流的顶托。只有当云滴增长到能克服空气阻力和上升气流的顶托,并在降落至地面的过程中不致被蒸发掉时,降水才形成。

中国是一个多暴雨的国家。暴雨是重要的降水资源,一般占全年降水总量的很大比例,其丰沛的降水量为国民经济建设各方面提供有利条件。但暴雨也是严重的灾害天气,常会引起严重洪涝,中国主要江河的洪水均主要由暴雨所致,暴雨还会引起泥石流等地质或其他次生灾害,灾害性暴雨对生产建设和人民的生命财产造成严重危害和巨大损失。因此,对暴雨的研究始终是中国气象工作者最为关注的重大研究课题之一。

6.1 大型降水天气过程

降水的性质有差异,分为连续性降水和阵性降水。连续性降水历时长,强度具有变化性,降水主要来自高层云和雨层云。阵性降水历时短,强度大,具有突然性,降水来自浓积云和积雨云。本章所讲的大型降水主要是指范围广大的降水。降水区达天气尺度的大小,包括连续性或阵性的大范围雨雪及夏季暴雨等。对流性天气过程则是范围较小的局地性雷雨、冰雹等降水。

6.1.1 一般降水的形成

降水是大气中的水的相变(水汽凝聚成雨雪)过程。当大量的水蒸气随着气流吹到某个地区,在整个地区汇合,若该地区大气有上升气流,水蒸气就会上升而凝结成云,根据上升运动速度不同,可以形成不同的云,如在积云中垂直速度可达到几米/秒,而在层云垂直速度只有几厘米每秒。由于云中水滴只有 1~100 μm,而要产生雨滴,就必须使云中小水滴的半径增长到 1000 μm,即 1.0 mm 左右,才能克服浮力作用,降到地面。降水的形成就是云滴增大为雨滴、雪花或其他降水物,并降至地面的过程。从其机制来分析,某一地区降水的形成,大致有 3 个过程:

①水汽条件:水汽由源地水平输送到降水地区。
②垂直运动条件:水汽在降水地区辐合上升,在上升中绝热膨胀冷却凝结成云。
③云滴增长条件:云滴增长变为雨滴而下降。

前两个条件决定于天气学条件,是降水的宏观过程,第三个条件主要决定于云物理条件,是降水的微观过程。云滴增长的条件主要决定于云层厚度,而云层厚度,主要决定于水汽和垂直运动的条件,所以在降水预报中,通常只要分析水汽条件和垂直运动条件即可。一般云滴增长的过程有两种:一种是"冰晶效应",可促使云滴迅速增长而产生降水,在中高纬度,这种过程起着重要作用;另一种是云滴的碰撞合并作用,尤其是云层发展较厚时,这种过程更明显。

6.1.2 暴雨的形成条件

雨是大气降水的重要形式,滋养着人类,使人类能够进行工农业生产和生活,雨还滋养着各种生物的生长,但是若雨过大,即暴雨,又往往破坏人类工农业生产,甚至给人类的生命带来威胁。降水量是指某一时段内,从天空降落到地面上的液态(降雨)或固态(降雪)(经融化后)降水,未经蒸发、渗透、流失而在水平面上积聚的深度。

降雨分为微量降雨(零星小雨)、小雨、中雨、大雨、暴雨、大暴雨、特大暴雨共 7 个等级,具体划分可见表 6.1。暴雨是降水强度很大的雨。凡 24 h 内降水量超过 50 mm 的降雨过程统称为暴雨。根据暴雨的强度可分为:暴雨、大暴雨、特大暴雨 3 种。

表 6.1　不同时段的降雨量等级划分　　　　　　　　　　　　　　　　单位:mm

等级	微量降雨	小雨	中雨	大雨	暴雨	大暴雨	特大暴雨
12 h 雨量	<0.1	0.1～4.9	5.0～14.9	15.0～29.9	30.0～69.9	70～139.9	≥140.0
24 h 雨量	<0.1	0.1～9.9	10.0～24.9	25.0～49.9	50.0～99.9	100.0～249.9	≥250.0

除上述一般降水所必须满足的条件外,形成暴雨还必须满足如下条件:

①充分的水汽供应。暴雨是在大气比湿达到相当大的数值以上才形成的。统计发现,上海、武汉、广州、昆明等地大雨和暴雨绝大多数出现在比湿≥8 g/kg 的日子里。北京大雨和暴雨大致出现在比湿≥5 g/kg 的时候。

除了相当高的比湿外,还必须有充分的水汽供应,因为只靠某一地区大气柱中所含的水汽凝结,其降水量会很小,因此,必须有可输送充分水汽的环流形势。

②强烈的上升运动。暴雨都不是在一天之内均匀下降的,而是集中在一小时到几小时内降落的,所以降水时的垂直速度是很大的,是由中小尺度天气系统所造成的。如此大的垂直运动,只有在不稳定能量释放时才能形成。所以在考虑暴雨时,必须分析不稳定能量的储存和释放问题。为此,必须研究形成暴雨的中小尺度系统。

③较长的持续时间。降水持续时间的长短,影响着降水量的大小。降水持续时间长是暴雨(特别是连续暴雨)的重要条件。中小尺度天气系统的生命期较短,一次中小尺度系统的活动,只能造成一地短时的暴雨。必须要有若干次中(小)尺度系统的连续影响,才能形成时间较长、雨量较大的暴雨。然而,中小尺度系统的发生和发展又是以一定的大尺度系统为背景的,也就是说,暴雨总是发生在大范围上升运动区内。因此,要讨论暴雨的持续时间,就必须讨论行星尺度系统和天气尺度系统的稳定性和重复出现的问题。在副热带高压脊、长波槽、切变线、静止锋和大型冷涡等大尺度天气系统的长期稳定控制下,连续稳定的长波型环流可以造成一次又一次的暴雨过程。在特定的天气形势下,当天气尺度系统移动缓慢或停滞时,更容易形成时间集中的特大暴雨。

6.1.3 大型降水的形成

1. 水汽条件的诊断分析

水汽是降水的基本条件,水汽含量的多少既决定大气是否能达到饱和,也与降水量的大小有关。单靠降水区大气中现存的水汽含量,是不能产生较大的降水量的,特别是大暴雨和特大暴雨。一场大雨必须有源源不断的水汽从水汽源地汇入降水区,因此,要做好降水预报必须分析水汽含量、水汽来源和水汽输送。

(1)水汽含量

判断一个地区是否能下雨,其中一个关键条件是水汽供应,需要分析几个能表征水汽含量与饱和程度的物理量。

(a)各层比湿或露点

一般来说,低层的湿度大于高层,所以某层的上升运动使局地比湿减少,蒸发使局地比湿增加。空气中的水汽主要分布在大气低层,通常 600 hPa 高度层以上水汽含量较少,由于低层的湿度对降水最为重要,所以在预报中,一般分析 850 hPa 或 700 hPa 面上的等比湿线(或等露点线)和风场来判断比湿平流的符号和大小。湿平流引起局地比湿增加,干平流引起局地比湿减少。

(b)各层饱和程度

在各层等压面上分析等温度露点差线或等相对湿度线,用以表示空气饱和程度。通常以温度露点差≤2 ℃的区域作为饱和区,并可取温度露点差≤4 ℃作为湿区。在垂直剖面图上,常使用相对湿度≥90%作为饱和区。

(c)湿层厚度

湿层指饱和层。湿层越厚,降水越强。所以常在单站探空曲线及剖面图中分析湿层厚度,并将其作为降水预报的指标。

(2)水汽来源

大气从海洋、湖泊、河流及湿润土壤的蒸发中或植物的蒸腾中获得水分。水分进入大气后,由于空气的运动传递,在一定条件下水汽发生凝结,以雨雪等降水形式重新回到地面。中国不同地区降水的主要水汽来源不同。水汽来源不同,空气中的水汽含量也不一样,它直接影响着降水的形成和降水的强度。中国暴雨的水汽来源,一是来自太平洋的热带海洋气团,这类气团低层潮湿,处于对流不稳定状态,它基本与太平洋副热带高压联系在一起,太平洋副热带高压移近中国时,因其比较稳定,在其北界和西界,西南气流持续地侵袭,当高压位置偏北时,其西南界与台风之间的东南气流都有利于水汽向中国输送。二是来自印度洋的变性气团,这类气团比热带海洋气团更为潮湿,且对流性不稳定层厚,它也是以西南气流形式侵袭中国,这就是所谓的西南季风。以季风云团形式向北伸展,把季风水汽输送到中国西南、长江流域,甚至华北地区。中国西北地区降水的主要水汽来源,除了太平洋和印度洋,还有北冰洋和大西洋。此外,江河、湖泊也是水汽源地之一。

(3)水汽输送

水汽只有通过适当的流场,才能从源地有效地输送到降水地区,在其他条件适当时就会形成降水,并使降水得以维持或加强。水汽的输送分水平输送和垂直输送两种形式,一般情况下,水平输送起主导作用。但是,在湖海沼泽和潮湿的地表,低空水汽充沛,当上升气流较强时,水汽的垂直输送量不容忽视,它可达到和水平输送相同的量级。

(a)水汽的水平输送

源地的水汽,主要通过大规模的水平气流被输送到降水区,水汽含量越大,水平速度越大,则水汽的输送量越大。水汽输送很重要,一方面,它使水汽向降水区集中,水汽饱和后才能产生降水;另一方面,使降水持续,增大降水量,因此,在预报降水时,特别是暴雨的预报,必须考虑水汽的水平输送。

水汽输送在暴雨预报中是非常重要的。水汽源地的水汽,主要通过大规模的水平气流被输送到降水区。其输送量的大小用水汽通量表示。水汽通量也称水汽输送,指单位时间内流经与气流方向垂直单位截面的水汽量(克数),它表征水汽的来源,水汽量的大小与天气系统之间的关系。如图 6.1 所示,从水汽通量可以看到水汽输送的大小和方向。

当水汽由源地输送到某地区时,必须有水汽在该地区水平辐合,才能上升冷却凝结成雨。所谓水汽水平辐合就是水平输送进该地区的水汽大于水平输送出该地区的水汽,反之即为水汽的水平辐散。在单位体积内,水汽水平辐合的大小可用水平水汽通量散度来表示。

水汽通量散度是由两部分所组成,一部分为水汽平流,其意义与温度平流相似,当风由比湿高的地区吹向比湿低的地区时,此项小于 0,称为湿平流,对水汽通量辐合有正的贡献。反之,当风由比湿低的地区吹向比湿高的地区时,此项大于 0,称为干平流,对水汽通量辐合有负的贡献;另一部分为风的散度。实际计算中表明,在降水区中,水汽通量辐合主要由风的辐合所造成,特别是在低层空气里水平辐合最为重要,而水汽平流项对水汽通量辐合的贡献较小。

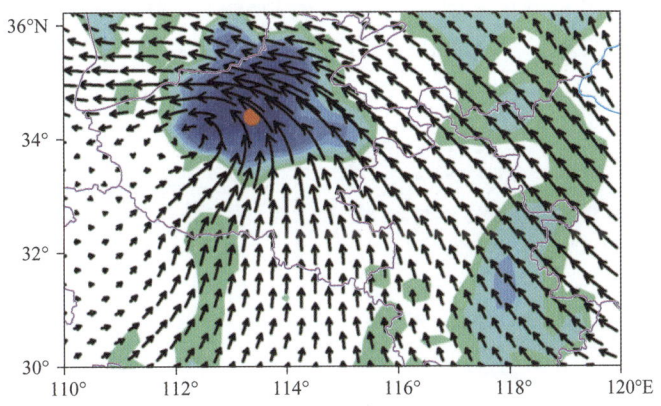

图 6.1　2021 年 7 月 20 日 00 时 1000～500 hPa 水汽通量的垂直积分(箭头,单位:10 kg/(s·m))及其散度的垂直积分(填色,单位:10^{-4} kg/(s·m^2))的水平分布(冉令坤 等,2021)

(红点代表郑州位置)

也可通过分析低层等露点线或等比湿线等,是否有高值线向某区移动,来判断是否有潮湿空气输送。

(b)水汽的垂直输送

水汽在某地水平汇合后,还需要上升的垂直运动,把低层的水汽输送到高空,才能实现水汽的垂直输送,使湿空气上升冷却达到饱和,凝结成水滴落下来。

2. 垂直运动条件的诊断分析

大气中有了充足的水汽,还必须有使水汽冷却凝结的条件,才能形成云和降水。大气中有多种形式的冷却过程,但对于降水来说,最主要的冷却过程是绝热上升冷却,因为它能使空中水汽在较短的时间内产生大量的凝结。水汽的垂直输送就是靠上升运动来实现,因此,在进行降水预报时,要对垂直运动进行诊断分析。

产生上升运动的因子大体分为:

①大范围或系统性的上升运动。

②地形引起的上升运动。

③大气层结不稳定产生的对流运动,潜热释放所造成的上升运动。诊断分析主要通过分析水平风场和温压场来进行。

(1)水平风场

在大气中进行垂直运动的观测是困难的,可以通过分析水平风速分布来推断垂直运动。大气可近似看成是不可压缩的。当低层流场有辐合(单位体积内流体有净流入量),势必造成空气质量在辐合处堆积,造成上升运动。当高层有辐散,为保持质量连续,将产生补偿上升运动,这种作用称为"抽气"作用。因此,可以用大气低层、高层的风场的辐合、辐散来判断对流层中层的垂直运动。

(a)低层辐合流场

①通常用 850 hPa(或 700 hPa)图上的风向风速来诊断辐合上升运动的强度及降水。图 6.2 是风速(图 6.2a)和风向(图 6.2b)辐合及可能产生的降水分布型式。图 6.3 是风向切变(图 6.3a)、冷锋式辐合与切变相结合(图 6.3b)、暖锋式辐合与切变相结合(图 6.3c)所造成的辐合及可能产生的降水分布型式。图 6.4 是风向风速辐合(图 6.4a)及风向辐合与风速切变相结合(图 6.4b)所造成的辐合及可能产生的降水分布型式。这些分布型可在日常预报中参考使用。

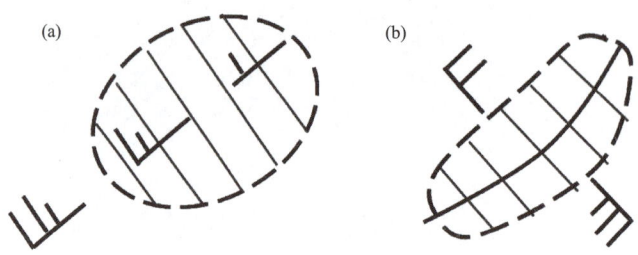

图 6.2 辐合型式之一
(阴影区为降水区)

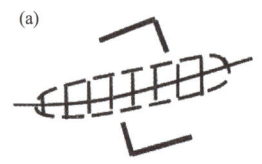  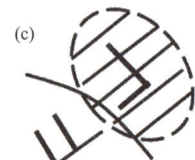

图 6.3 辐合型式之二
(阴影区为降水区)

②常规天气图中,地面天气图上分析 3 h 等变压线,由变压分布可定性判断变压风的方向

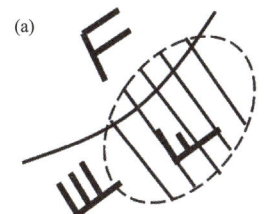 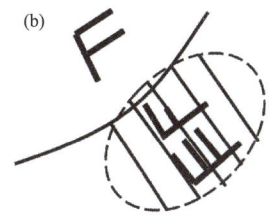

图 6.4 辐合型式之三
(阴影区为降水区)

和强弱,负变压区是指气压场随着时间出现降低的区域,在地面图上,负变压中心区,变压风辐合会引起上升运动,在正变压中心区,变压风辐散会引起下沉运动。西风带低层系统一般是向东移动,在低压东部、高压西部为负变压区,有上升运动。

(b) 高层辐散流场

为了使上升运动得以维持或加强,并使新鲜潮湿空气不断补充,低层辐合区上空必须有辐散。由于高层多半是带状波动流型,一般在高空槽前涡度平流最强,辐散最强;高空低涡的东南象限伴有辐散。若出现高空急流,在高空急流入口区的右侧和急流出口区左侧,出现高空辐散,对应着上升运动。

(2) 地形和摩擦对上升运动的影响

(a) 地形的动力作用

地形对降水关系很密切,在同样的天气形势下,迎风坡的降水要比其他地区大。在一定的条件下,地形对降水有两个作用,一是动力作用,二是云物理作用。

动力作用中主要是地形的强迫抬升,还表现在地形使系统性的风向发生改变,从而在某些地方产生地形辐合或辐散,因而影响垂直运动和降水。

地形可以改变降水形成的云雾物理过程,使得已经凝结的水分,高效率地下降为雨,从而增加降水量。

(b) 摩擦作用

在近地面层中由于摩擦作用,风由高压吹向低压时,在气旋性涡度的地区,便会出现摩擦辐合,并有上升运动形成;而在反气旋性涡度的地区,则出现辐散下沉运动。摩擦对于降水的重要贡献主要是提供了降水的水汽来源,摩擦辐合有利于将雨区四周摩擦层的水汽集中向高层输送,从而使降水增加。

(3) 锋面抬升作用

锋面是中国降水的重要天气系统。中国大部分地区的降水经常是受锋面影响而产生的。锋面降水不仅与锋面空气的暖湿程度有关,还取决于锋面抬升作用的大小,而锋面抬升作用又决定于锋面坡度和移速。坡度越大,抬升作用越强;移速越快,对冷锋而言,抬升作用越大。

6.1.4 中国大范围暴雨的主要环流型

大范围暴雨常是在低纬和中高纬环流共同影响下形成的。所以对中国大尺度环流系统包括 3 个纬度带,即西风带、副热带和热带。其中,西风带主要以长波系统或阻塞系统为主;副热带系统以副热带高压为主;热带系统则以赤道辐合带(Intertropical Convergence Zone,简称

ITCZ)和台风为主。

中国大范围暴雨的大形势通常可分为稳定经向型、稳定纬向型、中低纬相互作用型及过渡型4类(寿绍文,2013)。

(1)稳定经向型

特点是西风带为经向环流。稳定少动;副热带高压也较稳定,但位置偏北;暴雨区呈南北向分布。周围均由高压包围,青藏高压与贝加尔湖高压大致连成线,日本海高压与青藏高压之间为南北向的低压带和切变线,有利于西南涡沿切变线北上。冷空气由青藏高压和贝加尔湖高压的脊前南下流入低槽,日本海高压南侧的低空偏东风急流和副热带高压西侧的低空偏东风急流有利于水汽输送,有利于形成从西南向北伸展的南北向的雨带(图6.5a)。

(2)稳定纬向型

特点是西风带35°~55°N盛行纬向环流,多短波槽活动,副热带高压常呈带状,位置稳定少变。在这种形势下,通常在乌拉尔和雅库茨克附近各有一个强高压脊或阻塞高压,在西伯利亚是一个宽广的低压槽,形成"两脊一槽"的形势。从槽中分裂出来的冷空气进入北疆,再向东南方向输送,经河西走廊或柴达木盆地到长江流域,这是连续性暴雨的冷空气来源。西北槽是携带冷空气南下的主要天气系统。与此同时,由于副热带高压西伸,并且位置稳定,这类西北槽在东移过程中逐渐蜕变为一条东西向的切变线,稳定在长江流域。在一次连续性暴雨过程中,往往有好几次这种西北槽南下的过程(图6.5b)。

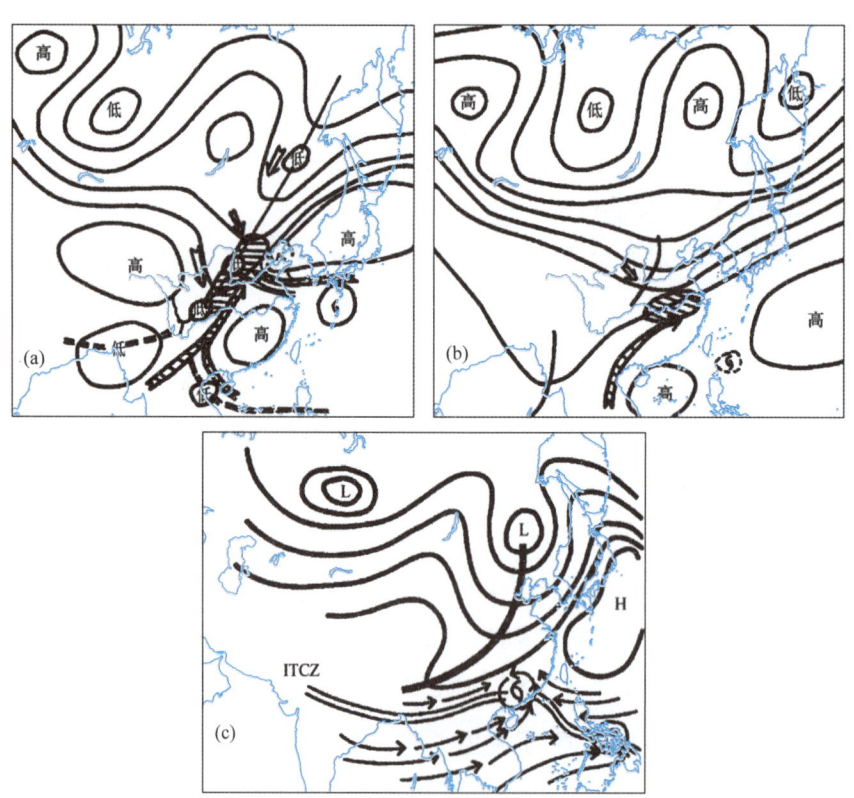

图 6.5 经向型持续性大暴雨的环流型(a);纬向型持续性大暴雨的环流型(b);中低纬相互作用暴雨型(c)
(实线表示 500 hPa 等高线,粗实线为槽线,箭头线表示气流,双线表示 ITCZ)(陶诗言,1980)

(3) 中低纬相互作用型

特点是中纬度长波位于中国东部,经向度大;赤道辐合带(ITCZ)向北推进,其中有热带低压或台风生成,并与中纬度波动发生作用,长波增幅后使冷空气南侵,在西南、华南及华东一带与热带系统或季风气流相互作用,产生持续性大暴雨(图 6.5c)。

(4) 过渡型

特点是副热带高压位置不稳定,常有明显进退。西风带系统移动性明显,降水时间相对较短,暴雨强度较小。

6.2 对流性天气过程

在暖的季节,时常会有雷雨、冰雹,甚至龙卷等强对流天气现象的发生。它们之中除个别情况外,大多具有很强的破坏性,可以造成局部地区生命和财产的巨大损失。因此,人们常常把这类天气现象列为灾害性天气。这些天气现象都伴有一定的天气系统,如雷暴高压、飑线等,与前面讨论的长波、气旋等系统相比,它们的水平范围小,生存时间短,天气学上常把它们称为中小尺度天气系统。

6.2.1 中小尺度天气系统的基本特征

中小尺度天气系统是直接造成暴雨的天气系统,尤其是 β 中尺度、γ 中尺度系统是许多国内外暴雨和强对流外场试验计划的焦点,但专门的中尺度观测网都是布置在特别地区和时段,常规气象观测网一般很难观测到中小尺度天气系统的详细发生和发展过程,这是暴雨预报的一个难点。中小尺度天气系统的基本特征在许多方面与大尺度天气系统不同,主要表现在下列方面:

1. 时空尺度小

中小尺度天气系统的水平尺度从几千米到几百千米,龙卷在 1 km 以下;垂直尺度为 10 km 左右。一般地,人们把水平尺度为 $10^3 \sim 10^4$ km 的长波和阻塞系统,以及水平尺度为 $10^2 \sim 10^3$ km 的台风、气旋、反气旋和锋面划分为大尺度系统。把水平尺度为 $10^1 \sim 10^2$ km 的中低压、中气旋和飑线系统划分为中尺度系统。把水平尺度为 $10^0 \sim 10^1$ km 的积云和雷暴单体,$10^{-2} \sim 10^0$ km 的尘卷和龙卷划分为小尺度系统。飑线系统只生存几小时至几十小时,通常不超过 24 h,而大尺度天气系统常达一天到数天。龙卷气旋只有几小时,雷暴单体不到 1 h。在垂直尺度上,积雨云高度一般在 4~5 km 或以上,大多数较强的对流性风暴云的垂直尺度可达到整个对流层的厚度,即 7~18 km。因此,对流性风暴的垂直尺度与水平尺度的比率很大,约为 0.1,而一般大尺度的比率为 0.01 左右。

2. 要素场梯度大

由于要素场梯度大,天气现象更为激烈。中小尺度天气系统,气压梯度较大,在飑线中尺度系统区中可以发现有 1~3 hPa/km 的气压梯度,温度梯度也较大。

3. 垂直速度、散度、涡度大

大尺度系统中垂直速度仅为每秒几厘米。在雷暴云的上升气流中,10 m/s 的上升速度是常见的,特强的上升气流可达 60 m/s。雷暴云的下沉气流强度可达同等量级。

大尺度场的散度量级为 $10^{-5}/s$,在中尺度雷暴中散度量级为 $10^{-4}\sim10^{-3}/s$,通常发现有 $(50\sim100)\times10^{-5}/s$ 的散度,龙卷的散度量级为 $10^{-2}/s$。涡度的量级在大尺度运动系统中为 $10^{-5}/s$,在中尺度运动系统中为 $10^{-4}/s$,在小尺度运动系统中为 $10^{-3}/s$,在中高压和中气旋中,涡度和散度的大小比率近似等于1。

4. 不满足地转风平衡

在龙卷中,它的直径很小,地转偏向力对其的影响很小,它的旋转运动主要取决于离心力和气压梯度力的平衡,所以它们的旋转可以是气旋式的,也可以是反气旋式的。对较大尺度的中尺度系统需要考虑地转偏向力的影响。

5. 不满足静力平衡

在旺盛的对流云内,空气不满足静力平衡的假定。浮力可以使气块产生很大的垂直加速度。

了解中小尺度天气系统的物理机制,对做好强对流灾害性天气预报和人工影响天气工作很重要。然而中小尺度天气系统不是孤立的,它是在较大尺度天气系统的背景上活动的,它的发生和发展同一定的环流背景和天气尺度系统的天气条件有关,同时它又对天气尺度天气系统有反馈作用。这是大气中各种不同尺度的天气系统间相互作用的一个复杂问题。

6.2.2 对流性天气

从20世纪60年代以来,随着气象观测站布设密度的增加和气象雷达、气象卫星等新技术的应用,中小尺度天气系统的分析研究有了很快的进展,在数值模拟和预报方面也取得显著成就,但由于观测资料仍然不足,对中小尺度天气系统的了解,还很不全面,有待于进一步研究解决。

1. 雷暴单体

局地的高温大气因浮力作用而产生的垂直向上的运动叫对流。单个的对流活动称为对流单体。

雷暴是从积雨云或积雨云的集合体中发展起来的一种天气现象,它是以放电现象来表征的。产生雷暴的积雨云叫做雷暴云。放电在云内发生,称为云内闪电,或云内放电。雷暴一般伴有阵雨,有时则伴有大风、冰雹、龙卷等天气现象。通常把只伴有阵雨的雷暴称为一般雷暴,而把伴有暴雨、大风、冰雹、龙卷等严重的灾害性天气现象之一的雷暴叫做强雷暴。一般雷暴和强雷暴都是对流旺盛的天气系统,常将它们通称为对流性风暴,它们所产生的天气现象叫做对流性天气。对流单体或雷暴单体是对流现象的基础。图6.6给出的是一个发展旺盛时期雷暴单体示意图。环境气流从右侧水平风速零线的下方流入雷暴单体,对流单体高度达15 km,单体中有冰雹产生。

雷暴单体的生命史表现为如下几个阶段:

发展阶段:云内盛行上升气流,水汽凝结释放潜热,云体迅速向上发展,云从淡积云发展到浓积云,这一过程一般维持 $10\sim15$ min,这个阶段没有降水,云体变得高耸臃肿。垂直速度达 $5\sim15$ m/s。

成熟阶段:水汽凝结,水滴增大,当水滴的重力大于空气的浮力时,开始产生降水,伴随着降水产生下沉气流,此时云中既有上升气流又有下沉气流。云体发展高大,云顶出现冰晶结构,并有雷电产生,云中正电荷聚集在云体上部,负电荷在下部。从浓积云发展到积雨云阶段。垂直速度达 20 m/s,维持 $15\sim30$ min。

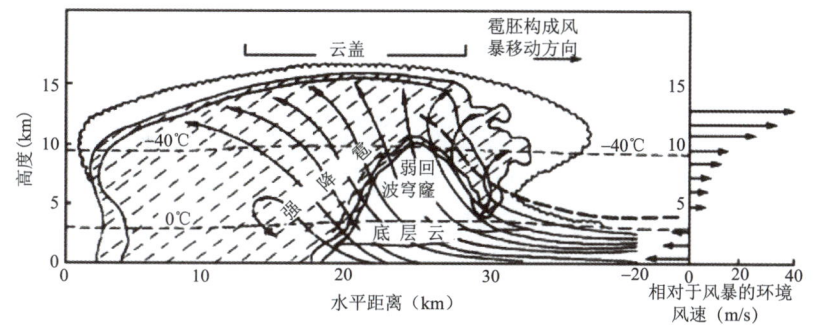

图 6.6 发展旺盛时期的雷暴单体结构示意图
（粗虚线为一条水平风速为 0 的线）

消散阶段：在消散阶段，上升气流减弱消失，云体内以下沉气流为主，且下降速度渐渐减弱，雷雨也随之减弱、停止，云底负电荷向外移动，云体逐渐崩溃消散，气层由不稳定变为稳定。

雷雨时地面测站可观测到下列天气现象：

气压：雷暴高压中心产生下沉气流，升压可达 3 hPa/min。

风：阵风可达 30 m/s 以上。

温度：在 20～30 min 内降温达 10 ℃ 左右，最低在对流中心。

降水：阵风后先几滴大雨，几分钟后倾盆大雨，升压和风向急转几乎同时，降温随后，降雨晚 3～5 min。

雷电现象：当积雨云顶升高到温度为 －20 ℃ 的高度层时，有第一次闪电现象，随着雷雨发展，闪电越来越频繁，降水增大。云顶变平时，闪电也减小。

雷暴高压：雷雨发展到旺盛阶段，云下方近地面层处有浅薄的小高压，即所谓的雷暴高压。高压中心值约比四周天气系统气压值高 1 hPa，强时高几百帕。图 6.7 是一个发展旺盛的雷暴的地面高压分布。在雷暴高压的前部还存在低压，后部也可以形成中低压。在低压与高压之间存在一条假冷锋，表现为气压升高，温度下降。

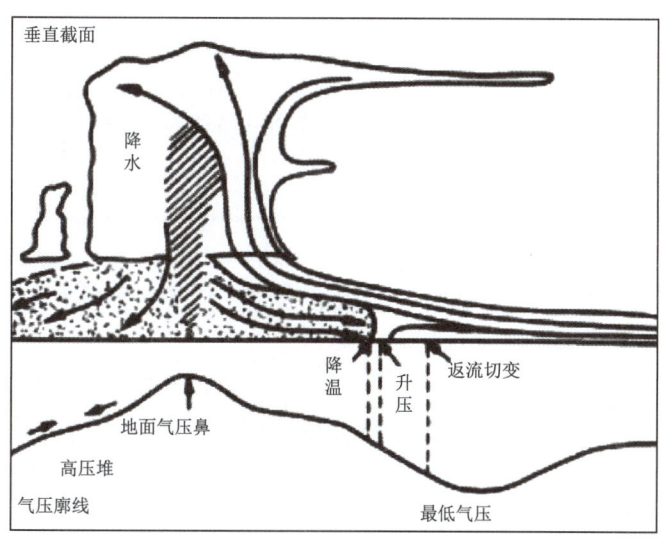

图 6.7 一个发展旺盛的雷暴的地面高压分布（朱乾根 等，2007）

2. 一般雷暴

发生雷暴时,通常出现雷电、阵雨、阵风等天气现象以及压、温、湿等气象要素的变化。这些现象主要发生在雷暴云的成熟阶段。

(1) 雷电

雷电是由积雨云中冰晶"温差起电"以及其他起电作用所造成的。一般当云顶发展到 $-20\ ℃$ 等温线高度以上时,云中便有了足够多的冰晶,因此,就会出现闪电和雷鸣。

(2) 阵雨

在雷暴云中上升气流最强区附近,一般有一大水滴累积区,当累积量超过上升气流承托能力时,便开始降雨。由于累积区中的水倾盆而下,因而造成阵雨或暴雨。阵雨持续时间为几分钟到 1 h 不等,视雷暴云的强弱及含量多少而定。雷暴云群和雷暴带形成的降水区也呈片状或带状。由于雷暴群(带)中,每个单体强弱不一,所以降水量分布很不均匀,而且因雷暴云常常跳跃式地传播,因此降水量也有跳跃式分布的情况。

(3) 阵风

在积云阶段,地面风一般很弱。低空有向云区的辐合,促使上升气流发展。到了雷暴云的成熟阶段,云中产生的下沉气流冲到地面附近时,向四周散开,因而造成阵风。

由于下沉气流中水滴的蒸发,使下沉气流几乎保持饱和状态。所以下沉空气由上层至下层是按湿绝热增温的。上层冷空气虽然在下沉过程中会变暖些,但升温率小,到地面时,仍比四周地面空气要冷。因此,在雷暴云下形成一个近乎饱和的冷空气堆,因其密度较大,所以气压较高,这个高压叫"雷暴高压"。

3. 强雷暴

强雷暴(强对流天气系统):伴有雷雨、大风、冰雹、龙卷等严重的灾害性天气现象之一的雷暴称为强雷暴。以严重降雹为主的强雷暴,有时也叫做"雹暴",以强烈阵风为主的强雷暴,有时称为"飑暴"。强雷暴与一般雷暴的主要区别表现在系统中的垂直气流的强度,以及垂直气流的有组织程度和不对称性。强雷暴可以按其结构特征划分成不同的类型。常见的强雷暴有超级单体风暴、多单体风暴和飑线等几类。

超级单体风暴是具有单一的特大的垂直环流的巨大的强雷暴云,是所有对流风暴云中最壮观和最强烈的一类雷暴云。水平尺度:20~40 km,垂直尺度:18 km;生命史:几个小时,移动路径可达数百千米;环流:具有强大的非对称的有组织的垂直环流,前部有上升气流,后部有下沉气流。

多单体风暴是由许多较小的处于不同发展阶段雷暴单体组成,但有一个统一的垂直环流的风暴。多单体风暴中,对流单体横向排成一行。它们不断地在雷暴复合体中的右侧发生,在左侧消亡,看起来风暴就像一个整体在运动。虽然每个单体的生命期不长,但通过单体的连续更替过程可使整体的生命期很长。

有许多雷暴单体(其中包括若干超级单体)侧向排列而形成的强对流云带叫做"飑线",即风向、风速突变的狭窄的强对流天气带,属于具有很强破坏力的严重灾害性天气。飑线一般长几十至几百千米,宽几十千米至 200 km。飑线上的单体常常彼此不相干扰。飑线上的对流云不断新陈代谢,但作为整体,飑线可持续几小时至十几小时。

6.2.3 强对流性天气

飑线发生之前多属晴好天气,气温较高,风力微弱,风向很乱或多偏南风,空气湿度较大,天气闷热,具备雷雨条件。在这条带上天气现象类似孤立的局部雷雨,不过比局部雷雨严重得多,有时伴随冰雹飑线过境时,风向突变、风速急增、气压骤升、气温剧降,同时伴有雷暴、暴雨。

飑是伴随强风暴云来临,气压涌升,气温急降,相对湿度增大的突然发作的强烈阵风。形成的原因:强雷暴云中的低温而高速的下沉气流造成了近地面层很强的雷暴高压和辐散流场。

冰雹是从雷雨云中降落的坚硬的球状、锥状或形状不规则的直径>5 mm 的固体降水物。冰雹直径一般为 5~50 mm,最大直径可达 10 cm 以上,直径越大,破坏力就越强。

冰雹一般多出现在春夏之交;要产生 10 cm 的大雹,必须要有 50 m/s 以上的上升气流运动(一般产生雷雨的积雨云上升运动仅 10 m/s 左右)。这样强的上升运动,完全靠大气不稳定的能量释放而获得。所以降雹的一个必要条件是空气中存在极不稳定的大气层,不稳定层越厚,越是利于降雹。

在积雨云内,0 ℃层以下的云层由水滴组成,0 ℃层以上的云层由过冷却水滴组成,再高一些的云层则由过冷却水滴与雪花和冰晶等混合组成。如果积雨云中上升气流时强时弱,当上升的冷却水滴与上空的冰晶或雪花相碰,过冷水滴就冻成冰雹的核心。冰雹形成后,或因上升气流减弱,或因其重量较大而下降,当它降到 0 ℃层以下后,又有一部分水滴粘于其上,这时若上升气流增强,它又被带到 0 ℃层以上的低温区,雹核表面的水又被冻成冰,当上升气流再也托不住时,它便落到地面,成为冰雹。冰雹发生前,天气闷热,气压下降很多,最高气温可达 30 ℃或以上。雹云呈黑色,底部发红,雷声如推磨隆隆不断。形成冰雹的天气形势往往是华东沿海上空为低压槽,在华北上空有冷性低压东南下,地面图上暖性低压内有冷锋南移,并在午后到傍晚时影响。冰雹降在雹云移动的路径上,所以有"雹打一长线"的说法。它是以雹胚为核心,在雹云中碰冻过冷水滴长大而成的。冰雹是冰雹云的产物,冰雹云多数是强风暴云中的任一种。

冰雹云的形成与一定的环境条件有关:

①首先是层结不稳定,有很强的上升运动。降雹时上升速度要大于 20 m/s。对直径为 10 cm 的冰雹,垂直上升速度要大于 50 m/s,一般雷雨的积雨云中垂直上升速度只有 10 m/s。

②在比较强的上升气流下,冰雹是多次增长到最后上升气流不能够再托住,冰雹才降落到地面的。

③急流与冰雹的形成有确定的关系,主要表现在风随高度增加有切变,有急流存在。此外,0 ℃高度层在 600 hPa 附近容易形成降冰。

④水汽条件。冰雹容易形成在湿舌及其边缘地区。

⑤冰雹的发生还具有一些时间和区域特征,如山区多于平原,中纬度多于低纬度,内陆多于沿海,5—6 月和 8—9 月较多,一天中 14—17 时较多。

冰雹的形成过程:在一般超级单体雹云中,冰雹的生长过程大致经历如下过程,首先雹胚进入斜升气流之中,斜升气流把小冰粒带到中高层,穿过过冷水分累积区,然后砧状流出气流将小雪粒撒向前方。大的抛得近,小的抛得远。通过"分选"作用,大小雹粒在不同部位下落,重新进入斜升气流,又开始第二次升降。如此循环数次,大雹落在回波"墙"附近或"阵风前沿线"附近的后方。而小雹可能降落在离"阵风前沿线"较远的后方或前方。

龙卷是从雷暴云底向下伸展并且到达地面的漏斗状涡旋云柱。龙卷伸展到地面时会引起强烈的旋风叫做"龙卷风"。龙卷有时悬挂在空中，有时伸延到地面。出现在陆地上的，称陆龙卷，出现在海面上的，称海龙卷。

龙卷风是一种伴随着高速旋转的漏斗状云柱的强风涡旋。龙卷风中心附近风速可达100～200 m/s，最大风速为300 m/s，比台风近中心最大风速大若干倍。中心气压很低，一般可低至400 hPa，最低可达200 hPa。它具有很大的吸吮作用，可把海（湖）水吸离海（湖）面，形成水柱。由于龙卷内部空气极为稀薄，导致温度急剧降低，促使水汽迅速凝结，这是形成漏斗云柱的重要原因。漏斗云柱的直径平均只有250 m左右。

龙卷的形成与强雷暴云中强烈的升降气流有关。大气的不稳定性产生强烈的上升气流，由于与在垂直方向上速度和方向均有切变的风相互作用，上升气流在对流层的中部开始旋转，形成中尺度气旋。随着中尺度气旋向地面发展和向上伸展，它本身变细并增强。同时，一个小面积的增强辐合，即初生的龙卷在气旋内部形成，产生与气旋同样的过程，形成龙卷核心。龙卷核心中的旋转与气旋中的不同，它的强度足以使龙卷一直伸展到地面。当发展的涡旋到达地面高度时，地面气压急剧下降，地面风速急剧上升，形成龙卷。

6.2.4 中国雷暴特征

在全球尺度上，雷暴存在海陆差异，大部分陆地上雷暴主要出现在傍晚，而海洋上则出现在午后。全球每年约有14亿次闪电发生，陆地闪电发生平均概率是海洋的10倍，北半球夏季闪电发生较多，北大西洋和西太平洋闪电发生频次比热带东太平洋和印度洋多。

对于中国大陆，雷暴、冰雹等中小尺度强对流天气的气候学特征很早就受到了普遍关注。一些学者发现中国30年平均的雷暴日空间分布可大致分为4个区域：东南及华南高值区，高原及邻近地区的次高值区，华北、华中及西北东部的次低值区和西北地区的雷暴最低值区。分析了中国雷暴的空间分布特征，发现华南地区是雷暴发生频次最多地区、青藏高原东部和东南部是次大值区。在更小的区域尺度上，南方雷暴分布总趋势自南向北递减，多雷暴带与主要山地分布密切相关，东南沿海地区雷暴比内陆要少。通过研究西北地区雷暴活动的差别发现，总的特征是高原和山区雷暴发生频率更高，河谷、盆地和沙漠雷暴少，并且雷暴夏季最强，而春秋次之，冬季几乎无雷暴发生。以上研究结果在其他区域范围的研究中也得到了证实。

图6.8a为全国平均各月雷暴日数年际变化，图6.8b为全国平均年内各月平均雷暴发生日数。中国雷暴发生日数主要分布在2—11月，夏季（6—8月）是雷暴发生的高频期，雷暴日数占全年雷暴总日数的62.31%，其中7月是雷暴日数最多的月份，次多的月份为8月。1961—2013年，全国平均雷暴日数在波动中变化，但整体呈减少趋势。21世纪以前全国夏季雷暴发生频率在7月最大可以达到13 d，20世纪80年代以前夏季雷暴发生频率保持在每月12 d以上。由此可见，中国雷暴主要发生在夏季，以7月发生日数最多，1961—2013年虽然雷暴的季节性高频期并没有太大变化，但雷暴发生日数逐渐趋于减少。

图6.9a为雷暴日数多年平均值的空间分布情况。全国年平均雷暴为39.23 d/a，年平均雷暴日数随着纬度的增加而明显减少。在长江流域附近，年平均雷暴日数为40～50 d，两广和海南为70～120 d，其他地区为50～70 d。华南和西南地区是高雷暴中心，海南岛是全国雷暴发生日数最多的地区。东南部丘陵地带年平均雷暴日数高于同纬度平原地区，同时内陆比沿海地区雷暴发生频次高。

中国雷暴次大值区包含青藏高原东南部和云贵高原,前者年平均雷暴日数明显大于同纬度的其他地区,一般为 40～110 d,云贵高原南部为 100～110 d。年平均雷暴日数水平梯度大,等值线极为密集。青藏高原中东部和四川西部雷暴日数一般为 60～90 d,雅鲁藏布江中下游区域雷暴日数较少。

长江以北的华北和东北地区,年平均雷暴日数随纬度的变化不明显,一般在 20～40 d,其中黄河流域中下游为 20 d 左右,是个相对低值区;内蒙古东部地区相对较高,年平均雷暴日数在 35 d 以上。

西北干燥区为全国年平均雷暴日数的最低值区。这个区域下垫面主要是沙漠和戈壁,年平均雷暴日数在 30 d 以下,尤其是甘肃的北部、内蒙古的西部以及新疆东部等地区,年平均雷暴日数在 10 d 以下。

图 6.9b～e 为各个季节平均雷暴日数空间分布。全国四季平均雷暴日数分别为春季 9.28 d、夏季 24.49 d、秋季 4.81 d、冬季 0.68 d。四季雷暴发生日数的高低值分布和全年分布特征相类似,但量级大小不同。春季雷暴主要发生在华南、西南和青藏高原东部,且表现为纬度越低,则发生日数越多;夏季发生区遍及全国,而高发区同样集中在华南、西南和青藏高原,但青藏高原高发区范围已经由春季的高原东部扩展到几乎整个高原;秋季雷暴发生频次空间分布和春季类似,但次数低于春季;冬季全国大部分地区不再有雷暴出现,仅在华南和西南仍有少量雷暴发生,最大日数均在 5 d 以下。

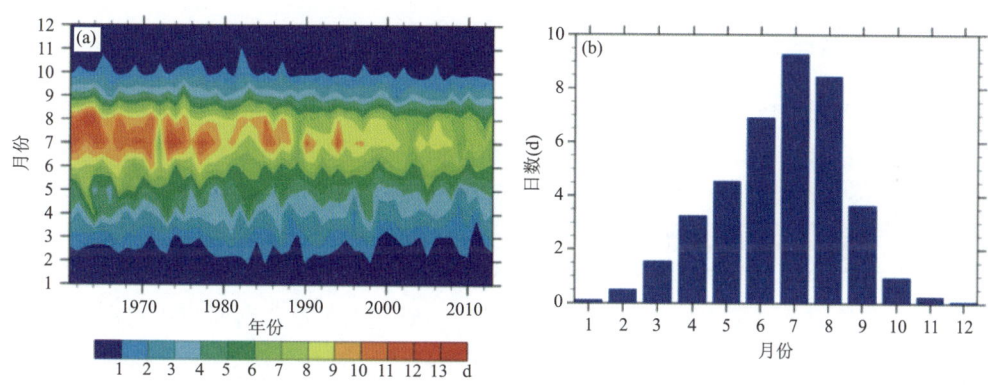

图 6.8 1961—2013 年全国平均各月雷暴日数年际变化(a)、全国平均年内各月雷暴发生日数(b)
(薛晓颖 等,2019)

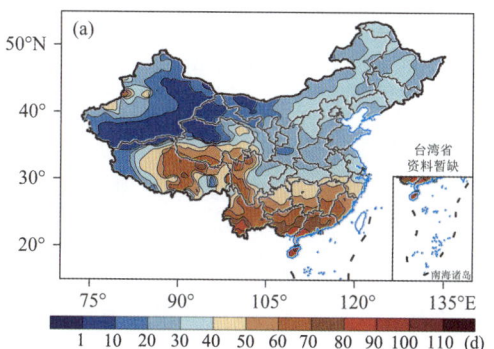

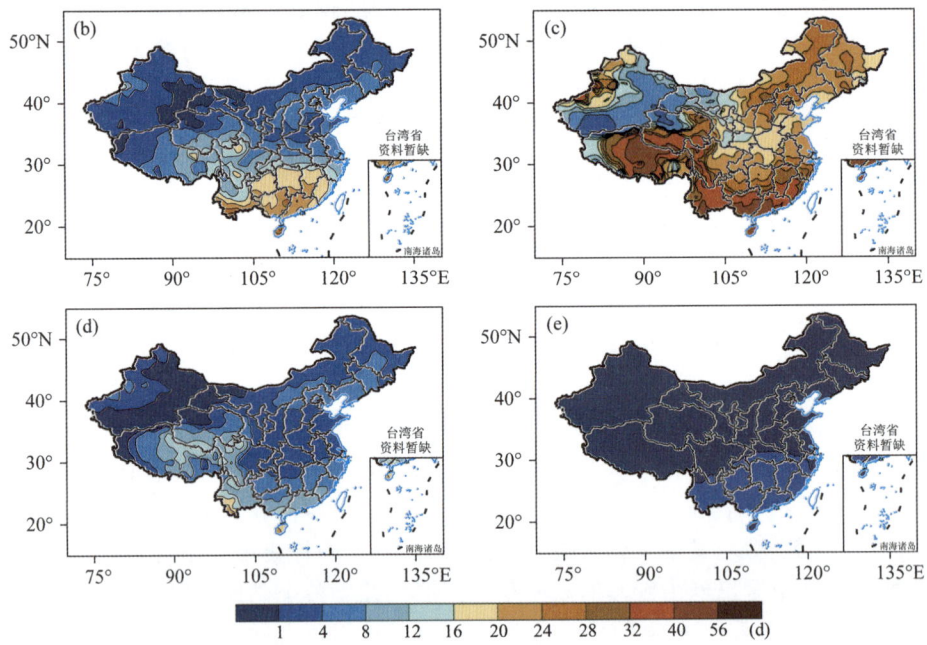

图 6.9 1961—2013 年中国年平均和季节平均雷暴日数空间分布(薛晓颖 等,2019)
(a)年;(b)春季;(c)夏季;(d)秋季;(e)冬季

6.2.5 中国冰雹特征

冰雹是从发展强盛的积雨云中降落到地面的冰球,是一种季节性明显、局地性强,且来势凶猛、持续时间短、以机械性伤害为主的气象灾害。中国冰雹等级分为 4 类,即小冰雹(直径<5 mm)、中冰雹(5 mm≤直径<20 mm)、大冰雹(20 mm≤直径<50 mm)和特大冰雹(直径≥50 mm)。

中国冰雹分布的特点是集中发生在内陆山地和高原地区,山地多于平原,内陆多于沿海。中国冰雹东南部沿海地区发生较少。章国材(2011)的研究表明青藏高原为冰雹高发区,年、春季、夏季和秋季均在青藏高原有大值分布区。年冰雹日数一般有 3~15 d;云贵高原、华北中北部至东北地区及新疆西部和北部山区为相对多雹区,有 1~3 d;秦岭至黄河下游及其以南大部分地区、四川盆地、新疆南部为冰雹少发区,在 1 d 以下。在青藏高原以东地区有南北两支多雹地带。北支从青藏高原北部出祁连山、六盘山,经黄土高原和内蒙古高原连接,再延伸到冀北及东北三省,形成中国最长、最宽的一条降雹带。南支则从云贵地区延伸至长江中下游地区和黄淮及山东地区。一般来说,北支的降雹日数比南支要多。

中国各地降雹也有明显的月份变化,其变化和大气环流的月变化及季风气候特点相一致,降雹区是随着南支急流的北移而北移,而且各个地区降雹的到来要比雨带到来早一个月左右。一般说来,福建、广东、广西、海南、台湾在 3—4 月,江西、浙江、江苏、上海在 3—8 月,湖南、贵州、云南一带、新疆的部分地区在 4—5 月,秦岭、淮河的大部分地区在 4—8 月,华北地区及西藏部分地区在 5—9 月,山西、陕西、宁夏等地区在 6—8 月,广大北方地区在 6—7 月,青藏高原和其他高山地区在 6—9 月,为多冰雹月。另外,由于降雹有非常强的局地性,所以各个地区以至全国年际变化都很大。

图 6.10a 为全国平均的各月冰雹日数年际变化,图 6.10b 为全国平均年内各月冰雹发生日数。全国 2—11 月均有冰雹发生,但主要发生在 5—9 月,占全年冰雹总日数的 76.65%,其中 6 月是冰雹日数最多的月份,5 月和 7 月是冰雹发生的次多月。研究时期内,在 2000 年以前冰雹发生日数在波动中几乎没有变化,但是 2000 年以后冰雹发生日数明显减少,在 1990 年以前冰雹发生频率在 6 月最大可达到 0.35 d 以上,但是到 2000 年以后全国冰雹平均每年发生不足 0.15 d。由此可见,中国冰雹主要发生在 5—9 月,1961—2015 年发生日数在 2000 年以前变化不大,但是 2000 年以后明显减少。

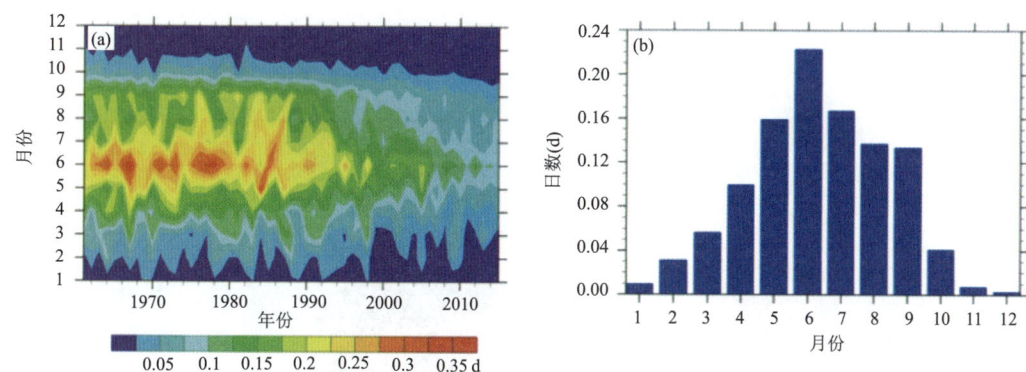

图 6.10 1961—2015 年全国平均各月冰雹日数年际变化(a)、全国平均年内各月冰雹发生日数(b)
(薛晓颖 等,2019)

中国降雹的天气条件具有明显的季节变化特征。成片的省区主要发生在春、夏、秋三季,其中尤以 4—7 月最多,占总数的 70%,并且有规律地随时间由南向北推移。降雹还有明显的时间分布,大约 90% 的降雹发生在午后至夜间。

6.2.6 中国龙卷特征

雷暴云底伸展出来并到达地面的漏斗状云叫龙卷。龙卷伸展到地面时引起的强烈旋风叫龙卷风。龙卷风是一种强烈的对流天气现象,产生的最大地面风速可达 125~140 m/s,可造成重大的人员伤亡和财产损失。为了界定龙卷强度,美国芝加哥大学的藤田哲也博士于 1971 年基于龙卷路径上所造成的破坏大小和风速的对应关系将龙卷风分为 6 个等级,从 F0 级到 F5 级,即"藤田等级"。中华人民共和国国家标准《龙卷风强度等级》自 2021 年 12 月 1 日开始实施,龙卷风强度共分 4 个等级,如表 6.2 所示。

表 6.2 龙卷风强度等级划分

等级	阵风风速(m/s)	致灾程度
弱	$V_{max} \leq 38$	轻度
中	$38 < V_{max} \leq 49$	中等
强	$49 < V_{max} \leq 74$	严重
超强	$V_{max} > 74$	毁灭性

注:龙卷风强度等级与改进型藤田级数(Enhanced Fujita Scale;EF-Scale)存在如下对应关系:弱对应 EF0 及其以下;中对应 EF1;强对应 EF2、EF3;超强对应 EF4、EF5。

1961—2010 年全国共记录到 EF2 或以上级强龙卷 165 次,年平均 3.3 次,包括 145 次

EF2级、16次EF3级和4次EF4级龙卷,EF2级与EF3或以上级强龙卷的记录次数之比约为7:1。从整体空间分布(图6.11)看,165次强龙卷主要发生在中国江淮流域、华南地区、东北地区和华北地区东南部等人口稠密、地势平坦的地区。西部地区极少发生,仅陕西记录有一次EF3级龙卷。结合地形图可以看出,中国强龙卷的发生与地形关系密切(图6.11),易出现在地形平坦地区,江河湖泊、沿海等条件对强龙卷生成也有一定的促进作用,这也与强对流天气的易发区相重叠。高原、山地的地形不利于龙卷产生,较少发生强龙卷。

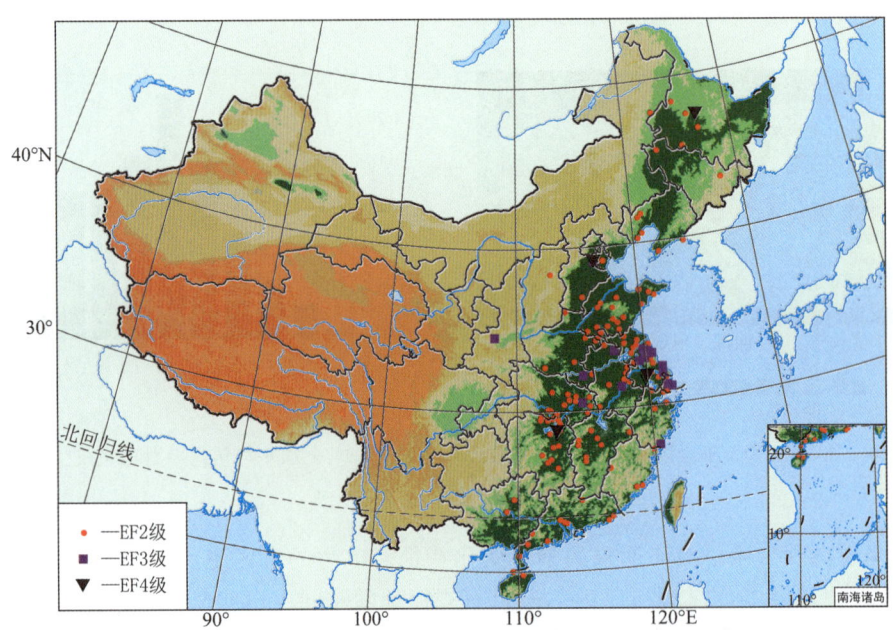

图6.11 1961—2010年165次强龙卷分布(叠加地形)(范雯杰 等,2015)

图6.12给出了全国记录到强龙卷数量最多的11个省(市)的分布情况,其中江苏次数最多,有36次,湖北、湖南、山东和上海则分别记录有15次、14次、13次和12次,上述5省(市)记录的次数之和占强龙卷总数的54.5%。此外,江苏记录有8次EF3级、1次EF4级龙卷,也是记录EF3或以上级强龙卷次数最多的省份,这说明强龙卷发生频繁的地区其发生更高级别龙卷的可能性也相应偏高。

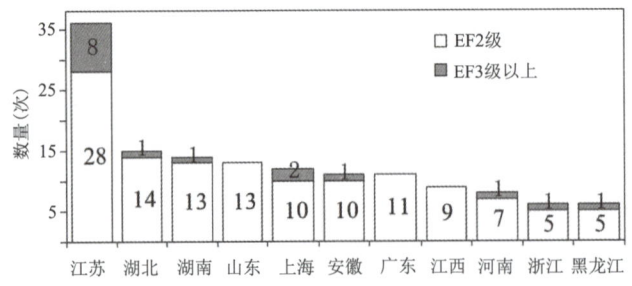

图6.12 1961—2010年记录到强龙卷数量最多的11省(市)分布(范雯杰 等,2015)

龙卷可以在中国大多数省份出现。中国龙卷主要集中在春夏两季,尤以8月为多,7月次之,7月和8月约占全年总数的59.6%。次高峰为4月,5月比4月稍少,11月至次年1月没有龙卷报告。发生在安徽的龙卷出现时间主要在11—18时。龙卷持续时间通常很短,5 min以内占总数的46%,10 min以内占总数的76%,超过30 min的仅占总数的3%。与美国龙卷相比,安徽龙卷的持续时间要短一些。在中国,龙卷是一种低概率高影响天气,虽然近10年来平均每年EF2级以上的强龙卷仅2~3次,但一旦出现EF2级以上的强龙卷,只要经过有人居住的地方,即造成重大人员伤亡和财产损失。由龙卷与中气旋的关系可分为超级单体龙卷和非超级单体龙卷,超级单体龙卷发生在深厚持久中气旋内部;非超级单体龙卷常产生在伴有明显风切变的出流边界、地面辐合线等热力边界附近。超级单体出流边界附近也有可能产生龙卷,为非中气旋龙卷,因此,严格来说,应该称为中气旋龙卷和非中气旋龙卷。

龙卷造成的灾害往往是毁灭性的。据统计,1991—2014年,中国因龙卷灾害死亡495人,平均每年死亡21人。1977年4月16日龙卷事件造成湖北118人死亡,为1951年以来最多。20世纪90年代中期至21世纪初发生龙卷相对较多,20世纪90年代初及2006年以来发生龙卷相对较少。从1991—2014年统计来看,中国平均每年发生43个龙卷,江苏和广东最多;2005年龙卷个数最多,达75个,2014年最少,仅19个。70%的强龙卷发生在12—20时,经过白天太阳辐射,这一时段大气层结不稳定,强对流天气最易发生;此外,00—02时也是龙卷发生的一个小高峰。

6.2.7 中国大风特征

在中国气象观测业务中规定,瞬间风速达到或超过17.2 m/s或目测估计风力达到或超过8级的风,称为大风。某一日中有大风出现,称为大风日。针对中国区域的风速研究表明,中国近地表整体风速呈现下降趋势,但不同区域间风速下降速率不同,中国东部及沿海,特别是京津冀、长三角地区风速下降最为明显,其主要原因可能是全球变暖背景下,亚洲大陆和太平洋之间的海平面气压差和近地面温差显著减小,东亚大槽向东向北偏移并减弱,而且东亚冬季风和夏季风减弱也导致了最大风速下降。风速的变化会对生态环境产生重要的影响。

从时间序列动态变化(图6.13)来看,在年际变化上,1961—2016年中国年平均单站大风日数在波动中呈明显减少趋势。在年代际变化上,中国年平均单站大风日数从20世纪60年代到21世纪10年代,逐年代梯次递减。年平均单站大风日数从20世纪60年代的约17 d,减少到21世纪10年代的7 d,减少了58.82%。大幅度的大风日数减少可能与1950年以来的全球变暖密切相关。全球变暖后,海陆温差相对变小,导致东亚季风减弱,空气流动速度相对降低。加之,中华人民共和国成立后,中国长时间大范围的快速城镇化进程导致原有的自然地表景观改变,土地利用变化更加多样,城市房屋的高度和密度日益增大,因此,地表粗糙程度也有不同程度的增大,从而导致风速整体减小,大风日数也整体减小。

雷雨大风是在出现雷雨天气现象时,风力达到或超过8级(风速≥17.2 m/s)的天气现象。有时也将雷雨大风称作飑。当雷雨大风发生时,乌云滚滚,电闪雷鸣,狂风夹伴强降水,有时伴有冰雹,风速极大。它涉及的范围一般只有几千米至几十千米。雷雨大风常出现在强烈冷锋前面的雷暴高压中。雷雨大风的生命史极短。雷雨大风2月开始在华南出现,3月北进入江南地区,4月开始进入黄淮地区,5月北进到华北和东北地区。6—8月是中国雷雨大风的多发季节。

从年代际变化分析,雷雨大风呈减少趋势,1960—1969年为最多,达2423站次,1970—1979年为2082站次,1980—1989年为2059站次,1990—1999年为1347站次,2000—2009年

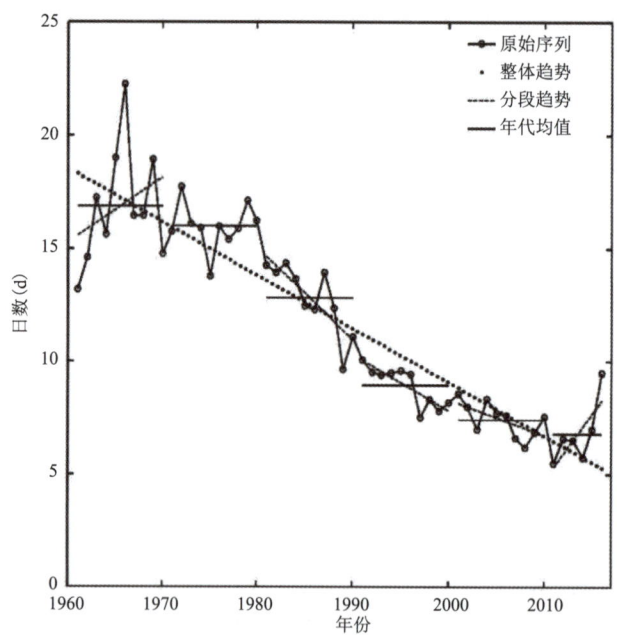

图 6.13 1961—2016 年中国年平均大风日数分段变化趋势（孔锋 等，2017）

仅出现 953 站次。与冰雹相同，进入 21 世纪以来雷雨大风站次明显偏少。

6.2.8 中国短时强降水特征

短时强降水是强对流天气的一类，易于导致城市内涝和山洪、泥石流、滑坡等地质灾害，是强对流天气业务预报的重点之一。中央气象台定义的短时强降水是指小时降水量≥20 mm；中国的暴雨是指日降水量≥50 mm。短时强降水和暴雨都主要是由中尺度对流系统造成，因此，经常伴有雷电天气。短时强降水强调的是降水的强对流特征及短时特征，暴雨则不仅包含对流特征，更强调降水的持续性特征，这是因为暴雨不仅包含对流云降水，还包含层状云降水的缘故。短时强降水是指短时间内降水强度较大，其降水量达到或超过某一量值的天气现象。这一量值的规定，各地气象台站不尽相同。在雨量自记纸没有信息化之前，很难研究短历时强降水的气候特征，因此，少有这方面的研究成果。

有学者分析 1 h 降水的时空分布特征，并将雨强分为≥1 mm/h、≥2 mm/h、≥4 mm/h、≥8 mm/h 4 个级别，探讨了各级别雨强的年平均发生频率、日变化和极端降水等问题（图略）。全中国≥4 mm/h 雨强的年平均出现频数的空间分布以秦岭—淮河为明显的分界线：在秦岭—淮河以北≥4 mm/h 的出现频数在 40 次/a 以下；只有吉林东南部和辽宁东部的少数地区在 40 次/a 以上，而华北北部和西北地区最少，在 20 次/a 以下。秦岭—淮河以南，则≥4 mm/h 的雨强出现频数都在 40 次/a 以上。虽然华北平原和黄河下游短时强降水出现次数少，但是雨强却可达到江南雨强的强度。这是由中国的季风特点决定的，盛夏东亚季风的影响可以直达华北和东北，季风带来充沛的水汽，季风所到之处，很可能出现强降水。

中国≥20 mm/h 短时强降水频率地理分布（图 6.14a）与年平均暴雨日数分布非常类似。总体来看，短时强降水天气的分布具有中国南部比北部活跃，东部比西部活跃，平原、谷地较相邻的高原、山地活跃等特点。由于中国雨带的季节性移动与东亚夏季风密切相关，因此，易受到夏季风影响的区域,则短时强降水天气较为活跃,大陆腹地因难以受到夏季风影响,而短时强降水天气不活跃。中国短时强降水与雷暴分布、中尺度对流系统分布具有一定的一致性,但也存在显著的差别,总体来看,山地和高原区域的雷暴及中尺度对流系统则较为活跃,而平原和谷地区域的短时强降水则较为活跃。具体来看,短时强降水最活跃区域(图6.14a)主要位于华南,最大时次频率达0.62%;四川盆地西南部、西南地区东南部、黄淮东部、江淮、江西、浙江东部沿海、福建大部分地区等是短时强降水的次活跃区。

图6.14b表明≥50 mm/h的短时强降水时次频率非常低,最大值仅为0.08%,即10000个时次(约为417 d)中最多发生8个时次≥50 mm/h的短时强降水。统计1991—2009年4—9月共49个月的每个气象测站小时降水量≥50 mm的时次数发现,广东阳江≥50 mm/h次数最多,为64次。从总体地理分布来看,除同是≥20 mm/h和≥50 mm/h短时强降水的活跃区之外,福建沿海、浙江沿海、河南中部、河北南部、辽宁西南部也是≥50 mm/h短时强降水的活跃区域,这种分布特征同中国≥100 mm/h暴雨分布非常相似。≥50 mm/h短时强降水活跃区分布较≥20 mm/h分布显得更为零散,这可能与产生该天气的系统尺度较小有关,也可能与特殊的地形分布有关;从区域分布来看,中国东南沿海地区≥50 mm/h的短时强降水比内

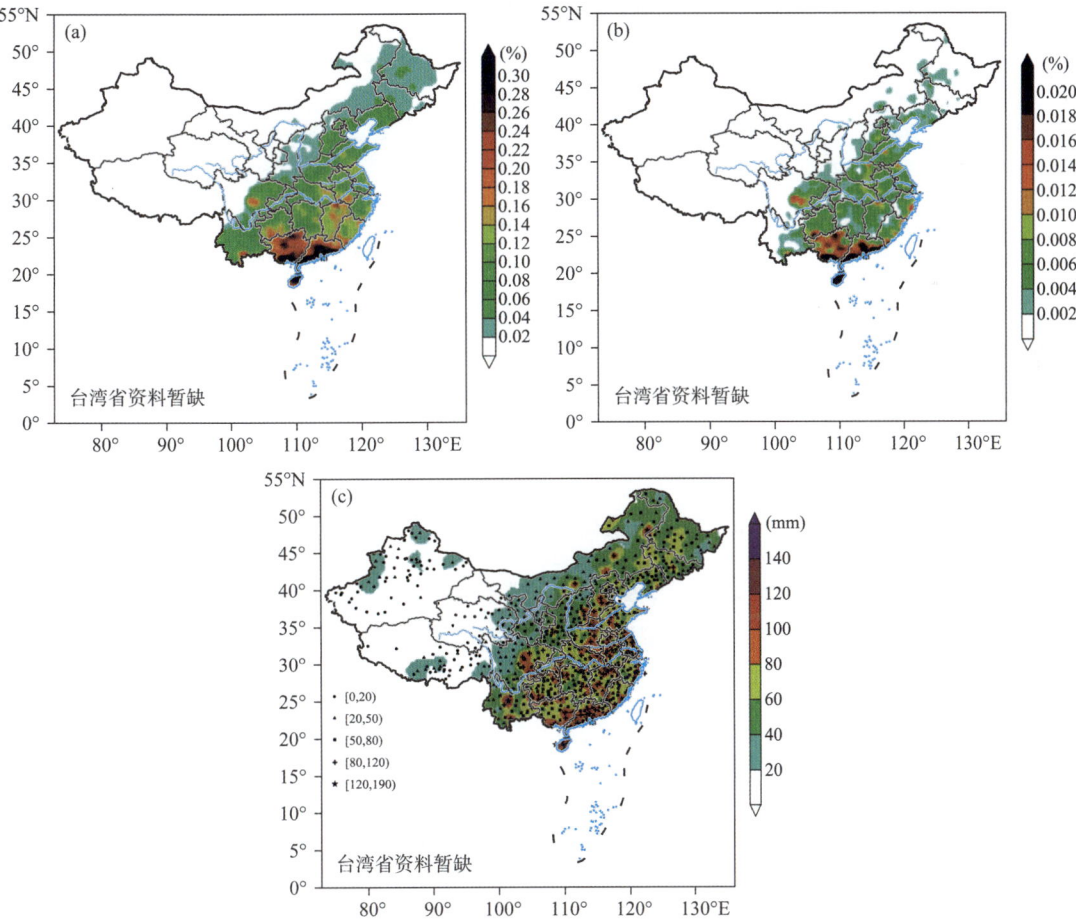

图6.14 1991—2009年4—9月短时强降水频率及最大1 h降水量空间分布(陈炯 等,2013)
(a,b分别为≥20、≥50 mm/h短时强降水频率,c为最大1 h降水量空间分布(彩色阴影))

陆地区更为活跃,这可能与沿海地区易于受到台风或者东风波等热带系统影响有关。最大小时降水量可以从另一个侧面表征极端强对流天气的强度。图 6.14c 表明中国最大小时降水量的分布与短时强降水的频率分布截然不同,大陆腹地由于难以受到夏季风影响,大气中的水汽量较少,因此,最大小时降水量大多都低于 50 mm/h;易受到夏季风影响的中国中东部等区域的南北方最大小时降水量也存在一定差异,华南最大小时降水量超过 120 mm/h 的站点较多,但北方也有较多站点超过 80 mm/h、部分站点超过 120 mm/h,因此,从最强的小时降水量来看,南北方最强对流活动的强度差异并不是很大。

地形对短历时降水有重要作用,迎风坡对强降水有重要的增幅作用是众所周知的事实,著名的"63·8"(1963 年 8 月海河流域暴雨)"75·8"(1975 年 8 月河南暴雨)暴雨都与地形的抬升作用有关。安徽南部和江西东北部之所以成为雨强的高值区,也是地形作用所致。江西短时强降水的 5 个高值中心全部位于庐山、怀玉山、武夷山、南岭山脉和九连山的迎风坡,可见地形强迫抬升作用的重要性。

春季,长江以北大部地区各级雨强的出现频次都很小,这是由中国春季北方普遍降水稀少造成的。而各级雨强频数的大值区则分布在江南一带,这是江南春雨较多的反映。

夏季是中国降雨最多的季节,各级雨强出现频次均明显大于春季。与春季不同的是,各级雨强频数最大值区多分布在两广南部和云南南部一带。各级雨强频次的次大值区出现在安徽南部与江西北部一带。

与春夏两季不同的是,秋季雨强频次最大值区出现在海南岛,这是由于海南岛 9 月仍是台风和热带风暴盛行的季节。

冬季,中国受极地干冷气团控制,来自海洋的暖湿气流和水汽供应明显减少,降水稀少,是中国降水量最小的季节;加上北方不少地区由降雨转为降雪,因而各级雨强的出现频数均明显减少。在整个冬季,全国出现大雨强的天数很少,包括华南和西南在内大于 8 mm/h 雨强的年平均出现天数均为 0 或接近于 0。

6.3 中国暴雨

6.3.1 中国暴雨特征

暴雨范围广、持续时间长。中国大部分地区都有暴雨发生,东部尤其是东南地区受季风影响暴雨频发,长江流域的暴雨区面积是全国最大的,雨带多呈东西走向,西部地区暴雨也较为常见,即使在干旱的西北地区也偶有暴雨过程发生。持续性是中国暴雨的一个明显特征,暴雨持续的时间从几小时到几天,华北地区暴雨可持续 2~3 d,长江流域暴雨可持续 2~6 d,华南地区暴雨绝大多数可持续 2~4 d。

暴雨季节性、阶段性明显。中国暴雨多出现在 4—10 月,主要集中在 5—8 月。暴雨受东亚季风的影响大,大范围的雨季随夏季风爆发而开始,随夏季风撤退而结束,形成了 5 个具有季节性、阶段性特征的雨季,即华南前汛期雨季、江淮梅雨季、华北东北雨季、华西秋雨和西南雨季。华南前汛期雨季一般出现在 4 月上旬至 6 月下旬,西南雨季一般出现在 5 月中旬至 10 月中旬,江淮梅雨季一般出现在 6 月上旬至 7 月中旬,华北东北雨季一般出现在 7 月下旬至 8 月中旬,华西秋雨一般出现在 9 月上旬至 10 月下旬。

暴雨地域特征明显。华南暴雨具有强度大、突发性强、落区集中等特点，致灾性极强，暴雨多由短时强降水造成，其中暖区暴雨雨强极大、极端性强，有明显日变化，并且常与锋面降水同时出现。西南暴雨受青藏高原大地形影响，暴雨与西南低涡关系密切，暴雨、大暴雨的分布极不均匀，主要集中在西南地区东部，呈现暴雨强度大、持续时间长、日变化特征明显的特点。长江中下游暴雨受多尺度系统作用影响大，强降水常呈现多阶段、多中心的特点，集中在梅雨期。华北暴雨具有降水强度大、区域性强、降水时段集中的特征，暴雨与地形关系密切，主要出现在山脉的迎风坡和山区。东北暴雨以冷涡背景下短历时、局地暴雨为主，东北冷涡与北上热带系统相结合时易出现致灾暴雨，且极端暴雨的空间分布与地形关系密切。西北暴雨以短时对流性、局地暴雨为主，小时雨强及暴雨相对强度大，且多发生在地质环境脆弱区，极易造成灾害。

暴雨灾害重、极端性突出。与相同气候区的其他国家相比，中国不同时间长度的暴雨极值都很高。5 min 降雨极值为 53.2 mm，1971 年 7 月 1 日出现在山西梅桐沟；1 h 降雨极值为 201.9 mm，2021 年 7 月 20 日出现在河南郑州；6 h 降雨极值为 830.1 mm，1975 年 8 月 7 日出现在河南泌阳县林庄；24 h 降雨极值为 1672.0 mm，1967 年 10 月 17 日出现在台湾新寮；中国大陆年平均降水量最大为 2762.6 mm，出现在广西东兴站。各极值均接近或超过世界最大雨量记录。

中国主要的极端暴雨灾害事件有：2010 年 8 月 7 日 20 时—8 日 05 时甘肃省甘南藏族自治州舟曲县局地大暴雨，小时最大雨量为 77.3 mm，造成特大山洪、泥石流灾害，导致 4.7 万人受灾，1700 多人死亡；2012 年 7 月 21 日 10 时—22 日 06 时北京特大暴雨，20 h 内全市平均降雨量为 190.3 mm，最大雨量为 460.0 mm，造成 79 人死亡；2021 年 7 月 17—23 日，过程累计面雨量鹤壁最大(589 mm)、郑州次之(534 mm)、新乡第三(512 mm)；过程点雨量鹤壁科创中心气象站最大(1122.6 mm)、郑州新密市白寨气象站次之(993.1 mm)；小时最强点雨量郑州最大，发生在 20 日 16—17 时(郑州国家气象站雨量为 201.9 mm)，鹤壁、新乡晚一天左右，分别发生在 21 日 14—15 时(120.5 mm)和 20—21 时(114.7 mm)。特大暴雨引发河南省中北部地区严重汛情，12 条主要河流发生超警戒水位以上洪水。

统计结果表明，1981—2010 年发生在中国的暴雨过程共 806 次，暴雨过程的年际变化呈准 4 年的周期振荡，20 世纪 90 年代暴雨过程相对偏少，进入 21 世纪暴雨过程明显增多，南方地区尤为显著(图 6.15)，这与政府间气候变化专门委员会(Intergovernmental Panel on Climate Change，缩写为 IPCC)科学评估报告(IPCC，2007；2013)的结论是基本一致的。从图 6.15 还可以看出，南方地区暴雨过程明显多于北方，但变化趋势南北方基本一致，全国的趋势与南方暴雨过程更接近。北方暴雨在 20 世纪 90 年代末期年际振荡要较南方明显一些。

不同区域暴雨过程出现的时间有些差异，如图 6.16 所示，华南、江南暴雨过程主要出现在 3—11 月，江淮、黄淮主要出现在 4—8 月，其中西南地区暴雨主要发生在 5—9 月，而华北、东北、西北地区东部暴雨发生时间主要在 6—8 月。

1981—2010 年的统计表明，全国暴雨过程主要出现在 4—10 月(月平均暴雨次数在 2 次以上)，暴雨持续时间一般在 2~3 d，占总暴雨过程的 70.3%(567 次)。持续时间为 4~5 d 的暴雨过程大多出现在 5—10 月，占总暴雨过程的 22.5%(181 次)；持续时间在 6 d 以上的暴雨过程一般出现在 5—8 月，占 7.2%(58 次)，这种暴雨往往发生在稳定的大尺度环流背景下，伴随西南涡东移北上或南压，影响范围较广，持续时间较长。另外，受台风影响，江南、华南以及东部沿海暴雨过程也可能持续较长时间。对南方地区来说，有时候暴雨过程偏少，但持续时间

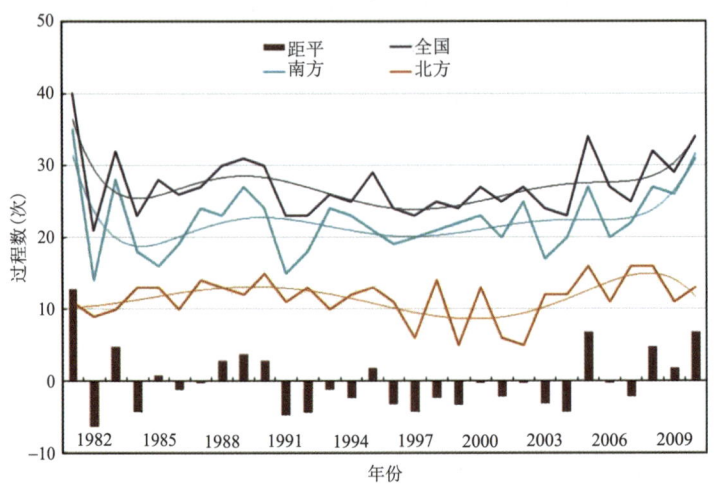

图 6.15　1981—2010 年不同区域暴雨过程数(粗折线,细曲线为相应的多项式拟合)及全国暴雨过程数距平(柱状)的年际变化(林建 等,2014)

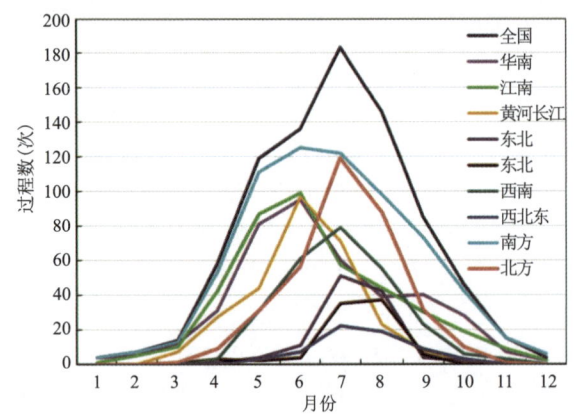

图 6.16　1981—2010 年不同区域暴雨过程月际变化(林建 等,2014)

较长,如 1982 年、1985 年、1991 年、1992 年、1996 年和 2003 年等。一般来说,南方暴雨持续时间长于北方暴雨。

从图 6.17 可见,中国年平均(1981—2010 年)暴雨日数从东南向西北减少,淮河流域及其以南大部地区以及四川东部、重庆等地普遍在 3 d 以上,其中,华南大部及江西等地达 5~9 d,广西防城港一带、广东阳江上川岛附近及海丰、陆丰附近、海南东南部琼中到万宁一带年平均暴雨日数在 10~15 d;黄河中下游、海河流域、辽河流域等地一般有 1~3 d;中国西部地区偶有暴雨发生。

如图 6.18a 所示,春季暴雨主要发生在江南中东部、华南大部,暴雨日数一般在 1~2 d,但西南地区东部(云贵及四川盆地)、江淮、黄淮、华北南部与东部、辽宁大部暴雨日数不足 1 d。

夏季(图 6.18b)是中国降水最集中的季节,也是暴雨发生频率最高、范围最广的季节,东北地区南部、华北东部以南、陕西南部、四川盆地及其以东大部地区夏季暴雨日数都在 1~2 d,四川盆地西部和东北部、湖南西北部、湖北西南部和东部、安徽西南部、江西东北部、贵州西南

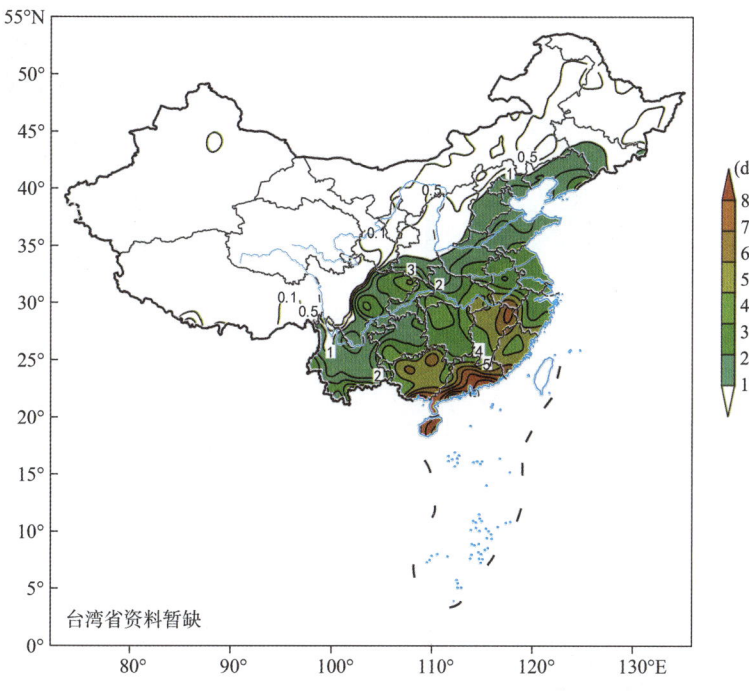

图 6.17 1981—2010 年平均暴雨日数分布(林建 等,2014)

(台湾省资料暂缺)

部、广西西北部和东南部以及广东中南部、福建和浙江东部沿海、辽宁东部等地暴雨日数在 3~4 d,其中,广西东南部沿海、广东南部沿海局地暴雨日数在 5~8 d。新疆沿天山地区、陇东和陇南、宁夏、陕西大部、内蒙古中东部都可能出现暴雨,但平均不足一个暴雨日。

秋季(图 6.18c),随着雨带的南移,暴雨范围明显减小。尽管中东部大部有出现暴雨的可能,但秋季平均暴雨日数都不足 1 d,只是在四川盆地东北部、江南东部沿海、华南东部沿海暴雨日数在 1 d 以上,海南秋季暴雨相对比较明显,一般在 2~4 d,东南部局地达 5~6 d。

冬季(图 6.18d)在云南中南部、江南、华南大部也都有暴雨发生的可能,冬季平均来说不足一个暴雨日。

6.3.2 暴雨天气系统

暴雨中心是中小尺度天气系统的产物,但整个暴雨笼罩地区的暴雨全过程则由各种尺度天气系统的相互作用以及和下垫面有利的组合所组成。对不同历时、不同笼罩面积的暴雨起主导作用的是不同尺度的天气系统。

小尺度系统包括局地强对流风暴、雷暴、对流单体等,积雨云是产生暴雨的降水单体,水平尺度一般为几千米,生命史为 10~30 min,降水强度大,是形成暴雨中心地区雨强最大的部分,但面积很小;它是构成中尺度暴雨系统的基本成分。

中尺度天气系统包括中尺度切变线、中尺度低压、中高压(雷暴高压)、对流层中层湿度不连续带、飑线等。它直接形成暴雨,并对积云对流有明显的组织和增强作用。中尺度扰动是在天气尺度和中尺度气旋性系统中生成。中尺度系统有若干个积雨云的对流活动,可形成雨团,

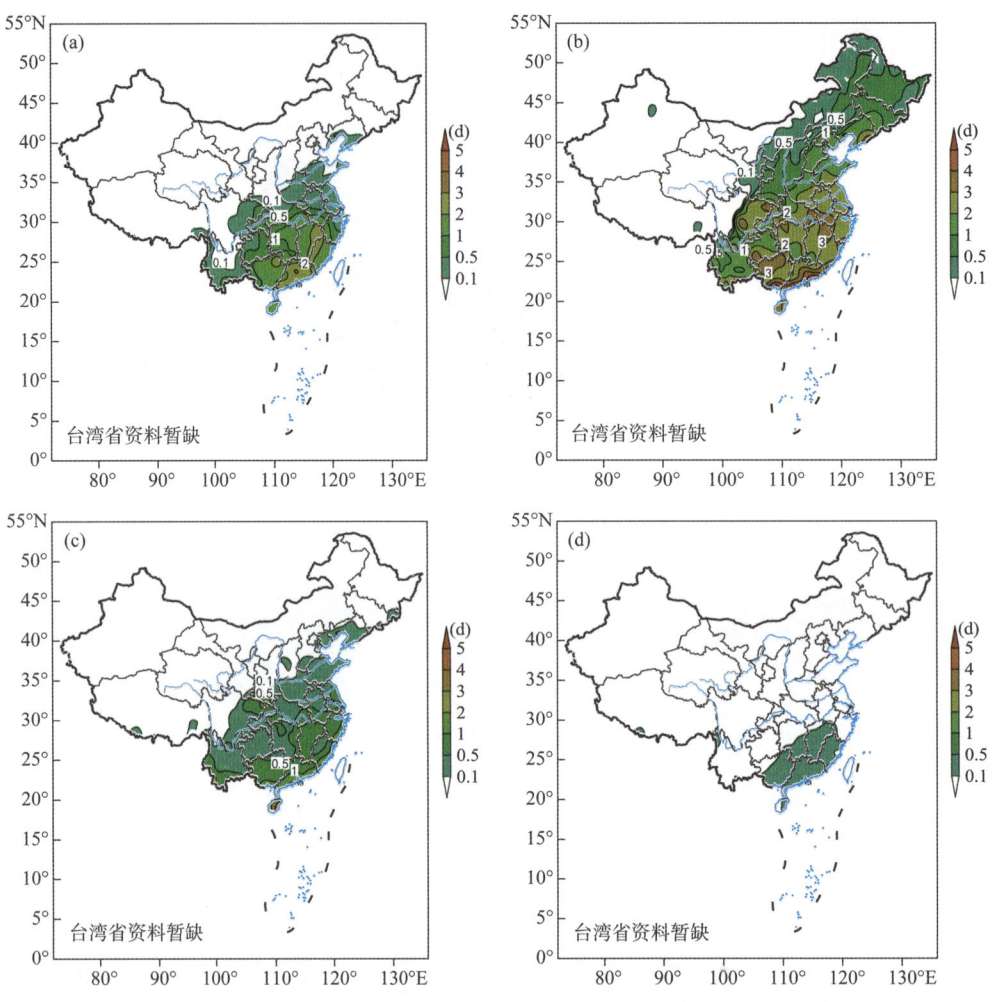

图 6.18　1981—2010 年平均暴雨日数季节分布（林建 等，2014）
(a)春季，(b)夏季，(c)秋季，(d)冬季
(台湾省资料暂缺)

水平尺度为 10~300 km，持续几小时，可形成暴雨区。

天气尺度天气系统主要包括锋和温带气旋、切变线和低涡、高空槽、低空急流、热带气旋和东风波等。它可多次产生中尺度系统和雨团，形成暴雨区水汽的集中，造成位势不稳定层结。水平尺度在 1000 km 上下，持续时间为 1~3 d，有大范围雨区，可形成特大暴雨或持续性暴雨。

行星尺度天气系统有超长波、长波槽、阻塞高压、副热带高压、副热带辐合带等。它是组成大气环流的主要因子，可制约天气尺度系统的活动，决定暴雨区的水汽输送，影响大范围降水区的稳定或移动，对长历时、大面积持续性暴雨有重要影响。

一次暴雨，从暴雨中心到雨区外围，从降水开始、发展到消亡，往往是多尺度天气系统的综合作用的结果。

引起降水天气尺度的气旋性天气系统包括锋面和温带气旋、台风及东风波、高空冷涡、高空槽等。它们的尺度一般在 1000~3000 km。天气尺度系统不是直接造成暴雨的天气系统。

直接造成暴雨的是中小尺度天气系统。天气尺度系统中的上升运动一般小于 10^{-2} m/s,在水汽供应充分的条件下,降水强度只有 1~2 mm/h,日降水量为 24~48 mm,只能造成中到大雨。数值预报报出来的最大降水量也只有 25 mm/d,这代表了天气尺度系统的降水量。

天气尺度系统对暴雨起着以下 4 个作用。

(1) 制约造成暴雨的中尺度天气系统的活动

首先,天气尺度系统可以提供中尺度天气系统形成的条件或环境场。中尺度天气系统的发生需要一些基本条件,例如,大气层结是不稳定的,水汽通量出现辐合,低空风场出现辐合场和气旋性涡度场等。这些条件经常是伴随着天气尺度系统出现的。例如,高空槽前,低空是辐合区,这里中低空的偏南气流形成湿舌,造成水汽的集中,不同空气的平流又造成位势不稳定区,因此,在槽前常常是中尺度天气系统出现的地区。

其次,天气尺度系统有时是中尺度系统发生的触发机制。当有利于中尺度系统发生的环境条件具备以后,中尺度系统是否出现决定于有无适当的触发条件。触发条件之一可以是低空天气尺度的辐合区,例如,在低空切变线或锋面中,其上升运动有时可达 5×10^{-3} m/s 的量级,如果作用时间为 6~12 h,这种上升运动可造成空气块抬升 1~2 km,使不稳定能量释放,造成强烈的对流活动。有时即使在有逆温层的情况下,上升运动也可以使逆温层破坏,将不稳定能量释放。锋面的抬升作用最有利于触发中尺度系统的发生,当冷锋逼近不稳定的湿舌区时,常可触发激烈的对流活动。地面加热作用也可以引起对流发生,这种作用也常与天气尺度系统相联系。当天气尺度系统明显发展时,其中的上升运动会加强,地面加热产生上升运动,同样可促使中尺度系统生成。

另外,天气尺度系统还对已经存在着的中小尺度天气系统起到组织、增强或减弱作用。中小尺度天气系统发生以后,不是随机分布的,它的分布受天气尺度系统制约。中小尺度系统常常排列成带状和线状。在天气尺度系统作用下,中小尺度系统常发生合并或分裂现象,使得中小系统加强、新生或减弱。

在天气尺度条件影响下,有时还可使小尺度的对流单体转化为较大尺度的强对流风暴(如超级单体),在这种强对流风暴中可造成强烈的暴雨。

(2) 造成水汽在暴雨区的集中

在天气尺度系统中,低空都有大范围的水平辐合场,这可造成水汽辐合,使得在暴雨区水汽有集中的趋势,为暴雨的发生提供充足的水汽条件。在中国,夏季暴雨的水汽来源是西太平洋副热带高压西北侧或南侧,由偏南气流或偏东气流输送过来。在热带洋面,每天有相当 0~10 mm 的蒸发量,因此,气团在洋面停留一段时间就可形成非常潮湿的热带海洋气团。夏季大陆上出现暴雨时,多数是由于有这类潮湿气团流到该地区。热带海洋气团中的含水量最大相当于 100 mm 的降水量。如果把这种气团丝毫没有变性地搬到陆地上,并使其强烈爬升,出现水汽凝结,凝结出来的水量只有一半落到地面,所以不会超过 50 mm。但暴雨降水量达到 100~200 mm,这就要求暴雨区上空不断地有潮湿气团供应。水汽主要是从水平方向在大气中低层流入的。这就是说,在暴雨区外围,水汽含量在减少,用来补充暴雨区中的水源,要使得暴雨区能够维持,要求暴雨外围区在大尺度流场中出现水汽的辐合,这个大尺度水汽辐合区比暴雨区面积至少大 10 倍,才能使暴雨的外围区不断有水汽积累,用来供应。这种大尺度的水汽辐合一般出现在天气尺度的系统(如气旋和锋面)中,这也说明为什么暴雨大多数出现在这种天气尺度系统中。在提供暴雨区水汽的过程中,低空急流起着很重要的作用。低空急流是水汽主要的输送者,它可以造成明显的湿舌和水汽集中,许多大暴雨或强对流暴雨都与湿舌的存在有密切关系。由于天气尺度辐合作用,一方面造成水汽向暴雨区集中,另一方面大尺度辐合场中的上升运动使湿层变厚。观测表明,在低层出现由水汽水平输送形成向北或向西伸展的湿舌时,湿层厚度也明显增加,这种湿层厚度的增加是由天气尺度辐合场中的上升运动造成的。湿层的厚度可以表示暴雨区水汽集中的程度。一般当湿层厚度达到 700 hPa 时,有利于暴雨的发生。同时,湿层的增强还能触发中小尺度系统的发生。

(3)造成位势不稳定层结

在天气尺度系统中,上下不同性质空气的平流造成位势不稳定层结中夏季的暴雨多数出现在强对流的活动时期,强对流的出现要求有大量不稳定能量的释放,因此强位势不稳定的出现是暴雨形成的重要条件之一。在天气尺度的气旋性系统中最有利于位势不稳定的建立。

(4)造成垂直切变

天气尺度系统中的风速垂直切变有利于中小尺度系统的发生和维持,在天气尺度的系统中,高低空气流的方向常有明显差别。例如,低层是偏东或偏南气流,到中层或高层顺时针旋转成偏西或偏北气流,高低空气流形成明显的风垂直切变。强的风垂直切变能使积云中的对流变成有组织的上升气流,有利于积雨云不断发展,维持长时间的对流活动,对暴雨有增强的作用。一般在高低空急流轴相交处,垂直切变最大,这里也是强对流天气的落区。但如果垂直切变太强,高空的卷云砧伸展甚远,这时积雨云中的大量水滴被高空急流带走,不能降落到地面。虽然对流活动强烈,但降水量并不会很大。

中尺度系统包括中尺度切变线(或辐合线)、中尺度低压、中高压(或雷暴高压),以及对流层中层明显的湿度不连续带等。中尺度天气系统是在天气尺度环流背景上发展起来的,它对暴雨有两个作用。

①造成暴雨的直接天气系统。在中尺度系统中,有强上升运动(垂直上升运动达 10 cm/s~1 m/s),对水汽通量的辐合而言,要比天气尺度系统的水汽辐合大一个量级;并且在中尺度系统中有明显的位势不稳定层结,因而可造成强烈的暴雨。1973 年 7 月 2 日 20 时—3 日 02 时,北京 6 h 降水量达到 92.8 mm,这是由于有 4 次中尺度扰动引起的。中尺度降水系统可分成移动性和停滞性两类。当有多次移动性中尺度扰动向某地汇集或者某个中尺度扰动在某地停滞,这两种情况可引起成灾的暴雨。

②中尺度系统对积云对流活动有明显的组织和增强作用。在中尺度环流的组织下,积雨云团大部分成线状或带状排列,成为中尺度对流带,相应造成中尺度雨带。

6.3.3 暴雨环流型

中国地区辽阔,地理气候条件复杂,形成各地暴雨的主要天气系统不尽相同,大致可以分为东部季风区、西北干旱区和青藏高寒区。

东部季风区是中国暴雨最强烈的地区。每年 4—8 月,由春到夏,随着夏季风的北上,北极锋及其伴随雨带由南海开始北上。在其向北推进的过程中,先后在华南、江淮流域、华北、东北有季节性停滞。相应形成这些地区降水相对集中的雨季,及华南前汛期暴雨、江淮准静止锋(梅雨锋)暴雨。盛夏,极锋活动于华北、东北地区,多表现为冷锋形式。8—10 月,由盛夏进入秋季,是极锋及其雨带南下季节。在南下过程中,又分别形成江淮秋季连阴雨、华西秋雨及华南秋季连阴雨。在夏季风活动的整个时期(4—10 月)是东部季风区出现特大暴雨的旺季。另外,热带气旋暴雨也是重要的降水天气过程。

1. 华南地区

华南地区位于热带北部和亚热带南部,气候高温高湿,雨量充沛,暴雨强烈而频繁。

珠江流域暴雨的天气系统有锋、槽、低涡切变、低空急流和热带气旋。华南前汛期暴雨是在较稳定的大尺度环流形势下,由多次天气尺度与小尺度天气系统影响所形成的短期降水过程组成。据桂、粤、闽地区159次暴雨的统计(表6.3),锋面占多数。

表 6.3 华南前汛期暴雨的天气系统

天气系统	锋面	切变线	涡切变	低涡	低压	热低压
次数百分比(%)	54.7	8.2	15.7	8.8	6.3	6.3

据广东省普查统计,低空急流产生的暴雨占30%,这与锋面低槽暴雨几乎相等。在前汛期中,也有一定数量的热带气旋暴雨,约占12%;但对24 h 500 mm以上的特大暴雨,却占32%。广西前汛期的锋面和低涡暴雨占暴雨总数的94%。1977—1982年开展的华南前汛期暴雨实验对广西、广东、福建的前汛期暴雨做了深入研究。研究认为低层系统对暴雨贡献最明显,有75%~80%的暴雨与低空急流有对应关系。华南后汛期暴雨分布的情况和前汛期相反,热带气旋暴雨占优势,广西热带气旋暴雨占57%,广东24 h 500 mm以上特大暴雨占90%。从全年来看,在广东24 h 800 mm以上的几次降雨中,绝大多数为前汛期锋面雨,而海南、台湾等地最大暴雨则都是热带气旋暴雨。

华南前汛期降水是在一定的中高纬和低纬环流背景下生成的,每次降水过程在500 hPa上中高纬和低纬几乎都有低槽活动。二者结合可产生较强的降水,但具体过程环流特征又是不一样的,根据500 hPa流场可以分为以下3种类型:

(1) 两脊一槽型

此型的特征是乌拉尔山以东的西伯利亚西部和亚洲东岸的中高纬地区为高压脊,贝加尔湖地区为低槽(图6.19a)。沿着乌拉尔山以东的高压脊前不断有冷空气自北冰洋南下,使贝加尔湖切断低压发生一次又一次的替换,在长波槽替换过程中,原来的长波槽蜕变为短波槽,引导冷空气南下。这时西太平洋副热带高压的平均脊位于15°N以南。南支槽与副热带高压的稳定维持把大量暖湿空气输送到华南地区上空,与北方频繁南下的冷空气相交绥,为华南暴雨提供了有利的环流条件。

(2) 两槽一脊型

本型特征是中亚地区为脊,乌拉山以东的西伯利亚西部和亚洲东岸为低槽,亚洲东岸的低槽底可再伸到25°N以南地区,槽后冷空气可直驱南下,从东路侵入华南地区。副热带高压脊稳定在15°~20°N,中国华南沿海带西南季风活跃,西南低空急流活动频繁。例如,1978年6月5—8日,华南沿海出现了一场大暴雨,暴雨中心的陆丰县(现为陆丰市)白石门水库附近,过程总雨量达677 mm,24 h最大雨量达4021.2 mm。其500 hPa环流型即属两槽一脊型(图6.19b)。

(3) 多波型

本型特征是中高纬环流呈多波状,振幅较小,在欧亚大陆范围内,高纬地区至少有2个低压中心;与低压中心相对应的移动性低槽活动相当频繁;与此同时,南支波动也较频繁。北方冷槽带来的冷空气和南支波动带来的暖湿空气在115°E附近的华南地区相遇,造成暴雨。1967—1976年前汛期35次连续暴雨过程中,本型占40%(图6.19c)。

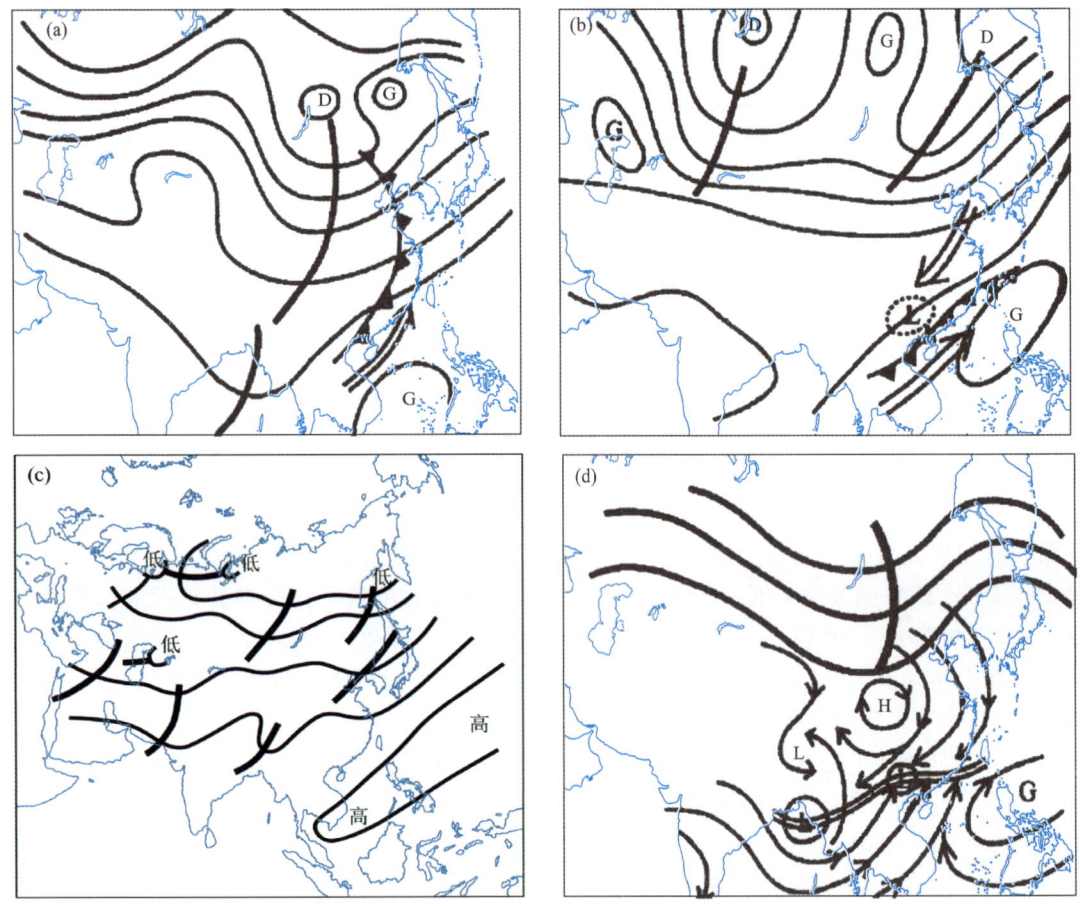

图 6.19 华南前汛期暴雨 500 hPa 环流型(陶诗言 等,1980)
(a)两脊一槽型;(b)两槽一脊型;(c)多波型;(d)季风爆发型

除了以上 3 种基本环流型以外,还有一种称为季风爆发型(图 6.19d)。其特征是高空环流型为两脊一槽,即乌拉尔山以东的西伯利亚西部及亚洲东岸的中高纬地区为高压脊、贝加尔湖地区为低槽。在这种形势下,冷空气沿着乌拉尔山以东和西伯利亚西部高压脊前的西北气流不断自北冰洋南下,使贝加尔湖地区的低压一次次地替换,并使原来的长波槽蜕变为短波槽,引导冷空气南下。与此同时,副热带高压西环的平均脊位于 15°N 以南。孟加拉湾低压十分明显。由于南支槽与副热带高压的稳定维持把大量的暖湿空气输送到华南上空,与北方频繁南下的冷空气不断交绥,因此,为华南地区的暴雨提供了有利的环流条件。这种环流型,由于环流经向度发展明显,冷暖空气相互作用强烈,常常可以产生很强的暴雨。1977 年 5 月 27 日—6 月 1 日,广东海陆丰地区的暴雨(总雨量为 1461 mm,24 h 雨量为 884 mm)就是发生在这种形势之下的。

尽管各类型的具体环流特征有所不同,但进入华南前汛期的盛期时,环流具有共同特征,即副热带高空西风急流北跳稳定在 30°N 以北,副热带高压脊稳定在 18°N 附近或其以南地区,华南上空为平直西风带,低层常存在南北两条低空急流。在这种形势下,北方不断有冷空气南下与活跃的东亚季风气流交绥于华南地区。与此同时,南亚高压进入中南半岛,使得华南高空维持辐散的西北气流,为前汛期暴雨提供了有利的高空辐散条件。

热带气旋暴雨是华南后汛期的主要暴雨天气系统,其最大雨量还超过了前汛期。

2. 江淮地区

2007年夏季长江流域降水过程多,梅雨期为6月21日—7月6日,典型的梅雨锋时段为6月21—28日,此时段出现持续性降水,并有一条静止锋出现在长江中下游(图略),梅雨期以后出现多次过程性的强降水。6月13—16日随着一次来自高原的高空槽东移(图略),长江流域出现一场短时间的强降水。

在典型梅雨期(6月21—28日)从高原有气旋性扰动移到梅雨锋上空。梅雨期结束后到7月底,很少有来自高原的气旋性扰动影响长江中下游,相反,在长江上游持续一条气旋性涡度带。6月底到7月初西太平洋副高有一次西伸北跳,这时梅雨锋从长江移到淮河流域,长江中下游的梅雨期结束。在长江流域梅雨期,季风涌从华南伸到长江流域。8月中下旬台风"圣帕"移入大陆时,也曾引起长江中下游出现一次强降水。

图6.20给出了2007年6月21—28日长江中下游梅雨期高低空环流场。在200 hPa(图6.20a)上,沿35°N、115°E以东是急流轴段的入口区,在其东南的梅雨锋上空,850 hPa(图6.20b)是一条水汽通量辐合区,而在925 hPa(图6.20c)来自南海的季风涌很显著。沿着静止锋有一条宽广的雨带,500 hPa(图6.20d)上,梅雨锋位于西太平洋副热带高压北侧,西风带南缘,此地区也是整层可降水量最大轴线所在。

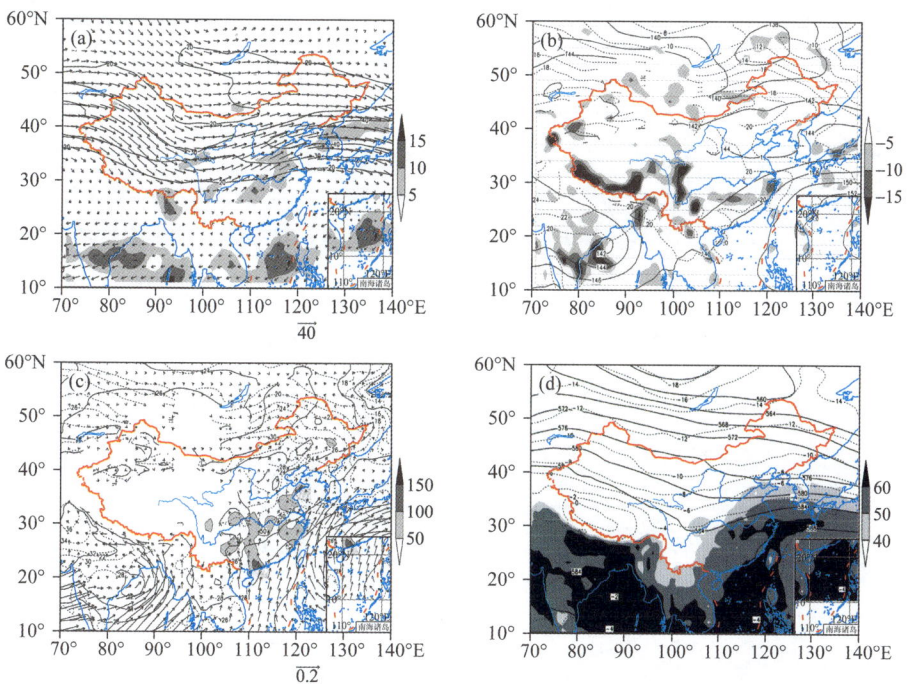

图6.20 2007年6月21—28日长江流域梅雨期的对流层环流场(陶诗言 等,2008)
(a)200 hPa等风速线(实线,单位:m/s)、水平风场(矢量线)及其散度(阴影区,单位:/s);(b)850 hPa位势高度(实线)、温度(虚线)及其水汽通量散度(阴影区);(c)925 hPa位势高度(实线)、温度(虚线)、水汽通量(矢量线,单位:kg/(m·s))及总降水量(阴影区);(d)500 hPa位势高度(实线,单位:dagpm)、温度(虚线,单位:℃)及整层可降水量(阴影区,单位:mm)

江淮梅雨的典型环流特征如下:

①高层(100 hPa 或 200 hPa):梅雨期开始时,高层的南亚高压从高原向东移动,位于长江流域上空。当高压消失或东移出海时,梅雨结束。

②中层(500 hPa):虽然每年梅雨期或同梅雨的不同阶段,高空环流形势有所不同,但基本情况是一致的。副热带地区,西太平洋副热带高压呈带状分布,其脊线从日本南部至中国华南,略呈东北—西南走向,在120°E处的脊线位置稳定在22°N左右。在印度东部或孟加拉湾一带有一稳定低压槽存在。这样就使长江中下游地区盛行西南风,与北方来的偏西气流之间构成一范围宽广的气流汇合区,有利于锋生,并带来充沛的水汽。中纬度巴尔喀什湖及东亚东岸(中国河套到朝鲜之间)建立了两个稳定的浅槽,而高纬度则为阻塞高压活动的地区。此处阻塞高压可分为以下3类:

第一类是三阻型(图 6.21a)。50°~70°N 的高纬地区,常有3个稳定的阻塞高压或高压脊,分别位于亚洲东部勒拿河和雅库茨克一带、欧洲东部、贝加尔湖西北方。在这些阻塞高压南部亚洲范围35°~45°N 是一个平直强西风带,且有锋区配合,其上不断有短波槽生成东移,但不发展。冷空气路径有两支:一支从巴尔喀什湖冷槽内分裂出来,随短波槽东移,经中国新疆和河西走廊南下;另一支从贝加尔湖南下。

第二类是双阻型(图 6.21b)。在 50°~70°N 范围内有两个稳定阻塞高压(高压脊)维持。西阻塞高压位置已较第一类偏东,位于乌拉尔山附近,东阻塞高压在雅库茨克附近,在这两个

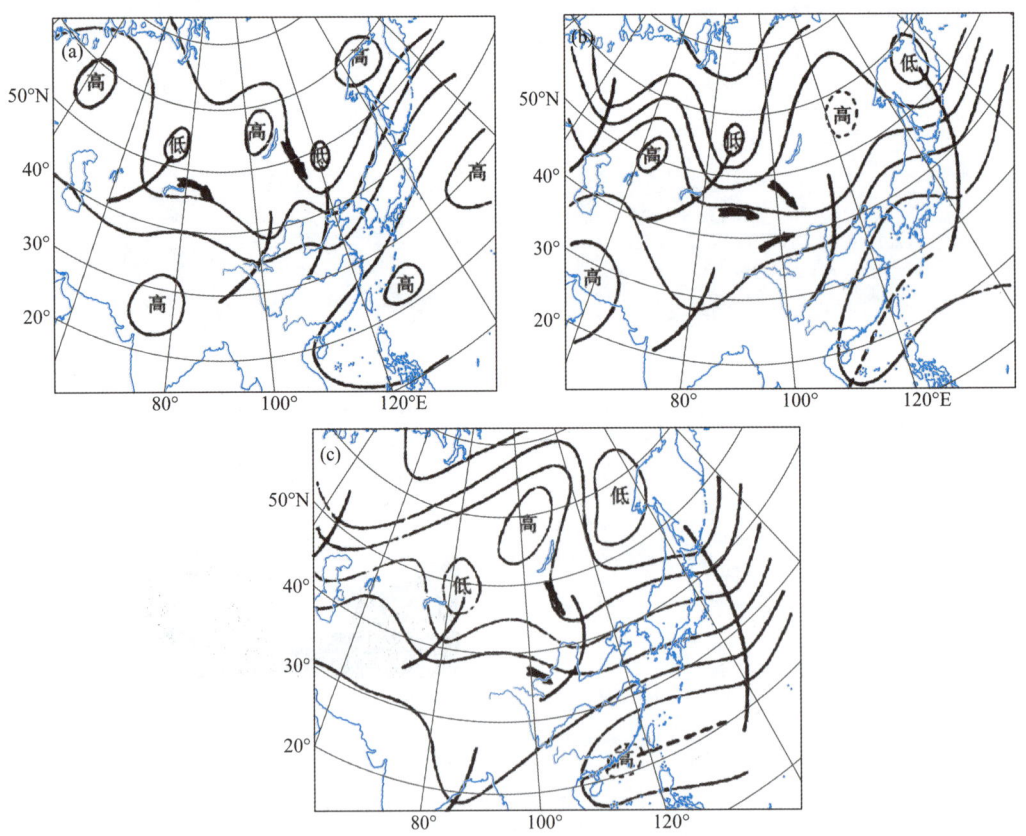

图 6.21 梅雨期 500hPa 形势示意图(朱乾根 等,2007)
(a)三阻型;(b)双阻型;(c)单阻型

阻塞高压之间有一宽广的低压槽,35°~40°N 有一支较平直的西风带。在贝加尔湖西面的大低槽内,不断有冷空气南下。冷空气的路径有二支:一支从巴尔喀什湖附近的低槽中分裂出小股冷空气经河西走廊南下;另一支从贝加尔湖南下。

第三类是单阻型(图6.21c)。在50°~70°N 的亚洲地区有一个阻塞高压,其位置在贝加尔湖北方,此时中国东北低槽的尾部可伸到江淮地区。冷空气主要是从贝加尔湖以东沿东北低压后部南下,到达长江流域。有时也有小股弱的冷空气从巴尔喀什湖移来。

③低层:a. 在地面图上,在江淮流域有静止锋停滞,在850 hPa 或700 hPa 上,则为江淮切变线,切变线之南并有一与之近乎平行的低空西南风急流,雨带主要位于低空急流和700 hPa 切变线之间。b. 当中纬西风带上有较强的低槽东移时,静止锋波动带能发展为完好的锋面气旋,并向东北方向移动。气旋后部有较强的冷空气推动静止锋南下,使它转变为冷锋。气旋和冷锋降水之后,江淮地区天气暂时转晴。如果整个大形势没有变化,则下一个低槽冷锋活动又重新构成梅雨形势。

3. 华北、东北地区

华北、东北降水,其主要影响系统大体有如下几类:低槽、低涡、冷锋、切变线、气旋、台风及其远距离相互作用等。一般而言,由于水汽供应所限,系统维持的时间不长,通常难以达到暴雨的程度(台风及其倒槽除外),更不用说特大暴雨了。过去也曾有过涡旋系统北上引发华北大暴雨,一类是台风和台风倒槽;另一类是西南低涡东移北上,如1963 年8 月的大暴雨等。像这类新生的华北气旋,尤其是能引发特大暴雨的气旋较为罕见。以2016 年7 月19—21 日的暴雨过程为例,华北出现了强降水过程,影响的地区包括京津冀和东北多个省份,造成了重大灾害。该次暴雨持续时间长,强度大,损失严重。此次暴雨为一次气旋导致的,为了探讨该气旋生成和移动,分析了对流层中低层每6 h 一次的低压(气旋)及高空低压系统的路径图,高低空低压系统的生成和移动均很清楚(图6.22)。

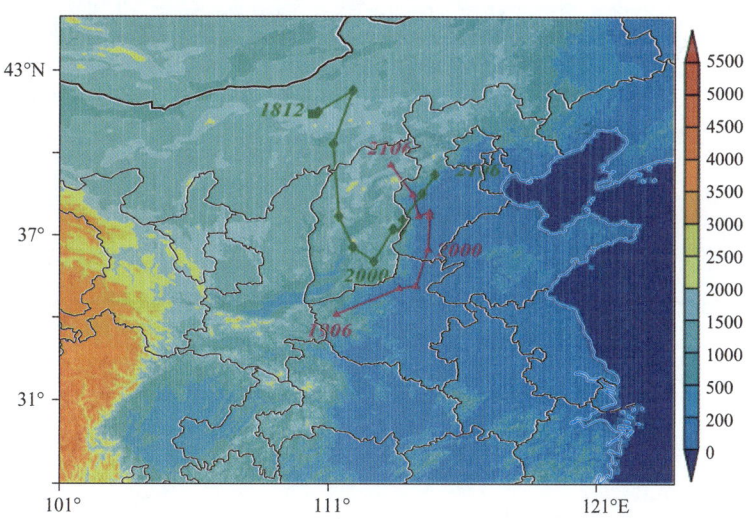

图6.22　2016 年7 月18—21 日气旋(850 hPa:红色折线)和短波槽路径
(500 hPa:绿色折线)(赵思雄 等,2018)
(阴影为地形高度,单位:m)

500 hPa上,7月上旬副热带高压一直呈带状伸展至中国大陆上。中旬末期开始向东撤退,之后趋于稳定(图6.23a),呈"东高西低"型。这种稳定形势的形成,虽然未达到典型的经向型(深槽)的程度,但它停滞少动。一方面,有利于降水系统的维持,致使华北地区的降水量明显地增强;另一方面,在中纬度有一横槽从贝加尔湖一直延伸至巴尔喀什湖,有冷空气不断东移,在华北受阻加深,甚至有切断低压出现。20日08时,500 hPa上出现闭合涡旋,中心值达5760 gpm,位于河北和山西交界处的太行山南脉一线。从地面图(图6.23b)上,可以清楚地看到一个气旋已经形成,其暖锋和冷锋均很清楚。切断低压为对流层中上层的系统。它的出现并不一定在低层要有低压相对应,而此次过程从低层到高层为一深厚的涡旋,这是北京"7·20"华北特大暴雨的突出特点。

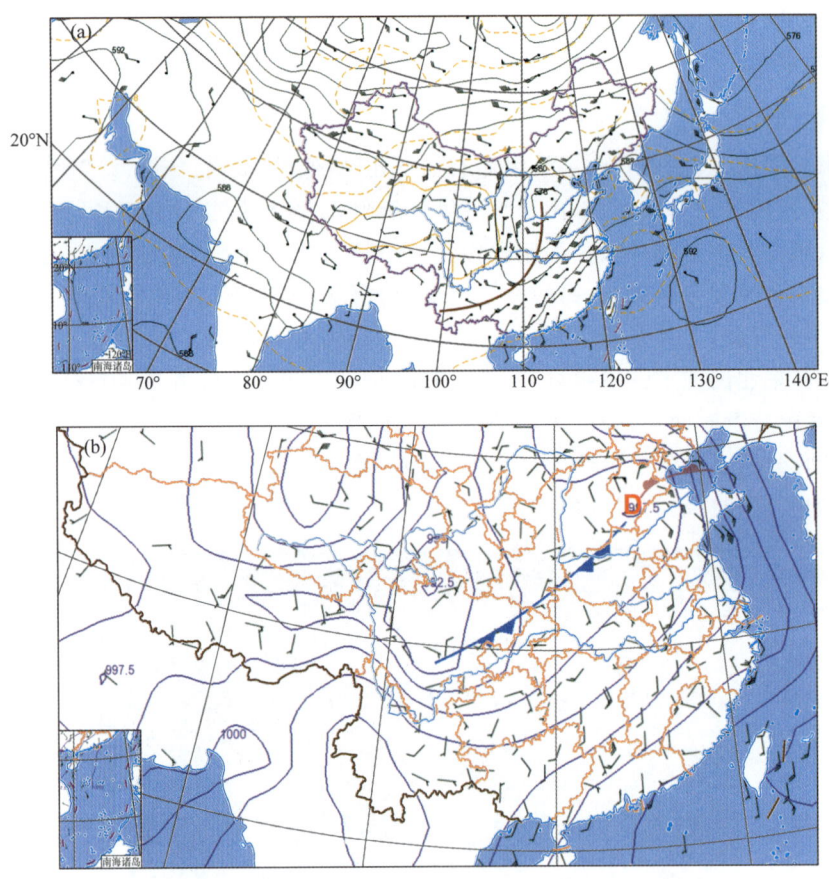

图6.23 2016年7月20日08时500 hPa和地面形势

北方暴雨的典型环流特征:北方暴雨主要发生在东高西低或两高(中高纬长波脊和副热带高压)对峙的环流形势下。

形势一:如图6.24a所示,巴尔喀什湖一带为长波槽,当东部长波槽位于100°~110°E时,对华北暴雨最有利,这时华北暴雨位于长波槽前。长波槽偏东时,华北位于高空西北气流下方,只能出现局地降水,很少出现区域性暴雨。长波槽下游高压脊或副热带高压位置的稳定性是决定降水持续时间的重要条件。当高压脊稳定于120°~140°E时,可形成明显的下游阻挡形势,使上游低槽移速减慢或趋于停滞。如果在下游中高纬长波脊与南面副热带高压脊同相叠加时,可进一步加强下游高压的稳定性,有利于降区域性的暴雨。

形势二:当下游有阻塞形势维持,同时在贝加尔湖一带有长波脊发展时,可形成"三高"并存的环流形势,如图 6.24b 所示,在日本海高压、青海高压、贝加尔湖高压同时存在,从东北至河套为深厚的低槽或切变线;南方的西南气流或低空急流不断把南方暖湿空气向华北输送;西南涡向东北方移动,进入长波槽中,在华北停滞;日本海副热带高压南侧的东南气流将太平洋上的水汽向雨区输送。这是造成华北持续性大暴雨的一种环流形势。"63·8"(1963 年海河流域暴雨)"58·7"(1958 年 7 月 14—19 日黄河中游强降水)等特大暴雨就是出现在这种形势下。

形势三:如图 6.24c 所示。这是在北面形成高压坝的条件下北上台风深入内陆受阻停滞或切断冷涡稳定少动造成暴雨的形势。不少大暴雨和持续性大暴雨都是由这种形势造成的,如"75·8"暴雨和 1966 年 8 月暴雨等。

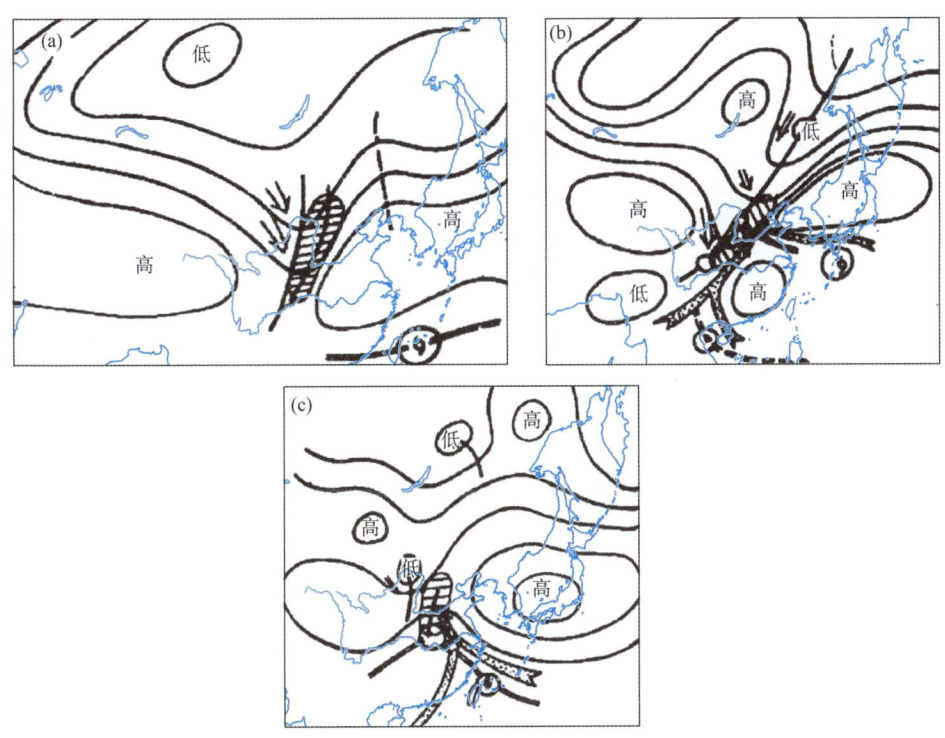

图 6.24 华北雨季暴雨的 3 种基本环流型(朱乾根 等,2007)
(实线表示 500 hPa 等高线,粗实线为槽线,空箭头表示冷空气,黑箭头表示暖空气,双实线表示热带辐合带,阴影区表示暴雨区)

复习与思考

1. 一般降水的形成条件是什么?
2. 暴雨的形成条件是什么?

3. 中国大范围暴雨的主要环流形势有哪些?
4. 中小尺度天气系统的基本特征是什么?
5. 什么是雷暴?什么是强雷暴?强雷暴一般有哪几类?分别有什么特征?
6. 中国冰雹天气、龙卷天气、大风天气及短时强降水天气有何主要特征?
7. 产生暴雨的不同尺度的天气系统一般有哪些?
8. 各地区暴雨的主要天气系统和相应的环流形势分别是怎样的?

气象灾害

　　自然灾害是指由于自然异常变化造成的人员伤亡、财产损失、社会失稳、资源破坏等现象或一系列事件。中国常见的自然灾害有气象灾害、地质灾害等。气象灾害主要有干旱、洪涝、台风、寒潮等(图7.1)。地质灾害主要有地震、滑坡、泥石流等(图7.2)。山区发生地质灾害的频率较高。中国地域辽阔,自然环境复杂多样,自然灾害种类多、分布广。

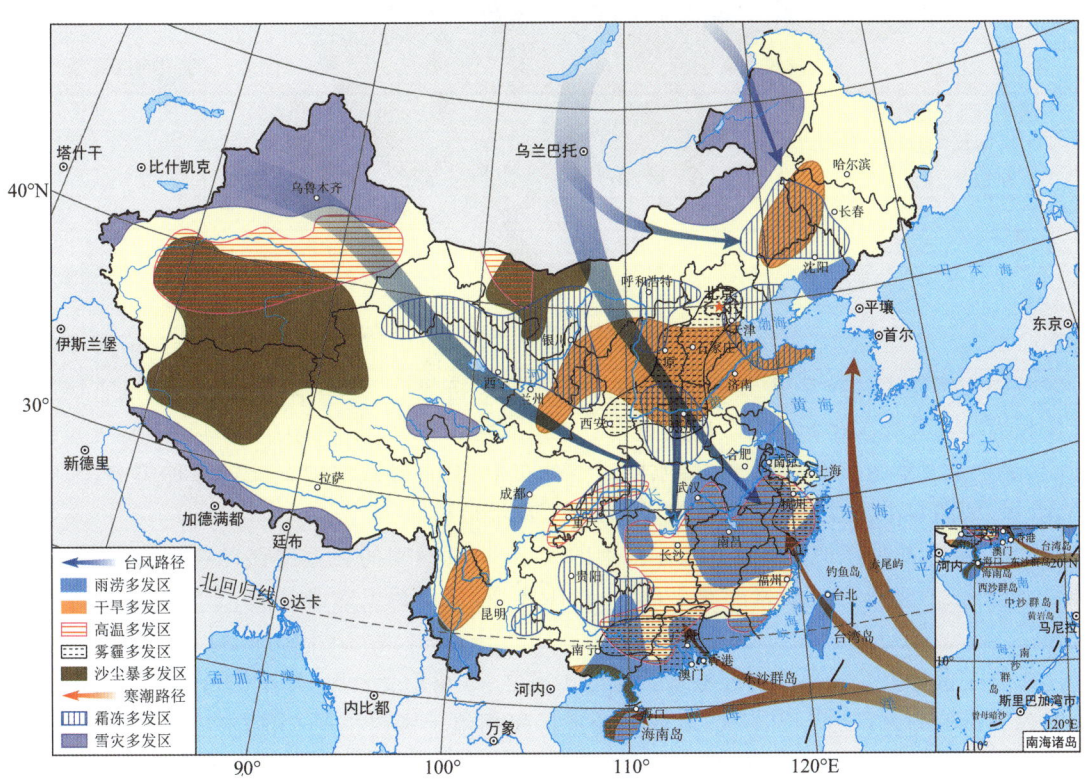

图7.1　1981—2010年中国主要气象灾害分布
(图片来源:国家气候中心)

　　中国是世界上自然灾害发生最为频繁的国家之一。同一时间往往有很多地区发生自然灾害。例如,春夏季节中国黄河中下游地区常见旱灾,江淮等地则多发洪涝灾害。同一地区不仅会出现多种自然灾害,而且不同的自然灾害有时还会连续发生。例如,2011年自春至夏,江西一些地区先是旱灾,紧接着就是洪涝灾害。同一灾害(如干旱、洪灾等)在大多数地区经常发生。中国也是世界上遭受自然灾害最为严重的国家之一。自然灾害有时会造成重大的人员伤亡和财产损失,并给社会的正常生活和生产带来巨大的冲击。

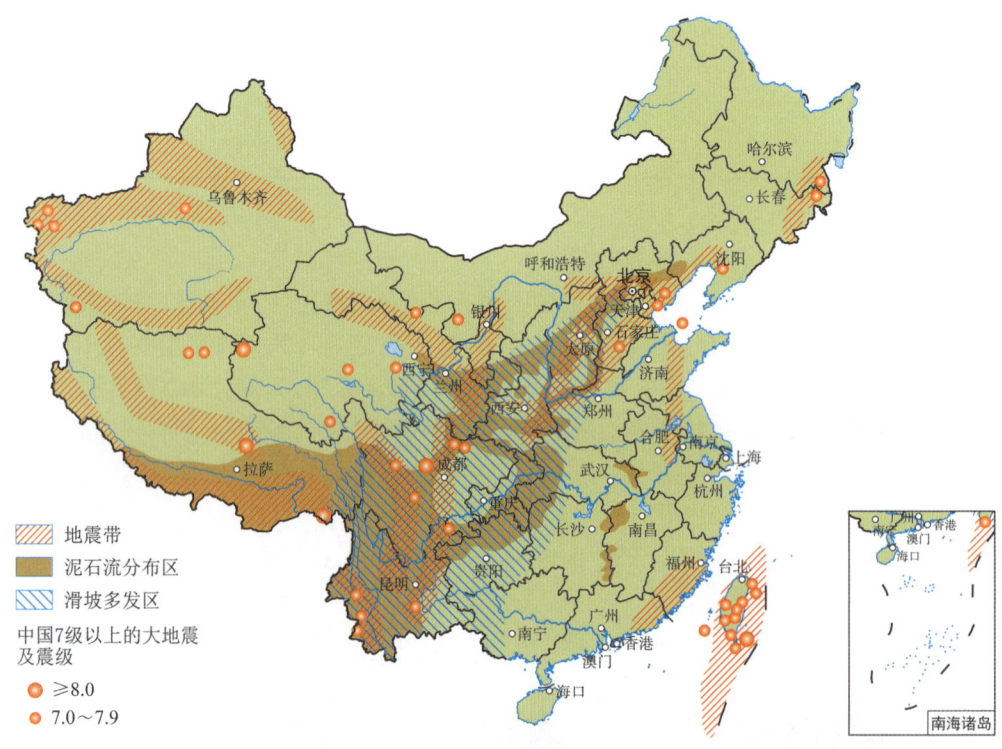

图 7.2　1949—2010 年中国主要地质灾害分布

气象灾害是大气异常现象对人类的生命财产和经济建设以及国防建设等造成的直接或间接的损害。气象灾害是影响面最广的灾害。中国海陆兼备,大部分地区受季风控制,气候极不稳定,决定了中国季节降水和年际降水的时空分布不均衡,导致中国气象灾害种类多,其中干旱、台风、寒潮对中国农业的危害影响范围最广、灾情最重。

大气圈中,高低压的强弱及其控制范围的大小、持续时间的长短和移动路径的不同,都可能引起降水、气温等天气要素的频繁波动,产生突变,从而诱发热带气旋、干旱和寒潮等自然灾害。

中国是世界上受气象灾害影响最严重的国家之一,每年受台风、暴雨(雪)、干旱、雷电等重大气象害影响的人口达 4 亿人次,造成的经济损失相当于国内生产总值的 1%～3%。因此,提供准确及时的气象预报预警服务,提高全社会防御灾害事件的能力和水平,最大限度地保护人民生命财产的安全,对经济发展、社会进步和生态文明建设具有很强的现实意义。

7.1　洪涝

洪涝包括洪水和涝渍两种主要类型。洪水是特大地表径流不能被江河、湖库容纳,水位上涨而泛滥的现象,一般发生在以降水为主要补给的河流汛期。涝渍是洼地积水不能及时排除的现象,多发生在蒸发弱、排水不畅的低洼地。由于洪水和涝渍往往接连发生,在低洼地区很难截然分开,所以通常称为洪涝。从气候因素看,洪涝集中在中纬度地区,主要是亚热带季风区、亚热带湿润气候区、温带海洋性气候区。从地形因素看,江河的两岸,尤其是中下游地区,是洪水的直接威胁区。低湿洼地容易发生涝渍。中国是世界上洪水灾害频繁而严重的国家之一。洪水灾害不仅范围广、发生频繁、突发性强,而且损失大。据统计,洪水灾害造成的经济损失和人员伤亡,在各种自然灾害中居第一位。

中国洪水灾害分布总的特点是东部多,西部少;沿海多,内陆少;平原低地多,高原山地少;山脉东坡和南坡多,西坡和北坡少。

暴雨洪水是影响中国范围最广、时间最长、危害最大的洪水灾害。据统计,1984—2018年我国因气象灾害造成的直接经济损失达7.3万亿元,年平均直接经济损失达2074亿元,约占GDP的1.82%。20世纪80年代以来,我国气象灾害造成的经济损失呈上升趋势(图7.3)。

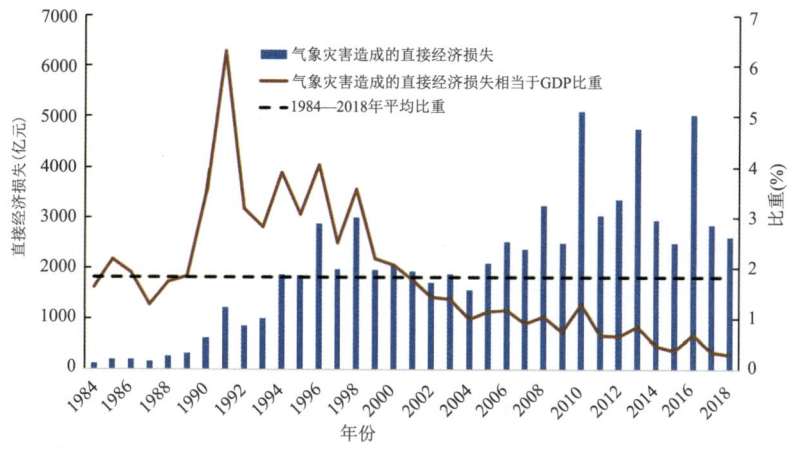

图7.3　1984—2018年气象灾害造成的直接经济损失和气象灾害造成直接经济损失相当于GDP比重
(图片来源:国家气候中心)

中国暴雨的成因类型主要有台风暴雨、梅雨锋暴雨等。洪水的时空分布与暴雨的时空分布存在着高度一致性,在东部季风区,暴雨集中发生在每年的4—9月,自南向北推移。东部季风区各大江河的中下游平原是暴雨洪水的主要分布区。暴雨洪水主要集中在大兴安岭—阴山—贺兰山—六盘山—岷山—横断山以东区域,特别是长江、淮河、黄河、珠江、海河、辽河、松花江7大江河的中下游平原地区,其次是四川盆地、关中地区以及云贵高原的部分地区。

中国雨涝主要发生在110°E以东,20°～45°N这一范围。东部平原地区地势低平,雨季河流排水不畅,是导致洪灾发生的根本原因。中国最大日降水量分布(图7.4)同样呈东多西少、南多北少的态势。辽宁以南、河北遵化和石家庄、河南驻马店、湖南桑植一线以东大部地区及四川盆地最大日降水量有200～300 mm,上述大部地区都出现过特大暴雨(日降水量≥250 mm);内蒙古东部、东北大部、西北东部及山西、云南、贵州等地最大日降水量为100～200 mm;西北大部和内蒙古西部最大日降水量为25～100 mm。>400 mm的最大日降水量主要出现在四川盆地西部、长江中下游沿江、江南东部沿海及华南南部沿海。

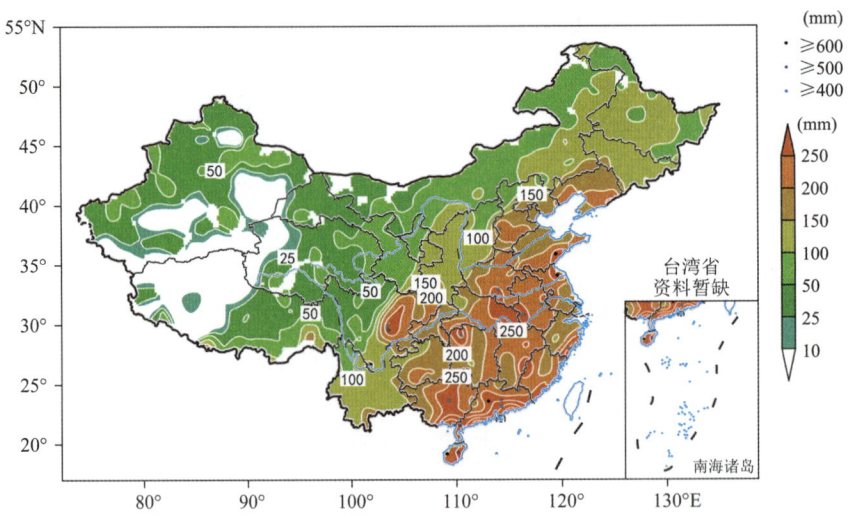

图 7.4 1981—2010 年最大日降水量分布（小圆点表示≥400 mm；林建 等，2014）

农业受洪水影响最为严重。洪水往往造成大面积农田被淹、农作物被毁，从而造成作物减产，甚至绝收。20 世纪 80 年代以来，中国平均每年遭受洪水灾害的农作物达 913 万 hm^2、成灾农作物为 510 万 hm^2，分别占耕地总面积的 10% 和 5% 左右，直接经济损失达几百亿元。每年因洪灾减产的粮食相当于夺走 3100 万人口的全年用粮。中国东部平原是农业的精华地带，主要商品粮基地均位于此。此外，这里也是城市密集、交通便捷、工业发达的地区，受洪水灾害威胁严重。

人类不合理的土地利用，例如，在山地丘陵滥伐森林、陡坡开垦等，造成了严重的水土流失，由此产生的大量泥沙堆积在中下游的河流、湖泊、水库中，导致河流蓄洪泄洪能力下降，加重了洪灾的隐患。下游的低洼地是洪水的高风险区。因为人类越来越多地在低洼地开发和建设，低洼地的资产、人口等密度加大，风险增加，导致洪水灾害的灾情日益严重。只有控制河流上游山地的水土流失与低洼地的过多经济活动，才有可能减轻洪水灾情。

7.2 干旱

干旱气象是气象学的一个重要分支，也是一个深受社会各界广泛关注的学科。一般而言，干旱气象研究主要包括两个范畴，它既指对干旱半干旱气候区的形成和演化以及发生在该区域的天气、气候事件的研究，又指对发生在全球任何区域的气象干旱的研究。

干旱是因长时期无降水或降水量少而造成空气干燥、土壤缺水的一种现象。它由较长时间的气候波动或气候异变引起，常与大气在全球范围内的波动有关，往往可以持续数月，甚至若干年。干旱影响的地域非常广，有时会波及整个国家或部分大陆。

旱灾是一种渐发性的自然灾害。在某些地区，即使降水丰富，但是在一段较长的时间内降水异常偏少，引起水分极度缺乏，不足以维持人们生产生活需要，甚至危及人和动植物的生存，严重阻碍经济发展，就酿成旱灾。

干旱是一种造成空气干燥、土壤缺水，使农作物和牧草体内水分亏缺，影响农作物播种和牧草返青,影响农作物和牧草正常生长发育,导致农牧业减产以及河流干涸、人畜饮水困难的气象灾害。旱灾指因气候严酷或不正常的干旱而形成的气象灾害。一般指因土壤水分不足,农作物水分平衡遭到破坏而减产或歉收从而带来粮食问题,甚至引发饥荒。同时,旱灾也可令人类及动物因缺乏足够的饮用水而致死。此外,旱灾后则容易发生蝗灾,进而引发更严重的饥荒,导致社会动荡。旱灾是中国发生范围最广、频次高、持续时间最长的渐发性气象灾害。需要注意的是,并不是所有的干旱都引起旱灾,旱灾常常发生在降水不稳定的干旱、半干旱地区。

全球自然灾害中气象灾害约占到70%,而在全球气象灾害中干旱灾害又占到50%。1980—2009年全球因干旱造成的经济损失年平均为173.3亿美元,而2010—2017年的年平均经济损失增长到231.25亿美元,远超其他气象灾害损失的增速。气候变暖背景下,全球水循环进一步加快,植物蒸腾和地表蒸散等水分平衡随之调整,干旱风险增高,农业生产的不稳定性和风险进一步增大。干旱灾害发生的频率和强度均呈增加态势,特大干旱事件更加频繁发生,干旱灾害的表现特征愈加异常,对人类生产、生活的危害日益加剧(IPCC,2012)。

1. 中国的旱灾

中国是干旱灾害发生频率最高且影响最严重的国家之一。20 世纪 70 年代以来,影响中国大部分区域的东亚大气环流系统从对流层到平流层均发生了明显的年代际转折,中国旱涝格局呈现为北方易受旱灾影响、南方旱涝并发的特征,大范围的干旱灾害连年发生,农作物每年平均受旱面积为 2.09×10^7 hm^2,最高年份达 4.05×10^7 hm^2,平均干旱成灾面积为 8.87×10^6 hm^2,最高年份达 2.68×10^7 hm^2。每年造成的粮食减产从数百万吨到3000多万吨,干旱每年造成的直接经济损失高达440亿元。干旱灾害严重威胁着粮食和生态安全,已成为制约社会经济可持续发展的重要因素之一。

自新中国成立以来,中国的干旱研究取得了长足进展,从只对一些重大干旱事件的零散研究逐步发展到与国际干旱研究的完全接轨。干旱灾害的形成和发展过程不仅包含着复杂的动力学过程及多尺度的水分和能量循环机制,而且还涉及气象、农业、水文、生态和社会经济等多个领域。中国大部分区域既处于东亚季风的两类子系统——"东亚热带季风(南海季风)"和"东亚副热带季风"重叠影响区,又同时受西风环流、青藏高原季风的共同影响,再加之生态系统的敏感性以及高强度人类活动影响等因素,干旱气象灾害具有十分明显的区域性和复杂性,对其成因和变化规律的认识还不够深入,诸多新的科学问题还有待进一步研究。

随着观测站网的完善和探测手段的不断进步,逐步发展到对干旱时空分布规律的认识。在这一发展过程中主要取得了如下几个方面的科学认识:第一,区域干旱事件年发生频率高、影响大,大范围干旱事件虽然年发生频率不高,但危害尤为严重。中国最严重的干旱是明朝崇祯年间的大旱,从崇祯元年(1628年)陕北干旱起,至1638年旱区扩及陕、晋、冀、豫、鲁和苏等省,中心区连旱 17 年。赤地千里,民不聊生,爆发了明末农民大起义。20 世纪分别在 1900 年、1928—1929 年、1934 年、1956—1961 年和 1972 年出现了大范围干旱。大范围干旱事件年发生频率为11%。元、明、清 3 朝河南省共有 654 年发生干旱,以夏旱最多,春旱次之,冬旱最少,季节连旱中以夏秋旱、春夏旱居多。河北省在 1368—1900 年共有 379 年发生了干旱,其中夏旱最多,春旱次之。1640 年、1641 年、1832 年和 1877 年河北省发生受旱范围广、持续时间长的干旱事件;1951—1980 年黄土高原春旱频率最高的是宁夏北部(75%),陇中与晋中紧随其后,分别为57%和56%;关中最少(30%),其余大部分地区为37%~52%。随后,黄土高原大部分区域夏旱形势更加严峻,干旱频率比以往增大,大旱概率明显增大。黄河流域以春旱最为严重。可见，中国区域干旱事件年发生频率大多在50％以上，黄土高原区域春季干旱年发生频率更高达75％；华北、中原区域以夏旱为最。虽然大范围干旱事件年发生频率不高（11％），但危害非常重，应予以高度关注。第二，北方地区属干旱频发区，但南方地区干旱频次也明显增多。中国干旱的空间分布存在显著的区域差异，东北地区西部、华北、黄淮、西北地区东部、内蒙古中东部、西南等区域年平均干旱日数普遍在40 d以上，华北中南部、黄淮东北部、西北地区东部以及吉林西部等年平均干旱日数甚至超过60 d，北方地区总体属于干旱多发区域。进入21世纪后，北方干旱仍然频繁发生的同时，南方地区干旱频次明显增多，季节性干旱事件增加尤为明显。其中，西南地区的四川南部、云南和贵州西部等地2011—2014年干旱频率达到了50％，重大干旱事件频发，2006年重庆、四川遭受百年一遇的特大干旱，2009年西南出现有气象记录以来最严重的秋—冬—春连旱；2009—2012年云南发生连旱等。2002年广东也发生罕见的冬—春连旱；2004年整个华南地区遭遇了1951年以来最严重的秋—冬连旱；2007年一场50年一遇的特大干旱波及江南、华南及西南等区域。第三，北方发生持续性干旱事件的概率大于南方，3个月以上的较长干旱事件多发生在北方半干旱半湿润区及西南地区。干旱的形成和发展是地表水分亏缺不断积累的过程，干旱持续时间越长，产生的危害越重。中国北方区域发生持续性干旱事件的概率要大于南方区域，北方半干旱半湿润区常发生持续时间3个月以上的干旱事件，其发生概率大部分区域大于51.7％，燕山—太行山—秦岭—巫山—横断山脉一线的山地区域甚至高于77.6％，持续6个月以上的干旱主要发生在西北地区及东北地区东部的半湿润区，发生概率通常高于17.2％，局部区域会高于31％，持续12个月以上的干旱主要发生在西北地区大部分区域以及华北、东北、黄淮的小部分区域，发生概率小于15％。南方区域持续性干旱事件发生概率相对较低，主要出现在西南和华南局部区域。另外，中国持续性干旱事件起止时间具有一定的区域差异，西南地区及华南地区的持续性干旱事件在秋季和初冬频次最高，且大部分在春季结束；而西北中西部的大部分地区秋季开始的持续性干旱事件明显比其他季节多，在冬春季结束的频次明显高于夏秋季，夏季发生概率最小；东北区域秋季持续性干旱事件较少，其他季节出现频率均比较高。第四，旱灾受灾面积总体呈增大趋势，农作物因旱受灾面积和成灾面积趋于增大。从1951—2016年中国干旱受灾和成灾面积变化曲线（图7.5）可见，20世纪50年代以来，中国旱灾总体呈加重趋势，农作物干旱受灾和成灾面积趋于增大。尤其是华北、东北、西北地区东部、西南以及华南等显著干旱化，干旱程度加重，频次增多，旱区范围显著扩大。进入21世纪后，重大干旱事件明显增多，重旱到特旱面积每10年增加3.72％。

  引起干旱的因素很多，包括气候波动、气候异常、气候变化和外强迫及水资源供需变化等及其协同作用。而且，即使在同样的环流异常背景下，干旱也往往是从生态环境相对脆弱的地区开始暴发，而后再向周边扩展。干旱的发生和发展往往还表现为不同的时空尺度，干旱的多时空尺度性及尺度之间交叉耦合问题使干旱的形成机制变得更加复杂。对干旱事件成因的认识远没有对干旱气候成因认识得清楚，很多结论还比较定性甚至模糊。

  中国干旱形成机理及变化规律的认识包括：第一，大气环流异常导致降水量时空分布变异，部分区域降水量减少，形成区域干旱事件。中国气象灾害的发生主要是由于东亚气候系统变化所引起。第二，植被退化、积雪增多或土地利用等陆面因子改变造成地表反照率增大，会导致下沉运动加强，抑制降水发生，导致干旱。中国西北地区植被的退化（从植被覆盖到裸土）将减少地表吸收的辐射，并引起较弱的地表热力作用，这使得西北干旱区大部分区域上空对流

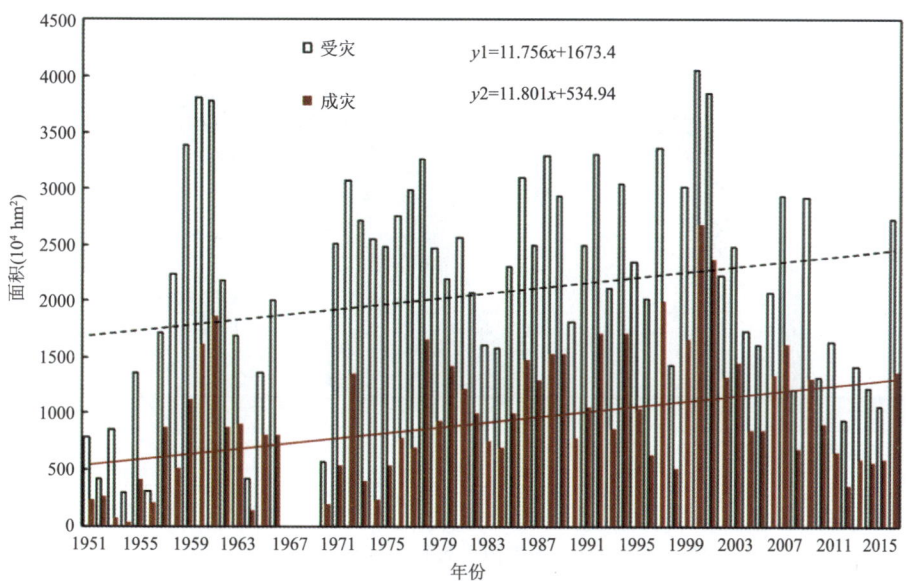

图 7.5　1951—2016 年中国干旱受灾和成灾面积变化(张强 等,2020)

层中层出现反气旋异常环流,导致该区域大部分地区降水减少。第三,青藏高原从多个方面影响东亚干旱事件。第一方面是青藏高原通过屏障、侧边界动力和下沉运动带等作用影响中国的干旱事件。第二方面是大地形的动力和热力过程影响区域尺度的环流及干旱形成。第三方面是在青藏高原北侧边界层中盛行西风,形成了一条东西向的负涡度带,有下沉运动,加剧该区域的干旱事件。第四方面是在青藏高原及邻近地区多年夏季平均的垂直运动场上,夏半年(4—9月)青藏高原上盛行较强的上升运动,而绕高原西北和东北侧分布着下沉运动带,其下沉运动的异常变化和干旱事件的强弱显著相关。第五方面是由于青藏高原夏季为热源作用,造成西北地区东部上空偏北气流加强。第四,海温和海洋引起的环流异常是导致干旱事件的重要因子。第五,人类活动改变地表状况,进而改变地—气能量、动量和水分交换,对区域干旱产生显著影响。第六,开展了综合性的干旱气象科学研究和综合观测试验。中国于 2015 年启动了"干旱气象科学研究(DroughtEX_China)"重大项目。该项目由中国气象局牵头实施,在中国北方干旱半干旱地区通过常规、加密与特种观测以及野外模拟试验,开展跨学科、综合性、系统性的干旱气象科学研究和综合观测试验,在干旱灾害形成和发展过程、多尺度的大气—土壤—植被水分和能量循环机理及大气、农业、水文等相互关系方面取得了明显进展,在干旱的准确监测、风险评估以及干旱早期预警等技术方面也取得了重要进步。

　　旱灾是中国发生范围最广、频次高、持续时间最长的渐发性气象灾害。半干旱区、半湿润区和湿润区均不同程度受旱灾影响。从图 7.6 可以看出,1961—2014 年西北西部与东部、华北和西南地区干旱频次较高,累计大于 30 次。新疆中北部、甘肃中东部、宁夏、内蒙古中东部、陕西北部、北京、河北、山东西北部、山西南部、四川北部、云南、广西南部和广东南部等地干旱频次较高。总体来看,干旱频次北方高于南方、东部高于西部。长江流域以北干旱频次较高,特别是黄河流域频次高于其他地方。新疆南部、贵州北部、湖北南部、湖南中部、浙江、江西西北部和福建东北部干旱频次较低。

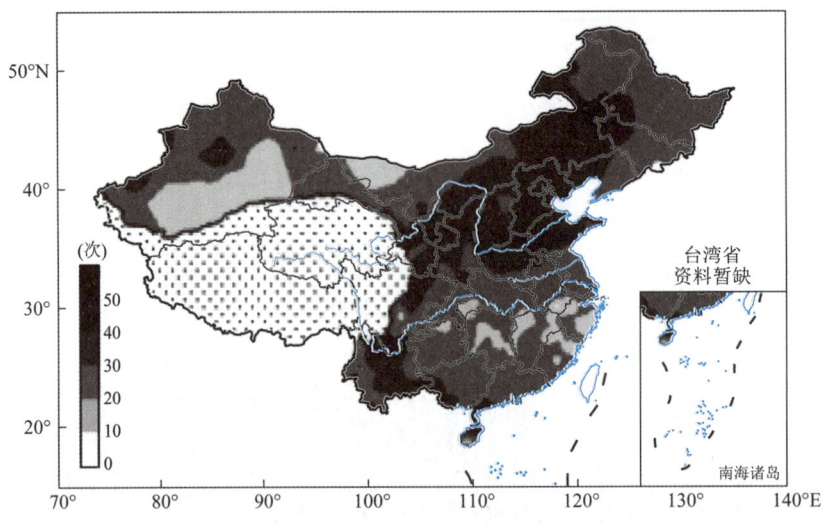

图 7.6　1961—2014 年中国旱灾频次分布（韩兰英 等，2019）

不同区域旱灾的特点不尽相同。干旱区年年干旱，属荒漠景观，几乎很少出现旱灾；半干旱区常常"十年九旱"；旱灾主要分布在常年雨水较多、干旱程度较低的广大东部季风区。东部季风区人口稠密、城市众多、经济发达，受到偶发性干旱的影响，就会形成重大的灾情。

旱灾频发主要有自然原因和人为原因。自然原因：东部季风区是旱灾频发区的自然原因，中国东部深受季风的影响，由于夏季风不稳定，季风到来的早晚、势力的强弱、停留时间的长短等都直接影响着降水量的多少及其时间分配，加上夏季气温高、蒸发量大，使得季风区的降水量不仅年内变化大，而且年际变化也大；不稳定的降水就是干旱频发的主要原因。人为原因：东部是中国重要的工农业生产区，人口稠密，人均径流量少；工农业发达，用水量大。对降水的需求量和保证率要求很高，如果出现干旱，势必造成旱灾灾情。因此，中国东部季风区是旱灾频发区。总的说来，中国旱灾以春旱发生地域最广，频率最高，夏旱和秋旱次之。

中国旱灾与涝灾在时间上交替、在空间上交错出现。除干旱和半干旱地区经常偏旱之外，其他不少地方出现先涝后旱或先旱后涝，再转旱等旱涝交替现象。一年之内，旱涝时间上交替较多的地方有黄河流域、海河流域、长江中下游及珠江流域等。另外，在季风气候的影响下，中国大陆上很容易出现某一地带雨涝，而另外大片地区干旱，即"这里不涝那里涝，这里不旱那里旱"的现象。

干旱对人类造成了损害，才称旱灾。旱灾的严重程度与人口、经济的发达程度有关，人口越密集，经济越发达，同样程度的干旱造成的旱灾越严重。

旱灾导致较长时间内水分极度缺乏，农业减产；土壤、植被缺水，径流减少，导致地下水水质变差（咸潮）、高层建筑地层不稳。诱发次生灾害，如森林火灾、蝗灾。

表 7.1 为中国不同区域旱灾的特点。干旱灾害对中国农业生产的影响严重，旱灾损失具有复杂性和显著的区域差异。

①干旱发生的季节往往与当地作物的生长发育季节相吻合，加重了农牧业灾情。

②中国水土资源组合不平衡，特别是北方耕地多、城市和人口密集，但水资源少，造成北方城市十分缺水。

表 7.1　中国不同区域旱灾的特点

分区	旱灾类型与特点
东北区	在盛夏季节,特别是辽河与嫩江流域,常有久晴高温天气,引起"三天一小旱,五天一大旱"的旱灾
华北区	全国旱灾最频繁、影响最严重的地区,特别是春季,正值冬小麦生长发育关键期,故有"春雨贵如油"的说法
长江区	旱灾多发生在 7—8 月,故称"伏旱",有时严重影响作物生长、水电和城市供水
华南区	以夏秋旱为主,春旱次之;桂西则以春旱为主;沿海地区的旱灾频率与强度均超过内陆
西南区	一年四季都可能发生旱灾;云南和川西山地多春旱;伏旱发生在 7—8 月,以东部更为严重,四川盆地西部与北部是夏旱(5—6 月)出现的高频区

亚热带季风气候。降水季节和年际变化大;青藏高原挡住了从印度洋和孟加拉湾过来的暖湿气流,而北方的冷空气不易到达西南地区云贵高原腹地,冷暖气流难以交汇形成降水;西南地区的降水,主要是由印度洋和孟加拉湾的西南季风输送的。西南气流较往年偏弱,降水很少。气温较往年偏高,蒸发强。云南、贵州部分地区特殊的喀斯特地貌,形成了雨水蓄不住,地下水用不上的状况;水利设施脆弱。

2. 旱涝关系

①旱灾和涝灾在时间上交替:中国主要旱涝交替区有黄河流域、海河流域、长江中下游及珠江流域等地区。

②旱灾和涝灾在空间上交错出现:即某一地带雨涝,而另外大片地区干旱,即"这里不涝那里涝,这里不旱那里旱"的现象。

当夏季风势力弱,在南方停留时间过长,则"南涝北旱";当夏季风势力强,到达北方早,停留时间过长,则"南旱北涝"。

研究表明,全国涝灾主要集中在江淮地区,江淮地区的旱涝灾害主要发生在 6—8 月,台风活动和梅雨的异常是旱涝灾害的主要成因,其中,6—7 月的旱涝灾害大部分是由于梅雨异常所引起的入梅的迟早、梅雨期的长短、梅雨量的丰枯以及梅雨带的漂移,都会严重影响江淮地区的夏季气候状态,使该地区成为中国夏季旱涝灾害最频发的地区,灾害的严重程度也常为全国之首。在江淮地区发生的特大洪涝,如 1954 年、1991 年、1998 年和 1999 年等年份的涝灾,都与梅雨的异常有关,特别是 1998 年,该年夏季长江流域出现了自 1954 年以来的全流域特大洪水,受灾面积达 2120 万 hm^2,成灾面积达 1310 万 hm^2,受灾人口为 2.23 亿,死亡为 1320 人,直接经济损失(包括东北)达 1666 亿元。相反,1978 年的梅雨期不明显,长江中下游地区出现大范围持续性干旱高温天气,为新中国成立以来所罕见,给农业生产带来严重的危害。而且,由于该区的经济在快速发展,梅雨洪涝造成的人民生命财产和经济损失将愈来愈大。

在长江、淮河流域,旱涝经常发生。在 1958—1997 年,降水有明显的季节和年际异常,20 世纪 80 年代以后,该区的降水有显著增加的趋势。典型旱涝年降水异常的时空特征互不相同,即使在同一年中,不同月份的异常型也有差别。对于不同年份,降水异常型更为不同,这表明降水异常的因子非常复杂,有 ENSO 事件、中国邻海及全球海洋的海温异常、青藏高原冬春季积雪以及大气环流的异常等;它们有时是以某个因子为主,有时是几个因子共同作用而难以分离,使其预测成为难题(钱永甫 等,2007)。

7.3 台风

第3章有对台风详细介绍,台风伴着狂风、暴雨,来势凶猛,是一种破坏力很强的天气现象。台风中的大风在海上能把巨轮抛向空中,拦腰折断。在陆上能拔树倒屋、摧毁建筑码头、铁路桥梁。比台风大风灾害更为厉害的是台风特大暴雨,它可以冲垮水库河堤,山体崩塌、城镇良田淹没,一片泽国。最为严重的灾害往往是风暴潮,台风中很低的气压和海上大风可使大陆架浅海区的局部海域水面增高数米,它可以冲毁海堤、淹没岛屿,使沿海陆地变成片汪洋,将巨轮搁到半山腰,死伤无数。台风造成的影响和灾害是由台风大风、特大暴雨和风暴潮所引起,这种自然灾害遍及全球,是造成人类死亡人数最多的一个灾种。

7.3.1 登陆台风的影响

1. 台风大风

台风大风分布基本成环状,最里圈为台风眼,这里天空晴朗,是狂风暴雨包围中的一块晴空区,这种景观是一个非常奇特的自然现象。最贴近台风眼的内环是台风眼壁所在处,一个台风中最强的狂风暴雨集中于此,对于一个强台风的≥12级大风出现在这环形区域内;中区风力减小到10～11级,外区继续减小到6～9级。通常台风中大风分布并不对称,东北象限的风力比其他象限要大。

秋冬季节南海台风常与来自大陆的南下冷锋相遇,小股冷空气疏散到台风环流内部,使得台风眼扩大,结构松散,台风眼壁的最大风力下降。这时,台风外围与冷锋相遇,气压梯度急剧加大,从而使台风北侧外围的风力猛增,甚至超过中心附近的风力,出现这种反常现象的台风称为"空心台风"。当台风前方出现飑线或在飑线和台风之中出现龙卷、雷暴等中小尺度强对流系统时,台风的风灾将会成倍加剧。台风风力之大可摧毁测风仪,而使其实际风力缺测。

影响中国大陆的台风中,约85%的台风平均风力在6级以上或有8级以上阵风。根据1951—2000年的台风历史资料统计,台风引起的大风出现在中国大陆东部及东南部地区,尤其是山东半岛以南的东部及南部沿海区域。从频次上看,6～7级大风以广东上川岛的出现频次最多,为71次。由2 min 平均风速判定的8～9级风(或阵风10～11级)主要出现在浙江、福建、广东和海南的沿海地区,其频次以福建台山居最大,达101次。台风引起的大风风速与大风频次有类似的分布,也是沿海大、内陆小的特征。7908号台风影响下,在广东省遮浪站曾出现过2 min 平均风速半个世纪的最大值,达到61 m/s(风力为17级)。

2. 台风暴雨

中国暴雨之最是台风造成的。24 h 降雨量为50 mm 就称为暴雨,而一个登陆台风通常24 h 内可降几百毫米,甚至上千毫米的特大暴雨。影响中国大陆的台风中,分别约78%、61%和15%的台风会带来暴雨、大暴雨和特大暴雨。台风导致中国大陆出现大暴雨,也是从东南沿海向内陆递减,浙江、福建、广东、广西沿海和海南、台湾岛大部是大暴雨和特大暴雨的影响区域,其中1951—2000年大暴雨频次最多的是海南岛的琼中,达74次,特大暴雨频次最多的则是台湾的阿里山,达45次。影响中国台风的日降水量极值基本上也是从东南向西北递减,但由于暴雨受地形影响较大,日雨量极值在200 mm 以上区域除东部沿海和南部沿海外,也包括了内陆部分特殊地形区域,如衡山山脉、河南驻马店附近区域。

陈联寿(2012)的研究表明,台风 Herb(9608)登陆中国台湾北部,1996 年 7 月 31 日—8 月 1 日 24 h 在阿里山的降雨量竟达到 1748.5 mm,是中国降雨量之第一位。第二位是 1967 年 10 月 17 日 6718 号台风(Carla)致使在台湾新寮 24 h 降雨量为 1672.6 mm 达特大暴雨。如此大的暴雨还并非台风本体所致,而是这个台风北侧的倒槽或东风波所致,台风本身并未在台湾登陆。占有第三位的特大暴雨是登陆台风"莫拉克"(Morakot,0908)所造成。它的 24 h 降雨量在阿里山达到 1623.5 mm。如此暴雨洪水和泥石流吞没了高雄县的一个村庄,无数房屋倒塌。第四位特大暴雨是台风(Gloria,6312)所致,该台风使台湾百新 24 h 降了 1248 mm 的特大暴雨,这场暴雨发生在台风中心左侧的邻近地区,台风中心从岛屿北端掠过而并未登陆。第五位特大暴雨是台风 Lynn(8719)所为,它在穿过巴士海峡后,由于长时间在台湾恒春西南方的南海东北部滞留,10 月 24 日在台湾阳明山 24 h 降雨量达 1136 mm,造成台北出现较为严重的水患,它是一个没有登陆台湾而造成台湾局部特大暴雨的台风。第六位特大暴雨是台风"芭玛"(Parma,0917)所为,它在菲律宾吕宋岛和中国台湾之间的海面回旋和停滞少动,10 月 5—6 日的 24 h 在台湾南部宣芝降雨量竟达 1086.5 mm,它是又一个没有登陆台湾,而在台湾降了特大暴雨的台风。第七位的特大暴雨也是中国大陆暴雨之最,就是著名的 75•8 特大暴雨,它是由 1975 年 8 月 7503 号台风(Nina)造成的,7503 号台风穿越台湾岛后在福建晋江登陆。此时又遇澳大利亚附近南半球空气向北半球爆发,西太平洋热带辐合线发生北跃,致使这个登陆台风没有像通常那样在陆地上迅速消失,以罕见的强力,越江西、穿湖南,在常德附近突然转向,北渡长江直入中原腹地,过长江以后经久不息,在河南南部停滞超过 20 h。这次暴雨是西风带和热带环流及各种天气系统相互作用的结果,在河南的林庄 24 h 降雨量达 1062 mm,造成板桥和石漫滩两座大型水库崩塌,冲毁铁路,一片汪洋,尽成泽国。以上实例说明,台风暴雨杀伤力极大,决非一般暴雨可以相比。另外,未登陆的台风或登陆后削弱的残涡可致惊人的暴雨,甚至可超过登陆强台风的暴雨。

台风暴雨引起的灾害往往比台风大风更加严重,它可以造成洪水泛滥,淹没良田城镇。为了减轻灾害及其影响,正确估测台风暴雨的雨量和正确预报台风暴雨的落区和雨强成为十分关键的技术。

台风强度预报和台风暴雨预报比台风路径预报远为落后。但由于大气探测技术的发展,遥感资料的应用,从而使台风暴雨的雨量估测和定量预报技术有了快速发展。

登陆台风暴雨往往会引发江河泛滥,洪水成灾。暴雨预报再准确也不能直接做出洪水预报,为此,需要建立与气象有关的水文模式来预报洪水。对此,有 3 个参数关系到水文模式预报的优劣,即登陆台风雨量强度和分布的预报、地面径流和累计雨量,可见有限区台风降雨模式的性能直接关系到水文模式预报的成败。

3. 台风风暴潮

海洋上的强台风,因中心气压很低,周围的气压高,台风所盘踞的海平面就会升高,这块升高的海水即称为增水,水的高度不仅与台风的最低气压有关,也与风速、海洋深度和台风移速等有关。台风越强、气压越低、风速越大,增水就越高。海水深度越浅,增水高度也越高。因此,近海大陆架浅海区对风暴潮的发展比远海要有利得多,这就是为什么台风临近登陆前会引起风暴潮。大陆架浅海区的强台风,气压低、风力强,尤其是向岸风力强就会诱发很强的风暴潮。同样强度的台风,在不同沿海地带,风暴潮增水的强度完全不同。全球最为严重的风暴潮经常发生在孟加拉湾,这是一个非常脆弱的海湾,风暴潮可以摧毁海堤,冲进内陆,淹没岛屿,一片汪洋,死伤无数。风暴潮是这一海湾的主要杀手,同样强度的台风,在这一带可酿成巨灾,而在别的沿海可能没事。风暴潮往往被看作台风引发的最大灾害。如1970年11月孟加拉湾的风暴潮造成30万人死亡,1991年4月孟加拉湾的风暴潮造成13.9万人的死亡,台风带来的暴雨洪水和大风灾害还不至于如此惨重。

7.3.2 台风灾害特征

台风的破坏力极大,是夏秋季节严重威胁中国沿海,特别是华南和华东沿海及内陆省份的灾害性天气系统之一。人们直接能感受到的是台风的狂风骤雨,由其造成的灾害可分为直接和间接两类。直接灾害主要是由台风引发的风灾和暴雨造成的城市积水内涝和乡村农田的暴雨洪涝灾害;间接灾害主要为台风暴雨引发的衍生地质灾害(如泥石流、山体滑坡等),以及台风作用于海表而引发的沿海地带风暴潮,即因迎岸大风使近海海域的水位急剧升高,而导致海水漫溢或冲毁堤坝,使海岸地带被淹没,在天文高潮期风暴潮灾害更为严重。中国遭受台风灾害有次数多、季节性强、受灾程度(灾情)重、影响范围广等特征。台风季节内约半个月就有台风登陆中国,严重的台风灾害多发生在盛夏至初秋,主要集中在7—9月,受灾地区主要在台湾、粤、闽、浙和海南诸省沿海地带,少数台风在近海北上,登陆浙闽后北上或转向移入黄渤海,对上海、江苏、河北、辽宁等省(市)造成灾害(图7.7)。灾情严重程度(灾害的实际损失)首先取决于台风的风雨强度及其预警和预报的准确率,其次还与防台减灾决策的正确性及受灾地区的社会经济发展水平密切相关,因此,台风灾情可以在一定程度上反映灾害的严重性。

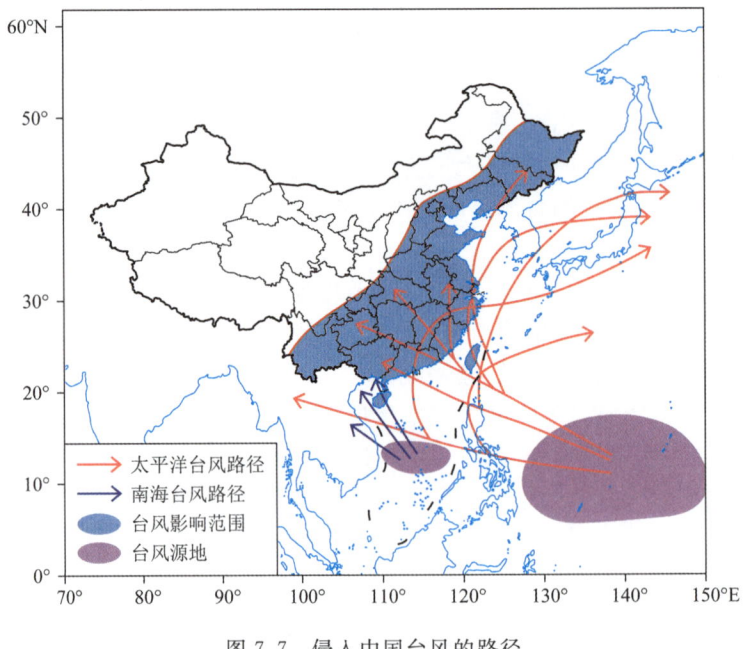

图 7.7 侵入中国台风的路径

中国台风来自西北太平洋,中国南起两广,北至辽宁的漫长海岸地带,时常受到台风的袭击,大多数内陆省份也可能直接或间接受到影响。如图7.8所示,1949—2015年平均每年7.2个台风登陆我国,年际差异较大,最多的年份(1971年)达12个之多,是最少年份(1950年、

1951年)3个,比最多年份少近4倍。

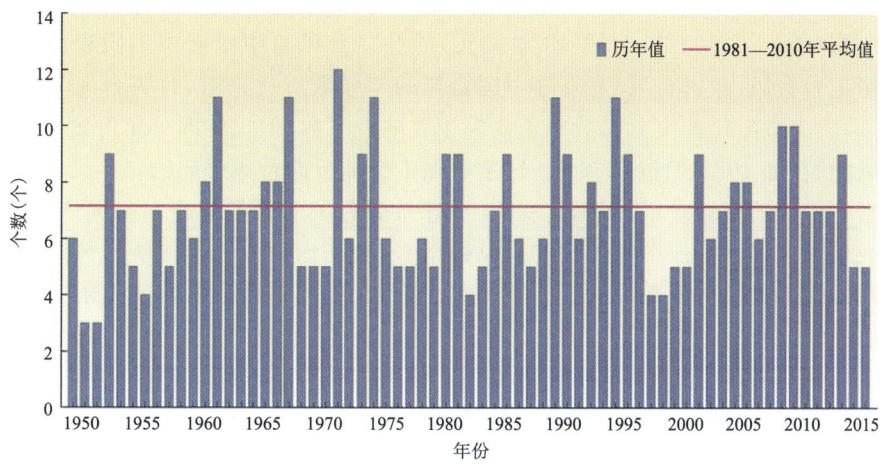

图 7.8　1949—2015 年登陆中国台风(风速≥17.2 m/s)个数变化
(图片来源:国家气候中心)

中国沿海地区是重要的工业区、农业区、渔业区,人口密集,城市港口众多的地带。台风带来的狂风、暴雨以及风暴潮灾害常会形成海水倒灌,造成海堤决口,形成洪涝灾害,并且可诱发泥石流和滑坡等灾害,会造成城市、港口以及生命线工程的破坏、船舶的毁坏等,以及人员伤亡、房屋倒塌、建筑物破坏,造成重大的经济损失;从而直接威胁着中国沿海地区工农业经济的发展。

台风发生的时间主要为盛夏至秋初。台风灾害的空间分布特点:沿海重、南方重。如图7.9 所示,1990—2015 年的年平均因台风造成的直接经济损失达 398.7 亿元。广东、台湾和福建是登陆台风最多的 3 个省份。

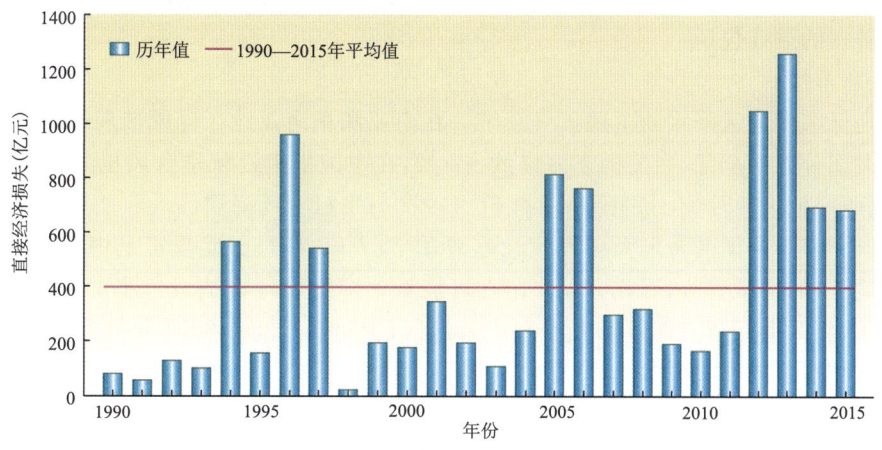

图 7.9　1990—2015 年中国台风灾害直接经济损失变化
(图片来源:国家气候中心)

台风灾害导致不同程度灾情的原因极其复杂,台风造成的灾情不但与台风大风和暴雨的强度及持续时间等气象致灾因子有关,还与台风预警预报的及时性和准确性、影响区域的前期气象状况和地理状况、社会经济发展水平和城乡基础建设状况、群众防灾意识强弱、当地政府防台减灾措施适度和及时性等关系密切。从 1980—2004 年的不完全统计,26%~73%(平均为 51%)的影响台风或 60%以上(平均为 90%)的登陆台风给中国带来不同程度的灾害。从中国有灾情记录台风(致灾台风)与登陆中国台风的年频数对比来看,致灾台风与登陆台风的年频数相近,大多数年份致灾台风数小于或等于登陆台风数,但也有部分年份致灾台风频数大于登陆台风频数,如 1982 年和 1983 年,这主要是未登陆近海台风引起的。

台风影响中国的地域较广,中国共有 24 个省份受台风的明显影响并有灾情记录,但以东南沿海各省份为多,其中,广东省的致灾台风数最多,年平均约 3.7 个影响台风造成有记录的灾情;福建和浙江省次之,年平均约 2.6 个;海南、广西、江苏等省(区)年平均有 1.9~1.2 个;江西、安徽、上海、山东、湖南、湖北、河北、辽宁、吉林、天津、北京、河南、黑龙江、山西、陕西、内蒙古、云南、贵州等省(区、市)有记录灾情的致灾台风年平均尚不足 1 个。

当台风登陆时,会给当地造成严重的财产损失和人员伤亡。气象工作人员应当搞好台风的预报;做好台风的宣传、台风登陆时的撤退演习,以提高人们的防台风意识;台风登陆时有序地撤退,并对部分生产、生活设施做好加固工作等。

7.3.3 台风的益处

台风的风场分布具有显著的特征:台风云墙附近的风速最大,云墙以外风速随着台风中心径向距离的增大而减小,风害也随之减小。此外,台风登陆后,一方面,陆地下垫面会迅速削弱其风速,风害趋于减轻,甚至不再成害而可以被用于风力发电。另一方面,台风降水可以增加土壤湿度(从而缓解旱情)、补充地下水(从而减缓地面沉降)和江河湖泊及水库的蓄水量,即使形成了洪水,也是可供调度、济旱的水资源。当前,国内外洪水资源化利用、风力发电等新兴可持续能源产业方兴未艾地发展。由此可见,伴随台风的大风和充足的雨水也不乏益处,在气候变化的背景下,"风调雨顺"的降水资源将可能减少,而台风暴雨性降水及丰富的风能资源量所占比重将增大。因而,台风也是一种宝贵而且日渐重要的、可能被利用的潜在资源。

台风潜在的益处包括:

(1)缓解旱情

台风是低纬度地区降水的主要天气系统。在南亚和东南亚地区台风带来的降水占当地全年雨量的大部分甚至全部,在美国东海岸约占 1/3,在中国华南夏秋季台风也是主要的降水来源,浙、闽、两广地区 7 月、8 月的降水量有 50%~70%来自台风降雨。

影响(或登陆)中国的台风大多发生在盛夏季节(7—9 月),而盛夏正是中国南方(包括长江中下游地区)的伏旱季节,因此台风降雨在可能对中国沿海地区造成危害的同时,也能及时缓解,甚至解除几十万至上百万平方千米广大地区的旱情。比如,2004 年 8 月中旬登陆浙江的台风"云娜"在造成浙江省 181.28 亿元直接经济损失的同时,也缓解了江南大部的旱情,其中江西、安徽、江苏、湖北等省并未出现灾情。同样,尽管 2004 年的台风"艾利"曾使广东省 30 多个水文站点出现暴雨,但是因为干旱的大地承载力强、江河湖库水位低,所以不仅未造成损失,却为广东省带来了甘霖。类似的例子每年都有发生。可见,台风降雨实际上是中国南方大陆盛夏翘首以待的水资源,是久旱少雨时解除旱情的主要因素,也为水稻生长、水利灌溉等提供了有利条件。

事实上,台风给人类送来的水资源大大缓解了全球的水荒。因此,台风并非都是洪水猛兽,台风也是宝贵资源,是一种可以带来水资源的特殊资源。

(2) 缓解酷暑和电力需求

台风在缓解伏旱的同时,也缓解了当地的高温酷暑之苦。例如,2003年7月下旬正是台风"伊布都"结束了江南大部分地区持续40 ℃左右的高温天气。再如,2004年江南的持续高温也正是被8月中旬的台风"云娜"中断的。台风一方面通过缓解高温酷暑,节约了因防暑降温支出的生活用水和用电量,从而缓解了能源(电力)的紧张程度。例如,2004年盛夏江南大部的电力紧张(浙江省杭州市等地出现拉闸限电),即是由台风"云娜"缓解的。另一方面,进入江河和水库的台风降雨还可能直接用于水力发电,从而缓解电力供应的紧张程度。不仅如此,登陆后减弱的台风(或近海热带低压的大风)还是潜在的风电资源。中国沿海及其岛屿地区每次大风过程,其影响半径达400~500 km,而且只要不是在台风正面登陆的地区,风速一般小于26 m/s(风力10级),在风力发电机组切出风速(25 m/s)范围之内,因此是一次满发电的好机会。

(3) 增加渔获量(渔业产量)

台风过后海表温度(SST)明显下降,其原因是台风中心的低气压、近海面的巨大风力和强烈的气流旋转及辐合等作用,迫使海浪剧烈运动、海水上翻。而伴随海水上翻的是大量海洋深层的浮游生物,这种从海洋深层上翻到浅层的营养物质为鱼群提供了大量的饲料,有利于其生长和增加渔产。如2004年浙江省遭遇的多次台风,它们在给人民财产造成损失的同时,也增加了浙江省海洋渔业的产量。

台风对保存渔业资源也十分有益。台风影响期间,原来在浅海进行张网作业的渔民担心渔网被台风刮破而停止作业。同时,台风逼近时鱼类为免受海浪翻滚的威胁,会成群结队地从浅海区游向相对平静的深海区,使大量鱼群得以生存。

(4) 调节气候和淡化海水

台风发展和维持的主要能量来源是水汽凝结释放出的潜热,其水汽主要来自低纬度的热带洋面。随着台风从热带向中高纬度地区的移行,由其携带的大量热量和水汽即从热带输送至中高纬度地区。因此,台风与海洋中的温盐环流等一样,起着使全球各地的冷热保持相对均衡的调节作用。低纬度地区气候炎热,台风部分地疏散这些热量,特别是在全球气候变暖的背景下,台风从热带向中高纬度地区高效率地输送热量和水汽的贡献,可能显得更为重要。

台风的水汽源自热带洋面的海水(咸水),而降落的台风雨则是淡水,因此,台风还是天然的海水淡化"机器"。研究表明,一个普通强度的台风登陆时即可带来约30亿t的淡水(降雨)资源,台风在整个生命期能淡化的水资源由此可见一斑。

此外,台风的风力还有利于大气层中各种污染物的扩散,起到使空气变得清新的作用。总之,台风既具有灾害性,又具有相当的益处,是一种潜在的自然资源。

7.4 寒潮

寒潮是一种大范围的强冷空气活动,主要发生在北半球中高纬地区的深秋到初春季节。形成寒潮的强冷气团聚集在高纬度的寒带,直径可达几千千米,厚度伸展到6~7 km高空。当冷气团向暖气团方向猛烈冲击时,就爆发寒潮。所以寒潮来临前,当地天气越暖,寒潮强度越大。势力强大的寒潮天气可影响到低纬度区域,来势迅猛,所经之处,短期内气温骤降,并伴有大风、雨雪、霜冻等现象,有时还带来暴风雪、沙尘暴等恶劣天气。

中国天气

中国气象局规定,由于强冷空气的入侵影响,凡是气温在 24 h 内下降 10 ℃ 以上,并在这一天内,最低气温在 5 ℃ 以下的,就称作"寒潮"。这个标准是针对全国情况规定的。但是,中国幅员辽阔,各地气候差异很大,南方一些地区虽然没有达到这个标准,也同样可以造成危害。因此,各省(自治区、直辖市)另外制定了发布寒潮的标准。

如图 7.10 所示,寒潮是冬半年强冷空气入侵造成的剧烈降温现象,并伴有大风、冻害、雨雪等天气,有时还带来暴风雪和沙暴等恶劣天气。

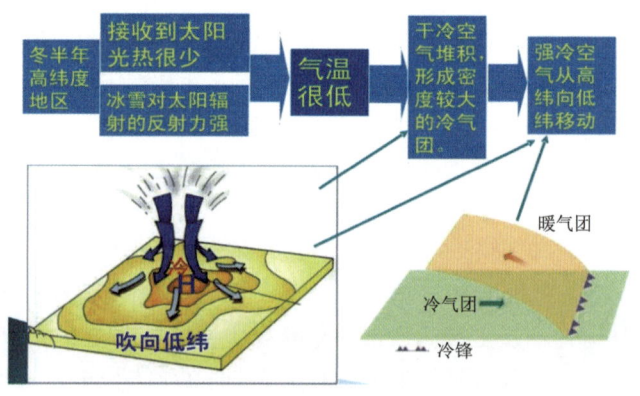

图 7.10 寒潮天气发生的过程示意图

中国寒潮主要发生在每年 9 月至次年 5 月。每年春秋两季有两个寒潮高峰期,即 3—4 月和 10—11 月,前者更强。如图 7.11 所示,寒潮活动主要来自北方大陆与冰雪洋面,入侵中国的寒潮主要有 4 条路径。西路:从西伯利亚西部进入中国新疆,经河西走廊向东南推进;西北路(中路):从西伯利亚中部和蒙古进入中国后,经河套地区和华中南下;东路:从西伯利亚东部或蒙古东部进入中国东北地区,经华北地区南下;东路加西路:东路冷空气从河套下游南下,西路冷空气从青海东南下,两股冷空气常在黄土高原东侧,黄河、长江之间汇合,汇合时造成大范围的雨雪天气,接着两股冷空气合并南下,出现大风和明显降温。

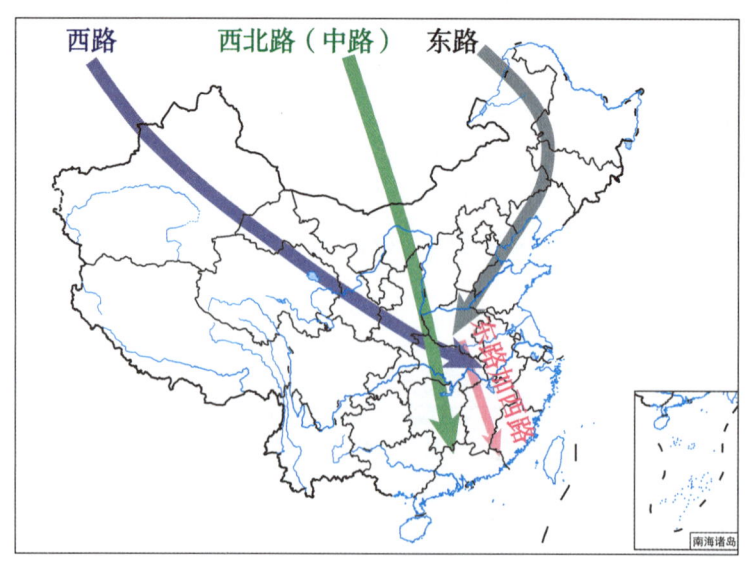

图 7.11 侵袭中国的寒潮路径

在强大的冬季风驱动下,寒潮在南下过程中,一方面,受东西向山地,如天山、阴山、秦岭和南岭等的阻挡,使山体北侧冷空气堆积,灾害加剧;山体南侧相对温暖,灾害减弱。另一方面,因地理位置的差别和地形的影响,形成冷空气的通道,分流的寒潮长驱南下,一直可以影响到黄河流域与长江中下游地区,甚至两广地区。

寒潮爆发期间,北方大部分地区农作物正值生长季节的始末,寒潮造成的低温、大风对农牧业都有重大危害。例如,秋末的第一次寒潮会给北方带来大范围的初霜,使晚秋作物遭到冻害;寒潮在新疆、西北、内蒙古等地区引起霜冻,使牧草和牲畜受灾。寒潮灾害影响范围大,频次高,在南北方表现不同。北方主要表现为大风、降温、霜冻、暴风雪等,南方主要表现为降温、冻害、雨雪等。从寒潮和强冷空气出现的次数来看,东北地区最多,华北次之,再次为西北和长江流域,华南最少。

东北地区寒潮危害严重的原因:第一,纬度高、中国东北地区紧邻冬季风的源地,冬季风越过大兴安岭,使东北地区气温骤降。第二,初霜时东北农作物正值生长季节,严重危害农牧业生产。

7.5 沙尘暴

沙尘暴是对华北和西北地区冬春季影响很大的气象灾害。沙尘暴是沙暴和尘暴两者兼有的总称,是指强风把地面大量沙土卷入空中,使空气特别混浊,水平能见度低于 1 km 的天气现象,虽然华北地区的沙尘暴发生次数和严重程度不及西北,但造成的损失非常严重。

沙尘天气划分为浮尘、扬沙、沙尘暴、强沙尘暴和特强沙尘暴 5 个等级。

中国有两大沙尘暴多发地区:第一个多发区在西北地区,主要集中在 3 个区域,即塔里木盆地周边地区,吐鲁番—哈密盆地经河西走廊、宁夏平原至陕北一线和内蒙古阿拉善高原、河套平原及鄂尔多斯高原;第二个多发区在华北,直接影响首都北京的安全。

沙尘暴产生需要 4 个基本条件,一是大风,这是形成沙尘暴的动力条件;二是地面的沙尘物质,这是形成沙尘暴的物质条件;三是不稳定的空气状态和局部地区的热力条件;四是干旱的气候环境或者发生之前持续的干旱条件。沙尘暴由少到多,影响不断扩大,除发生的 4 个基本条件外,还有人为原因,特别是随着人口的增长,对植被的破坏逐渐严重。可以通过植树造林、种草增加地表植被覆盖,以减小风速、增加湿度、减轻沙化,降低沙尘暴的基本条件。另外需要加强沙尘暴监测、预警。

沙尘暴带来的并非全是弊端,也会带来一些好处。沙尘的"阳伞效应"有利于抑制全球变暖。世界上每次巨大火山喷发,都曾使得全球气温暂时降低。这是因为巨量的火山灰尘埃粒子上升进入平流层大气(最后分布全球),把大量的阳光反射回到宇宙空间。这好比给地球撑了一把"阳伞",因此曾被称为"阳伞效应"。

联合国政府间气候变化专门委员会曾公布说,包括沙尘在内的大气气溶胶(大气中的固体和液体粒子)造成的降温,大约抵消了全球变暖升温总量的 20%。

沙尘暴能有效缓解酸雨。中国北方许多地区工业很发达,污染物的排放量也不比常降酸雨的南方少。可是,北方酸雨发生地区小,程度也较轻微,而且还是最近几年间才开始出现的。主要就是因为北方常有沙尘、扬尘天气,沙尘中丰富的碱性阳离子能有效地中和酸雨。

韩国、日本是中国天气过程的下游,因此,春季中国沙尘暴气流常可东移到达韩国、日本,暂时中和了那里的酸雨。

沙尘天气制造了厚厚的黄土高原。这是沙尘天气又一个值得提到的"功绩"。

随着青藏高原的隆起,中亚地区形成了沙源。同时,因青藏高原被迫分支的北支西风急流,正好把沙漠地面大风刮到高空的粉沙级细粒顺风输送到东部地区。它们的一路沉降形成了中国北方大约 40 万 km^2 的面积巨大而土粒物理化学性质却十分均一的黄土高原。中国历史文献中北方常有"雨土"和"黄雾下尘"等记载,指的就是这种降沙尘天气。

因为黄土是热的不良导体,因而黄土窑洞中冬暖夏凉,居住十分舒适。中国现今居住在黄土高原上窑洞中的人口多达 4000 余万。此外,黄河每年把从黄土高原上冲刷的巨量泥沙源源不断地输到入海口,使三角洲海岸线每年前进约 2500 m,又使可耕地不断扩大。

7.6 中国强对流天气灾害

强对流天气,一般是指天空出现短时强降水、雷雨大风、龙卷、冰雹和飑线等现象的灾害性天气,发生在对流云系或单体对流云块中,在气象上属于中小尺度天气系统,这种天气的水平尺度一般小于 200 km,有的仅有几千米。破坏力很强,它是气象灾害中历时短、天气剧烈、破坏性强的灾害性天气。

1. 强对流天气灾害

一般来讲,强对流天气发生的主要原因,一方面是有北方冷空气扩散南下,而另一方面是低层配合有比较暖湿的空气,在盛夏炎热的午后,受热后往往会产生强烈的上升运动,与南下的冷空气相互作用,而导致出现强对流天气。另外,北方地区高空受较强西北气流控制,白天天气晴好,太阳辐射强,近地面气温升高迅速,而位于华北地区的低涡相对稳定,常常引导冷平流南下,在部分地区形成了上冷下暖的不稳定大气层,使得这些地区容易产生强对流天气。

强对流天气的另一成因是全球气候变暖。天气变化的幅度正在加剧是事实,全球各地纷纷传来天气反常的报告,德国和意大利的山区就曾上演"七月飞雪"的景象。

强对流天气灾害大体上可将其归纳为风害、涝害、雹害。强对流天气发生时,往往几种灾害同时出现,对国计民生和农业生产影响较大。例如,飑线、龙卷和雷雨大风最突出的气象要素之一是强风。强对流天气的破坏力很强,会产生严重的灾害。若以风速估计该类天气的能量,则一个强对流风暴的平均能量可达 10^8 kW·h,大约相当于 10 多个原子弹爆炸时具有的能量。

随着人民生活水平的提高,经济建设的发展,因强对流天气的发生而造成的损失也就更加严重。强对流天气灾害与强对流天气的类型、其影响的范围和持续时间是密切相关的。

强对流天气往往会带来雷暴,当大气中的层结处于不稳定时容易产生强烈的对流,云与云、云与地面之间电位差达到一定程度后就要发生放电,有时雷声隆隆、耀眼的闪电划破天空,常伴有大风、阵性降雨或冰雹,因此雷暴天气总是与发展强盛的积雨云联系在一起。

中国年雷暴日数极大值分布情况如下:黄淮东部江淮、江汉、江南、华南西南大部分地区每年为 50~110 d,其中海南、广东大部分地区、广西东南部、云南南部、湖南南部等为 110~150 d;中国其余地区一般为 30~50 d。西北大部分地区在 30 d 以下。

强雷暴是一种灾害性天气,雷电会引起雷击火险,大风刮倒房屋、拔起大树,果木蔬菜等农作物遭冰雹袭击后损失严重,甚至颗粒无收,有时局地暴雨还会引起山洪暴发、泥石流等地质灾害。

中国雷电灾害伤亡人数：广东最多，每年平均死亡 78 人，受伤 67 人；云南次之，年死亡 40 人，受伤 57 人；贵州第三，年死亡 33 人，受伤 35 人。6—8 月是中国雷电灾害的高发期，在这个时期雷电造成的伤亡人数占全年伤亡人数的 65%，其中 7 月最高，占全年的 29%。每天 13—21 时是中国雷电灾害发生的集中时段，其中 15—17 时最为突出，雷电造成的灾害事故次数和伤亡人数分别占各自总数的 10% 和 15% 以上，这与雷电日变化特征有关。

大气中发生的雷电，人们了解更多的是雷电给人们的生命财产带来的灾害，其实任何事情都是一分为二的，雷电对于人类来说也有它的功绩，如制造氮肥、促进生物生长、制造负氧离子等，雷电也是一种无污染的能源。

龙卷所造成的灾难，往往是毁灭性的。据统计，全世界每年会产生 1000～1500 个龙卷。龙卷一般伴有雷雨，有时也伴有冰雹，它与一般大风的区别就是路径要小一些。龙卷的水平范围很小，直径从几米到几百米，最大为 1 km 左右，持续时间一般也仅有几分钟，最长不过几十分钟，但却可以造成庄稼、树木瞬间被毁，交通、通信中断，房屋倒塌，人畜伤亡等重大损失。在美国，龙卷每年造成的死亡人数仅次于雷电，损失非常严重。

短时强降水造成的暴雨往往具有降雨强度大、累计雨量大、影响范围集中等特点，由于地形的原因，短时强降水引发的暴雨过程，容易导致山体滑坡、泥石流等地质灾害，山洪暴发以及城市内涝等衍生灾害等发生。

大风除有时会造成少量人口伤亡、失踪外，主要是破坏房屋、车辆、船舶、树木、农作物以及通信设施、电力设施等，由此造成的灾害为风灾。大风灾害四季均有，大风对城市高层建筑、电力设施、交通运输及人民生活都会造成很大的影响，秋冬季节还伴有较大幅度的降温。

中国冰雹灾害的时间分布是十分广泛的。尽管一日之内任何时间均有降雹，但是在全国各个地区都有一个相对集中的降雹时段。中国大部分地区降雹时间 70% 集中在地方时 13—19 时，以 14—16 时为最多。湖南西部、四川盆地、湖北西部一带降雹多集中在夜间，青藏高原上的一些地方多在中午降雹。

2. 强对流天气的判断

①关注当地气象台的短时临近预报预警，发生强对流天气时最好减少户外活动，尽量避免在恶劣天气时安排外出活动。

②可通过网页、手机收看雷达图，简易判断强对流天气大概多久到达。从雷达回波的多时次动态图可以看到雨区的移动方向、移动速度，从而判断自己所在区域是否将遭到强对流天气的影响。

3. 强对流天气的防御措施

①防雷电：在建筑物上装设避雷装置，利用避雷装置将雷电流引入大地而消失；在雷雨天气时，人不要在露天地劳作，不要靠近高压电线和孤立的高楼、大树、旗杆等，更不要站在空旷的高地或大树下躲雨；雷雨天气时在高山顶上不要开手机，更不要打手机；不能用有金属立柱的雨伞，在郊区或露天操作时，不要使用金属工具，如铁撬棒等。

②防大风：加固围板、广告牌、棚架等临时搭建物；加固港口实施，防止船只走锚碰撞；机动车和行人应减速慢行，注意观察；出海作业船只和近海养殖人员回港避风。

③防冰雹：户外行人立即到安全的地方暂避；驱赶家禽、牲畜进入有顶篷的场所，妥善保护

易受冰雹袭击的汽车等室外物品或者设备。

④防龙卷:如果在家里时,务必远离门、窗和房屋的外围墙壁,躲到与龙卷方向相反的墙壁或小房间内抱头蹲下。地下室或半地下室是躲避龙卷最安全的地方;在电杆倒、房屋塌的紧急情况下,应及时切断电源,以防止电击人体或引起火灾;在野外遇龙卷时,应就近寻找低洼地伏于地面,但要远离大树、电杆,以免被砸、被压和触电;乘坐汽车外出遇到龙卷时,应开车向相反方向躲避,或立即离开汽车,到低洼地躲避。

⑤防短时强降水:如果身处室外,应立即停止田间农事活动和户外活动,在户外积水中行走时,要注意观察,要贴近建筑物行走,防止跌入窨井、地坑等;驾驶员遇到路面或立交桥下积水过深时,应尽量绕行,避免强行通过;当汽车在低洼积水处熄火时,人千万不要在车上等候,要下车到高处等待救援。

7.7　主要气象次生灾害

许多气象灾害,特别是等级高、强度大的气象灾害发生以后,常常会诱发一连串的其他灾害,这种现象叫灾害链。灾害链中最早发生、起作用的灾害称为原生灾害;而由原生灾害所诱导出来的灾害称为次生灾害。气象次生灾害是指因气象因素(例如,暴雨、台风)引起的其他灾害(例如,地质灾害、农业灾害)。主要的气象次生灾害包括地质灾害、农业灾害、交通灾害、森林灾害、生物灾害、环境破坏、疾病流行、饥馑灾荒等。中国是多山之国,山地面积约占土地面积的66%,山区居住着全国1/3的人口,分布着全国2/5的耕地,占有着全国3/5的铁路运营里程。在山高沟深、地势陡峻、地质构造复杂和上层岩性相对松软的地质地貌条件下,受重力或水力的作用,很容易形成滑坡和泥石流灾害。中国是世界上滑坡和泥石流分布广泛、类型齐全、爆发频繁、规模巨大的国家之一。

1. 地质灾害

对于地质状况脆弱的地区,台风的特大暴雨可以引发山体滑坡和泥石流等地质灾害,造成严重财产损失和人员伤亡。台风登陆时,受到地形抬升作用,往往会使暴雨强度加大,加剧了在迎风坡上产生泥石流的可能性。台风登陆后与冷空气结合也容易诱发大暴雨,这类暴雨具有持续时间短、雨强大的特点,如受9017号台风(Cecil)影响,浙江苍南的3 h、6 h、12 h和24 h雨量分别达298.3 mm、412.4 mm、514.8 mm和573.1 mm。台风降雨的特点决定了台风地质灾害具有历时短、发生相对集中的特点。统计结果表明,台风影响期间的地质灾害集中分布在台风影响最强的1~2 d,特别是泥石流灾害往往发生在降雨过程中。一旦离开台风降雨云团的影响范围,该地区发生地质灾害的危险性也急剧降低。

滑坡是构成斜坡的岩土体在重力作用下失稳,沿着坡体内部的一个(或几个)松软脆弱面(带)发生剪切而产生整体性下滑的现象。滑坡是山区水库、铁路、公路以及依山而建的民居房等建筑设施遇到的一种地质灾害。大规模滑坡可以导致河道堵塞、公路阻断、车辆毁坏等,造成大量的人员伤亡和财产损失。

根据滑坡的不同特征,可以有多种滑坡分类的方法,按照滑坡的力学特征,可以分为牵引型滑坡和推动式滑坡;按照滑动面和地质构造特征可以分为均质滑坡、顺层滑坡和切层滑坡;按照滑坡体的主要组成物质分类可以分为堆积型滑坡、黄土滑坡、黏土滑坡和岩层滑坡。

滑坡常在暴雨、洪水中转化为泥石流灾害(即次生灾害),注意因滑坡可能危害到的某些生命线工程(如水库、干线铁路、干线公路、发电厂、通信设备、干线渠道等)所引发的次生灾害或第三次灾害的发生,如火灾、洪水等。注意调查滑坡是否有间歇性活动特点,尽可能确定其再次活动的可能性和时间。如果必要的话(需经有关专家或科技人员论证),应迅速设立观测点(站)或观测网,密切注视其变化动态。

泥石流是山区沟谷中,由暴雨、雪融水等水源激发的,含有大量泥沙和石块的特殊洪流。其特征往往是突然暴发,浑浊的泥石流体沿着陡峻的山沟前推后拥,奔腾呼啸而下,地面为之震动、山谷犹如雷鸣。在很短时间内将大量泥沙、石块冲出沟外,在宽阔的堆积区横冲直撞、漫流堆积,常常给人民生命财产造成重大危害。泥石流按其物质成分可分为泥石流、泥流和水石流。按其物质状态可分为黏性泥石流和稀性泥石流。

泥石流大多数受连续降雨、暴雨等激发,因此具有与降水相对一致的季节变化。从空间分布上看,滑坡和泥石流灾害主要发生在中国的山区:从太行山到秦岭,经鄂西、四川、云南到藏东一带滑坡发育密度极大;青藏高原以东的第二阶梯,特别是西南地区为中国泥石流、滑坡灾害的重灾区。滑坡和泥石流灾害在地域上具有广泛和相对集中的分布特点。

2. 海洋气象灾害

海上大风、风暴潮、海浪、海雾、海上强对流等是中国主要的海洋气象灾害。在东部和南部海域,受海洋环境的影响,以台风、风暴潮、赤潮等自然灾害为主,对海洋渔业和石油平台、船舶、港口造成灾情。

中国东部沿海地区受台风、海啸、海蚀等海洋气象灾害的影响日益严重。海洋气象灾害制约着中国东部经济的发展,所以有必要对海洋气象灾害进行预测。海洋气象灾害是源于海洋的自然灾害,是海洋自然环境或者气象要素之间发生异常和激烈变化所引起的。

3. 交通灾害性天气

交通在很大程度上受到气象条件的影响和制约。城市轨道交通灾害性天气是造成城市轨道交通系统瘫痪,或者严重影响城市轨道交通运行,或者同时伴有人员伤亡、财产灭失或资源破坏的灾害性天气的总称。

冰雪天气:在冰雪天气下,公路表层的附着系数仅为正常干燥路面的 1/8~1/4,随着车速的提高,路面附着系数会降低,车辆制动距离增大,制动不及时对行车安全威胁极大。在积雪结冰的路面上行驶,车辆轮胎各部分作用力稍不平衡就会造成整车失去平衡,导致侧滑、漂移失控,从而造成事故发生。高速公路上降雪量较大,积雪堆积甚至结冰使路面变滑,汽车转向及制动的稳定性大幅下降,汽车操纵困难。据英国统计的数据资料显示,气候条件与交通事故的关系:降雪时高速公路事故发生比率是干燥路面的 5 倍,结冰时事故发生比率是干燥路面的 8 倍。此外,由于降雪天气条件下的路面比雨天路面更滑,一些驾驶员对路面积雪湿滑程度估计不足也易导致事故发生。当雪后晴天时,由于积雪对阳光的强烈反射作用,产生眩光,即雪盲现象,也会使驾驶员视力下降,影响行车安全。以上分析表明降雪等天气导致能见度降低和路面冻结、路面附着系数降低产生打滑现象等影响了行车安全。

冰雪天气除对高速公路行车安全造成影响,导致严重交通事故外,范围较大、程度较深的降雪天气也会造成高速公路暂时性中断、堵塞,如高速公路上为避免异常天气或自然灾害对高速公路的安全运营造成更大影响而关闭某个车道或全部车道。

降雨、降雹天气:降雨天气条件下,降水的性质、强度、降水量级与高速公路的安全有密切关系。降水天气对高速公路的影响主要体现在:降雨天气尤其是降雪容易导致路面潮湿和打滑,雨天情况下的路面摩擦系数不到干燥铺装路面的一半,因而车轮极易打滑,随着车速的增加,路面的摩擦系数急剧减小,车辆制动距离逐渐增大,对安全造成极为不利的影响;同时在积水路面行车易造成水花四溅,导致能见度有一定程度的下降,况且强降水天气本身的能见度也非常低,所以这些因素影响了行车的视线,也影响了高速公路的路况,从而引发交通事故。

大风、沙尘天气:这类偶尔会出现的灾害性天气,也会对高速公路带来影响。大风直接影响到行车的安全,主要表现在使车辆行驶阻力增大,增加车辆负载,影响行车稳定性。横风天气出现时会引起大型货车的侧翻,还会破坏道路基础设施(如护栏、指示牌等);沙尘天气使道路能见度降低,驾驶员视线受到影响,影响行车安全。

高温、低温天气:高温天气主要出现在夏季,其影响主要体现在:一方面,易引起司机的驾驶疲劳;另一方面,车辆在高温期间行驶时发动机过热易引发危险,还可能会爆胎。这些都会引发交通事故。除此之外,路基路面受高温影响也容易发生变形坍塌,影响也很严重。低温天气对高速公路的危害也是相当大的,低温程度不同对于高速公路交通造成的影响也不同,当气温在 0 ℃以下时,驾驶员不容易意识到天气对路况有影响,危害很严重,因为当温度在 0 ℃以下时,路面会形成局部结薄冰的状况,此时的路面危险系数有时高于冰天雪地的,且不容易被司机察觉。而当温度低到 -10 ℃时,还会造成机动车启动困难、轮胎冻裂、零部件结冰等,这些问题也会引发高速公路上的交通事故,在内蒙古、东北地区就是如此,购车之前必先保证有车库,否则在冬天车辆将无法使用,甚至会被冻坏。

雾和霾天气:雾和霾天气是影响公路交通安全的主要灾害性天气,体现在雾和霾天气下的低能见度可直接引发高速公路严重交通事故,且比率很高,雾和霾天气在中国南方、东部较为多见,在气候干燥的北方较少影响公路。能见度是这样界定的,当视线范围在 500~1000 m 称为雾,在 200~500 m 称为大雾,在 50~200 m 称为浓雾,能见度小于 50 m 称为强浓雾。能见度对高速公路的影响非常之大,能见度越低,影响越大,据有关数据统计,当能见度低于 150 m 时,易出现交通事故,因为能见度较低会导致行车视线下降,从而影响车辆的行驶速度,且浓雾天气路面较滑,容易造成"追尾"。由浓雾造成的高速公路上汽车连环追尾,导致车毁人亡的严重交通事故和道路交通运输中断等事故不胜枚举,所占比例很高,这给高速公路自身经济效益、地方经济以及人民生命财产造成了严重损失。

复习与思考

1. 什么是气象灾害?中国的气象灾害有哪些种类?
2. 什么是洪涝灾害?中国的洪涝灾害有何特征?
3. 什么是干旱灾害?中国的干旱灾害有何特征?旱涝有无关系?
4. 登陆的台风会造成哪些影响?台风灾害的特征有哪些?
5. 什么是寒潮?寒潮会带来哪些影响?
6. 什么是沙尘暴?沙尘暴有什么危害?
7. 中国强对流会造成什么灾害?
8. 主要的气象次生灾害有哪些?

中国天气预报业务简介

8.1 天气预报作用

天气预报的重要内容是预测一个区域在某段时间内出现各种天气的可能性,如阴晴雨雪、气温、风力风向、寒潮、暴雨、台风及其他特殊的灾害天气等,随着现代科学技术发展的突飞猛进,天气预报的准确性也在逐步增加,对人们生活的帮助也就越来越大。

对于普通群众而言,关注天预报不仅能帮助人们避免遭到台风、冰雹、雷电等特殊灾害天气的侵害,即使日常生活、穿衣、旅游、出行等都能通过天气预报做出更好地安排和搭配。随着天气预报的发展,出现了防晒指数、污染物扩散指数、洗车指数等生活指数,使群众能通过天气预报获得更贴近生活的信息。

对于一些受天气影响更大的人群或者行业,天气预报的作用就更大了。农民对于天气预报的依赖比普通群众更强,因为天气气候条件直接影响着农业生产,庄稼的播种、收获都最与天气有关,天帮忙则丰收,灾害天气多,收成就会减少。所以准确的天气预报对于农业生产起着至关重要的作用。

交通运输系统需要天气预报保驾护航。雪、雾、结冰等恶劣天气不仅影响了交通运输的效率,更直接对交通安全造成极大的影响。冰雪导致的路面湿滑,以及雾、霾等造成的能见度低下,都可能对交通运输安全带来非常大的影响。准确的天气预报能帮助航空、公路、铁路、海运部门尽早了解灾害天气产生的时间和强度,并及时采取措施保证交通运输的快速、高效和安全。另外,天气预报也直接影响着电力、商业、旅游等行业。

影响航空安全的天气因素很多,其中又以雷暴、低能见度、低云等对航空安全的威胁最大。雷暴区被视为航空活动的"禁区",飞机如果被雷电击中,无论是造成了机械结构的损坏,还是使飞机内部的电路出现故障,都有可能使飞机失控,造成严重的后果。

雨、雾、霾等引起的低能见度,主要给飞机的起降带来困难。机场能见度低于 350 m,飞机就无法起飞;低于 500 m,飞机就无法降落;低于 50 m,飞机连滑行都无法进行。强行起降极易造成事故。

低云则主要影响飞机的降落。因为云层很低,飞行员在云层之上无法判断跑道的位置。这时候强行下降穿过云层,再寻找跑道往往就来不及了。较为理想的情况是飞机重新爬升,重新降落;严重的,可能直接撞上跑道或者障碍物,造成事故。

为了更好地预测天气变化,确保航空工作的安全,人们有了专门为航空服务的天气预报——航空天气预报。它比普通天气预报更加及时、准确,预报的内容主要有风、云、能见度、雷暴以及飞机积冰等。

地球正是因为自然界中的光、热、水、气达到了一定的正确组合才形成了有效的、有利于植物生长的自然资源。其中一项过高或者过低,都有可能直接改变地球的样子,使其成为一个没有生命的星球。

人类在农耕社会中,通过对天气要素、动植物等进行观察并积累经验,形成了气象谚语,帮助人们凭着经验预测天气变化并指导农业生产。

随着科学技术的发展,人们对于农作物生长规律的认识越来越深入,同时人工介入农作物生长的途径越来越多,人为控制农作物生长的能力也越来越强。但天气气候条件对于农业生产的影响依然是很大的。恶劣的气候、剧烈的天气变化,给一个区域造成巨大的经济损失,随之带来严重的社会问题,依然并非耸人听闻。

人们利用农业气象预报指导农业生产。农业气象预报是一种专业性的气象预报,除了对未来一段时间的天气进行预报之外,农作物、牲畜的生长发育,农事活动和农业气象条件等都是它的预报内容。农业气象预报的服务对象不仅是农民,更主要的是农业部门。

气象条件对军事活动有着重要的影响,甚至可以直接决定某次军事活动的成功与否,而且对于不同的军事目的,同一种气象条件也会产生不同的影响。如雾、雨等造成的恶劣能见度虽然不利于航行、射击和观察,但有利于埋伏和潜行;雨雪天气会影响行军的速度,大规模的机械化部队的行军调动会受到影响,却增加了突袭成功的可能性等。

在2000多年以前的中国,人们就已经理解,行军作战要讲究天时、地利、人和。其中的天时,可以简单地理解为天气。中国传说中的涿鹿之战,黄帝利用狂风大作、尘沙蔽天,大胜蚩尤;唐朝李愬雪夜袭蔡州生擒吴元济,都是利用天气条件作战的著名战例。发展到今天,军事行动的顺利开展依然离不开符合军事目的的天气情况,再加上军事行动对天气预报的准确性的特殊要求,于是形成了军事气象情报。

军事气象情报是一系列特殊的气象信息,是为保障军事活动的开展,为军事目的达成服务的,由军队中专门的气象勤务部门负责,同时也与各个地方的气象部门合作。军事气象情报的内容,主要包括天气实况、天气预报、危险天气警报,其中天气预报是制订作战及训练计划的重要依据。

古时候天气预报就像是神的意志一样不可捉摸,人们只能用占卜、祭祀之类的活动去窥探"神的旨意"。随着科学的发展,在科学仪器的帮助下,天气的预报也逐渐变为可以循到其规律,再也不需要通过仰望天空、应用二十四节气来推算或者靠观察动植物的活动来判断了。而且天气预报还越来越准确,中国天气预报对于常规天气24 h的预报准确率已经达到了80%以上。

可就算是这样,天气预报也无法做到完全准确,为什么会这样呢?现代天气发展还不完善。虽然人们很早就希望能够预测天气,但真正通过科学工具从天气现象形成的原理上预测天气的时间还只有100多年,对于很多天气现象的形成原因、发展规律,人们还没有完全掌握。

有许多干扰天气变化的因素,地球上的地形错综复杂,植被水体也在发生微妙的变化,这些小小的不同都极有可能影响着天气变化。更不用提城市里面热岛效应等也直接影响着区域内的天气。

观测气象变化的气象卫星也有看不清的时候。在现代天气预报中,气象卫星是用来观测天气变化的眼睛,但地球同步卫星距离地面约有 36000 km,距离这么远,也难怪有分辨不清的时候了。另外,很多云层从表面上看并不能发现云层下和云层里的秘密。此外,天气的局部差异等也影响着天气预报的准确率。

天气预报是以大气科学理论为依托,以各种气象探测手段为基础,以数值天气预报为核心,依靠预报人员的综合判断分析最终形成的。其中的每一个环节都存在某些不确定性,不可能每一次的预报结果都与实际一致。提高天气预报的准确率,仍是一个世界性的难题。

首先,人类对大气运动机理的认识还有限。阴晴冷暖,雨雪风霜,各种天气产生和变化,都是由大气不断运动造成的。由于大气运动的复杂性,科学家们还不能真实地描述大气运动的细微结构。

其次,气象观测网络还做不到"疏而不漏"。气象探测已发展成为覆盖地基、空基、天基的立体观测系统,地面观测站、高空观测站、自动气象站、雷达观测站、气象卫星组成了时刻监视大气运动和变化的观测网。但这个网络对中小尺度的天气系统会有疏漏,就像大网捞小鱼,容易漏掉。而且观测资料可能会有误差,例如,风向、风速观测结果是采用 2 min 观测的平均值,可能就会有一定误差。

第三,数值天气预报模型不能完全模拟大气演变。天气的变化是地球周围大气运动变化的结果,而大气运动变化,物理上要符合流体力学和热力学一些定律,这些定律可以用数学的语言写成数学方程。人们利用高性能计算机把天气预报问题变成数学方程求解的问题。这样的方法叫数值天气预报,这是现代天气预报的核心。然而,任何一套模型都不能真实地模拟大气演变,只是近似,必然存在误差。

第四,预报员之间的经验及水平会有差异。数值模式计算出来的预报结果,不能直接作为预报结论,预报员还要进行解释应用,根据当地情况进行订正。例如,北京北有燕山、西有太行山,天气预报必须考虑地形影响。预报员的个人经验也在复杂天气的预报和综合决策中起着重要作用。

天气预报可按其预报时效划分为延伸期预报、中期预报、短期预报、短时预报、临近预报。

延伸期预报是对未来 10~30 d 延伸期环流形势特征及演变趋势预报;降水及温度趋势预报;台风、寒潮、大风、强冷空气、区域性暴雨等重大天气过程出现的概率预报;以及气象要素的趋势预报。预报方法主要基于天气气候学、物理统计学、天气—动力—统计学方法等。

中期预报为 4~10 d 的天气过程预报和一些天气要素(天气现象、温度、湿度、风向风速、降水量等)及相关气象衍生灾害的趋势预报。

短期预报为 12~72 h 天气(天气现象、气压、温度、湿度、风向风速、降水量、能见度、云量等)的预报及相关气象衍生灾害预报。

短时预报是对暴雨、雷电、冰雹、大风、沙尘暴、大雪等灾害性天气、强对流天气和相关气象衍生灾害的 0~12 h 预报。

临近预报是对暴雨、雷电、冰雹、大风、沙尘暴、大雪等灾害性天气、强对流天气和相关气象衍生灾害的 0~2 h 预警预报。

8.2 天气预报业务

8.2.1 气象台主要职能

中国天气预报业务部门分为国家气象中心(中央气象台)、区域中心气象台、省级气象台、市级气象台和县级气象台5级气象台,各自承担相应的业务职责范围。

国家气象中心(中央气象台)为中国气象局所属事业单位。负责制作和发布全国以及全球所需范围天气预报和预警信息;负责向党中央、国务院和有关部门提供权威气象信息,为国内外提供气象监测预报预警服务。其主要的12个职能如下:

①承担中国气象局天气预报、气象服务等有关发展规划的编制和起草;承担气象防灾减灾、农业气象等行业和国家标准的制修订。

②负责制作全国和全球所需范围天气监测、预报预警和影响评估产品(两周时效内);承担气象灾害预警及衍生灾害风险预警和影响预报。

③承担为党中央、国务院及相关部门提供决策气象服务;为重大活动举办提供气象保障服务;为重大灾害和重大突发事件提供应急气象保障服务等任务。

④负责全国和全球主要农作物产量预报,承担生态气象、农业气象、环境气象、水文气象、海洋气象监测预报预警和影响评估。

⑤承担全国灾害性、转折性、极端性等天气和气象要素的智能网格预报技术研发(两周时效内);承担天气预报、生态气象、农业气象、环境气象、水文气象、海洋气象和决策服务等业务技术与业务系统的研发,以及运行维护。

⑥承担数值预报业务模式天气类产品的解释应用,提出模式研发需求并配合开展技术攻关;承担各类天气预报和数值预报天气类产品的检验评估。

⑦承担为全国各级气象台站提供天气预报和有关气象服务核心技术、产品支持和业务指导的任务。

⑧承担世界气象组织世界气象中心(北京)、亚洲沙尘暴预报区域专业气象中心、海洋气象服务区域专业中心的任务。

⑨提供全国及全球所需范围内的天气监测预报服务产品,生态气象、农业气象、环境气象、水文气象、海洋气象等专业化气象监测预报服务产品,以及世界气象组织框架下我国责任海区海事卫星产品。

⑩提供台风、暴雨、强对流、暴雪、寒潮、海上大风、沙尘暴、低温、高温、霜冻、冰冻、大雾和霾等气象灾害预警及影响评估产品;提供强降雨诱发的山洪、地质灾害、中小河流洪水、渍涝等气象风险预警产品。

⑪通过中央气象台网站、世界气象组织世界气象中心(北京)网站、亚洲沙尘暴预报区域专业气象中心网站和海洋气象服务区域专业中心网站等,提供气象预报服务权威信息。

⑫提供气象和防灾减灾科普产品与服务。

区域中心气象台主要的10个职能如下:

①负责组织所在省天气会商,制作发布全省短时临近、短期、中期天气预报和灾害性天气预报;负责发布全省海洋天气预报。

②负责制作发布全省灾害性天气警报。

③负责制作发布区域和省级精细化指导预报产品。

④负责区域和省级数值天气预报模式的业务运行,制作发布区域和省级数值预报产品;参与区域和省级数值天气预报模式的研发及业务转化;承担国家和区域级数值预报产品的检验评估工作。

⑤负责组织区域灾害性天气和区域流域天气联防。

⑥承担省级水文气象、交通气象、环境气象等专业气象预报工作。

⑦承担大气成分、人工影响天气、雷电等业务的预报工作。

⑧承担省级决策气象服务工作,负责省级决策气象服务网站的业务运行和管理,为市、县级提供决策气象服务技术支持。

⑨承担全省气象灾害的灾情收集、灾害评估等工作;承担省级突发公共事件应急气象保障工作。

⑩承担天气预报方法研究及业务转化工作。

省级气象台主要的 8 个职能如下:

①在国家级业务单位的指导下,制作和发布全省范围内中期天气预报、短期天气预报、灾害性天气警报。

②牵头省级天气业务、人工影响天气业务,以及决策气象服务、公众气象服务等预报产品的制作、发布。

③牵头组织决策气象服务、气象灾害应急业务和突发公共事件应急气象保障业务。

④为重点工程和重大社会活动提供气象保障。

⑤对市、县气象台站提供业务技术指导。

⑥开展人工影响天气业务;开展海洋、航空、交通、环境等专业气象业务和雷电的预警预报业务。

⑦承担全省气象灾害及相关灾害的收集上报、灾害评估等工作。

⑧组织开展气象科学研究及成果推广等工作。

市级气象台主要的 7 个职能如下:

①负责全市中短期、短临天气预报制作与发布。

②负责灾害性天气和气象灾害实时监测,制作并发布市区、分县气象灾害预警信号;开展灾害性天气区域联防;配合开展气象灾害调查工作。

③负责制作并发布全市气象影响预报和风险预警,开展本地化特色化气候服务。

④负责本市气象微博、微信等媒体气象信息的制作与发布。

⑤承担为市党政机关和相关部门提供决策气象服务,做好重点工程建设、重大社会活动、突发公共事件应急等气象保障服务。

⑥负责市级突发事件预警信息发布系统等业务平台建设、运行和维护。

⑦承担业务相关技术的研究与开发;负责县级台站业务技术指导。

县级气象台主要的 2 个职能如下:

①负责本行政区域内的气象监测、预报管理工作,及时提出气象灾害防御措施,并对重大气象灾害作出评估,为本级人民政府组织防御气象灾害提供决策依据。

②管理本行政区域内公众气象预报、灾害性天气警报以及农业气象预报、城市环境气象预

报、火险气象等级预报等专业气象预报的发布。

8.2.2 短期预报业务

1. 现代天气预报的组成部分

(1)收集数据

对天气的预报绝不是远古时代通过占卜获得的,无论是进行形势天气预报还是要素预报,无论预报的时间是长还是短,无论预报的区域是陆地、高山,还是海洋,要科学地对天气进行预报,首先需要获得气压、气温、风速、湿度等数据。气象要素观测可分为地基观测、空基观测和天基观测3大类。

地基观测主要有:地面气象站、自动气象站(无人)、雷达、海洋站、船舶。

空基探测主要有:探空气象、探空火箭、探空气球。

天基探测主要有:静止卫星、极轨卫星。

气象观测数据通过气象专用网络通道传输到中国气象局。

(2)数据同化

因为收集数据的来源、手段、方式和格式不一样,所以收集到的数据必须通过同化才能使用。数据同化就是要将各种不同来源、存在误差信息的数据进行整理、融合,将收集的全球数据(国外共享数据,国内的部分数据也向国外共享)统一为数值模式可以识别和使用的数据。

(3)数值天气预报

随着现代气象学理论和技术方法的迅速发展及计算技术的创新进步,天气预报已经进入以数值预报为主的新阶段。数值天气预报包括两个部分,一是形势预报,二是要素预报。数值形势预报是把收集到的各种各类资料,经过同化处理,作为初始场数据;然后应用大气动力—热力方程组建立的数值模式,经过大量计算来求解模式中的物理量,得到大范围(全球或区域)未来的形势物理量变化,再根据形势与要素的对应关系,得到未来的大范围要素预报。

(4)输出处理

通过超级计算机的计算之后,经过数值天气预报计算出来的数据结果,还要经过输出处理的加工、调整、消除误差等工序才能成为天气预报。天气预报员根据这些结果,结合各类天气发生的要素条件,进行大范围三维天气形势和地面气象要素的预报。这里需要强调的是人—机结合,预报经验在预报技术和方法的综合分析判断中,在预报思路的形成过程中发挥着重要的作用。

(5)展示

复杂的计算结果经过输出处理的工作已经被解释成公众能够理解的信息,再通过电台、电视、互联网等展示给大家,成为平时所见到的天气预报。

2. 短期天气预报的时效规定

短期天气预报指在3d以内,各级气象台站制作的短期天气预报和灾害性天气警报,可向社会公开发布。

3. 短期天气预报的预报内容

①常规天气要素预报:天空状况、降水量、最高温度、最低温度、风向风速、相对湿度、空气污染、体感温度、体育锻炼、疾病、旅游、紫外线等项目。

②灾害性天气落区预报:台风、暴雨、冰雹、寒潮、大雪、大风、沙尘暴、雷暴、大雾的出现时段、落区及强度。当达到灾害性天气警报标准时,要制作灾害性天气警报。

4. 短期天气预报的发布途径

通过广播电台、电视台、报纸、自动答询电话等传播媒体发布公众天气预报。省(区、市)气象台每天至少发布3次公众天气预报,地(市)气象台每天至少发布2次,县(市)气象站每天至少发布1次。

5. 短期天气预报的文本方式

短期预报综合结论。降水按降雨、降雪等级预报,不能跨量级。大风预报应同时给出风力和最大风速,风力跨度不大于1级;温度预报以℃为单位,12 h间隔预报跨度不大于1 ℃,24 h间隔预报跨度不大于2 ℃,并要对落区预报图进行描述,影响区域具体到县(市、旗)。

6. 短期天气预报的预报模式

短期天气预报常用的预报模式主要包括有天气学模式、统计学模式和数据动力学模式。其中以天气学为主要原理,将气象经验和物理定性关系进行结合的天气学模式,以及根据统计学原理为基础的统计学模式存在一定的弊端,其人为主观性特点较为突出,在气象预测中还具有一定的局限性;而通过当前气象要素的分布与未来天气之间的物理定量关系建立起的动力学模式,引用了计算机系统,使得计算方法较为精确,输出的数值具有客观性特征,这种数值预报方法的客观性特点突出,在气象部门中使用得较为广泛。

8.2.3 临近预报业务

系统的尺度,决定了预报的尺度。一个市的范围算是中尺度,那么预报也就仅限于中尺度以上,不可能精细到涵盖所有小尺度天气。而全国范围算是大尺度,预报就更不用那么精细了。而对于一个机场,这算是一个小尺度的范围,因此,机场的气象站会给出实时的小尺度周边天气预报,这种预报才是最精细的。同样的,系统的时间尺度也同样决定了预报的时间尺度,对于短时间(如几小时内)的预报,气象台就会给出比较具体的小尺度天气预报;而12~48 h的预报就主要是中尺度的范围,更长的天气预报则主要与大尺度系统联系,最长的气候预报则需要关注行星尺度系统的动态。

短时临近预报业务的工作重点是监测预警短时强降水、冰雹、雷雨大风、龙卷、雷电等强对流天气(以下提及的强对流天气均特指上述几类天气)。短时强降水定义为1 h降水量≥20 mm的降水,新疆、西藏、青海、甘肃、宁夏、内蒙古6省(区),可自行定义短历时强降水标准,报中国气象局预报与网络司备案;冰雹天气一般指降落于地面的直径≥5 mm的固体降水过程;雷雨大风指平均风力≥6级、阵风≥7级且伴有雷雨的天气;其余强对流天气按相关业务定义或技术标准界定。

短时预报是指对未来0~12 h天气过程和气象要素变化状态的预报,预报的时间分辨率应≤6 h,其中0~2 h预报为临近预报。国家气象中心负责全国短时临近预报业务的技术指导,开展全国范围区域性强对流天气的跟踪监视业务,制作和发布全国区域性强对流天气(0~12 h短时)预报产品,组织强对流天气全国会商。区域气象中心负责区域内短时和临近预报业务的技术指导和区域内强对流天气省际联防的组织与协调。省级气象台负责本省(区、市)短时和临近预报业务的技术指导,跟踪监测本省(区、市)的强对流天气,制作、发布本省(区、市)的强对流天气短时和临近预报产品。市级气象台负责本行政区内强对流天气的监测、短时和临近预报及服务业务,在省级气象台指导下,制作发布本地区的强对流天气短时和临近预报产品。县级气象台(站)负责本行政区域内强对流天气的监测和服务,并视情况对上级短时和临近预报产品进行订正预报。

8.3 天气预报技术方法

随着人们对于天气预报的准确性的要求越来越高以及气象学的逐步发展,统计预报方法等以复杂的方程式的计算结果来预报天气的方法也越来越成熟,天气预报的准确性也能够得到稳定的提高。

气象台制作好天气预报,通过各种途径将其向社会公布。准确及时的天气预报对于经济建设、国防建设的趋利避害,保障人民生命财产安全等方面有极大的社会和经济效益。

天气预报的分类标准有很多,所以天气预报的种类也有很多。在主持人播报天气预报的时候总会说"从今天晚上20时到明天晚上20时""在未来的24小时内"这样的话,这就是在告诉大家,天气预报的时效是不同的。而天气预报按照时效就可以分为短时预报、短期预报、中期预报、长期预报、超长期预报等。其中短时预报主要对一定范围内强对流雷暴天气在未来1~6 h内的动向进行监控预测。短期预报负责预报未来24~48 h内的天气情况,中期预报可以预测未来3~15 d可能受到哪种天气过程的影响。长期预报和超长期预报的时效能长达1年甚至5年,预报5年以上的就被称为气候展望了。

根据预报的范围大小,又可以将天气预报分为大范围预报、中范围预报以及小范围预报。大范围预报的预报范围包括全球、大洲及国家。中范围预报的预报范围一般是省、州、市等。小范围预报的预报范围可以小到一个机场或者港口、水库等。另外,根据灾害性天气可能出现的时间以及危害程度,天气预报还可能会以"消息""报告""警报""紧急警报"等形式出现,其表示的危害程度也逐步递增。

8.3.1 天气形势的预报

"天气"是指某个时间范围内的大气状态。这种大气状态是各种气象要素,包括气压、气温、湿度、风、云量、降水量和能见度等的综合表现。天气现象是指在一定的天气条件下产生的大气中的一些物理现象,包括降水现象、凝结和冻结现象、视程障碍现象、放电现象等。天气现象反映了大气中进行的不同物理过程,体现了不同的天气变化。天气现象是天气预报重要的依据,帮助人们推测、演算和计算未来一段时间的天气变化,对不同的天气现象进行观测和记录,不仅能为天气预报提供翔实的资料,更能直接帮助人们减少因雷、电、飓风等灾害天气带来的损失。

天气的变化与天气系统及其空间分布(即天气形势)的变化有密切的关系,所以天气系统及天气形势预报是天气预报的基础。天气预报是根据气象观(探)测资料,应用天气学、动力学、统计学的原理和方法,对某区域或某地点未来一定时段的天气状况做出定性或定量的预测。

天气现象的种类有很多,主要可以分成5类。

降水现象:降水现象并不完全就是降雨,还包括雪、冰粒、冰雹等。具体包括雨、阵雨、毛毛雨、雪、阵雪、雨夹雪、阵性雨夹雪、霰、米雪、冰粒、冰雹、冰针。

凝结(凝华)和冻结现象:主要是指因为空气中的水分突然遇到气温降低而形成的露、霜、雨凇、雾凇。

视程障碍现象：顾名思义，就是对视线造成阻碍的天气现象，如雾、霾、扬尘、浮尘等。具体包括雾、轻雾、吹雪、雪暴、沙尘暴、扬沙、浮尘、烟幕、尘卷风、霾。

放电现象：除了雷暴、闪电，还包括极光。

其他现象：主要包括风、冰针等。具体包括大风、飑、龙卷、积雪、结冰。

平时看的天气预报分为两个大的板块。一般而言，天气预报主持人会先介绍全国范围在一段时间内天气系统的变化情况。这板块是天气形势分析预报。然后再对重要城市和地区某个时间内的具体温度、降水等情况做出详细的预报，这板块是城市天气预报。这就是天气预报的两个大的分类：形势预报和要素预报，其中要素预报是在形势预报的基础上进行的，相应地，天气预报分为两个步骤：

第一步是天气形势预报，预报各种天气系统的生消、移动和强度的变化，它是气象要素预报的基础。天气形势预报主要是气压场和流场的预报。形势预报的方法可分为两大类：数值预报方法和天气学方法。

第二步是气象要素和天气现象预报，是对气温、湿度、风、云、降水和其他天气现象变化的预报。

形势预报是指对某个区域内未来某个时段各种天气系统的生成、消失、移动路线以及强度变化的预报。包括数值预报法和天气图法，其中数值预报法是指测量大气的实际情况，获取需要的数值，并通过复杂的与气象有关的数学算式计算的结果来预报未来天气的方法。简单地讲，它是通过数学算式计算出来的。而天气图法则基于标注了气象要素观测值的气象图，借由经验外推，或对比相似天气形势，或统计天气系统的平均值等方法对天气系统进行预报。它是指得到了形势预报的天气图以后，依赖气象预报员的经验，在天气图上根据天气系统将要发展的趋势，包括位置、强度等，预测该天气系统可能影响到的区域的未来天气分布。既然是依靠人的主观经验来做判断的，而且天气系统并不是一定就会发展成对应的天气现象，所以这种预报方法得出的预报结果的准确率往往不够稳定。

天气分析的实践证明，天气过程的发展方向在一定时间间隔内常具有连续性，可以把天气系统过去的演变趋势外延到以后一段时间，以推测天气形势的未来变化。这种方法就是经验外推法。经验外推法是实用天气图的一个重要方法，根据近一段时间内某个天气系统的移动速度、移动方向和强度变化的规律，分析、预测这个天气系统在接下来一段时间内的发展。

外推法又可分为两种情况：一种是系统的移动速度或强度变化基本上不随时间而改变，按这种规律外推，叫做（等速外推）直线外推；另一种是当系统的移动速度或强度变化接近"等加速"状态时，外推时要考虑它们的"加速"情况，按这种规律外推，叫做加速外推（曲线外推）。

经验外推法固然简便，但易出错，尤其当天气系统发展的内因和外因发生变化时，常产生误判。内因方面，这个天气系统本身的发展方向有大的变化；外因方面，这个系统的周边形势发生变化。

系统在推进过程中，会遇到各种各样的地形，如湖泊、盆地、高山等不同的地形。尤其在天气形势出现重大转折的时候，导致根据某个天气系统前段时间得到的规律性认识失效，经验外推法也就无法使用。

8.3.2 天气要素的预报

要素预报指的是对某个区域在某个规定时刻的温度、气压、降水和风等各种气象要素值所进行的预报。要素预报包括经验预报法、统计预报法和动力统计法等。把气象要素的过去、现在以及未来的分布状态与"天气"联系起来的媒介,或者说表现二者之间相互关系的中间物,是"大气模式"。一般来说,有3种大气模式,即通过流体动力学和热力学处理,给出定量关系的数值模式;通过经验规则的处理,给出定性关系的天气学模式;通过概率统计学处理,给出在统计意义上的定量关系的统计学模式。除了这3种基本模式以外,还有它们相互结合所形成的模式,如动力—天气学模式、统计—经验模式、动力—统计模式等。可以通过大气模式,由气象要素场来预报天气,同时也可以预报气象要素场本身的变化。运用这些概念模式,便可以推论各种天气的分布和演变。

大多数人在看每天的天气预报的时候,最关注的应该就是自己所在城市的城市天气预报。其实,城市天气预报的结果就是通过要素预报获得的。

要素预报的任务就是预报气温、风、云、降水等气象要素和天气现象在某个时间段内的变化。气象要素的空间分布及其随时间的变化,对天气的分布及其变化有十分密切的关系。可以通过预报气象要素的分布(天气系统)来推断未来的天气。对某个区域(比如北京)进行要素预报,最后可以形成该区域的城市天气预报。要素预报与形势预报相结合,形成了一个比较完整的天气预报,要素预报是以形势预报为基础的。

8.4 气象灾害预警信号

气象灾害的意思是指大气对人类生命及财产安全,包括基础建设、国防建设等造成的直接或者间接灾害。其中因大风、暴雨等因素造成的直接伤害被称为天气灾害和气候灾害。因为恶劣的气象因素而造成的山体滑坡、泥石流等间接灾害被称为气象衍生灾害和气象次生灾害。气象灾害因为发生次数多、种类多、范围广、持续时间长、多种灾害同时发生、连锁反应显著等特点,造成的危害也非常严重。如暴雨经常伴随着大风,而暴雨带来大的降水量又极易引发泥石流、山洪暴发等次生灾害。

中国因为幅员辽阔,各地的地质、地形、气候特点迥异,所以中国的气象灾害种类多、频率高、分布广,造成的损失也非常严重。中国每年有4亿人次受到重大气象灾害的影响,造成的损失占国民经济生产总值的2%左右。

为了规范气象灾害预警信号发布与传播,防御和减轻气象灾害,保护国家和人民生命财产安全,中国气象局于2007年6月11日通过了《气象灾害预警信号发布与传播办法》(简称《办法》)。《办法》中将气象灾害预警信号定义为各级气象主管机构所属的气象台站向社会公众发布的预警信息。说明了各个地方的气象局都有义务和责任向当地居民及时准确地发布气象灾害预警信号。《办法》中还规定了预警信号由名称、图标、标准和防御指南组成,分为台风、暴雨、暴雪、寒潮、大风、沙尘暴、高温、干旱、雷电、冰雹、霜冻、大雾、霾、道路结冰14种。依据气象灾害可能造成的危害程度、紧急程度和发展态势将预警信号划分为4级:Ⅳ级(一般)、Ⅲ级(较重)、Ⅱ级(严重)、Ⅰ级(特别严重),依次用蓝色、黄色、橙色和红色表示,同时以中英文标识。

1. 台风预警信号

台风是一种热带气旋,主要形成于热带以及副热带海面温度在26 ℃以上的海面。按照世界气象组织的定义,热带气旋中等级最弱的被称为热带低压,而当热带气旋的风力持续上升到12~13级,相当于风速为115~140 km/h时,便升级为台风。在中国的夏秋季节,在西太平洋上就有不少台风生成,有的会登陆到陆地上,给基础设施和人民的生命财产安全带来严重的威胁,有的则在海面上消散。

因为台风带来的狂风、暴雨威力巨大,而且移动速度快,所以,尽早地预测台风,并有针对性地对其威力、速度等性质进行发布是很有必要的。如中国对台风就有专门的预警系统,并分为4级,从低到高分别以蓝色、黄色、橙色、红色来表示。

台风蓝色预警信号发出时表示该地区内在24 h内可能或者已经受到热带气旋影响,沿海或陆地平均风力在6级以上,或者阵风8级以上并可能持续。

当该地区24 h内可能或者已经受到热带气旋影响,平均风力将达到8级以上时,或阵风10级以上并可能持续,预警机构就会发出黄色预警。当该地区12 h内可能受到或者已经受到热带气旋的影响,平均风力达到10级以上时,或阵风12级以上并可能持续,预警机构就会发出橙色预警。当该地区6 h内可能或者已经受到热带气旋影响,沿海或陆地平均风力达12级以上,或阵风达14级以上并可能持续,预警机构就会发出红色警报。

台风预警信号图标:

2. 暴雨预警信号

在气象学上,把日降水量为50~100 mm的降雨称为暴雨,更高等级的还有大暴雨、特大暴雨等。在中国,尤其是在夏季,暴雨成灾的新闻屡见不鲜。由于其形成、发展速度很快,短时间带来的大降水量不仅影响人们的日常生活安全,由其引发的山洪、泥石流等次生灾害的破坏力更大,给人们的生命财产安全以及桥梁、道路等基础建设的安全带来严重的危害,已经成为中国主要的气象灾害之一。

虽然人工消雨的水平得到了一定程度的发展,对于一些降水范围小、强度不大的降水天气过程能够达到加速天气系统的能量扩散,使空中的水滴提前形成,并且提前降落地面的效果。但对于如暴雨这样的强对流的天气,人工消雨的效果依然非常有限,不能达到防范暴雨的目的。所以,在这样的情况下,能够提前预测到暴雨的形成,并快速做出反应,就非常重要了。

中国的暴雨预警信号分为4级,依次以蓝色、黄色、橙色、红色来表示,对于12 h内降雨量将达50 mm以上,或者已达50 mm以上且降雨可能持续的暴雨发出暴雨蓝色预警。对于6 h内降雨量将达50 mm以上,或者已达50 mm以上且降雨可能持续的暴雨发出暴雨黄色预警,对于3 h内降雨量已达50 mm或者已达50 mm以上且降雨可能持续的暴雨发出暴雨橙色预警。对于3 h内降雨量将达100 mm以上,或者已达100 mm以上且降雨可能持续的暴雨发出暴雨红色预警。

暴雨预警信号分4级,分别以蓝色、黄色、橙色、红色表示。

暴雨预警信号图标：

3. 暴雪预警信号

暴雪跟暴雨一样，属于一种极端的降雨天气。那么对于暴雪的定义是不是也跟暴雨一样，是按照 24 h 内的降雪量来划分的呢？事实上，对于降雪量的测定，跟降雨量的测定是有一定的相似之处，但并不完全相同。首先，用来测量降雪量与测量降雨量的器具是基本相同的，只是把雨量器的承雨口换成了承雪口。在室外承接了定量的雪之后，还要带回到室内。因为雪是固体状的，所以要等雪融化了之后再量取。

日降水量为 50~99.9 mm 的降雨就被称为暴雨。暴雪是不是也要达到日降雪量为 50~99.9 mm 呢？并不是这样的。在气象学中，对于 24 h 内降雪融化成水之后在 10 mm 以上的就被称为暴雪了。这比暴雨的标准低多了。

和暴雨预警一样，暴雪预警也分为 4 级，从低到高依次用蓝色、黄色、橙色和红色预警信号来表示。如果 12 h 内的降雪量可能超过 4 mm，或者已经发生了 4 mm 以上的降雪，这时候将发出最低级别的暴雪蓝色预警。12 h 内降雪量将达 6 mm 以上，或者已达 6 mm 以上且降雪持续，这时候将发出暴雪黄色预警。6 h 内降雪量将达 10 mm 以上，或者已达 10 mm 以上且降雪持续，这时候将发出暴雪橙色预警。而最高级别的暴雪红色预警发布时，表示 6 h 内的降雪量将超过 15 mm，或者已经发生了 15 mm 以上的降雪。

暴雪预警信号图标：

4. 寒潮预警信号

中国气象部门规定，某一地区受冷空气的影响，24 h 内气温下降至少 8 ℃，并且造成最低气温低于 4 ℃；或者 48 h 内气温下降至少 10 ℃，并且造成最低气温低于 4 ℃ 的天气称为寒潮。寒潮的发生时间一般为秋季、冬季及早春的时节，中国北方的冷空气南下造成大范围降温和大风，是一种灾害性天气，也有人称之为寒流。

寒潮按照其带来的降温幅度与风力大小，预警信号从低到高分为 4 级，分别以蓝色、黄色、橙色、红色表示。

最低等级的寒潮蓝色预警信号的标准是 48 h 内最低温的下降幅度达到 8 ℃ 以上，最低气温低于或等于 4 ℃，陆地平均风力超过 5 级；或者已经下降 8 ℃ 以上，最低气温低于或等于 4 ℃，平均风力超过 5 级，并可能持续。

寒潮黄色预警信号的标准是 24 h 内最低气温的下降幅度在 10 ℃ 以上，最低气温低于或等于 4 ℃，陆地平均风力超过 6 级；或者已经下降 10 ℃ 以上，最低气温低于或等于 4 ℃，平均风力超过 6 级，并可能持续。

寒潮橙色预警信号的标准是 24 h 内最低温的下降幅度超过 12 ℃,最低气温低于或等于 0 ℃,陆地平均风力在 6 级以上;或者已经降温 12 ℃以上,最低气温低于或等于 0 ℃,平均风力超过 6 级,并可能持续。

寒潮红色预警信号的标准是最低气温的降幅超过 16 ℃,最低气温低于或等于 0 ℃,陆地平均风力超过 6 级;或者已经降温 16 ℃以上,最低气温低于或等于 0 ℃,平均风力达 6 级以上,并可能持续。

寒潮预警信号图标:

5. 大风预警信号

气象学上的大风是指接近地面的风力达到或者超过 8 级,也就是风速在 60～75 km/h 的风。可是这跟中国天气预报里面规定的达到或者超过 6 级,也就是风速在 40～50 km/h 被称为大风不同。

在大风天气里面的感受就是晾晒的衣物会被吹掉,行走的时候也会感到比平时困难,但实际上大风带来的危害更多,比如强烈的大风会摧毁地面的建筑物,海上作业的人们遇到大风则可能遭到如船只倾覆等更加危险的情况。所以,虽然强劲的风能帮助人们进行风力发电等有益于人类的活动,但在更多的条件和环境下,大风还是一种灾害天气。所以,对大风的预警是很有必要的。

中国对于大风的预警信号分为 4 级,依次以蓝色、黄色、橙色、红色表示。因为已经有专门的台风预警信号,所以大风预警信号并不包括台风。

大风蓝色预警信号表示 24 h 内可能受大风影响,其平均风力可达 6 级以上,或者阵风 7 级以上。大风黄色预警信号的发布表示 12 h 内该地区的平均风力可能超过 8 级,或出现 9 级以上阵风。发布大风橙色预警信号时表示该地区 6 h 内的平均风力将超过 10 级,或出现 11 级以上阵风。大风红色预警信号的标准为 6 h 内可能受大风影响,平均风力可达 12 级以上,或者阵风 13 级以上。

大风预警信号图标:

6. 沙尘暴预警信号

沙尘暴是指大量的沙尘物质因受到强风的影响卷入空中,使能见度小于 1000 m 的天气现象,是沙暴和尘暴兼有的总称。其中沙暴的形成是因为大风卷起的是沙粒,而尘暴则是尘埃和其他细颗粒物被大风卷入空中。

中国有两个地区受沙尘暴的影响较严重。一个是在西北地区,另一个是在华北的赤峰、张家口一带,这里的沙尘暴直接影响到北京。沙尘暴的发生主要是因为土地的不合理开发使用。

如对土地进行大面积的开垦、过度放牧等人为破坏自然环境的行为,造成大量土地裸露、干燥,为沙尘暴提供了大量的沙源。

沙尘暴发生时不仅有剧烈的强风,可能直接对行人、建筑造成伤害,更有被风裹挟而来的沙尘,对农田、建筑、道路甚至是居民造成掩埋,而且在沙尘暴发生之时人们吸入的空气当中都充满了沙尘,对空气造成的污染严重。因此,其危害性比一般的大风更加严重。如1993年5月5日发生在甘肃省的强沙尘暴天气,造成了253.55万亩①农田受灾、4.28万株树木受损,直接经济损失达2.36亿元,死亡50人,重伤153人。所以,中国建立了应对沙尘暴天气的沙尘暴预警,其预警信号分为3级,分别以黄色、橙色、红色表示。12 h内可能出现沙尘暴天气(能见度小于1000 m),或者已经出现沙尘暴天气并可能持续,将发布沙尘暴黄色预警。6 h内可能出现强沙尘暴天气(能见度小于500 m),或者已经出现强沙尘暴天气并可能持续,将发布沙尘暴橙色预警。6 h内可能出现特强沙尘暴天气(能见度小于50 m),或者已经出现特强沙尘暴天气并可能持续,将发布沙尘暴红色预警。

沙尘暴预警信号图标:

7. 高温预警信号

各地的最高气温纪录被频频刷新,不少的城市都被冠以"火炉"的称号,但高温其实也是一种灾害性天气。

人们在35～40 ℃的环境中就会感到奇热无比;如果气温超过40 ℃,给人带来的感觉就是很糟糕且不能忍受了。虽然人是恒温动物,可以通过自身机能来调节身体温度,但是当温度异常的时候,人体的调节功能就会受到影响。比如人体可以借助空气流动、物体传导、水分蒸发等方式为身体降温,适应炎热的气候,但是在高温环境,尤其是持续的高温环境下,人体的调节功能会受到影响,导致热量积聚在体内不能及时散发出去,就可能引发中暑,损害身体器官,甚至造成死亡。所以说,高温也是一种灾害性天气,尤其是各地出现的异常持续高温,对人体的危害更大。同时,高温还会影响农业生产。高温不仅经常伴随着干旱,导致农作物因缺水而死亡,而且就高温本身而言,也会直接影响农作物和水果的丰收。如高温会使早稻提早成熟,这样的早稻没有得到充分的生长,颗粒不够饱满,影响收成。另外,高温还会对交通运输、电力通信等造成影响。

中国气象部门针对高温天气的防御,特别制定了高温预警信号,并分为3级,分别以黄色、橙色、红色表示。高温黄色预警信号是其中的最低级别,其标准是连续3 d日最高气温将在35 ℃以上。发布高温橙色预警信号的标准是24 h内最高气温升至37 ℃以上。发布高温红色预警信号的标准是24 h内最高气温升至40 ℃以上。出现这样的天气时,就要注意身体在高温环境下出现的不适,午后尽量减少外出活动,并采取防高温措施。

---

① 1亩=1/15 hm²,下同。

高温预警信号图标:

8. 干旱预警信号

干旱是一种自然现象,通常是指雨水量相对缺少,不能满足人们正常生产生活的气候现象。干旱本身并不是灾害,只有当干旱造成了损失,才形成旱灾,会使供水水源匮乏,加剧水质污染,影响居民的正常生活,还会直接危害农作物生长,且干旱之后经常伴随着蝗灾的产生。中国通常将干旱分为 4 种。

气象干旱,是指反常的持续缺水干燥天气,引起区域内严重的水文不平衡。

农业干旱,是指降水量不足的气候变化,对农牧生产造成不利影响。

水文干旱,是指土壤、河流、水库、地下水源等的水含量低于平均水平。

社会经济干旱,是指自然系统与人类社会经济系统中水资源供需不平衡造成的异常水分短缺现象。

通常情况下,降水量直接决定了干旱,但实际上干旱除与降水量有关之外,地理位置、植被覆盖、水分蒸发率等也对其发生和程度起到了决定性的作用。中国对干旱等级进行了划分,以国家标准《气象干旱等级》(GB/T 20481—2006)中的综合气象干旱指数为标准。分为无旱、轻旱、中旱、特旱,并依次对干旱制定了预警信号制度。与其他许多的气象预警信号不一样,干旱预警信号只有两级,分别是干旱橙色预警信号与干旱红色预警信号。其中干旱橙色预警信号表示预计未来一周气象干旱指数达到重旱,或者某一县(区)有 40%以上的农作物受旱,干旱红色预警信号的标准是预计未来一周综合气象干旱指数达到特旱(气象干旱为 50 年以上一遇),或者某一县(区)有 60%以上的农作物受旱。

干旱预警信号图标:

9. 雷电预警信号

雷电是一种大气放电现象。下雨等自然现象会使高空的云层带电,往往云层上部带正电,底部带负电。当正负电荷达到一定的程度,就击穿空气,产生闪电,并因为闪电导致云层附近的空气急速膨胀摩擦产生雷鸣,就产生了电闪雷鸣的现象。闪电产生的能量很大,一次普通的雷暴输出的功率几乎相当于一座小型核电站。而闪电的温度可超过 17000 ℃,最高能达到 28000 ℃。也就是说,闪电的温度是太阳表面温度的 3~5 倍。超大的能量加上超高的温度,使闪电的威力惊人。

雷电可以分为直击雷、电磁脉冲、球形雷、云闪 4 种。其中直击雷和球形雷都会对任何建筑造成损害。常见的天空中闪过的一长条雷电,直击在高大建筑顶端、大树上甚至空旷地带的人身上的就是直击雷,也是威力最大的雷电。因为雷电是大电流、超高压以及超高温的,人体遭受到雷电击中的瞬间会造成心跳、呼吸停止以及灼伤。击中建筑物、树木也可能引发火灾。而且中国发生雷电灾害不少,尤其广东省偏南的地区,如东莞、深圳、惠州一带的雷电自然灾害已经达到世界之最。因此,对于大范围雷电的预警是很有必要的,雷电预警信号分为 3 级,分别以黄色、橙色、红色表示。

雷电预警信号图标：

10. 冰雹预警信号

冰雹是指由强对流天气带来的坚硬的固态降水物。冰雹的结构结实，就像冻结的冰块，形状主要是球形、锥形或不规则形态，大小不定。在气象学中通常把直径 2～5 mm 的称为冰丸，直径 5 mm 以上的称为冰雹。

虽然相对于寒潮、干旱等象灾害，冰雹每次出现的范围比较小而且时间短，但来势凶猛，会给农业、建筑、交通、电力等基础设施带来较大损失，甚至直接威胁人身安全，是一种严重的气象灾害。而中国也是冰雹灾害多发国家，每年因冰雹灾害造成的经济损失达几亿元甚至几十亿元。

中国将冰雹灾害程度分为 3 级。第一级是轻雹，指的是多数冰雹的直径低于 0.5 cm，降雹的时间低于 10 min，地面的积雹厚度不超过 2 cm。第二级是中雹，指的是多数冰雹的直径在 0.5～2 cm，降雹的时间在 10～30 min，地面的积雹厚度在 2～5 cm。第三级是重雹，指的是多数冰雹的直径超过 2 cm，降雹的时间超过 30 min，地面积雹的厚度超过 5 cm。

冰雹预警信号分为两级，分别以橙色、红色表示。其中冰雹橙色预警信号的标准是 6 h 内可能出现冰雹天气，并可能造成雹灾。冰雹红色预警信号表示 2 h 内出现冰雹可能性极大，并可能造成重雹灾。

冰雹预警信号图标：

11. 霜冻预警信号

"霜降"是中国二十四节气中的一个节气，往往意味着天气开始转寒，霜可能要出现。霜冻主要是指空气温度骤降，地表温度低于 0 ℃ 以下，导致植株体内细胞脱水结冰。不像暴风雨、冰雹等其他气象灾害，霜冻总是无声无息地降临，让人们防不胜防，可能导致农作物大面积死亡，是一种农业气象灾害。而霜只是一种自然现象，有没有降霜都可能出现霜冻灾害，所以霜冻与霜是不同的，霜与气象灾害没有必然的关系。

对于中国而言，因为地域广袤，各地的生态、气候、地形特点差别很大，所以霜冻可能出现的时间并不一致。如新疆北部、内蒙古及东北北部等地区，最早在 9 月中旬就可能出现第一次霜冻，而华南地区最晚可能要到 1 月才会出现冬天的第一次霜冻。但不论什么地区、什么时期出现霜冻，都有可能对当地的农作物造成毁灭性的伤害。

如 1995 年 9 月，山西、河北、内蒙古等地遭受了严重的霜冻灾害，仅仅 10 d 左右时间，仅山西省就有接近 50 万 hm² 的农田受灾，其中大同市粮食减产超过 20 万 t，直接经济损失超过 7 亿元。所以，及时预测霜冻并发布预警，是很有必要的。中国制定的霜冻预警信号分为 3 级，分别以蓝色、黄色、橙色表示。

霜冻预警信号图标：

12. 大雾预警信号

雾是一种常见的自然现象，是悬浮在大气中近地面的细微液滴的集合。

在现实生活中，雾却给人们的生活带来不小的麻烦。一方面，当发生了大雾的时候，能见度受到了雾的影响，公路、铁路、航空等交通运输部的正常工作受到阻碍。另一方面，尤其是在城市等空气本来就受到污染的地区的大雾中，含有酸性物质、苯等多种致病因素，对人的气管、结膜等会造成影响，诱发疾病。所以在大雾中呼吸对健康是有坏处的，尤其对于一些敏感体质的人、本来就患有呼吸道疾病的人以及年老体弱者，在大雾天气应当减少外出。所以，对大雾的发生进行预警也是很有必要的。中国制定了分为 3 级的大雾预警信号，并分别以黄色、橙色、红色表示。当最高级别的大雾红色预警信号发布时，表示大雾导致能见度低于 50 m，这时航班必须停飞，高速公路也必须关闭。

大雾预警信号图标：

13. 霾预警信号

随着城市中空气污染源的增多，以及人们对空气质量的重视程度越来越高。在气象学中，霾是指空气中的许多非常非常小的固体颗粒，如粉尘、硫酸化合物、硝酸化合物等飘浮在空中，导致能见度降低的一种天气现象。

人们常把雾和霾放到一起，称为雾霾，那么雾和霾是一回事吗？有什么区别呢？

雾和霾有一个相同点，即能决定能见度，对交通运输部门的正常工作影响很大。但是雾和霾是有本质区别的，最大的区别在于雾是由小液滴组成的，而霾是由各种固体小颗粒组成的，组成霾的固体小颗粒非常小。$PM_{2.5}$ 指的是直径小于或等于 2.5 μm 的小颗粒。这些小颗粒会直接被肺吸收，而且会沉积在肺泡里面，影响人的正常呼吸，所以对人体的危害特别大。

霾也被看作一种天气现象，但主要是人为因素造成的，是由空气中的灰尘、硫酸等化合物悬浮在空气中造成的能见度下降的现象。和雾在千百年来以一种朦胧美的代表形象不一样，霾总是以一个极度负面的形象出现。而雾和霾又常被人们连在一起称为雾霾，那么雾和霾到底有什么区别呢？

能见度不一样。对于雾而言，能见度在 1 km 以下，天气预报中才会提到它，而霾的能见度 10 km 内。

边缘划分不同。雾的边缘划分很明显，出了雾区之后就能见到清晰的天空。但是霾的边缘就不明显了。

颜色不一样。雾的颜色是乳白色的，但是霾呢？霾的颜色是接近黄色的，就像扬起的灰尘一样。

出现时间不一样。雾一般是在清晨时出现,而当太阳出现时,雾会渐渐散去。而霾的出现时间就不一定了,而且持续时间较长,跟太阳的出现也没有多大关系,反而是大风的出现有利于霾的消散。

相对湿度不一样。因为雾的形成是由许多细小的液滴组成的,所以雾的相对湿度较大,在90%以上。霾的相对湿度就小一些了,在80%以下。相对湿度在80%～90%的就被称为雾霾。

中国规定霾预警信号分为3级,分别以黄色、橙色和红色表示。其中最低级别的霾黄色预警发布时,有呼吸道疾病或过敏体质的人应当减少外出,必须外出时应该戴上口罩。

霾预警信号图标：

14. 道路结冰预警信号

道路结冰是指雨、雪等降水因地面温度低于0 ℃,导致在道路表面形成雪层或冰层的现象,可见,有降水且温度低于0 ℃,是道路结冰的两个必要条件。

对于交通运输部门、电力部门、通信部门等,道路结冰就是一件头疼的事。除电线、光缆会因为结冰造成损害之外,受道路结冰影响最大的是交通运输,道路结冰会导致车辆轮胎的附着力下降,使车辆打滑,从而发生交通事故。所以,及时获取道路结冰的预警,提前做好防备工作或者安排出行是很有必要的。

中国将道路结冰预警信号分为3级,从低到高分别用黄色、橙色、红色表示。

当12 h内可能出现降水,且道路表面温度低于0 ℃,对交通运输可能造成影响时,将发布道路结冰黄色预警。当6 h内可能出现降水,且道路表面温度低于0 ℃,对交通运输造成较大影响时,将发布道路结冰橙色预警。当2 h内可能出现降水,且道路表面温度低于0 ℃,对交通运输可能造成或者已经造成很严重的影响时,将发布道路结冰红色预警。

道路结冰预警信号图标：

复习与思考

1. 天气预报的方法主要有哪几种?
2. 预报业务流程主要有什么?
3. 气象灾害预警信号有哪些种类?

第 9 章

典型灾害性天气个例分析

9.1 2021 河南"21·7"暴雨过程预报预警与服务案例

1. 概况

2021 年 7 月 17 日以来,河南省遭遇极端强降雨,郑州雨量站小时累计降水数据(图 9.1a)显示,郑州自 2021 年 7 月 19 日上午起便出现持续性降水。其中 19 日 24 h(19 日 08 时—20 日 08 时)累计降水量为 101.3 mm,20 日 24 h(20 日 08 时—21 日 08 时)累计降水量激增到 627.4 mm,最大小时降水量发生于 20 日 16—17 时,高达 201.9 mm,远超以往学者统计的郑州降水量历史极大值(87.1 mm/h,173.5 mm/24h),超过 1975 年的"75·8"特大暴雨(198.5 mm/h),这相当于有 150 个单位的西湖水于 1 h 内倾倒在郑州大地上,导致城市内涝,灾情严

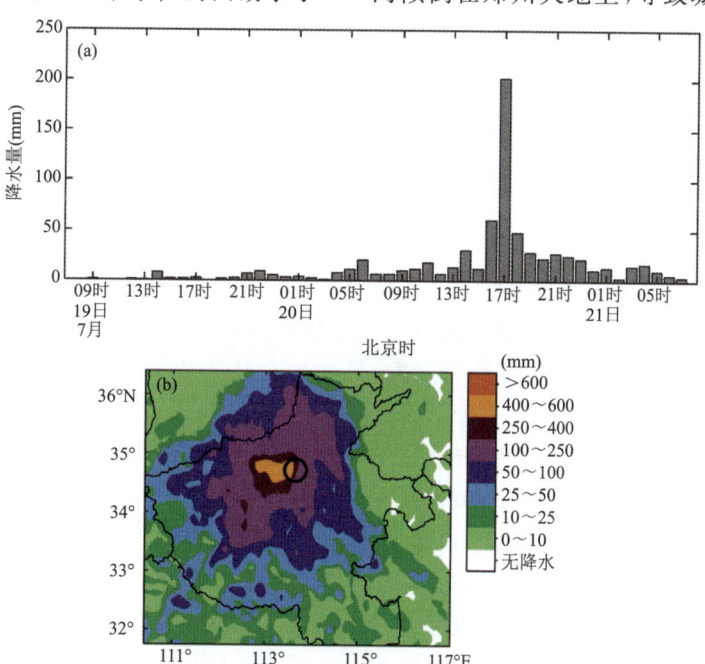

图 9.1 2021 年 7 月 19 日 08 时—21 日 08 时郑州雨量站观测的逐小时累计降水量(a),
19 日 08 时—20 日 17 时河南地区累计的观测降水量(b)(孙跃 等,2021)
(粗黑线圆圈代表郑州雨量站位置)

· 217 ·

重。河南地区19日08时—20日17时累计降水量的空间分布(图9.1b)显示,此次降水过程为覆盖河南省的大范围降水过程。该时段内累计降水量超过100 mm的地区从河南中部偏西地区延伸至河南北部,郑州位于累计降水量超过400 mm的强降水中心的东部。

2. 天气背景条件

中纬度、低纬度多尺度系统(包括副热带高压、大陆高压、低涡、台风、低空急流)的异常分布导致持续的水汽接力输送,并叠加地形作用,造成此次极端降水过程。从图9.2看到,西太平洋副热带高压和大陆高压稳定维持在日本海和中国西北地区,受其阻挡,低压系统在黄淮和华北地区徘徊。深厚的东南风低空急流和稳定的低涡切变线在太行山区和嵩山等地形强迫作用下引起辐合抬升,降水系统稳定少动,在河南中北部造成长时间降水。

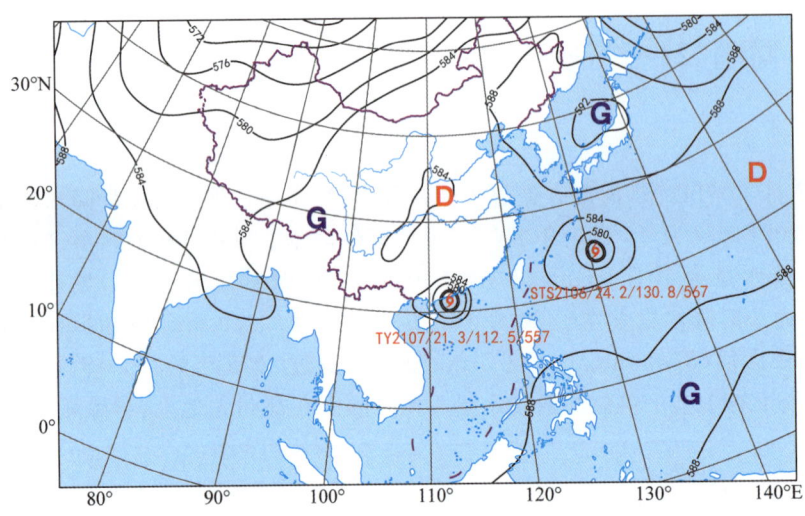

图9.2 2021年7月20日08时500 hPa高度场(单位:dagpm)

(1)南亚高压东伸

从200 hPa高空环流场(图9.3a)来看,此次河南极端降水事件发生于南亚高压东伸的过程中,同时高压脊顶部位于河北与河南交界处,两高压之间挤压形成狭窄的高空槽,深入中原腹地,受高压脊影响,河南地区存在西南风向西北风转换的反气旋环流,位于高空急流区的南侧,气流辐散非常显著。这种高空槽脊配置,导致来自高纬的干冷气流向南侵入到中纬度地区,为暴雨的发生提供了良好的高空辐散条件,有利于低层辐合抬升对流发展。

(2)西北太平洋副热带高压西伸北抬

500 hPa气压面上(图9.3b),短波槽影响中国西部地区。华北地区是典型的"西低东高"暴雨环流形势,同时副热带高压西伸,位置偏北,强度偏强,河南正好位于大陆高压和西北太平洋副热带高压之间的低压区,很容易形成低层辐合、高空辐散的配置,强降雨系统夹在大陆高压和西北太平洋副热带高压之间,降雨系统持续停滞,导致降雨时间长,累积雨量大。这种经典高低空配置促使对流层中上升运动增强,为暴雨的发生创造了有利的动力条件。

此次强降雨过程的形成,不只是台风"烟花"一个因素。西北太平洋副热带高压和台风"烟花"之间形成了稳定偏东气流,给河南地区持续输送水汽,为降雨提供丰富水汽条件。

最后,西北太平洋副热带高压位置相对偏北,河南处于副热带高压边缘地带,对流明显,短时强降雨特征明显。因此,此次河南强降雨过程是多方因素共同影响的。

(3)稳定的异常环流导致持续的水汽输送

台风"烟花"虽然还没有登陆中国,但"烟花"北侧和副热带高压之间会形成显著的偏东气流,持续向中国黄淮地区输送水汽。在偏东风的引导下,大量水汽向河南地区汇集,加上河南地区的地形起到抬升辐合效应,强降水区在河南地区稳定少动,导致暴雨持续。如图 9.3b 所示,河南省位于异常偏强偏北的西太平副热带高压和大陆高压以及西太平洋和南海热带气旋之间。20 日 08 时,副热带高压南部的台风"烟花"大约位于(23°N,132°E)。台风"查帕卡"在广东阳江登陆,黄淮气旋位于陕西中部,河南位于黄淮气旋的东部。副热带高压和台风"烟花"之间强气压梯度力加强了东南气流向河南地区输送水汽,与西南气流汇聚在河南郑州,为暴雨提供了水汽辐合条件。

除水汽通道稳定维持外,恰逢副热带高压南侧有台风"烟花"相伴,华南地区有台风"查帕卡"登陆。在 700 hPa 等压面上(图 9.3c),黄淮气旋位于(33°~36°N,112°~115°E),郑州位于其东北侧,西南气流(来自"查帕卡")和东南气流(来自副热带高压西侧)辐合明显,郑州附近东南风速最大为 12 m/s,受副热带高压和台风"烟花"影响,925 hPa 等压面上从东海至河南郑州存在强劲的东南气流(图 9.3d),把洋面水汽输送到郑州;同时"查帕卡"偏南气流穿越水汽高值区,也向郑州输送部分水汽,这两股输送水汽的气流受太行山阻挡,在山前迎风坡(郑州西部)堆积辐合抬升,促进降水系统发生发展。

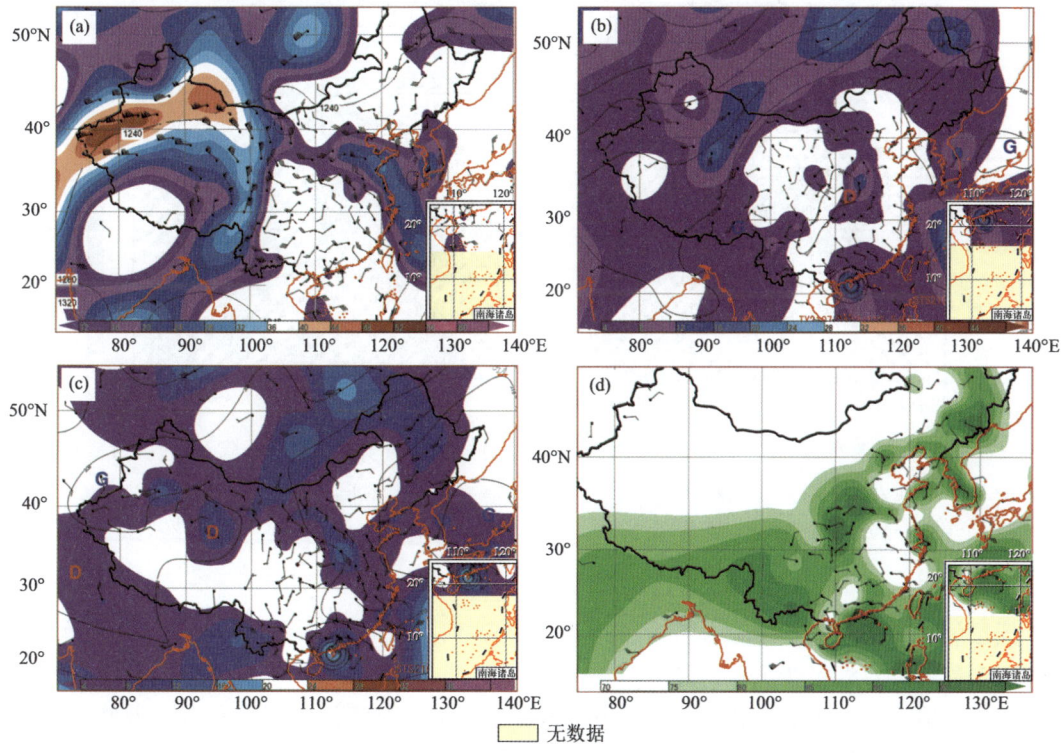

图 9.3 2021 年 7 月 20 日 08 时(a)200 hPa 位势高度(等值线,单位:dagpm)和风速(填色,单位:m/s)以及风矢量(风羽,单位:m/s),(b)500 hPa 位势高度(等值线;单位:dagpm)和风速(填色,单位:m/s),(c)700 hPa 位势高度(等值线,单位:dagpm)和风速(填色,单位:m/s)以及风矢量(风羽,单位:m/s)和(d)925 hPa 相对湿度(填色,单位:%)和风矢量(风羽,单位:m/s)

同时,稳定维持的副热带高压阻挡了台风北上,使得水汽供给稳定维持。早在暴雨发生前,副热带高压外围的气流就与双台风环流共同作用,形成的东南暖湿气流中携带了大量水汽,这支暖湿低空急流一路北上,将水汽源源不断地从洋面输送到河南地区,为后续暴雨的发生打开了水汽通道。

如图9.4所示,可降水量高值区呈南北向带状,从广东和广西向北伸展,经过湖南、江西和湖北,伸展到河南北部,高值中心位于台风"帕查卡"和河南中部,台风倒槽和黄淮气旋的西南气流穿过这条高湿带向河南输送水汽。另一条相对较弱的可降水量高值区从东海经浙江、江苏和安徽,伸展到河南,副热带高压和台风"烟花"引导东南气流穿越该湿区,向河南输送水汽。这两条水汽输送带汇合在河南北部,在郑州附近形成水汽通量辐合中心,为暴雨供应水汽。

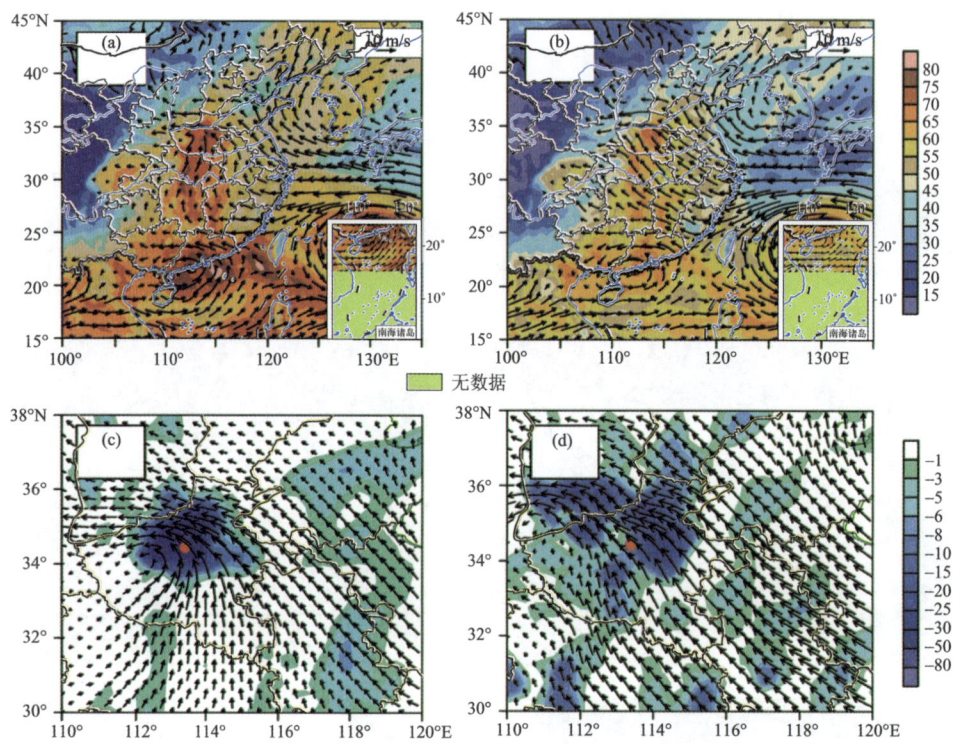

图9.4 2021年7月20日(a)00时(北京时间08时)和(b)12时大气可降水量(填色,单位:mm)与850 hPa风矢量(箭头,单位:m/s),(c)00时和(d)12时1000~500 hPa水汽通量的垂直积分(箭头,单位:10 kg/(s·m))及其散度的垂直积分(填色,单位:10^{-4} kg/(s·m^2))的水平分布(冉令坤 等,2021)

(红点代表郑州位置)

低层的水汽从西太平洋向内陆输送,导致水汽在河南的累积。沿副热带高压西南侧的偏东—东南急流接力将水汽输送到河南。

受异常偏强的大陆高压和副热带高压影响,主要位于对流层低层的低涡系统中心17日08时—20日08时从郑州以东缓慢西移到郑州以西,同时,偏东—东南气流遇到太行山脉及伏牛山等地形被抬升,导致强降水在郑州附近的维持。

(4)地形作用

地形降水效应显著,受伏牛山和太行上地形的抬升和阻挡作用(图9.5),边界层东南急流携带水汽输送至郑州北侧时,风向发生偏转,并与来自南方的气流汇聚在郑州上空及其西侧,形成了明显的切变线,这种变化导致降水区域不再北移,而是水汽堆积在此,为后续的极端降水提供了充足的水汽来源。受深厚的偏东风急流及低涡切变天气系统影响,加之河南省太行山区、伏牛山区特殊地形对偏东气流起到抬升辐合效应,强降水区在河南省西部、西北部沿山地区稳定少动,地形迎风坡前降水增幅明显。

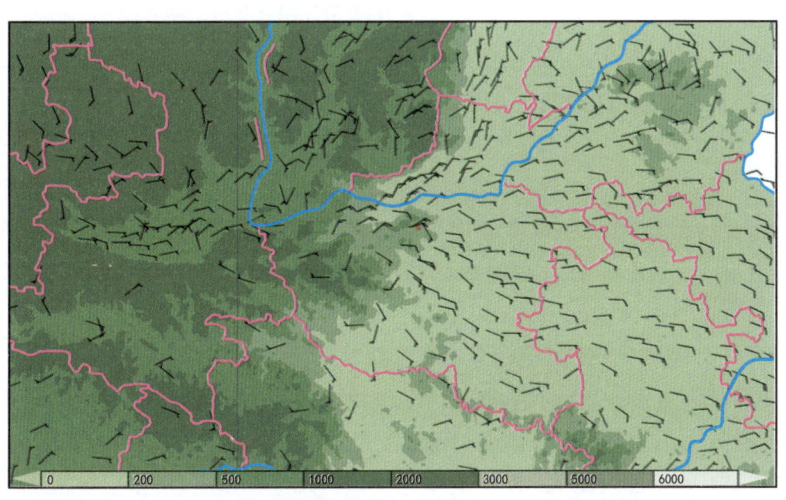

图 9.5　华北地形(灰度)和 7 月 20 日 08 时地面风场

另一方面,对流"列车效应"明显。在稳定天气形势下,中小尺度对流反复在伏牛山前地区发展并向郑州方向移动,形成"列车效应",导致降水强度大、维持时间长,引起局地极端强降水。

(5)高低空、高低纬相互作用

此次暴雨过程中贯穿着高低空、高低纬之间天气系统的相互作用。高纬和对流层顶的高位涡干冷空气入侵到对流层中层和低纬度地区,在启动对流触发暴雨的同时,也加剧了大气的不稳定性,使降水足以达到相当大的强度和规模。

由此可见,这次极端强降雨事件集合了南亚高压东伸、副热带高压西伸北抬、强台风打开水汽通道、低空急流发展及地形抬升和阻挡作用等多种因素的共同影响,从高空到低层,高纬到低纬,多尺度系统协同作用,共同导致了郑州特大暴雨事件的发生。

3. 预报预警与服务

河南省气象局于 7 月 16 日 09 时 50 分发布的暴雨橙色预警信号;7 月 18 日 17 时 10 分发布暴雨黄色预警信号;7 月 20 日早晨发布暴雨红色预警信号。这次过程中,河南省、市、县气象部门共发布预警信息 1184 条,针对郑州市 20 日特大暴雨过程施行的是一级应急响应。

9.2　2018 年台风"山竹"预报预警与服务案例

1. 概况

2018 年 9 月 7 日 20 时,台风"山竹"在西北太平洋洋面上生成;随后一路向西移动,强度不断增强。9月11日08时,"山竹"达到超强台风级。15日02时10分前后以超强台风级在菲律宾吕宋岛东北部沿海登陆,登陆时中心附近最大风力在17级以上(风速为65 m/s)。登陆菲律宾后,"山竹"强度有所减弱,降为强台风级,并于16日17时前后在中国广东台山沿海登陆(强台风级,45 m/s)。15日18时,广东省防汛防旱防风总指挥部决定将防风Ⅱ级应急响应提升至Ⅰ级;16日17时在广东台山海宴镇登陆,登陆时中心附近最大风力14级,中心最低气压955 hPa;16日,几乎整个粤港澳受到了狂风暴雨的肆虐。

阵风最大的区域主要集中在珠三角地区,江门、中山、珠海、深圳、惠州、汕尾、香港、澳门等地出现14～17级阵风,惠州的沱泞列岛风速为62.8 m/s,风力在17级以上;上述地区仅10级以上大风的持续时间就有10～16 h,深圳、珠海更是达到了18～20 h。

16—17日,广东大部、香港、澳门、海南岛北部、广西东南部、台湾岛东部等地出现暴雨或大暴雨,深圳、惠州、江门、阳江和香港等地出现了特大暴雨(250～426 mm);广东惠州到阳江一带沿海地区出现1～1.8 m的风暴增水,珠江口附近增水达2～3.4 m。17日20时,中央气象台停止对其编号。

台风"山竹"具有强度大、强风范围广、风雨影响严重、影响区域重叠等特点。

强度大:"山竹"9月7日20时起编,11日08时加强为超强台风,15日05时仍为超强台风级别,中心附近最大风力达17级以上(风速为65 m/s)。

强风范围广:"山竹"云系庞大,直径范围达1000 km。

风雨影响严重:16—18日,华南中西部沿海风力有14～16级,阵风达17级以上;广东南部、香港、澳门、广西南部、海南岛、云南南部等地部分地区出现大暴雨,局地出现特大暴雨。

影响区域重叠:"山竹"影响区域与2018年第23号台风"百里嘉"重叠,风雨叠加效应明显。

2. 天气背景条件

如图9.6所示,2018年9月11日,"山竹"出现清晰的台风眼,南侧和东侧云系发展旺盛。

图9.6 2018年9月11日11时55分风云三号拍摄台风"山竹"云图
(图片来源:国家卫星气象中心)

分析 16 日 20 时形势场(图 9.7a),"山竹"登陆后在西北太平洋副热带高压(以下简称"副高")外围引导气流的牵引下向西北方向移动,850 hPa 低空急流长时间与"山竹"残余环流保持连接,急流中心风速达到 20 m/s,形成一条孟加拉湾—中南半岛—南海—华南的水汽输送带,在强西南风的驱动下持续向华南大量输送水汽。由于副高进一步西伸,南北气压梯度加大,有利于低层西南风加速,这是低空急流长时间与台风残涡维持的重要动力因子。由高层 100 hPa 环流(图 9.7c)可以看出,中国江南至日本南部海面一带是一个巨大的反气旋环流,存在两个中心,西边的是南亚高压,东边的是副热带高压,"山竹"位于南亚高压环流中心偏南侧,存在显著的向西的出流,这对于低空台风残涡的维持十分有利。17 日台风残涡移入广西境内(图 9.7b),低空急流中心风速达到 24 m/s,急流一方面将孟加拉湾和南海的水汽向华南地区输送,另一方面向暴雨落区输送正涡度,高温高湿的大气加上辐合抬升运动,造成华南地区对流降水持续发展,整个华南地区上空高层 100 hPa 依旧由南亚高压控制(图 9.7d),高层辐散抽吸,低层辐合抬升,这是台风残涡登陆维持并引发暴雨的重要因素。由此可见,500 hPa 副高西伸有利于台风残涡持续影响华南地区,850 hPa 来自孟加拉湾的低空急流穿越南海后与副高南侧偏东风汇合,后建立起一条连接华南的水汽通道,因为"山竹"的存在使得高层出流变得更强,南亚高压造成持续出流有利于低层入流、垂直上升运动的维持,这种高层辐散、低层辐合的系统配置是华南地区发生暴雨的重要天气背景。

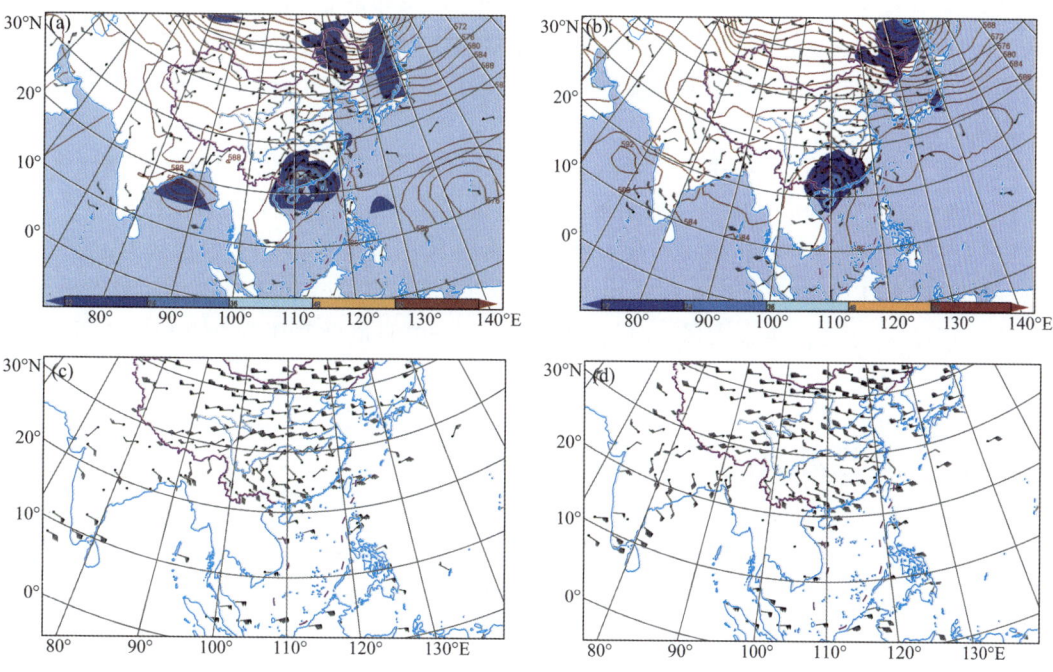

图 9.7　2018 年 9 月 16 日 20 时(a,c)、17 日 08 时(b,d)500 hPa 位势高度场(实线,单位:dagpm)、
850 hPa 低空急流(风矢,风速≥12 m/s)(a,b)和 100 hPa 风场(c,d)

"山竹"除了给华南地区带来强风雨,华东的江浙沪皖也下起了暴雨或大暴雨,江苏苏州更是出现了特大暴雨(250~308 mm)。受到台风倒槽的影响,通常台风系统都会有台风倒槽,台风"山竹"庞大环流的暖湿空气向北输送到江浙沪皖,在该地区汇集,加之有北方冷空气南下,共同作用造成该地区的强降雨(图 9.8)。

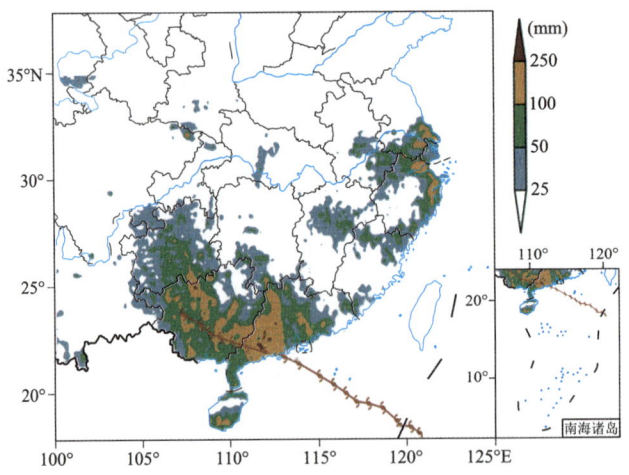

图 9.8　2018 年 9 月 16 日 00 时—18 日 00 时台风"山竹"过程累计降水量
（填色）和 3 h 移动路径（红线）（文萍 等,2019）

3. 预报预警与服务

2018 年 9 月 11 日 10 时,中央气象台对台风"山竹"发布的台风蓝色预警,"山竹"将以每小时 25 km 左右的速度向偏西方向移动,强度继续加强,并逐渐向菲律宾吕宋岛东北部一带沿海靠近,15 日晚将移入南海东北部海面,然后趋向广东沿海。未来 3 d,"山竹"对中国海域暂无影响。

2018 年 9 月 15 日 18 时,中央气象台发布台风红色预警,第 22 号台风"山竹"预计将于 16 日下午到晚上在广东珠海到湛江一带沿海登陆,登陆时为强台风级或超强台风级。

2018 年 9 月 16 日 06 时,中央气象台继续发布台风红色预警,第 22 号台风"山竹"（强台风级）的中心 16 日 05 时位于广东省台山市东偏南方大约 420 km 的南海东北部海面上,就是 20.2°N、116.2°E,中心附近最大风力有 15 级(50 m/s),中心最低气压为 940 hPa,7 级风圈半径为 400～550 km,10 级风圈半径为 150～270 km,12 级风圈半径为 60～80 km。

9.3　2021 年江苏大风预报预警与服务案例

1. 概况

2021 年 4 月 30 日 18—22 时,江苏省南通市部分地区出现冰雹和大范围强雷暴大风天气,全市自动站最大风力超过 10 级的站点有 66 个,其中通州湾三友集团风速达到 45.4 m/s（14 级强风）、海门包场镇风速达到 39.0 m/s、海门东灶港风速达到 38.2 m/s、通州环本农场风速达到 37.9 m/s、启东东元滩涂风速达到 37.7 m/s;海安城东镇和大公镇、通州十总镇、如东阳光岛等地出现直径 1～3 cm 的冰雹。

受东北冷涡和地面暖低压共同的影响,4 月 30 日午后,源发于鲁南和江苏淮北地区对流风暴在东移南下过程中合并增强,并逐渐发展成飑线,先后影响山东、江苏、安徽、上海和浙江 5 省（市）,产生了大范围雷暴大风和冰雹天气,特别是 30 日 20—21 时,江苏东南部的南通市出现了大范围 12 级以上大风,极大风速达到 47.9 m/s(15 级),期间多地还出现了直径达 5 cm

的冰雹,造成了严重灾害。

2. 天气背景条件

(1) 东北冷涡后部显著的西北急流作用

如图 9.9 所示,4 月 30 日 08 时 500 hPa 在贝加尔湖以东,中国东北地区为一深厚的低涡,低涡中心位于内蒙古东北部,与温度场中的 −32 ℃ 冷中心相配合,与之对应的气旋性环流自 925 hPa 至 100 hPa 清晰可见。30 日午后随着冷涡旋转南落,其后部北风增强并在黄淮—江淮地区建立起一支极强的偏北风急流,急流中心风速超过 40 m/s,这支偏北急流一方面携冷空气南下,促进了层结不稳定的发展,并增强了中低层垂直风切变,为强对流天气的发生构建了有利的环境,另一方面引导短波槽及地面中尺度低压迅速向东南方向移动,为对流的发生发展提供触发条件。

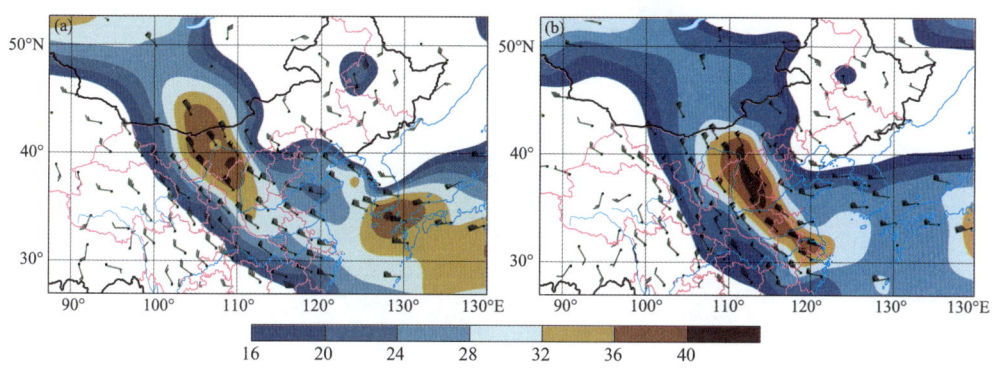

图 9.9　4 月 30 日 08(a)和 20 时(b)500 hPa 风场与急流区

西北急流在增强旋转携冷空气南下过程中,动量下传,下层风速也在不断梯次增强,地面逐渐由南风转为北风。

随着地面北风的转向和向南推进,地面温度也明显下降,地面锋区温差达 10 ℃ 左右,强回波和大风天气产生于地面锋区附近(图 9.10)。

(2) 强对流发展形成强地面阵风

东北冷涡后部显著的西北急流造成的不稳定层结条件、有利于对流组织化发展的垂直风切变条件,以及强对流发生前大气丰富的能量储备,具有显著的对流潜势,并在地面锋区及暖低压系统激发下形成强对流天气。

对流被触发并向南推进过程中(图 9.11),底层风由西南风转为西北风。在对流系统的前沿,下沉气流形成阵风锋,同时向南推进。由图 9.12 可知,19 时左右,雷达监测到近地面阵风锋,导致苏北地区出现大风天气。20 时,阵风锋继续南移维持在扬州至泰州一带,在苏中大部分地区出现雷暴大风天气。20 时 30 分,在南通一带由阵风锋触发生成了新的对流单体,导致南通多个地方出现大风、冰雹等强对流天气。

4 月 30 日 15 时左右,在山东南部和江苏淮北部分地区分别有对流单体生成,并快速向东南方向移动、合并、发展。先后于 18 时和 20 时 30 分分别在淮北和江苏东南部组织成线状对流(飑线),20 时 47 分(图 9.13、图 9.14),飑线移至南通附近,呈东北—西南向延伸至海上,飑线回波带上,对流风暴中心强度超过 60 dBZ,飑线前端的阵风锋扫过南通市通州区,对应近地面速度场有明显的风速大值区,并出现了速度模糊特征,意味着此处最大径向风速已超过 27 m/s。

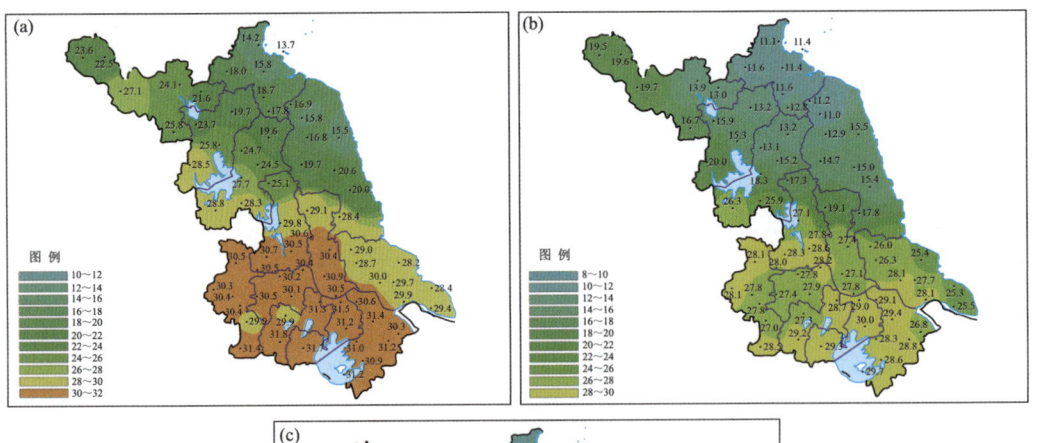

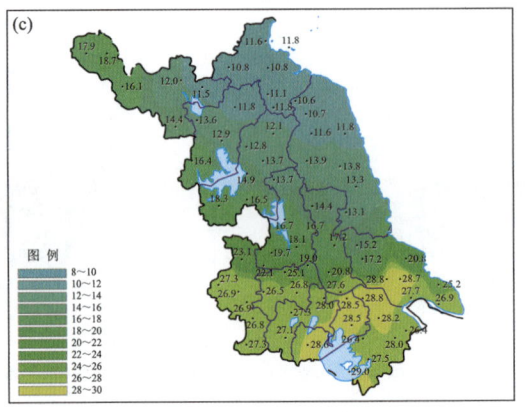

图9.10 地面温度演变（单位：℃）
(a)17时；(b)19时；(c)20时30分

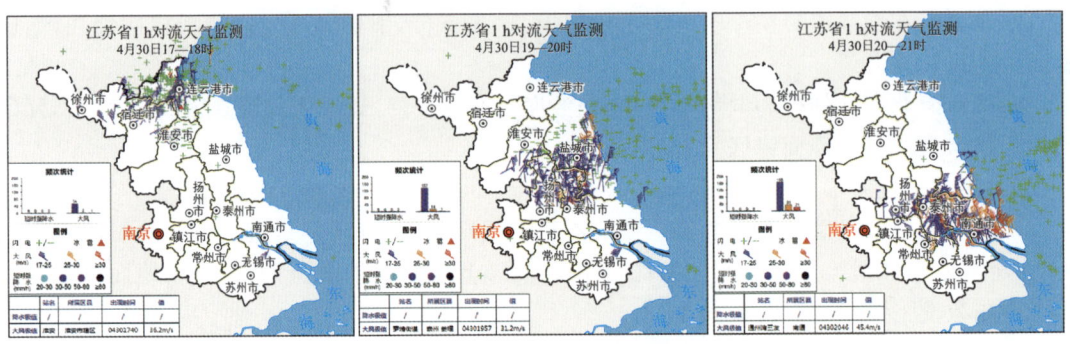

图9.11 强对流天气发展并向南推进

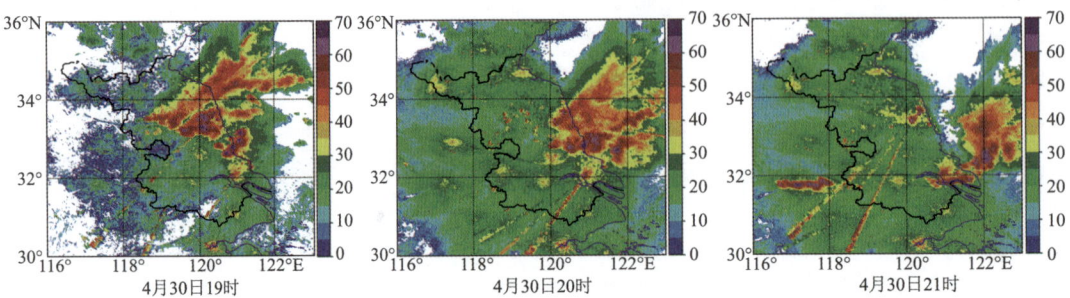

图9.12 4月30日19—21时（北京时）雷达组合反射率（单位：dBZ）

第9章 典型灾害性天气个例分析

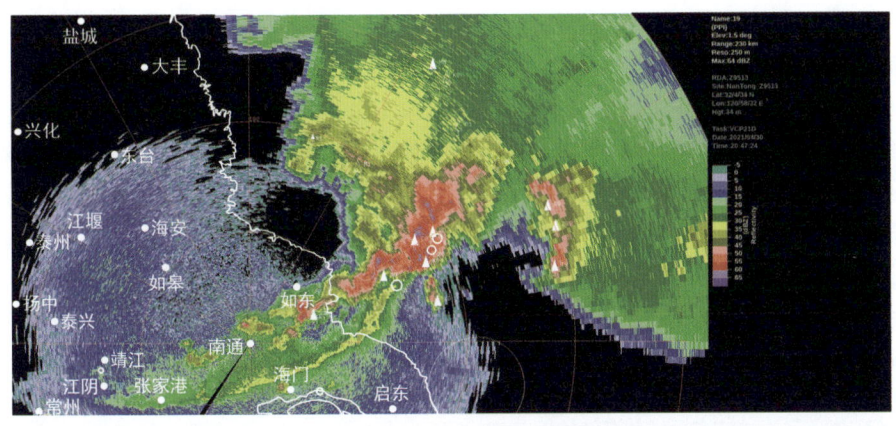

图 9.13 南通站 20 时 47 分基本反射率(1.5°)

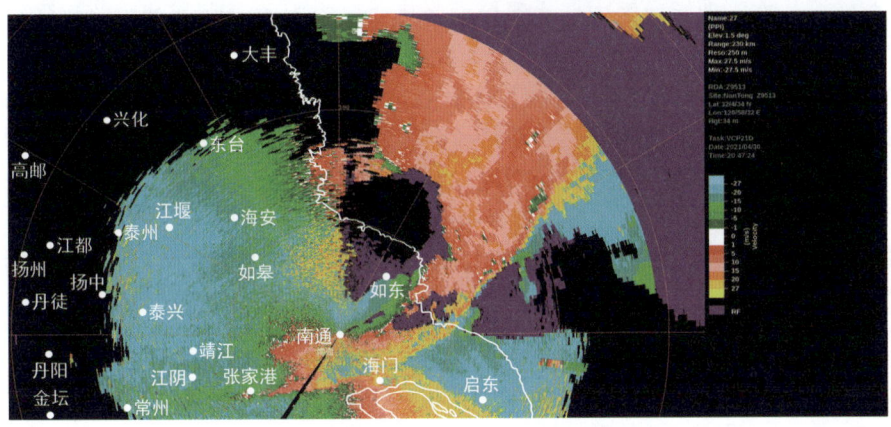

图 9.14 南通站 20 时 47 分基本速度(1.5°)

（3）天气系统大风与强对流大风叠加

造成此次强对流天气过程是由于东北冷涡后部的西北急流南下过程中，其导致的热动力作用，在江苏对流能量充沛的条件下，触发了强对流过程。系统性的冷空气大风与强对流形成的阵风叠加效应造成了本次灾害性大风和冰雹过程，在雷达图像上表现出典型的对流性大风特征。

3. 预报预警与服务

南通市气象台于 2021 年 04 月 30 日 09 时 34 分升级发布大风黄色预警信号，预计 4 月 30 日下午到夜里南通市大部分地区将出现阵风 9 级以上的大风天气。

南通市气象台于 2021 年 04 月 30 日 20 时 35 分发布雷暴橙色预警信号，预计未来 6 h 南通市大部分地区将出现雷电活动，并可能伴有 9～11 级雷暴大风和局地冰雹等强对流天气。

9.4 2019 年 7 月 3 日辽宁开原龙卷预报预警与服务案例

1. 概况

2019 年 7 月 3 日 17—18 时，辽宁省铁岭的开原市发生了一次强龙卷过程（简称开原龙卷），最大强度达超强等级（最大风速大于 74 m/s）。强龙卷所经之处部分房屋倒塌，大树和电线杆折断，小汽车被抛到空中，最终导致 7 人死亡（第 7 人为后期抢救无效去世）、190 余人受伤、9900余人受灾、大量基础设施损毁,造成了严重的社会和经济影响。

开原龙卷发生在东北冷涡西南侧槽后,由一个孤立超级单体造成。龙卷发生后,进行了现场调查。现场调查方式为近距离观察、测量、拍照取证建筑和植被等受损情形,利用无人机拍摄俯视、远视、路径跟踪等视频,分别测量路径上严重受损宽度和明显受损宽度,询问龙卷目击人员或灾情现场相关人员。调查工具主要有量尺、相机、无人机、手机地理信息软件等。综合灾情现场、监控视频、停电情况等信息分析:开原龙卷漏斗云17时15分左右在开原市金钩子镇金英村北约1 km处开始形成,17时17分接地;17时16—18分以EF2级强度自北向南方向穿过金英村,此后过清水河经约2.5 km平坦农田,从许富路与京哈高速交叉口附近向东穿过高速;17时23分左右,以EF3级进入并纵贯开原工业区北园,期间近距离擦过中国石油化工集团开原油库储油罐,其后10 min自北向南以至少EF2级强度先后穿过"天成郡·馨萱兰苑"小区、义和村、"尚品铭城"小区进入工业园南区(由开原气象局所拍龙卷视频时间确定此时约为17时33分),在工业园南区中部达到最大强度——中国龙卷强度等级的超强等级;其后穿越工业园南区,擦过榆树堡村东侧,以EF3级强度扫过瓜台子村西部;最后在瓜台子村南1.81 m、清水沟子村北200 m附近区域消散;根据龙卷到工业园南区的时间和其移动速度,推测龙卷的消散时间约为17时47分。龙卷路径全程长约14 km,郊区穿行两个村庄,擦过一个村庄,城区路径主要在开原市西部人员相对稀少地区,穿行两个小区和一个城中村,擦过一个小区,历时约30 min,评估在17时33分前后龙卷路径8 km处的开原工业园南区内达到最强的EF4级强度。大部分路径的明显毁损宽度为200~400 m,严重毁损宽度一般在50~100 m。

2. 天气背景条件

在辽宁开原的突发性龙卷是东北冷涡和蒙古气旋前侧低压带共同影响造成的。

在极不稳定的雷暴天气下,大气发生强烈对流运动。强烈的上升气流与各方向的切变风相互作用,使得气流中部开始旋转,并向上下扩展,形成柱状空气涡旋。其旋转直径逐渐变小,旋转速度越来越快,空气涡旋越来越猛烈。当涡旋慢慢向下扩展到地面时,使地面上产生强大的负压,极具摧毁力的龙卷就此出现。

2019年6月29日20时,500 hPa高度场上,切断东北冷涡生成。6月30日—7月1日东北冷涡旋转加强,7月2日08时(图9.15a)东北冷涡达到最强阶段。7月3日08时开始减弱。(图9.15b)西太平洋副热带高压总体偏南偏东,中纬度地区多短波槽活动。辽宁位于副热带高压后部、东北冷涡底部,500 hPa和850 hPa短波槽位置接近,低层短波槽前西南气流起到增暖增湿作用,与500 hPa高空槽后干冷空气在垂直方向上叠加,有利于辽宁北部对流不稳定加强。

开原龙卷是2000年以来冷涡背景下发生了辽宁首个EF3级超强龙卷,其实在东北其他地区也时常发生龙卷,如2008年5月23日黑龙江五常市、2010年5月15日黑龙江海伦市、2012年6月12日吉林白城、2016年7月25日吉林辽源、2017年8月11日内蒙古赤峰市、2021年6月黑龙江连续3次龙卷。冷涡影响的范围内其他省份也发生了多次其他级别的龙卷,如2006年7月31日山东济南,2007年7月18日山东烟台栖霞市,2008年8月5日山东烟台龙口市、2009年7月20日河北承德平泉县(现为平泉市)、2009年6月5日江苏徐州、2012年7月21日北京通州。江苏作为龙卷的高发地之一,也有在冷涡背景下产生的龙卷,如2016年6月23江苏阜宁、2017年7月2日江苏东台市。另外,冷涡比热带气旋影响产生龙卷的范围小,但通过上述个例可见,冷涡背景影响下生成的龙卷范围也是非常之广,不仅东北地

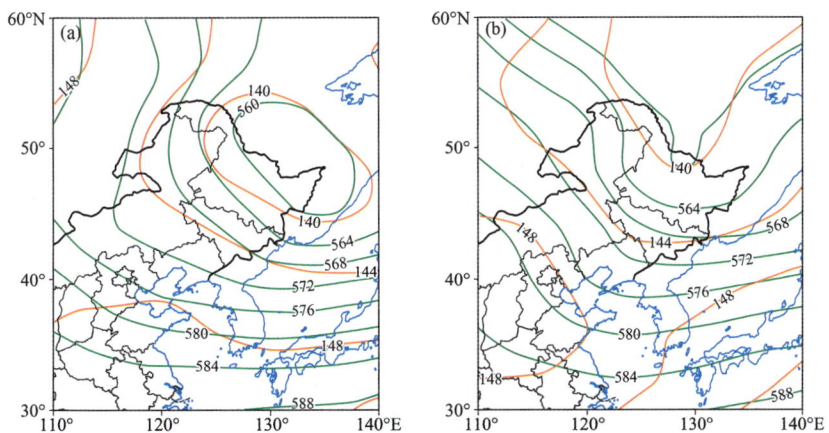

图 9.15　7 月 2 日 08 时(a)、7 月 3 日 08 时(b)500 hPa(绿实线,单位:dagpm)和
850 hPa(红实线,单位:dagpm)高度场(阎琦 等,2021)

区,而且北京、河北、山东、江苏地区的龙卷也时有发生,有必要对冷涡进行细致的分类和深入研究,有利于对强对流天气的研究,特别是有利于对龙卷的监测、预警。

3. 预报预警与服务

7 月 3 日 16 时 42 分和 17 时 25 分,辽宁省预警中心和铁岭市气象台先后发布开原市雷电黄色预警信号和冰雹橙色预警信号,预计未来开原市将出现雷电、冰雹天气,同时可能伴有短时大风、强降水等强对流天气。

参考文献

陈炯,郑永光,张小玲,等,2013.中国暖季短时强降水分布和日变化特征及其与中尺度对流系统日变化关系分析[J].气象学报:3-18.

陈联寿,2012.台风预报及其灾害[M].北京:气象出版社.

范雯杰,俞小鼎,2015.中国龙卷的时空分布特征[J].气象,41(7):793-805.

韩兰英,张强,贾建英,等,2019.气候变暖背景下中国干旱强度、频次和持续时间及其南北差异性[J].中国沙漠,39(5):1-10.

黄大鹏,赵珊珊,高歌,等,2016.近30年中国龙卷风灾害特征研究[J].暴雨灾害,35(2):97-101.

黄小梅,管兆勇,戴竹君,等,2013.冬季东亚大槽强度年际变化及其与中国气候联系的再分析[J].气象学报,71(3):416-428.

孔锋,李颖,王一飞,等,2017.1961—2016年中国近地表大风日数时空分异特征研究[J].安徽农业科学:196-204.

李山山,李国平,2017.一次高原低涡与高原切变线演变过程与机理分析[J].大气科学,41(4):14.

李艳,金荣花,王式功,2010.1950—2008年影响中国天气的关键区阻塞高压统计特征[J].兰州大学学报(自然科学版)(3):53-61.

林建,杨贵名,2014.近30年中国暴雨时空特征分析[J].气象,40(7):816-826.

刘鸿波,何明洋,王斌,等,2014.低空急流的研究进展与展望[J].气象学报:3-18.

刘自牧,李国平,张博,2018.高原涡与高原切变线伴随出现的统计特征[J].高原气象,37(5):94-101.

卢敬华,陈刚毅,1993.西南低涡的一些基本事实及初步分析[J].成都气象学院学报(4):11-19.

马嘉理,姚秀萍,2015.1981—2013年6—7月江淮地区切变线及暴雨统计分析[J].气象学报,73(5):883-894.

钱维宏,2004.天气学——大气科学国家理科基础科学研究和教学人才培养基地教学用书[M].北京:北京大学出版社.

钱永甫,王谦谦,黄丹青,2007.江淮流域的旱涝研究[J].大气科学,31(6):1279-1289.

冉令坤,李舒文,周玉淑,等,2021.2021年河南"7·20"极端暴雨动、热力和水汽特征观测分析[J].大气科学,45(6):1366-1383.

寿绍文,2013.中国天气概论[M].北京:气象出版社.

孙跃,肖辉,杨慧玲,等,2021.基于遥感数据光流场的2021年郑州"7·20"特大暴雨动力条件和水凝物输送特征分析[J].大气科学,45(6):1384-1399.

唐秋艳,2012. 500 hPa北极极涡环流指数的初步分析[J].安徽农业科学,40(9):4.

陶诗言,等,1980.中国之暴雨[M].北京:科学出版社.

陶诗言,卫捷,张小玲,2008.2007年梅雨锋降水的大尺度特征分析[J].气象,34(4):3-15.

田笑,智协飞,2016.欧亚冬季温带反气旋活动的气候特征[J].气象学报(6):850-859.

王金虎,李栋梁,王颖,2015.西南低涡活动特征的再分析[J].气象科学,35(2):133-139.

王艳玲,王黎娟,2011.东亚地区北方气旋和南方气旋活动频数的时空特征[J].气象与环境学报,27(6):43-48.

魏建苏,刘佳颖,孙燕,等,2013.江淮气旋的气候特征分析[J].气象科学(2):82-87.

文萍,许映龙,柳龙生,2019.台风"山竹"(1822)引发华南暴雨过程机制分析[J].海洋气象学报,39(3):29-35.

许小峰,张萌,2014.气象科技发展历程的若干回顾及启示[J].气象科技进展(6):6-12.

薛晓颖,任国玉,孙秀宝,等,2019.中国中小尺度强对流天气气候学特征[J].气候与环境研究,24(2):

199-213.

阎琦,张爱忠,沈力都,等,2021.2019年辽宁开原龙卷风观测事实分析[J].灾害学,36(1):112-116.

杨萍,叶梦姝,陈正洪,2014.气象科技的古往今来[M].北京:气象出版社.

姚秀萍,孙建元,康岚,等,2014.高原切变线研究的若干进展[J].高原气象:296-302.

姚秀萍,孙建元,马嘉理,2017.江淮切变线研究的回顾与展望[J].高原气象,36(4):1138-1151.

姚秀萍,张硕,闫丽朱,2019.青藏高原大气热源及其影响的研究进展[J].大气科学学报,42(5):641-651.

姚秀萍,包晓红,刘俏华,等,2021.近10年高原切变线研究进展综述[J].暴雨灾害,40(6):569-576.

郁淑华,高文良,彭骏,2013.近13年青藏高原切变线活动及其对中国降水影响的若干统计[J].高原气象(6):3-13.

张立祥,李泽椿,2009.东北冷涡研究概述[J].气候与环境研究(2):108-118.

张培忠,陈受钧,1993.东亚及西太平洋锋面气旋的统计研究[J].气象学报(1):44-56.

张强,姚玉璧,李耀辉,等,2020.中国干旱事件成因和变化规律的研究进展与展望[J].气象学报,78(3):500-521.

章国材,2011.强对流天气分析和预报[M].北京:气象出版社.

赵思雄,孙建华,鲁蓉,等,2018."7·20"华北和北京大暴雨过程的分析[J].气象,44(3):351-360.

周宁,2016.冬季欧亚阻塞高压的空间特征及其对中国温度的影响[J].成都信息工程大学学报(4):419-424.

朱乾根,周军,1986.江淮地区急流切变线暴雨的物理机制及诊断分析[J].南京气象学院学报(4):4-13.

朱乾根,林锦瑞,寿绍文,2007.天气学原理和方法[M].4版.北京:气象出版社.

AHRENS C D,2018. Meteorology today:an introduction to weather, climate, and the environment[M]. 9th edition. Washington:Cengage Learning.

FUJITA T T,1986. Mesoscale classifications:their history and their application to forecasting[J]. American Meteorological Society:18-35.

WALLANCE J M, HOBBS P V,2006. Atmospheric science——an introductory survey[M]. second edition. Holland:Elsevier.

YAO X P, MA J, ZHANG D L, et al,2020a. A 33-yr Meiyu-season climatology of shear lines over the Yangtze-Huai river basin in eastern China[J]. Journal of Applied Meteorology and Climatology,59(2):1125-1137.

YAO X P, ZHANG X, MA J L, 2020b. Characteristics of the meridionally oriented shear lines over the Tibetan Plateau and its relationship with rainstorms in the boreal summer half-year[J]. Journal of Tropical Meteorology, 26(1):93-102.

YAO X P, LIU Q H, ZHANG S, et al, 2021. Mechanism of atmospheric diabatic heating effect on the intensity of zonal shear line over the Tibetan Plateau in boreal summer[J]. Journal Of Geophysical Research-atmospheres,126(18):1-14.

ZHANG X, YAO X P, M J L,et al, 2016. Climatology of transverse shear lines related to heavy rainfall over the Tibetan Plateau during boreal summer[J]. Journal of Meteorological Research,30(6):915-926.